福建省平潭及闽江口水资源配置工程项目资助
福建省水利学会平潭引水工程创新驱动服务站服务成果

复杂地质条件下长距离小断面输水隧洞施工关键技术

FUZA DIZHI TIAOJIAN XIA CHANGJULI XIAODUANMIAN SHUSHUI SUIDONG SHIGONG GUANJIAN JISHU

福州水务平潭引水开发有限公司
浙江省隧道工程集团有限公司
福州城建设计研究院有限公司
中国地质大学(武汉)
编著

图书在版编目(CIP)数据

复杂地质条件下长距离小断面输水隧洞施工关键技术/福州水务平潭引水开发有限公司等编著.—武汉:中国地质大学出版社,2023.3

ISBN 978-7-5625-5486-8

Ⅰ.①复… Ⅱ.①福… ②浙… Ⅲ.①过水隧洞-隧道工程 Ⅳ.①TV672

中国国家版本馆 CIP 数据核字(2023)第 018458 号

复杂地质条件下长距离小断面输水隧洞施工关键技术 福州水务平潭引水开发有限公司 **等编著**

责任编辑:谢媛华 选题策划:谢媛华 责任校对:何澍语

出版发行:中国地质大学出版社(武汉市洪山区鲁磨路 388 号) 邮编:430074

电 话:(027)67883511 传 真:(027)67883580 E-mail:cbb@cug.edu.cn

经 销:全国新华书店 http://cugp.cug.edu.cn

开本:880 毫米×1230 毫米 1/16 字数:475 千字 印张:15

版次:2023 年 3 月第 1 版 印次:2023 年 3 月第 1 次印刷

印刷:武汉精一佳印刷有限公司

ISBN 978-7-5625-5486-8 定价:178.00 元

《复杂地质条件下长距离小断面输水隧洞施工关键技术》编撰委员会

顾　问：陈宏景　吴　立

主　任：王振宇

副主任：范晓辉　康三月　林一庚

主　编：黄智刚　康三月　郑守铭

副主编：池大锋　吕虎波　郑阳硕　张清煌

单　位：福州水务平潭引水开发有限公司
浙江省隧道工程集团有限公司
福州城建设计研究院有限公司
中国地质大学(武汉)

编　委：包国刚　李国强　董道军　程　瑶
李博康　谢必承　林芳芳　叶金美
赵　健　刘　振　陈林健　叶建文
陈尊仪　曾　鑫　林泽鹏　郭文鑫

前　言

以福州为龙头的闽江口城市群是海峡西岸经济区的重要组成部分，在海峡西岸经济发展区布局中处于重要位置。随着闽江口城市群的跨越性发展，闽江口区域需水量持续增长，现有的供水体系难以满足水资源安全保障的需要，未来闽江口区域存在水质性、资源性及工程性缺水。这种水资源配置与地区人口、经济发展不匹配，客观上需要进行跨地区、跨流域的水资源调配，以提升水资源对经济社会发展的支撑能力，保障闽江口区域社会经济的可持续发展。

福建省平潭及闽江口水资源配置工程就是在这种背景下提出来的，该工程是一项跨区域的重大战略性水资源配置和综合利用工程，属于国务院要求加快推进的172项节水供水重大水利工程之一。工程第四标段（大樟溪一石溪输水线路）由主洞和多条支洞组成，隧洞累计长度达42 078m，隧洞沿线地质条件复杂，施工难度大，施工过程中极易发生地质灾害。对复杂地质条件长距离小断面输水隧洞施工灾害风险成因、影响和处置进行研究，形成综合性隧洞施工关键技术，对于降低大规模工程灾害风险，确保施工安全和施工质量至关重要。因此，特将本次工程输水隧洞修建过程中的关键技术进行归纳、总结并提炼形成本书，以供国内外同行参考。

本书通过现场地质调绘，分析区域地质资料和勘察报告，查明了隧址区工程地质条件，并对工程施工现场富水断层破碎带凝灰岩的物理力学特性进行了研究；利用地质雷达探测技术，开展了隧洞施工过程不良地质体的超前预测与预报；重点分析了断层破碎带组合方式对涌水突泥的影响规律以及断层破碎带的最小防突安全厚度和施工方法。由于施工隧洞下穿高速公路，故详细研究了施工过程对高速公路路面路基沉降的影响以及相关的控制方法，形成了长距离小断面输水隧洞下穿既有高速公路的施工工法。就施工过程可能产生的有害气体这一问题，建立模型研究了影响隧洞通风效果的外界因素，并提出了福建省平潭及闽江口水资源配置工程的通风方案。最后，基于卷积神经网络以及BIM技术进行灾害源的识别与管控，建立了输水隧洞施工检查计划评估模型，利用层次分析法对隧洞施工风险进行了评价。

本书由陈宏景、吴立担任顾问；王振宇担任主任；范晓辉、康三月、林一庚担任副主任；黄智刚、康三月、郑守铭担任主编；池大锋、吕虎波、郑阳硕、张清煌担任副主编。全书共设8个章节，第一章由黄智刚、康三月、郑守铭编写；第二章由池大锋、吕虎波、郑阳硕、张清煌编写；第三章由包国刚、李国强、董道军编写；第四章由程瑶、李博康编写；第五章由谢必承、林芳芳、叶金美编写；第六章由赵健、刘振、陈林健编写；第七章由叶建文、陈尊仪编写；第八章由曾鑫、林泽鹏、郭文鑫编写。

本书涉及的理论分析、数值模拟、室内试验、现场试验、研究论文等，得到了福建省平潭及闽江口水资源配置工程项目资助以及福建省水利学会平潭引水工程创新驱动服务站的大力支持，在此表示衷心的感谢。此外，还要特别感谢参与本书编写的各单位领导与相关领域专家对成果原始数据资料的支撑以及对阶段性成果改进提出的宝贵建议。

由于时间仓促，本书中难免会有疏漏和不足之处，恳请各位专家、广大读者批评指正。

编著者

2022年8月

目　录

第一章　绪　论 …… (1)

第一节　工程概况 …… (1)

第二节　施工面临的主要问题 …… (7)

第三节　总体构思与主要内容 …… (7)

第二章　输水隧洞断层破碎带物理力学特性 …… (9)

第一节　断层破碎带化学成分 …… (9)

第二节　断层破碎带水理化特性 …… (10)

第三节　断层破碎带物质成分及微观结构 …… (11)

第四节　断层破碎带物理力学特性 …… (15)

第三章　长距离小断面输水隧洞不良地质体精确预报技术 …… (25)

第一节　地质雷达探测超前预报原理 …… (25)

第二节　基于时域有限差分法的隧道超前地质预报雷达正演模拟技术 …… (31)

第三节　地质雷达探测应用实例 …… (55)

第四章　涌水突泥机理与防控技术 …… (60)

第一节　涌水突泥的类型及影响因素 …… (60)

第二节　基于筒仓理论的断层破碎带防突安全厚度 …… (64)

第三节　基于单断层和组合断层控制的输水隧洞涌水突泥演化机制 …… (70)

第四节　输水隧洞破碎带注浆加固技术 …… (84)

第五章　长距离小断面输水隧洞下穿高速公路施工控制技术 …… (94)

第一节　施工下穿高速公路工程概况 …… (94)

第二节　施工下穿引起的高速公路路面沉降特性及控制措施 …… (98)

第三节　下穿高速公路施工爆破振动控制技术 …… (108)

第四节　下穿高速公路施工隧洞拱顶塌方控制技术 …… (140)

第六章　长距离小断面输水隧洞下穿高速公路施工工法 …… (152)

第一节　工法特点 …… (152)

第二节　适用范围 …… (152)

第三节　工艺原理 …… (153)

第四节　施工工艺流程及操作要点 …… (153)

第五节　材料、设备与人员 …… (165)

第六节　质量控制……………………………………………………………………………………(167)
第七节　安全措施……………………………………………………………………………………(170)
第八节　环保措施……………………………………………………………………………………(170)
第九节　应用实例……………………………………………………………………………………(171)
第十节　工法效果评价………………………………………………………………………………(175)
第七章　长距离小断面输水隧洞通风技术………………………………………………………(176)
第一节　隧洞施工期通风理论及控制标准…………………………………………………………(176)
第二节　污染物扩散规律与通风效果………………………………………………………………(181)
第三节　平潭及闽江口水资源配置工程隧洞施工通风方案………………………………………(187)
第八章　施工灾害风险评价与管控技术…………………………………………………………(196)
第一节　灾害源类型…………………………………………………………………………………(196)
第二节　灾害源识别与管控…………………………………………………………………………(197)
第三节　风险评价……………………………………………………………………………………(215)
主要参考文献……………………………………………………………………………………(226)

第一章 绪 论

随着我国水利水电以及其他地下工程建设的迅猛发展，地下工程面临着构造复杂、地质环境多变、灾害频发的严峻考验。近年来开展的一系列复杂地质条件下的隧洞工程建设，所面临的更为复杂多变的地质灾害风险也前所未有。输水隧洞工程通常具有深埋大、距离长的特点，属于隐蔽工程，影响面广，建设周期长。复杂地质条件下长距离小断面输水隧洞工程勘察、设计、施工和运营维护均面临巨大的挑战，特别是工程建设过程中，隧洞涌水突泥、围岩失稳和支护变形等灾害十分频繁[1,2]。在复杂地质条件下进行隧道施工极易发生围岩失稳、支护变形、涌水突泥等灾害，大大延缓了施工进程，甚至造成人员伤亡和重大经济损失。因此，复杂地质条件下超长隧道施工期的安全问题也受到普遍关注[3,4]。

复杂地质条件下超长隧道施工主要需解决以下几个方面的问题。一是隧道围岩与支护。目前主要利用现场声波测试[5,6]、地质力学模型试验以及数值模拟等[7]手段，探究隧道开挖过程中围岩渐进式破坏过程及其受力变形特性和岩体爆破过程对围岩稳定性的影响。由于复杂地质条件下超长隧道施工过程的复杂性，工程施工安全的要求更高，因此，在施工过程中精准探测掌子面前方地质环境并进行超前预测及预报显得尤为重要。二是隧道涌水突泥灾害防治。主要涉及两点：①探究岩溶或断层带等涌水突泥诱导体的发育规律与涌水突泥产生、发展规律以及灾变破坏模式[8-14]；②探索适用于生产实践的各类探测方法以及防治对策，致力于构建理论联系实际的有效的预警系统和防治体系[15-18]。当前，涌水突泥的研究成果以煤矿采掘领域居多[19]，且主要针对岩溶隧道[20]，而对于穿越断层以及破碎松散岩体等复杂地质条件下超长隧道施工涌水突泥防治研究较少。三是隧道通风管理。特长隧道的通风一直是保障隧道安全施工的核心问题，国内对于隧道施工过程中通风除尘的研究起步较晚，之前多采用的是自然通风，通风条件简陋，易出现隧道施工环境差等问题。随着国内基础建设的发展，使用竖井加设抽风机的方式为隧洞提供新鲜空气逐渐发展起来。目前，隧道通风领域在研究上多运用流体力学模拟软件探究隧道壁材料与粗糙度、粉尘和有害气体等因素对隧道内空气运动与流通以及导风通道的选择和风门设计的影响，并不断优化隧道内通风结构，建立具备针对性的隧洞通风系统[21-25]。

本书依托大樟溪-石溪输水线路工程的特殊情况，系统研究了复杂地质条件下长距离小断面输水隧洞施工关键技术，为本工程项目建设提供实施性技术指导对策，以求达到降低施工风险、确保施工质量、提高施工效率的目的，并为类似工程提供参考和借鉴。

第一节 工程概况

福建省平潭及闽江口水资源配置工程第4标段（大樟溪-石溪输水线路工程）由两部分组成，即大樟溪-东张水库输水线路和东张水库-石溪输水线路，主要工程量如表1-1所示。其中，大樟溪-东张水库输水线路由连井支洞、观音洋支洞、一都支洞、玉林支洞、东张支洞5条施工支洞及大樟溪-东张水库输水隧洞、东张出水口（闸门井、闸门井连接段）、渠道组成；东张水库-石溪输水线路由沃底支洞、岭斗支洞、岭脚支洞、朝阳支洞4条施工支洞及东张进水口（闸门井、闸门井连接段）、东张水库-苍霞输水隧洞、苍霞-石溪输水隧洞组成。本标段支洞累计长度约为4131m，主洞累计长度约为37 944m。

表 1-1　大樟溪-石溪输水线路工程量一览表

线路	序号	项目名称	主要工程量	桩号
大樟溪-东张水库输水线路	1	连井支洞	561.812m	DD4＋886.063
	2	观音洋支洞	474.469m	DD8＋680.407
	3	一都支洞	585.895m	DD11＋549.034
	4	玉林支洞	440.468m	DD16＋243.616
	5	东张支洞	194.606m	DD21＋970.328
	6	大樟溪-东张水库输水隧洞	20 096.162m	DD2＋386.063～DD22＋482.225
	7	东张出水口（闸门井、闸门井连接段）	1 座（闸门井深 23.1m）	DD22＋419.725
	8	渠道	625.000m	DQ0＋000.000～DQ0＋625.000
东张水库-石溪输水线路	1	东张进水口（闸门井、闸门井连接段）	1 座（闸门井深 22.8m）	DP0＋026.230～DP0＋000.000
	2	沃底支洞	414.146m	DP1＋304.999
	3	岭斗支洞	434.000m	DP3＋881.689
	4	岭脚支洞	455.778m	DP6＋668.651
	5	朝阳支洞	569.623m	DP11＋377.525
	6	东张水库-苍霞输水隧洞	14 691.519m	DP0＋000.000～DP14＋691.519
	7	苍霞-石溪输水隧洞	3 156.446m	DP15＋512.853～DP18＋669.299

大樟溪-东张水库输水线路设计流量为 $16.8m^3/s$，隧洞开挖洞径为 5.0m。东张水库-石溪输水线路设计流量为 $8.8m^3/s$，隧洞开挖洞径为 4.4m。主支洞断面参数如表 1-2 所示。

表 1-2　大樟溪-石溪输水线路主支洞断面参数一览表

序号	项目名称	开挖断面(宽×高)/m^2		断面类型
		衬砌段	不衬砌段	
1	连井支洞	6.2×5.7	5.2×5.2	城门洞型
2	观音洋支洞、一都支洞、玉林支洞、东张支洞	5.2×4.7	4.2×4.2	城门洞型
3	沃底支洞、岭斗支洞、岭脚支洞、朝阳支洞	6.2×5.7	5.2×5.2	城门洞型
4	大樟溪-东张水库输水隧洞	4.52×5.45	4.0×5.0	平底圆形型
5	东张水库-苍霞输水隧洞	4.02×4.85	3.5×4.4	平底圆形型
6	苍霞-石溪输水隧洞	4.02×4.85	3.5×4.4	平底圆形型

一、区域气象

工程区属南亚热带海洋性季风气候，夏长暖热、冬短温和，年平均降水量在1030～1850mm之间，自西北向东南递减。降水量年内分配很不均匀，春夏多雨、秋冬少雨。春雨季节发生在3—4月，约占年降水量的18%；梅雨季节发生在5—6月，约占年降水量的33%；台风暴雨季节发生在7—9月，约占年降水量的34%；少雨季节为每年10月至翌年2月，约占年降水量的15%。多年平均气温19.7℃，极端最高气温39.9℃，极端最低气温－1.2℃；无霜期354d；多年平均相对湿度78%；平均风速3.0m/s，最大风速22.0m/s，年最大风速均值13.9m/s；年平均水面蒸发量在1100～1400mm之间。

二、主隧洞工程地质条件

（一）大樟溪-东张水库输水隧洞

1. 地形地貌

大樟溪-东张水库输水隧洞区主要属于构造侵蚀低山-丘陵地貌，沿线山体峰顶高程在280～550m之间。输水线路总体自西北向东南布置，沿线地形波状起伏。隧洞埋深一般较大，大部分在70～180m之间，埋深大于300m的洞段长约5.9km，最大埋深520m，过冲沟最小埋深约65m。隧洞在东张水库北库岸出口末段过山脊鞍部最小埋深约30m。

2. 地层岩性

隧洞沿线分布的地层岩性主要有白垩系石帽山群钾长流纹岩、流纹岩夹熔结凝灰岩、凝灰质砂砾岩、砂岩夹晶屑凝灰熔岩、英安质晶屑凝灰熔岩、英安岩、安山岩等。除上述白垩系外，隧洞区还分布有部分侵入岩，主要岩性为燕山晚期第三次侵入正长斑岩，大部分为坚硬岩，对成洞和围岩稳定有利。

3. 地质构造

大樟溪-东张水库输水线路位于北北东向福鼎-福清断裂带的西北侧，地质构造以断裂构造发育为主，查明与洞线相交的断层有18条，其中有3条区域性断层，分别为F17、F150和F32，如表1-3所示。3条区域性断层规模较大（宽6～30m），均呈北东向发育，与洞轴线大角度相交，其余断层规模一般较小（宽2～8m）。除北西西向断层与洞轴线小角度相交外，其余断层与洞轴线均呈较大角度或大角度相交。

表1-3 输水隧洞主隧洞区断层统计表

序号	断层名称	断层宽度/m	与主洞夹角	桩号	备注
1	F17	6～30	较大	DD0＋481.005	与大樟溪-东张水库输水隧洞相交
2	F150	6～30	较大	DD8＋902.510	
3	F32	6～30	较大	DD12＋199.101	
4	F55	10～30	较大	DP3＋845.089	与东张水库-石溪输水隧洞相交
5	F56	10～30	较大	DP4＋509.893	
6	F68	10～30	较大	DP9＋996.907	
7	F69	10～30	较大	DP12＋302.845	

4. 水文地质条件

大樟溪-东张水库输水隧洞起点为大樟溪，处于基岩山区，隧洞沿线主要穿越一都溪和山体冲沟水系，地下水以基岩构造裂隙潜水和第四系松散堆积物孔隙潜水为主。地表水和地下水排泄条件良好。隧洞沿线主要分布侏罗纪、白垩纪火山岩和燕山期侵入岩，岩体中裂隙发育，但大多数短小闭合、连通性差，赋存的地下水较贫乏。地下水主要接受大气降水补给，水位随季节变化。基岩构造裂隙潜水埋深一般为10～40m，地下水从高处向低处渗流汇入沟谷和河流。隧洞山区山体较为浑厚，地下水富水性主要受储水构造控制。

（二）东张水库-石溪输水隧洞

1. 地形地貌

东张水库-石溪输水隧洞区属侵蚀丘陵地貌，山包离散，沟壑发育。隧洞埋深一般为60～150m，最大埋深260m。其中，隧洞过沃底冲沟埋深约25m；下穿福厦高速、福厦公路埋深小，分别为32m、46m；过棺山仔冲沟埋深约35m。隧洞在顶头山东侧与福清闽江调水工程江阴支线五马山引水隧洞交叉，五马山引水隧洞洞底高程17.8m，输水隧洞在其上方交叉穿越，输水隧洞洞顶高程8.7m，两洞间岩体厚9.1m。

2. 地层岩性

东张水库-石溪输水隧洞区分布的地层岩性主要为侏罗系南园组流纹质晶屑凝灰熔岩夹凝灰岩、流纹英安质晶屑凝灰熔岩夹凝灰岩等，均属工程坚硬岩类，对成洞和围岩稳定有利。

3. 地质构造

东张水库-石溪输水隧洞位于北东东向福鼎-福清断裂带上，该线路内北东向构造形迹明显，输水线路沿线断裂构造较发育，查明与洞轴线相交的断层有13条，分别为北北东向断层6条，北东向断层4条，东西向断层3条。其中，断层F55、F56、F68、F69为区域性断裂，断层规模较大（宽10～30m）（表1-3），其余断层规模一般均较小（宽2～10m）。除东西向断层F65与洞轴线小角度相交外，其他断层与洞轴线均呈较大角度或大角度相交。

4. 水文地质条件

东张水库-石溪输水隧洞处于东张水库与福清龙高台地之间的丘陵山地，地下水以基岩构造裂隙潜水和第四系松散堆积物孔隙潜水为主，隧洞沿线主要分布侏罗纪火山岩和燕山期侵入岩。岩体中裂隙发育，但大多数短小闭合，连通性差，赋存的地下水较贫乏。地下水主要接受大气降水补给，基岩构造裂隙潜水埋深一般为10～40m，从高处向低处渗流汇入沟谷和水库中。隧洞洞身一般在地下水位以下，地下水为基岩裂隙潜水，地下水位埋藏于弱风化带中上部，埋深总体较大，开挖过程中沿断裂构造处可能有渗水、滴水甚至涌水现象。

三、各支洞工程地质条件

1. 连井支洞

连井支洞进洞口边坡岩体岩性为弱风化次石英正长斑岩，发育高倾角节理裂隙，岩体完整性差，未见规模较大的对边坡稳定不利的软弱地质结构面。支洞进口段为弱风化基岩，岩体完整性差，进口埋深浅，仅 7～13m，为不稳定的Ⅳ类围岩；支洞洞身多处于弱—微风化岩体中，地下水位埋藏于弱风化带岩体中上部，隧洞开挖过程中沿断裂构造处可能会有渗水、滴水现象，应做好引排水措施。

2. 观音洋支洞

观音洋支洞进洞口边坡岩体岩性为弱风化钾长流纹岩，发育高倾角节理裂隙，岩体完整性差，未见规模较大的对边坡稳定不利的软弱地质结构面。支洞进口段为弱风化基岩，岩体完整性差，进口埋深浅，仅 10～15m，为不稳定的Ⅳ类围岩；支洞洞身多处于弱—微风化岩体中，地下水位埋藏于弱风化带岩体中上部，隧洞开挖过程中沿断裂构造处可能会有渗水、滴水现象，应做好引排水措施。

3. 一都支洞

一都支洞进洞口边坡岩体岩性为弱风化次石英正长斑岩，发育高倾角节理裂隙，岩体完整性差，未见规模较大的对边坡稳定不利的软弱地质结构面。支洞进口段为弱风化基岩，岩体完整性差，进口埋深浅，仅 10～30m，为不稳定的Ⅳ类、Ⅴ类围岩；支洞洞身多处于弱—微风化岩体中，地下水位埋藏于弱风化带岩体中上部，隧洞开挖过程中沿断裂构造可能会有渗水、滴水现象，应做好引排水措施。

4. 玉林支洞

玉林支洞进洞口边坡岩体岩性为弱风化砂砾岩，发育高倾角节理裂隙，岩体完整性差，未见规模较大的对边坡稳定不利的软弱地质结构面。支洞进口段为弱风化基岩，岩体完整性差，进口埋深浅，仅 6～15m，为不稳定的Ⅳ类围岩；支洞洞身多处于弱—微风化岩体中，地下水位埋藏于弱风带岩体中上部，隧洞开挖过程中沿断裂构造处可能会有渗水、滴水现象，应做好引排水措施。

5. 东张支洞

东张支洞进洞口边坡岩体岩性为弱风化砂砾岩，发育高倾角节理裂隙，岩体完整性差，未见规模较大的对边坡稳定不利的软弱地质结构面。支洞进口段为弱风化基岩，岩体完整性差，进口埋深浅，仅 8～16m，为不稳定的Ⅳ类围岩；支洞洞身多处于弱—微风化岩体中，地下水位埋藏于弱风化带岩体中上部，隧洞开挖过程中沿断裂构造处可能会有渗水、滴水现象，应做好引排水措施。

6. 沃底支洞

沃底支洞位于大坪埔南侧，沿线地表高程 85～140m，地形坡度一般为 10°～15°，支洞大部分埋深 60～90m，进口埋深浅，为 5～10m。沿线地表上部以坡残积层为主，坡残积层以砂质黏土为主，一般厚 1～2m。支洞基岩岩性为弱风化流纹质晶屑凝灰熔岩和闪长玢岩，岩石致密坚硬，属工程坚硬岩类。地质构造以节理裂隙为主，局部充填岩屑。沿线全风化带下限埋深 3～5m，强风化带下限埋深 7～11m。地下水为基岩裂隙潜水，地下水位埋深 4～15m，支洞大部分洞段位于地下水位以下。进洞口开挖边坡高度 2～5m，边坡岩体岩性为弱风化闪长玢岩，发育高倾角节理裂隙，岩体完整性差，未见规模较大的对边坡稳定不利的软弱地质结构面，建议开挖即时进行网喷支护处理。支洞进口段为弱风化基岩，岩体完整性差，进口埋深浅，仅 3～10m，为不稳定的Ⅳ类围岩；支洞洞身多处于弱—微风化岩体中，地下水位埋藏于弱风化带岩体中上部，隧洞开挖过程中沿断裂构造处可能会有渗水、滴水现象，应做好引排水措施。

7. 岭斗支洞

岭斗支洞位于岭斗村南西侧约 850m，沿线地表高程 60～150m，地形坡度上缓下陡，140m 高程以上地形平缓，140m 高程以下地形坡度一般为 10°～15°。支洞大部分埋深 60～110m，进口埋深浅，为 7～20m。沿线地表上部以坡残积层为主，坡残积层以砂质黏土为主，一般厚 1～3m。支洞基岩岩性为弱风化流纹质晶屑凝灰熔岩，岩石致密坚硬，属工程坚硬岩类。地质构造以节理裂隙为主，局部充填岩屑。沿线全风化带下限埋深 3～6m，强风化带下限埋深 6～10m。地下水为基岩裂隙潜水，地下水位埋深 12～17m，支洞大部分洞段位于地下水位以下。进洞口开挖边坡高度 6～20m，边坡岩体岩性为弱风化流纹质晶屑凝灰熔岩，发育高倾角节理裂隙，岩体完整性差，未见规模较大的对边坡稳定不利的软弱地质结构面，建议开挖即时进行网喷支护处理。支洞进口段为弱风化基岩，岩体完整性差，进口埋深浅，仅 7～20m，为不稳定的Ⅳ类围岩；支洞洞身多处于弱—微风化岩体中，地下水位埋藏于弱风化带岩体中上部，隧洞开挖过程中沿断裂构造处可能会有渗水、滴水现象，应做好引排水措施。

8. 岭脚支洞

岭脚支洞位于岭脚村北侧约 300m，沿线地表高程 50～240m，地形坡度一般为 20°～25°，支洞大部分埋深 70～170m，最大埋深 220m，进口埋深浅，为 5～12m。沿线地表上部以坡残积层为主，坡残积层以砂质黏土为主，一般厚 1～3m。支洞基岩岩性为弱风化流纹质英安质晶屑凝灰熔岩，岩石致密坚硬，属工程坚硬岩类。地质构造以节理裂隙为主，局部充填岩屑。沿线全风化带下限埋深 5～10m，强风化带下限埋深 8～14m。地下水为基岩裂隙潜水，地下水位埋深 11～21m，支洞大部分洞段位于地下水位以下。进洞口开挖边坡高度 6～12m，边坡岩体岩性为弱风化流纹质英安质晶屑凝灰熔岩，发育高倾角节理裂隙，岩体完整性差，未见规模较大的对边坡稳定不利的软弱地质结构面，建议开挖坡比为 1∶0.3～1∶0.5，且开挖即时进行网喷支护处理。支洞进口段为弱风化基岩，岩体完整性差，进口埋深浅，仅 5～12m，为不稳定的Ⅳ类围岩；支洞洞身多处于弱—微风化岩体中，地下水位埋藏于弱风化带岩体中上部，隧洞开挖过程中沿断裂构造处可能会有渗水、滴水现象，应做好引排水措施。

9. 朝阳支洞

朝阳支洞位于朝阳水库南西侧约 250m，沿线地表高程 20～150m，地形起伏较大，地形坡度一般为 20°～25°。支洞大部分埋深 70～140m，最大埋深 154m，进口埋深浅，为 5～12m。沿线地表上部以坡残积层为主，坡残积层以砂质黏土为主，一般厚 1～3m。支洞基岩岩性为弱风化流纹质英安质晶屑凝灰熔岩，岩石致密坚硬，属工程坚硬岩类。支洞段断裂较为发育，其中 F69 为区域性断裂，断层规模较大(宽 10～30m)，与支洞呈大角度相交。除断层外，主要发育一组 NW65°、NE∠75°节理，节理面平直，闭合—微张，局部充填岩屑。支洞周边道路边坡开挖揭示，沿线全风化带下限埋深 7～9m，强风化带下限埋深 10～14m。地下水为基岩裂隙潜水，地下水位埋深 11～21m，支洞大部分洞段位于地下水位以下。进洞口开挖边坡高度 5～12m，边坡岩体岩性为弱风化闪长岩，发育高倾角节理裂隙，岩体完整性差，未见规模较大的对边坡稳定不利的软弱地质结构面，建议开挖坡比为 1∶0.3～1∶0.5，且开挖时即进行网喷支护处理。支洞进口段为弱风化基岩，岩体完整性差，进口埋深浅，仅 6～10m，为不稳定的Ⅳ类围岩；支洞洞身多处于弱—微风化岩体中，地下水位埋藏于弱风化带岩体中上部，隧洞开挖过程中沿断裂构造处可能会有渗水、滴水现象，应做好引排水措施。

四、工程地质评价

输水线路沿线隧洞工程地质条件复杂，且各隧洞埋深有较大差距。主隧洞围岩大部分属于工程坚硬岩类，对成洞和围岩稳定有利。支洞洞身多处于弱—微风化岩体中，地质构造以节理裂隙为主，局部充填岩屑，地下水位埋藏于弱风化带岩体中上部，隧洞开挖过程中沿断裂构造可能会有渗水、滴水现象，应做好引排水措施。部分支洞进口段为弱风化基岩，岩体完整性差，进口埋深浅，为不稳定的Ⅳ类围岩，边坡岩体完整性差，开挖时应即时进行网喷支护处理。

第二节　施工面临的主要问题

隧洞沿线地质条件复杂，施工难度大，且易发生大规模施工灾害。本工程施工过程中面临的主要问题如下：

(1)本工程穿越断裂构造地质段隧洞易发生涌水突泥灾害，涌水突泥呈现出经常性、突发性和方量大的特点，给施工带来极大不确定性，严重影响施工进度及造价。

(2)本工程输水隧洞将下穿重要构筑物(既有引水隧洞、高速铁路和高速公路)，隧洞施工与既有构筑物的相互影响和隧洞穿越段施工技术对施工安全、进度与造价产生较大影响。

(3)长距离小断面输水隧洞施工期间，隧洞内通风量的确定、通风方式的选择和通风设施的布设直接影响施工进度和施工人员的身体健康。

第三节　总体构思与主要内容

一、总体构思

隧洞沿线地质条件复杂，施工难度大，总体的解决思路如下：根据工作区的地质条件、国内外研究现状，针对复杂地质条件下长距离小断面输水隧洞的工程施工难点，以理论分析、室内试验、现场试验、数值模拟等为主要研究手段，提炼国内外隧道施工的先进技术与手段，从隧洞开挖、支护和监测等多角度出发，分析复杂地质条件下超前地质预报技术、隧洞涌水突泥机理、隧洞下穿构筑物施工控制、长距离小断面隧洞通风技术、灾害风险评价与管控技术等，研究并形成复杂地质条件下长距离小断面输水隧洞施工关键技术，为工程施工提供技术保障。总体解决思路可按“认知自然、为什么这么干、具体怎么干”的顺序进行。

二、主要内容

复杂地质条件下长距离小断面输水隧洞施工关键技术研究是一个系统工程，子系统内容包括勘查技术、不良地质体预报技术、涌水突泥机理与防控技术、施工下穿既有构筑物控制技术、通风技术、施工灾害风险评价与管控等。本书在研究中将自然科学和社会科学中的基础思想、理论、策略和方法等联系起来，应用数学、力学和计算机等手段，对构成系统的各子系统进行深入细致的分析，最终形成一套完整的体系，服务于工程建设并为今后类似工程的修建提供借鉴。全书主要包括以下内容：

(1)长距离小断面输水隧洞工程特性研究。通过现场地质调绘，分析区域地质资料并结合勘察报告，查明了隧址区工程地质和水文地质条件及沿线地形地貌、地质构造、岩层分布、地下水类型、断层分布特点、岩石风化特征、围岩初步分类等。隧址区的弱—微风化岩体中节理裂隙发育，局部充填岩屑，地下水位埋藏于弱风化带岩体中上部，隧洞开挖过程中沿断裂构造处可能会有渗水、滴水现象。

(2)输水隧洞断层破碎带的物理力学特性研究。通过X射线衍射矿物分析试验、环境扫描电镜试验、物理性质试验、水理试验以及力学试验等方法对断层破碎带的物质成分、微观结构、形貌特征、基本物理力学特性及破坏特征进行了分析。

(3)输水隧洞不良地质体精确预报技术研究。通过对不同围岩介电常数和电导率开展正演模拟，得到雷达堆积波形曲线，分析雷达显示结果与围岩电导率以及围岩与被探测目标体介电常数差异大小的响应关系，最后运用 gprMax 软件建立了单层、双层破碎带模型并进行正演模拟，利用雷达堆积波形表达出水平方向破碎带的分布形式。

(4)涌水突泥机理与防控技术研究。针对不同隧洞涌水突泥类型，分析了隧洞涌水突泥发生条件(含水构造及其稳定性、构造储能与释放等)和影响因素(地质因素、工程因素等)。调查隧址区内断层构造特征及分布规律，构建了隧洞涌水突泥灾变的突变理论模型、防突岩盘厚度和涌水临界阈值，建立长距离小断面输水隧洞涌水突泥的组合断层致灾模型，分析了多因素影响下隧道围岩应力场、位移场和渗流场的演化规律，揭示了隧洞涌水突泥灾变演化机制。最后，研究了浆液在准三维平面动水裂隙中的扩散规律，提出了长距离小断面输水隧洞涌水突泥段速凝水泥基浆液的动(静)条件下注浆扩散理论及封堵机理，分析了复杂地质条件下隧洞围岩注浆减水效果。

(5)施工下穿既有构筑物控制技术研究。通过分析长距离小断面输水隧洞下穿既有构筑物施工引起的围岩及地表变形影响因素，运用弹塑性理论、现场监测和数值模拟，研究隧洞施工引起的围岩、地层和地表变形规律及变形机理；开展既有构筑物结构爆破振动响应与动态应变测试分析，构建结构振动响应的时频能量特征谱；建立隧道-岩土层-结构的爆破动力分析模型，分析隧洞爆破开挖作用对既有构筑物的影响，探讨既有构筑物对爆破作用的动力响应；综合分析输水隧洞下穿既有构筑物施工引起的振动-应力-应变的动力学响应规律。最后，结合实际工程条件，提出了长距离小断面隧洞下穿既有构筑物(引水隧洞、高铁和高速既有线)的开挖、支护和监测等控制技术。

(6)通风技术研究。基于空气动力学理论对长距离小断面隧洞施工通风原理进行分析，结合现行隧道通风规范和隧道施工污染物控制标准，对长距离小断面隧洞施工期通风控制标准提出合理建议。调查隧址区的气候条件，通过现场监测获取污染物浓度分布数据，对隧道通风系统进行模拟，分析了隧洞内污染物的分布及运移规律，考虑输水隧洞深埋、长距离、小断面特点，推导了隧洞施工期的需风量、风压、风阻等参数的计算公式。最后，根据隧洞施工期污染物分布规律和通风参数计算结果，提出了适合长距离小断面输水隧洞工程的施工通风方式。

(7)施工灾害风险评价与管控技术研究。通过对输水隧洞施工期涌水突泥、塌方、支护变形等各类灾害事件及其影响因素(地质因素、工程因素等)进行辨识和累积效应分析，并基于防灾预警分级标准和风险场景频率分析方法，对隧洞灾害风险影响因素的评价指标进行量化，获得不同预警等级各指标参数阈值，分析了隧洞沿线遭遇不良地质条件进而发生风险事故的概率。在输水隧洞灾害风险识别及量化的基础上，通过敏感性分析，确定各风险因子的影响程度，构建了复杂地质条件下长距离小断面输水隧洞施工风险评价及预警体系。最后，基于隧洞施工风险评价及预警体系，形成了一套针对不同预警级别的隧洞施工风险管理方案与控制措施。

第二章　输水隧洞断层破碎带物理力学特性

第一节　断层破碎带化学成分

断层破碎带为岩浆岩中的凝灰岩，是一种最常见的分布最为广泛的细粒火山碎屑岩。碎屑主要表现为岩屑、晶屑、玻屑和火山灰，粒径一般小于 2.0mm，由火山爆发而抛入空中的火山物质经长距离搬运散落于盆地，经压结和水化学胶结固结成岩。我国凝灰岩主要分布于东部，尤其是东南沿海地区的中生代火山岩带中，为环太平洋火山带的一部分，主要产于上侏罗统南园组、磨石山群和中白垩统石帽山群。华北板块北缘中生代凝灰岩分布也较为广泛，岩层主要产于上侏罗统后城组、张家口组和下白垩统义县组。我国凝灰岩以酸性凝灰岩为典型代表，以流纹质和流纹英安质为主，属钙碱性系列火山岩。

凝灰岩具有凝灰或沉凝灰等结构特征。岩石主要由晶屑、玻屑、岩屑、角砾和火山灰等火山物质组成，晶屑、玻屑常具多种形态，如火焰状、鸡骨状、撕裂状和弧面状等。据计算，我国东南沿海含叶蜡石凝灰岩建造的 CIPW 标准矿物，主要由石英、钾长石和钠长石等矿物组成，其含量分别为 38.55%、27.39%、22.63%，三者之和一般大于 80%，另外还含有少量钙长石(平均含量为 3.56%)，其他矿物，尤其是铁镁矿物含量很少。此外，凝灰岩常不同程度地伴生有沸石、蒙脱石、伊利石或高岭石、埃洛石等蚀变矿物，我国部分酸性凝灰岩化学成分如表 2-1 所示[26,27]。

表 2-1　我国部分酸性凝灰岩化学成分　　单位：%

产地	地层	岩性	化学成分								
			SiO_2	Al_2O_3	Fe_2O_3	FeO	TiO_2	MgO	CaO	Na_2O	K_2O
浙东	磨石山群	凝灰岩	71.29	14.72	1.49	1.51	0.35	0.89	1.5	3.57	4.68
		晶屑熔结凝灰岩	70.02	14.61	1.38	2.24	0.45	0.88	2.23	3.76	4.43
	西山头组	熔结凝灰岩	71.10	15.13	1.85	1.43	0.35	0.71	1.11	3.80	4.52
		凝灰岩	71.88	14.73	1.73	1.94	0.33	0.61	0.82	2.7	5.26
闽西	南园组	晶屑凝灰岩	74.51	14.07	1.14	1.75	0.35	0.72	0.44	2.62	4.4
		晶屑熔结凝灰岩	72.11	14.57	1.25	1.8	0.4	0.71	1.73	3.01	4.42
湘北	第四系下更新统	玻屑凝灰岩	71.49	13.89	1.99	1.92	0.47	0.66	1.31	3.19	5.08

续表 2-1

产地	地层	岩性	化学成分								
			SiO_2	Al_2O_3	Fe_2O_3	FeO	TiO_2	MgO	CaO	Na_2O	K_2O
宁城	义县组	熔结凝灰岩	76.96	14.94	0.62	1.36	0.14	0.27	0.75	0.97	3.99
凌源	建品组	含砾凝灰岩	75.84	11.85	1.61	1.78	0.32	0.04	0.56	4.15	3.85

研究表明，隧址区周围岩石为熔结凝灰结构，胶结物为脱玻化火山灰，岩石主要由大量塑性玻屑、塑性岩屑及少量晶屑组成。其中，塑性玻屑呈舌针骨状、弧面棱角状，单偏光镜下显示出假流纹构造特征，含量约55%。塑性岩屑呈椭球状，轮廓不明显，单偏光镜下颜色较暗，内部见长石、石英颗粒，具霏细脱玻结构，成分为流纹岩、安山岩类，粒径0.5～0.9mm，含量约12%。晶屑成分为石英、长石类，石英表面干净，无色透明，被溶蚀成浑圆状；长石无色，可见部分残缺晶形，裂纹发育，少量晶屑边部熔蚀，晶屑粒径0.1～0.5mm，个别达0.8mm，多为次棱角状，含量约33%。结合化学成分分析的结果，可以确定隧址区岩石为凝灰岩，并命名为流纹质熔结凝灰岩。

第二节　断层破碎带水理化特性

一、断层破碎带基础水理化特性

由于凝灰岩是黏土物质胶结或火山灰水解物质经压实而形成的火山物质，它的外貌疏松多孔，粗糙，有层理，因粒度细、颗粒表面积大、孔隙率高很容易遭受次生变化，从而向含黏土质类矿物增多的方向转化，这样就导致了结构也逐渐改变，转化为黏粒集合体[28]。一定厚度的水化膜形成后将吸附于颗粒之间，若相邻黏粒之间的距离比较靠近，便有一部分重叠起来的水化膜，这样便形成了公共强结合水化膜。由于吸水后各自的水化膜增厚，公共强结合水化膜将逐渐消失，这时凝灰岩便表现出一定的硬度。反之，若凝灰岩表现出体积增大、强度降低，就说明公共强结合水化膜已被公共弱结合水化膜所取代，此时的凝灰岩逐渐变成黏塑状。当它吸水饱和或过饱和时，黏粒间将出现自由水，这时水化膜加厚至趋于消失或完全消失，凝灰岩体积迅速增大，强度急剧衰减，完全失去固体时所具有的强度，表现出松软状态。

此外，凝灰岩主要由石英、长石、黏土及其他矿物组成，且由于围岩不同矿物的物理性质和化学性质差异，如石英和长石的膨胀系数相差近1倍，在热胀冷缩的过程中，它的表面容易产生裂隙，在水及空气携带的介质作用下易发生风化作用，断层破碎带内更易顺断层产生风化深槽。

综上可知，断层破碎带凝灰岩的基本特征为易风化、遇水膨胀较快、变形量大、变形持续时间长等。

二、断层破碎带水化崩解特性

由于本身的毛细作用及亲水性黏土矿物的含量较高，凝灰岩遇水会发生湿化崩解，尤其是风化后的凝灰岩，崩解性更显著，在外观上直接体现在遇水后浸润线的迅速上涨，底部矿物颗粒遇水崩解脱落。由于重力作用及其本身特性，凝灰岩试样的浸润线到达顶部时间短，试样吸水饱和后整体结构会遭到破坏，这充分说明了凝灰岩在水化作用下具备一定的崩解性[29,30]。因此，综合前人研究，基于凝灰岩的矿

物组成及分布特征,以及结合不同黏土矿物的理化特性,可以得出如下结论:

(1)隧址区地壳表层具有一定风化程度的凝灰岩,随着风化程度的提高,加上淋滤作用,风化物中游离氧化物,特别是游离铁氧化物含量逐步增加。凝灰岩的软化崩解主要由游离铁氧化物的溶解造成结构性的脆性非应变损伤,而部分水化能力较强的亲水性黏土矿物,如伊利石、蒙脱石、绿泥石等起到了进一步软化和泥化的综合作用。

(2)隧址区埋深较大的凝灰岩软化崩解,主要是由含量较高、水化能力较强的黏土矿物造成的。

第三节 断层破碎带物质成分及微观结构

研究表明,凝灰岩的水理化性质、物理力学性质与其物质成分组成以及微观结构关系密切,对物质成分组成以及微观结构进行观测,能为其水理化性质、物理力学性质、破坏模式提供结构组成依据[31,32]。

本节通过X射线衍射矿物分析试验及环境扫描电子显微镜试验,对凝灰岩的物质成分、微观形貌特征进行物性检测,并对物质成分及微观结构特征与岩石的工程特性之间的关系进行研究。

一、矿物成分分析

1. 试验介绍

矿物成分测试采用产自德国的X射线衍射仪(X-ray diffraction,XRD)完成(图2-1),分析的试样取自隧址区断层破碎带内。

图2-1 产自德国的X射线衍射仪(XRD)

2. 试验结果及分析

根据XRD测试结果可以得到隧址区断层破碎带凝灰岩的矿物成分,计算得出各种矿物的相对含量,计算结果见表2-2。

表 2-2　隧址区断层破碎带凝灰岩矿物成分相对含量表

序号	矿物成分	相对含量/%	
		微风化凝灰岩	弱风化凝灰岩
1	石英	40.6	43.4
2	钾长石	23.3	22.1
3	钠长石	24.1	21.8
4	蒙脱石	3.7	4.6
5	方解石	4.0	2.9
6	绿泥石	2.4	3.1
7	云母	0.7	0.6
8	滑石	0.5	0.7
9	其他矿物	0.7	0.8

结果表明，隧址区凝灰岩主要由石英、钾长石和钠长石等矿物组成，内部还含有蒙脱石、绿泥石等黏土矿物以及微量云母、滑石等矿物。由于凝灰岩具有独特的成岩结构，结合矿物成分分析可知，所采集的隧址区凝灰岩岩样晶体均由长石、石英组成，基质主要由火山玻璃、火山灰等物质组成，胶结和填充物主要由蒙脱石、绿泥石以及方解石等矿物组成。

由表 2-2 中不同风化程度的凝灰岩矿物成分可知，隧址区断层破碎带矿物成分含量的变化较大。其中，凝灰岩在风化过程中，相对含量减少的矿物有钾长石、钠长石、云母和方解石。

二、微观结构形貌观测

(一)试验介绍

隧址区破碎带围岩的微观结构形貌观测采用环境扫描电子显微镜(scanning electron microscope, SEM)进行，仪器型号为 Quanta 200，系荷兰厂家生产(FEI)，试验从制样、镀金到观测全程于中国地质大学(武汉)的地质过程与矿产资源国家重点实验室内完成，实验装置如图 2-2 所示。SEM 基于电子二次成像的机理，通过电子束轰击样品表面来采集材料表面形貌特征信息，并按时间及空间顺序将处理转换生成的图像信息显示出来。

试验所用仪器技术指标如下：

(1)高真空模式下 30kV 时，分辨率为 3.5nm；ESEM 环境真空模式下 30kV 时，分辨率为 3.5nm；低真空模式下 3kV 时，分辨率为 15nm。

(2)放大倍数为 7×～1 000 000×。

(3)加速电压为 200V～30kV。

(4)采用灯丝、钨灯丝。

(5)最大电流为 2μA。

(6)样品室真空，压力为$<6\times10^{-4}\sim2600$Pa(3 种模式：高真空、低真空、ESEM 环境真空)。

为了获得凝灰岩的代表性结构形貌微观观测结果，测试特意选取了两种风化等级的岩块经单轴抗压试验之后的试样。经过对原始试样的挑选，最后采集到的试样分别是微风化凝灰岩、弱风化(中风化)凝灰岩两种经过抗压试验后的岩块。

由于岩样导电性差，观测结构形貌需要在材料表面进行镀金处理，以增强材料表面导电性，如图 2-5 所示。测试开始前，需将样品置于观察室内工作台上，并用具有导电功能的导电胶将样品固定，之后便可以正式进行扫描电镜观测试验。

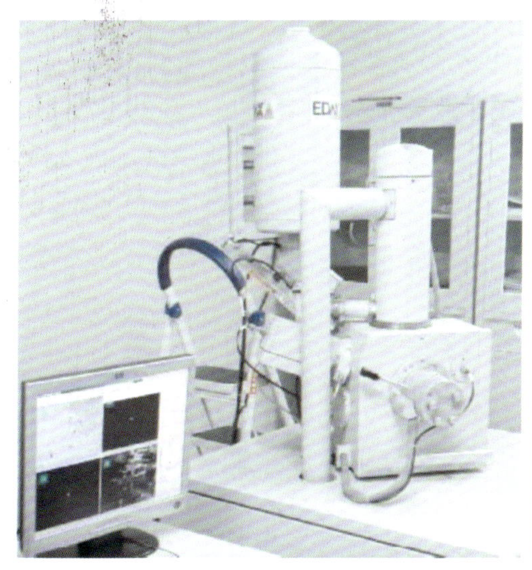

图 2-2 扫描电镜实验装置

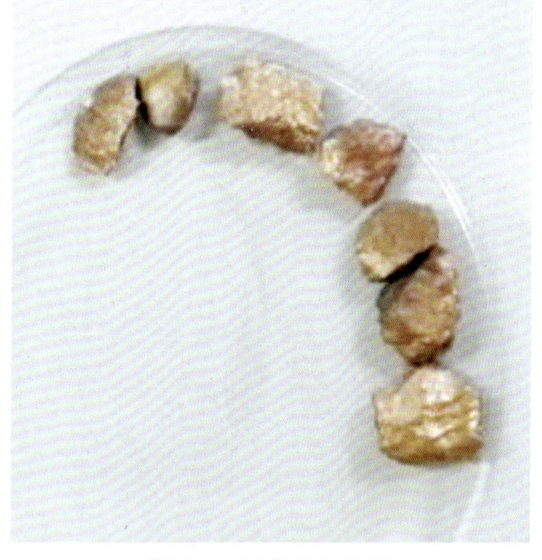

图 2-3 试样镀金处理

（二）试验结果及分析

由 SEM 可见凝灰岩的主要特征是微片层结构（图 2-4），隧址区凝灰岩微观结构均有片层结构。该结构是云贵地区高分解性凝灰岩常有的微观形态，也是黏土矿物和类黏土矿物的典型结构。从图 2-4 中可以看出，凝灰岩的矿物质多呈碎屑集合状和团簇状，其中碎屑集合状多为石英、长石等晶屑以及火山灰原有成分的集合体，团簇状为黏土矿物和类黏土矿物的集合体，碎屑物质组成了岩石微观结构的骨架结构，团簇状物质起到胶结、填充骨架的作用。

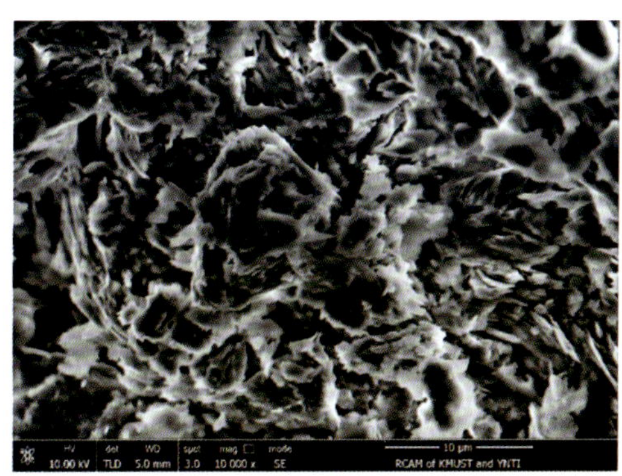

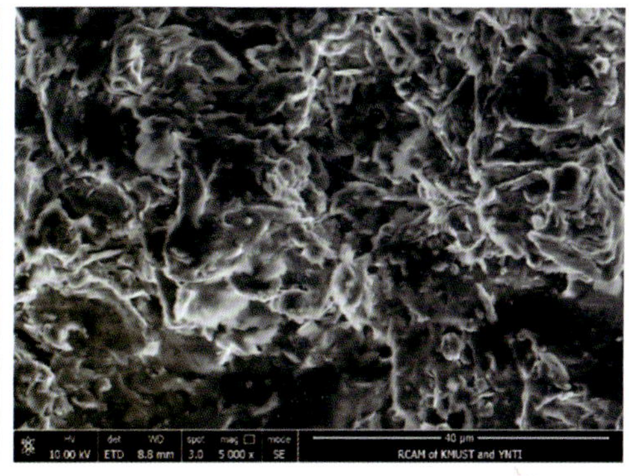

图 2-4 凝灰岩微片层结构

从图 2-4 中低倍数凝灰岩 SEM 图像中可以看出，凝灰岩内部孔隙裂缝细小而丰富，单个孔隙直径、体积不大，但是数量巨多。通过利用高倍数的 SEM 图像将孔隙裂隙放大，可以清晰地观察到各种孔隙的结构特性。孔隙主要为矿物粒间孔，由火山玻璃质脱玻化形成和氧化溶蚀产生。微片层结构普遍存在于各地高膨胀易分解凝灰岩中，它的强亲水性矿物具有较大的毛管压力，可使水迅速进入凝灰岩微结构。不对称的硅氧四面体分子结构遇水时微片具有卷曲力，使得凝灰岩遇水后迅速松散化，强度消失，并伴有孔隙的快速产生[33]。强亲水性微片层结构也是凝灰岩快速分解的重要原因。依据 SEM 观察孔隙特征，凝灰岩内部孔隙可分为以下 3 类。

1. 矿物粒间孔

凝灰岩含有大量的岩浆在地表快速冷凝条件下所形成的火山玻璃质。火山玻璃质是一种极不稳定的硅酸盐类混合物，它和水介质在温度、压力、时间、pH 值等不断变化的环境中相互作用，发生脱玻作用，形成雏晶、微晶，进而形成新的矿物。在火山玻璃质脱玻过程中，矿物体积会急剧减小，使岩石内部形成微孔隙。如图 2-5 所示，SEM 图像中大量矿物粒间孔即是火山灰沉积形成凝灰岩的过程中玻璃质脱玻化形成的。

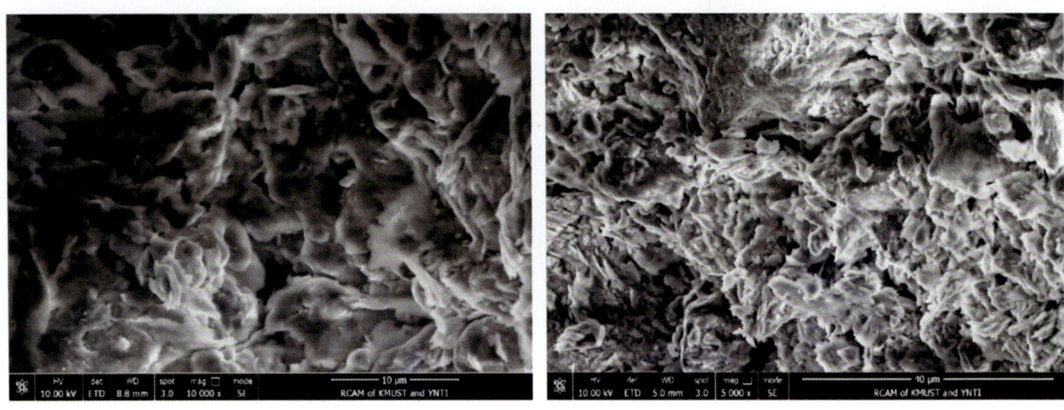

图 2-5　凝灰岩的粒间孔

2. 粒内孔隙

矿物的粒内孔隙主要由溶蚀作用形成，研究表明，酸可以溶蚀长石和碳酸盐类矿物，凝灰岩在成岩过程中，常伴有一定量的有机质，在埋藏条件下会产生少量的有机酸[34]。对凝灰岩蒸馏水浸泡液的 pH 值进行测试后发现，隧址区的凝灰岩呈酸性。酸性环境下，长石、碳酸盐类矿物易发生溶蚀，随水介质排出岩石内部，最后演变成蜂窝状的溶蚀孔，如图 2-6 所示主要为脆性矿物被酸溶蚀后形成的孔隙。

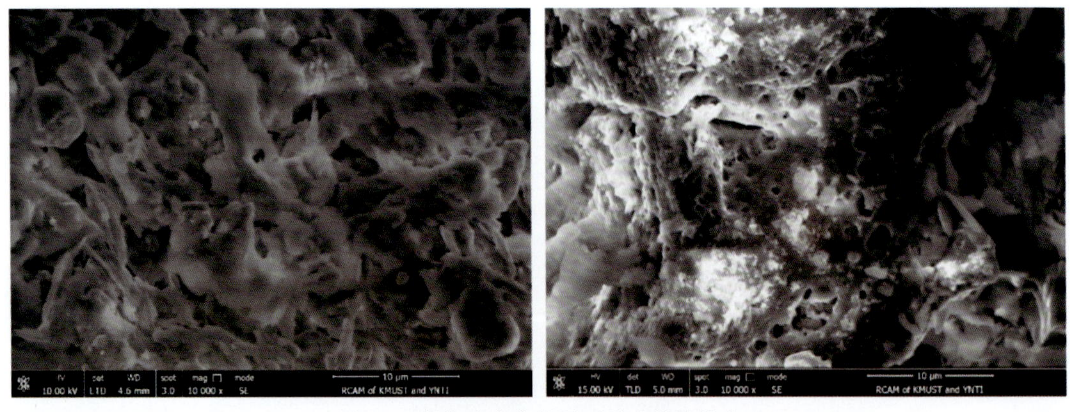

图 2-6　凝灰岩水化作用下形成的溶蚀孔

3. 微裂隙

岩石内部微裂缝的形成主要与岩石内部存在脆性矿物成分有关。隧址区凝灰岩含有大量的石英、黄铁矿，这些脆性材料会产生节理缝、构造缝，在此基础上进而发育成裂隙(图 2-7)。凝灰岩在成岩过程中形成的节理缝起到了渗滤作用，这也是水分解进入凝灰岩内部的主要通道。

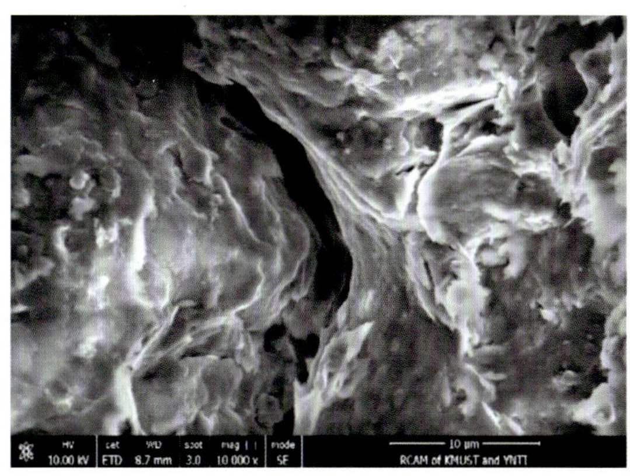

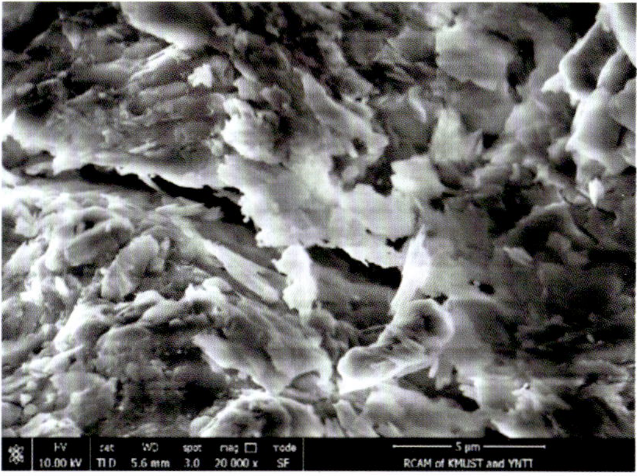

图 2-7　凝灰岩的微裂缝

第四节　断层破碎带物理力学特性

一、试验介绍

为了掌握断层破碎带的物理力学特性，按照水利水电相关规程的要求，在实验室对施工现场取回的具有代表性的断层破碎带岩样进行了室内试验。试验共选取 2 批代表性岩样，其中弱风化岩样 1 批，微风化岩样 1 批，各分为 4 组，每组 3 块，共计制样 24 块，在中国地质大学（武汉）工程学院岩石力学实验室内完成。

由于岩石内部的裂隙分布与矿物组成等存在一定的差异，因此对取得的原样进行初步观察，剔除表面存在裂隙、变形与杂质的岩样，使剩下的岩样具有一定的代表性。对原样进行初步筛选后进行加工，制成 ϕ50mm×100mm 的试样。试样尺寸满足国际岩石力学学会试验方法中的高径比为 2.0～2.5 的规定；精度满足两端面不平整度偏差为±0.05mm，端面垂直于试件轴面且角度偏差不大于±0.25°，圆柱体相邻两面互相垂直，偏差小于±0.25°的规定。

因隧洞内作业条件有限，不能像常规工程勘察一样用工勘钻机取样，故在围岩开挖后取较完整的岩块运回实验室内进行加工制样。试验首先在室内钻石取芯，取出圆柱状岩芯（图 2-8），然后用金刚石对岩样两端进行切割打磨，制作出规整、光滑的试样（图 2-9）。

(a)金刚石取芯钻机

(b)初始岩样

图 2-8　室内钻石取芯

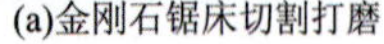
(a)金刚石锯床切割打磨

(b)标准岩样

图 2-9　切石打磨制样

按照规定步骤进行弱风化及微风化围岩岩样的饱和处理，即在制样完成后经过完整性及平整度检验，将合格样品放入水槽中浸泡，首先采用自由吸水法处理，然后进行真空抽气饱和，如图 2-10 所示。

单轴压缩变形及抗压试验采用长春科新试验仪器有限公司生产的 YA-600 型微机控制电液伺服压力试验机进行，如图 2-11 所示。

图 2-10　真空抽气饱和处理

(a)成套设备

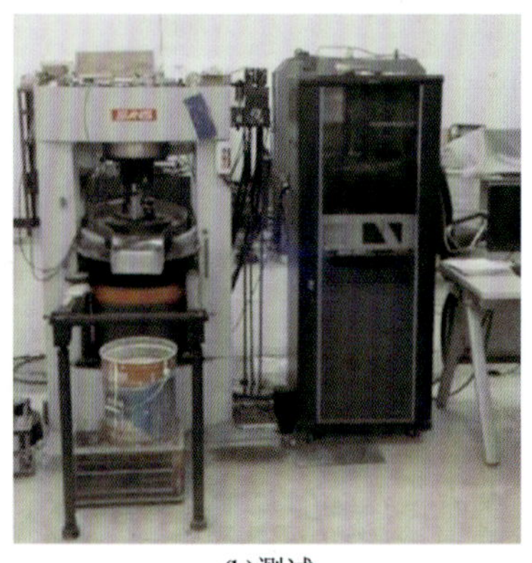
(b)测试

图 2-11　电液伺服压力试验机

二、密度及重度

工程中与应力有关的参数取值，应用重度较直接应用密度更为普遍。本次试验首先计算出试样密度，然后换算为重度，重力加速度取 9.8N/kg。此外，岩石的颗粒密度变异极小，且在工程研究中意义不大，因此，试验中将岩石试样切割打磨成规则试件，采用常规的量积法测定试样岩块的块体密度。测试成果见表 2-3，成果统计见表 2-4。

表 2-3　研究区隧洞围岩密度及重度试验成果表

编号	岩石名称	风化程度	试样密度/($g \cdot cm^{-3}$)				饱和重度/($kN \cdot m^{-3}$)
			干燥		饱和		
			单值	均值	单值	均值	
RY1	凝灰岩	弱风化	2.504	2.503	2.514	2.514	24.64
			2.509		2.520		
			2.495		2.508		

续表 2-3

编号	岩石名称	风化程度	试样密度/(g·cm^{-3})				饱和重度/(kN·m^{-3})
			干燥		饱和		
			单值	均值	单值	均值	
RY2	凝灰岩	弱风化	2.584	2.540	2.595	2.555	25.04
			2.523		2.545		
			2.512		2.525		
RY3	凝灰岩	弱风化	2.527	2.516	2.535	2.525	24.75
			2.514		2.525		
			2.506		2.515		
RY4	凝灰岩	弱风化	2.511	2.509	2.518	2.516	24.66
			2.500		2.510		
			2.515		2.520		
WY1	凝灰岩	微风化	2.508	2.506	2.518	2.517	24.67
			2.510		2.522		
			2.500		2.512		
WY2	凝灰岩	微风化	2.590	2.543	2.598	2.559	25.08
			2.525		2.550		
			2.515		2.530		
WY3	凝灰岩	微风化	2.530	2.522	2.540	2.530	24.79
			2.516		2.530		
			2.520		2.520		
WY4	凝灰岩	微风化	2.512	2.515	2.520	2.521	24.71
			2.514		2.518		
			2.520		2.525		

表 2-4 研究区隧洞围岩密度及重度成果统计表

岩石类型	统计项目	饱和重度/(kN·m^{-3})	干燥密度/(g·cm^{-3})	饱和密度/(g·cm^{-3})	试样编号
弱风化凝灰岩	平均值	24.77	2.517	2.528	
	最大值	25.04	2.540	2.555	RY2
	最小值	24.64	2.503	2.514	RY1
微风化凝灰岩	平均值	24.81	2.522	2.532	
	最大值	25.08	2.543	2.559	WY2
	最小值	24.67	2.506	2.517	WY1

本次试验中微风化与弱风化岩样各测试 4 组，每组 3 块，取每组的均值进行统计。由试验成果及统计成果可知：

(1)弱风化凝灰岩各组试样的干密度均值最大为 2.540g/cm^3,最小值为 2.503g/cm^3,平均为2.517g/cm^3;各组试样的饱和密度均值最大为 2.555g/cm^3,最小值为 2.514g/cm^3,平均为 2.528g/cm^3;对应的饱和重度值最大为 25.04kN/m^3,最小为 24.64kN/m^3,平均为 24.77kN/m^3。从对应的组别来看,最大值均产生在 RY2 组中,最小值均来自 RY1 组。

(2)微风化凝灰岩各组试样的干密度均值最大为 2.543g/cm^3,最小值为 2.506g/cm^3,平均为2.522g/cm^3;各组试样的饱和密度均值最大为 2.559g/cm^3,最小值为 2.517g/cm^3,平均为 2.532g/cm^3,对应的饱和重度值最大为 25.08kN/m^3,最小为 24.67kN/m^3,平均为 24.81kN/m^3。从对应的组别来看,最大值均产生在 WY2 组中,最小值均来自 WY1 组。

(3)从整体看,微风化凝灰岩的密度及重度略高于弱风化凝灰岩,但二者差异较小,说明弱风化岩石相对于微风化岩石,矿物成分尚未发生明显蚀变,结构也未遭遇实质性破坏,这与野外观测鉴别原则基本一致。野外地质调查或勘测时,初步鉴别凝灰岩风化程度通常认为凝灰岩弱风化相对于微风化主要体现在矿物色泽有所变暗、裂隙增多、裂隙面铁锰质氧化物渲染增加,而岩块本身强度及结构变化并不太明显。

三、吸水性

本次吸水性测试与密度试验同步,岩样各测试 4 组,每组 3 块,取每组的均值进行统计,试验成果见表 2-5,试验成果统计见表 2-6。

表 2-5 研究区隧洞围岩吸水性试验成果表

试样编号	岩石名称	风化程度	吸水率/%		饱和吸水率/%		饱水系数	
			单值	均值	单值	均值	单值	均值
RY1	凝灰岩	弱风化	0.393	0.392	0.473	0.465	0.831	0.843
			0.388		0.469		0.827	
			0.394		0.453		0.870	
RY2	凝灰岩	弱风化	0.384	0.380	0.480	0.474	0.800	0.802
			0.386		0.480		0.804	
			0.371		0.463		0.801	
RY3	凝灰岩	弱风化	0.249	0.260	0.339	0.364	0.735	0.715
			0.268		0.380		0.705	
			0.263		0.373		0.705	
RY4	凝灰岩	弱风化	0.289	0.271	0.366	0.349	0.790	0.778
			0.267		0.343		0.778	
			0.258		0.337		0.766	
WY1	凝灰岩	微风化	0.158	0.158	0.248	0.248	0.637	0.637
			0.157		0.247		0.636	
			0.158		0.248		0.637	
WY2	凝灰岩	微风化	0.222	0.221	0.289	0.288	0.768	0.769
			0.224		0.291		0.770	
			0.218		0.284		0.768	

续表 2-5

试样编号	岩石名称	风化程度	吸水率/%		饱和吸水率/%		饱水系数	
			单值	均值	单值	均值	单值	均值
WY3	凝灰岩	微风化	0.125	0.125	0.166	0.163	0.753	0.769
			0.123		0.159		0.774	
			0.127		0.163		0.779	
WY4	凝灰岩	微风化	0.250	0.261	0.341	0.353	0.733	0.739
			0.279		0.372		0.750	
			0.253		0.345		0.733	

表 2-6 研究区隧洞围岩吸水性试验成果统计表

岩石类型	统计项目	吸水率/%	饱和吸水率/%	饱水系数
弱风化凝灰岩	平均值	0.326	0.413	0.784
	最大值	0.392	0.474	0.843
	最小值	0.260	0.349	0.715
微风化凝灰岩	平均值	0.191	0.263	0.728
	最大值	0.261	0.353	0.769
	最小值	0.125	0.163	0.637

凝灰岩吸水性试验成果统计表明,不同风化等级岩样之间具有明显的差异。弱风化凝灰岩吸水率每组均值最大为 0.392%,最小为 0.260%,平均为 0.326%;饱和吸水率每组均值最大为 0.474%,最小为 0.349%,平均为 0.413%;饱水系数每组均值最大为 0.843,最小为 0.715,平均为 0.784。微风化凝灰岩吸水率每组均值最大为 0.261%,最小为 0.125%,平均为 0.191%;饱和吸水率每组均值最大为0.353%,最小为 0.163%,平均为 0.263%;饱水系数每组均值最大为 0.769,最小为 0.637,平均为 0.728。

整体而言,弱风化试样组的吸水率、饱和吸水率及饱水系数都大于微风化试样组。说明随着岩石风化程度的加深,岩石内部裂隙增加,且总的开空隙比例也在增加,比较符合岩石风化裂隙的物理意义。与此相对应,弱风化岩石相对微风化岩石,抗风化能力继续降低,更容易受水化影响,裂隙网络更易开展。

四、孔隙性

岩石经过各种地质作用、风化作用后内部将会发育各种裂隙和孔隙,其总的空隙性相对比较复杂,而对岩石力学强度及抗风化能力影响最大的主要是开空隙。通常而言,开空隙率越大,岩石越容易产生风化作用,岩石强度劣化更快,工程性质更差。本试验与吸水性试验同步完成,系根据饱和吸水率测试结果换算而来,试样的总开空隙率试验成果见表 2-7,各组试验成果统计见表 2-8。

表 2-7 研究区隧洞围岩总开空隙率试验成果表

试样编号	岩石名称	风化程度	总开空隙率%		试样编号	岩石名称	风化程度	总开空隙率%	
			单值	均值				单值	均值
RY1	凝灰岩	弱风化	1.270	1.249	WY1	凝灰岩	微风化	0.680	0.678
			1.260					0.676	
			1.217					0.678	
RY2	凝灰岩	弱风化	1.311	1.296	WY2	凝灰岩	微风化	0.793	0.790
			1.311					0.798	
			1.266					0.780	
RY3	凝灰岩	弱风化	0.930	0.998	WY3	凝灰岩	微风化	0.460	0.452
			1.042					0.442	
			1.023					0.453	
RY4	凝灰岩	弱风化	1.019	0.970	WY4	凝灰岩	微风化	0.932	0.964
			0.954					1.015	
			0.938					0.943	

表 2-8 研究区隧洞围岩总开空隙率试验成果统计表

岩石类型	统计项目	总开空隙率/%	岩石类型	统计项目	总开空隙率/%
弱风化凝灰岩	平均值	1.128	微风化凝灰岩	平均值	0.721
	最大值	1.296		最大值	0.964
	最小值	0.970		最小值	0.452

总开空隙率试验成果统计表明，不同风化等级岩样之间具有明显的差异，弱风化凝灰岩总开空隙率远大于微风化凝灰岩。其中，弱风化凝灰岩总开空隙率每组均值最大为 1.296%，最小为 0.970%，平均为 1.128%；微风化凝灰岩总开空隙率每组均值最大为 0.964%，最小为 0.452%，平均为 0.721%。因此，当弱风化及微风化岩石在同一个围岩等级下时，不考虑其他较大规模的结构面或断层，可以认为此类围岩的总开空隙率在 1%左右。

整体而言，弱风化试样组的总开空隙率较大，说明随着岩石风化程度的加深，岩石内部总的开空隙比例也在增加，岩石抗风化能力将随之下降。

五、力学性质

1. 测试结果

岩石的力学强度受微细观物质成分及结构构造控制，不同风化等级的岩样由于物质成分的蚀变程度不同，力学指标也会相应改变，而受风化作用或者受构造影响，岩石内部节理裂隙发育，强度必然产生劣化。因此，同一种岩石取不同风化等级岩样进行力学试验，有助于对比分析。同时，为了尽量避免结构面的影响，通常以室内完整岩块试验为基础，再根据岩块测试结果，结合结构面发育程度、风化程度、破碎程度等因素对岩体的相关指标进行折减使用。野外挑选岩样时，为保证试验的有效性，选取了块径较大、外观形态较完整、晶体颗粒粒度较为均匀的岩块，试验成果见表 2-9，统计成果见表 2-10。

表 2-9　研究区隧洞围岩岩石力学试验成果表

编号	岩石名称	风化程度	数值类型	垂直抗压强度/MPa			软化系数	弹性模量/GPa	泊松比 μ
				天然	干燥	饱和			
RY1	凝灰岩	弱风化	单值	69.0	77.4	70.3		14.1	0.29
				67.2	90.7	①51.9		17.2	0.25
				112.0	84.0	74.4		13.3	0.23
			均值	82.7	84.0	65.5	0.78	14.9	0.26
RY2	凝灰岩	弱风化	单值	69.0	77.4	70.3		14.1	0.29
				67.2	90.7	②51.9		17.2	0.25
				112.0	84.0	74.4		13.3	0.23
			均值	82.1	107.7	82.2	0.76	18.4	0.19
RY3	凝灰岩	弱风化	单值	63.8	68.9	58.1		9.8	0.33
				②29.1	78.9	65.9		13.4	0.27
				61.4	72.4	60.3		12.2	0.28
			均值	62.6	73.4	61.4	0.84	11.8	0.29
RY4	凝灰岩	弱风化	单值	87.5	102.9	②46.3		25.9	0.19
				67.2	91.7	75.9		15.8	0.26
				80.2	101.9	92.2		22.4	0.23
			均值	78.3	98.8	84.1	0.85	21.4	0.23
WY1	凝灰岩	微风化	单值	②20.1	118.4	108.0		35.7	0.23
				105.1	107.7	103.3		33.5	0.21
				112.0	110.8	109.8		38.3	0.23
			均值	108.5	112.3	107.0	0.95	35.8	0.22
WY2	凝灰岩	微风化	单值	104.9	122.2	100.3		32.7	0.18
				84.5	89.6	82.5		23.4	0.28
				77.9	107.0	74.4		27.5	0.20
			均值	89.1	106.3	85.7	0.8	27.9	0.22
WY3	凝灰岩	微风化	单值	98.3	109.8	89.8		25.4	0.19
				90.7	96.6	86.7		21.9	0.22
				87.5	90.2	82.5		24.2	0.23
			均值	92.2	98.9	86.3	0.87	23.1	0.21
WY4	凝灰岩	微风化	单值	101.4	118.3	98.5		40.3	0.18
				112.0	108.5	102.3		34.9	0.19
				104.8	115.9	97.2		28.7	0.21
			均值	106.1	114.2	99.3	0.87	34.6	0.19

注:①沿硬质胶结结构面破坏,参与统计。

②沿裂隙破坏,不参与统计。

表 2-10 研究区隧洞围岩岩石力学试验成果统计表

岩石类型	统计项目	天然单轴极限抗压强度/MPa	干燥单轴极限抗压强度/MPa	饱和单轴极限抗压强度/MPa	软化系数	弹性模量/GPa	泊松比 μ
弱风化凝灰岩	平均值	76.4	91.0	73.3	0.81	16.6	0.24
	最大值	82.7	107.7	84.1	0.85	21.4	0.29
	最小值	62.6	73.4	61.4	0.76	11.8	0.19
微风化凝灰岩	平均值	99.0	107.9	94.6	0.87	30.4	0.21
	最大值	108.5	114.2	107.0	0.95	35.8	0.22
	最小值	89.1	98.9	85.7	0.80	23.1	0.19

由试验成果可知，除个别数据外，岩样各项参数变化尚在正常范围内，试验结果可靠，能满足工程研究分析之用。

统计结果显示，弱风化凝灰岩的天然单轴极限抗压强度为 62.6～82.7MPa，平均值为 76.4MPa；干燥单轴极限抗压强度为 73.4～107.7MPa，平均值为 91.0MPa；饱和单轴极限抗压强度为 61.4～84.1MPa，平均值为 73.3MPa；弹性模量为 11.8～21.4GPa，平均值为 16.6GPa；泊松比为 0.19～0.29，平均值为 0.24；软化系数为 0.76～0.85，平均值为 0.81。

微风化凝灰岩的天然单轴极限抗压强度为 89.1～108.5MPa，平均值为 99.0MPa；干燥单轴极限抗压强度为 98.9～114.2MPa，平均值为 107.9MPa；饱和单轴极限抗压强度为 85.7～107.0MPa，平均值为 94.6MPa；弹性模量为 23.1～35.8GPa，平均值为 30.4GPa；泊松比为 0.19～0.22，平均值为 0.21；软化系数为 0.80～0.95，平均值为 0.87。

2. 应力-应变特征

凝灰岩弱—微风化岩块在进行压缩试验时均表现为较典型的脆性破坏特征，在没有结构缺陷的干扰下通常峰前区表现出良好的弹性特性，峰值点及峰后软化阶段维持的稳定时间非常短，表现为瞬时失稳破坏，其单轴压缩应力-应变典型曲线如图 2-12 所示。

通过凝灰岩的单轴压缩试验发现，岩石达到峰值后承载力迅速下降甚至消失。通过单轴压缩应力-应变全过程曲线也可以看出，对于凝灰岩这种脆性岩石，它的变形曲线表现为压密—线弹性—非线弹性—初裂—弹塑性—峰值这几个阶段。

3. 破坏形态分析

弱—微风化凝灰岩在饱和状态下的极限单轴抗压强度试验破坏形态特征如图 2-13 所示，从破坏形态特征的异同来看，弱—微风化凝灰岩饱和极限单轴抗压强度试验的破坏形态分为 2 种类型，即沿结构面剪切破坏和斜向贯通剪切破坏。

(1)沿结构面剪切破坏[图 2-13(a)]。发生在岩块结构面与加载方向呈一定角度倾斜时，试样基本沿着以岩块中原有结构面为主的剪切面进行贯穿式剪切及滑动破坏，整体表现出较好的一致性规律。在结构面较发育时，结构面上的剪应力和轴向应力组合较为不利，因而岩样强度和破坏形态受结构面的强度控制。部分岩样受次级结构面或局部缺陷影响，产生了局部次级剪切破坏或劈裂破坏，但仍以主结构面的剪切破坏为主要特征。此种破坏模式往往造成一个后果，就是当结构面胶结较差时，测试指标将会远低于正常范围，此时试验数据仅供参考而不应参与统计；当结构面为硬质结构面且胶结良好，测试结果接近正常范围时可以视情况参与统计。

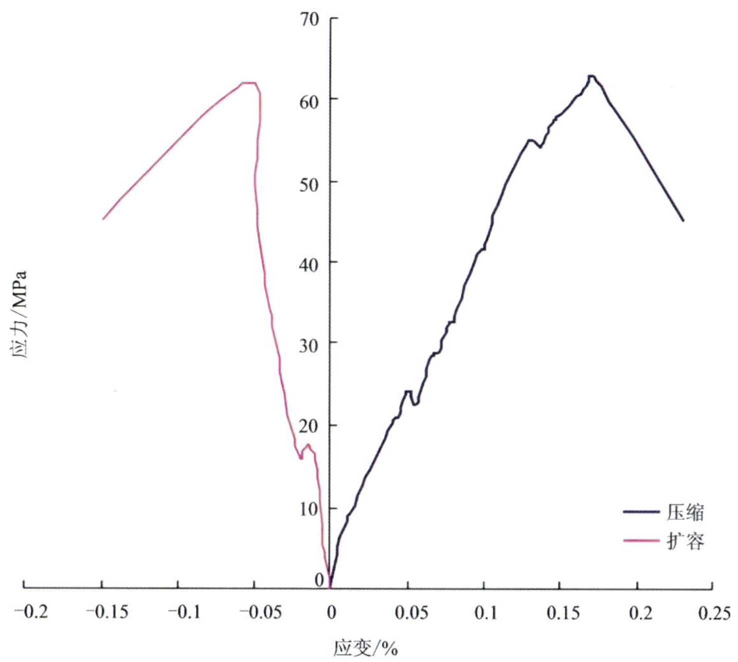

图 2-12 弱—微风化凝灰岩单轴压缩应力-应变典型曲线图

(2)斜向贯通剪切破坏[图 2-13(b)]。此类破坏模式即为通常情况下的花岗岩常规剪切破坏模式，发生在完整岩样两端垂直加载时，此时试样以出现一条斜向上下贯通整个岩块的主剪切面导致的破坏为主要特征。对于此类情况，花岗岩的极限抗压强度由其本身的抗剪强度控制，破坏发生在最大剪应力所在的斜面上。通常情况下，除上述主剪切面外，岩块局部也会伴随一些次级劈裂面，推测此类次级劈裂主要受岩块内的微裂纹控制，岩块两端承受外部压力后内部的微裂纹向不同方向扩展导致局部出现竖向或水平向劈裂，次劈裂面与主破坏面贯通或者部分贯通后可加速试样破坏。

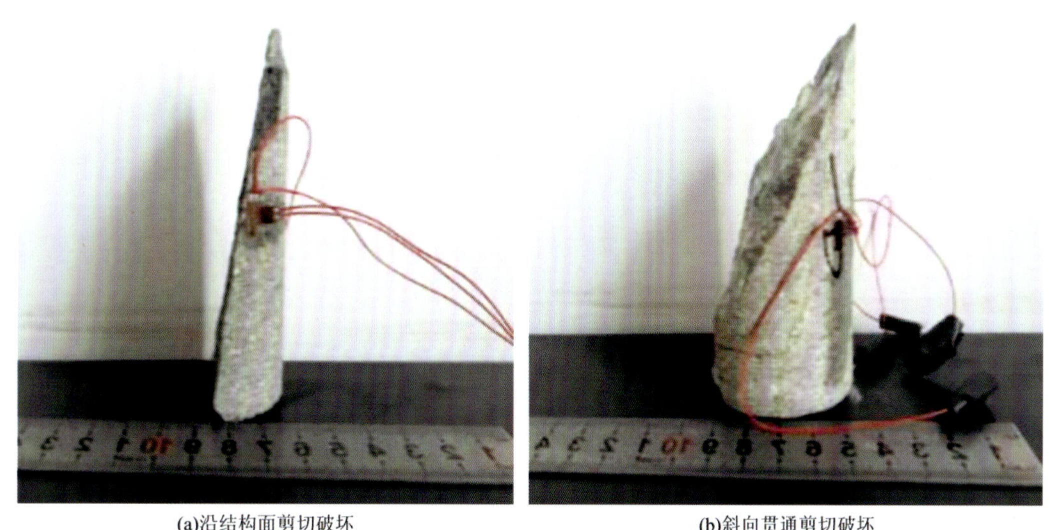

(a)沿结构面剪切破坏　　(b)斜向贯通剪切破坏

图 2-13 弱—微风化凝灰岩饱和极限单轴抗压强度试验破坏形态特征图

收集到的凝灰岩单轴压缩破坏后岩样如图 2-14 所示。由图 2-13、图 2-14 可知，风化程度较低时，岩样单轴压缩破坏明显存在一定的破坏面，但随着风化程度的增加，岩样破坏处不再是按照几个破坏面破坏，而是破坏得更加充分，破坏后大尺寸的碎块逐渐减少，主要破坏面由最初始倾斜面逐渐转向垂直面，最后无明显的破坏面(图 2-14)。该现象间接地反映出随着风化程度的增加,岩石内部裂隙逐渐发育扩展,导致了岩样在单轴抗压试验下发生破坏的区域逐渐增多,最后岩样破坏后呈现出大量小型岩样碎片。

(a)微风化

(b)弱风化

图 2-14　凝灰岩单轴压缩破坏后岩样

第三章　长距离小断面输水隧洞不良地质体精确预报技术

隧道超前地质预报技术是一种在隧道施工前及施工过程中探测掌子面前方地质环境及地质结构的技术方法[35-37]。根据探测方式和探测手段的不同，现有的隧道超前地质预报技术可分为有损探测和无损探测两类[38,39]。

有损探测多采用超前钻的方式[40]，该方式在隧道掌子面上开展钻探工作，通过钻探取芯的方式分析掌子面前方一定范围内围岩岩性及结构，具有探测精度高、探测结果直观的优势。然而，基于有限数量的超前钻信息探测结果存在成本高、探测范围小、结果代表性低的不足，同时由于该方法在隧道掘进面上开展，本身也会对隧道施工进度造成影响，难以大范围普及。根据钻探深度的不同，超前钻探可以分为 3 种：长距离超前钻探、中距离超前钻探和短距离超前钻探。

由于复杂地质条件下超长隧道施工过程难度大，危险系数高，因此，在施工过程中精准探测掌子面前方地质环境并进行超前预测及预报十分重要。本章利用 Python 的开源软件 gprMax 实现隧道超前地质预报雷达正演模拟，研究介电常数、电导率对地质雷达图像影响的正演模拟，通过设定激励源频率、移动步长、破碎带和富水带的分布形式来建立物理模型，研究模型的电磁反射波成像规律。

第一节　地质雷达探测超前预报原理

一、地质雷达探测原理

地质雷达探测掌子面的基本原理概述如图 3-1 所示，首先由发射天线发射高频电磁波脉冲，由于地质体介电常数不同，反射回来的电磁波信号表现出不同的性质特征。反射电磁波被接收天线接收，并记录下来用主机进行图像信号处理，研究人员通过解译处理过的地质雷达图像可以推测出掌子面前方的地质情况。

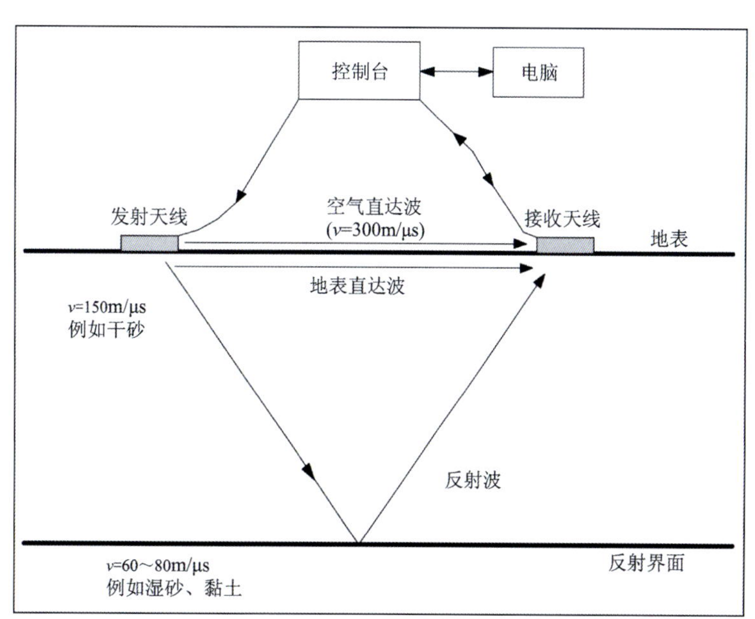

图 3-1　地质雷达探测原理示意图

1. 电磁波的传播和波速

地质雷达发射的电磁波在地下介质中传播的电场分量瞬时波动方程如式(3-1)所示：

$$E_x(r,t) = E_0 \mathrm{e}^{-\beta r} \cos(\omega t - \alpha r) \tag{3-1}$$

式中：E_0 为 $r=0$、$t=0$ 时的电磁场强度(T)；α 为相位系数；r 为传播距离(m)；β 为衰减系数；ω 为电磁波的角频率(Hz)；e 为自然对数的底数。

从式(3-1)中可以得出，当 $\cos(\omega t-\alpha r)=1$ 时，电磁场强度最大，可以计算出电磁波波速的方程式为

$$v = \frac{\omega}{\alpha} \tag{3-2}$$

$$\alpha = \omega \sqrt{\mu\varepsilon} \sqrt{\frac{1}{2}} \sqrt{\sqrt{1+(\sigma/\omega\,\varepsilon)^2}+1} \tag{3-3}$$

式中：v 为电磁波波速(m/s)；μ 为磁导率(s/m)；ε 为介电常数；σ 为导电率(s/m)。

当围岩介质 $\sigma/\varepsilon\omega$ 远小于 1、$\mu\approx 1$ 时，式(3-3)可以变换为式(3-4)：

$$v = C/\sqrt{\varepsilon_r} \tag{3-4}$$

式中：ε_r 为相对介电常数；C 为光速(m/s)。

2. 电磁波的反射和折射

电磁波在地下介质的传播过程中会发生反射和折射，反射波的能量大小由反射系数 R 决定。反射系数 R 和折射系数 T 的方程如式(3-5)和式(3-6)所示：

$$R = \frac{\sqrt{\varepsilon_1}-\sqrt{\varepsilon_2}}{\sqrt{\varepsilon_1}+\sqrt{\varepsilon_2}} \tag{3-5}$$

$$T = \frac{2\sqrt{\varepsilon_2}}{\sqrt{\varepsilon_1}+\sqrt{\varepsilon_2}} \tag{3-6}$$

式中：ε_1 为界面上介质体的相对介电常数；ε_2 为界面下介质体的相对介电常数。

由式(3-5)可知，界面上下介质体的相对介电常数差值越大，反射系数 R 越大，越利于探测地质体。

3. 地质雷达扫描线表示

地质雷达扫描线可以表示为反射系数序列和雷达脉冲的褶积，如式(3-7)所示：

$$X(t) = R(t)\cdot e(t) + n(t) \tag{3-7}$$

式中：$X(t)$ 为雷达扫描线；$R(t)$ 为雷达脉冲；$e(t)$ 为反射序列；$n(t)$ 为噪声。

反射系数序列为地下各面层的反射系数依据反射波到达时间编制而成的图，如图 3-2 所示。

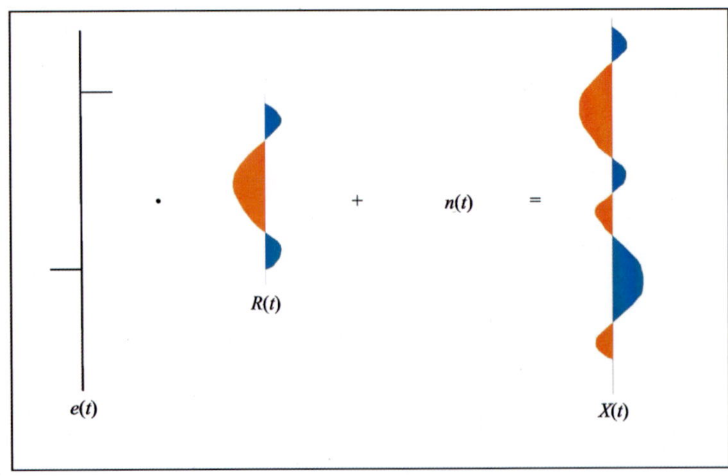

图 3-2　地质雷达扫描线表示示意图

二、地质雷达进行超前预报的技术和方法

（一）探测性能

1. 地质雷达的探测距离

地质雷达的探测距离指的是地质雷达能探测到目标地质体的最大深度。在选择好地质雷达系统之后，系统的增益 Q 表示为

$$Q = \frac{W_{\mathrm{T}}}{W_{\mathrm{r}}^{\mathrm{n}}} \tag{3-8}$$

式中：W_{T} 为发射机的发射功率大小（W）；$W_{\mathrm{r}}^{\mathrm{n}}$ 为接收系统的背景噪声功率值（W）。

当发射功率大于背景噪声功率值，地质雷达系统就容易识别地质体的电磁反射波。地质雷达电磁波的发射和接收变换过程如图 3-3 所示。

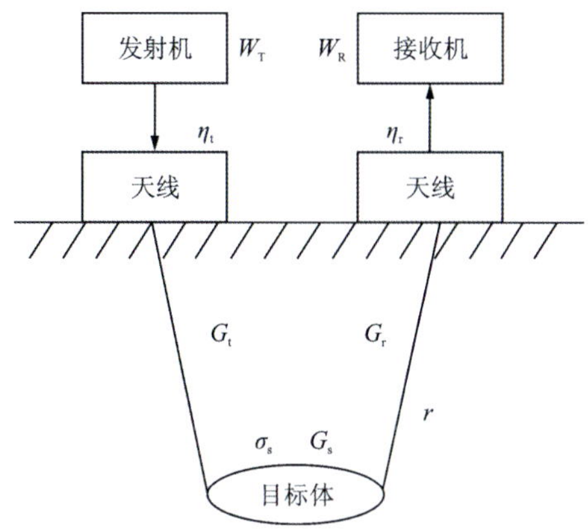

图 3-3　地质雷达功率转换原理示意图

图中，W_{T} 和 W_{R} 为发射机和发射天线的功率（W），η_{t} 和 η_{r} 为接收机和接收天线的效率（%），G_{s} 为传播媒介的散射损耗；r 为发射天线和目标体反射界面之间的距离（m）；G_{t} 为雷达发射天线的增益；G_{r} 为雷达接收天线的增益；σ_{s} 为目标体的散射截面（m^2）。若天线的有效接收面积为 A_{r}，则偶极天线有效接收面积表示为

$$A_{\mathrm{r}} = \frac{\lambda^2}{4\pi} \tag{3-9}$$

当 β 为衰减系数、λ 为雷达信号的波长时，接收机的接收总功率如式（3-10）所示：

$$W_{\mathrm{R}} = W_{\mathrm{T}} \eta_{\mathrm{t}} \eta_{\mathrm{r}} G_{\mathrm{t}} G_{\mathrm{r}} \sigma_{\mathrm{s}} G_{\mathrm{s}} \frac{\lambda^2}{64\pi^3 r^4} \mathrm{e}^{-4\beta r} \tag{3-10}$$

当 W_{R} 小于仪器的最小接收功率时，则地质雷达难以探测到目标体。

2. 地质雷达的分辨率

地质雷达的分辨率指的是雷达能区分相隔较近异常体的能力，即能辨别目标体大小的极限。地质雷达的分辨率分为水平方向的分辨率 d_{h} 和垂直方向的分辨率 d_{v}，采样率和观测系统设计取决于分辨率。系统采样有以下 3 种情况：①采样过量，天线偶极矩 $D_{\mathrm{x}} < R$；②采样不足，$D_{\mathrm{x}} > R$；③理想情况，$D_{\mathrm{x}} = R$。不过在实际探测中我们一般选取 $D_{\mathrm{x}} \leqslant R$。

1）垂直分辨率

垂直分辨率指的是在垂直方向上地质雷达可以分辨的最小空间间隔。使用地质雷达探测地质体或

者地层，当地层或地质体的上、下两个界面电性差异大，则在两个界面上都会形成电磁反射波。垂直分辨率就表示两个反射波能分开的最小距离，即发射回来的脉冲不重叠或重叠较小。由于实际探测时外界影响较大，因此理论上垂直分辨率的上限是地质雷达天线主频波长的 1/8，下限是波长的 1/4，如式(3-11)所示：

$$d_v = \frac{1}{4}\lambda \approx \frac{C}{4f\sqrt{\varepsilon_r}} \tag{3-11}$$

式中：λ 为天线的主频波长(m)；f 为天线的中心频率(Hz)；C 为光速(m/s)；ε_r为相对介电常数。

从式(3-11)中可以得出，天线的中心频率 f 越大，d_v值越小，能分辨的物体越小，分辨能力越强。

2)水平分辨率

水平分辨率指的是水平方向上地质雷达可以分辨的最小距离，其值大小由第一菲涅尔带直径得出，如式(3-12)所示：

$$d_h = \sqrt{\frac{\lambda h}{2}} = \sqrt{\frac{Ch}{2f\sqrt{\varepsilon_r}}} \tag{3-12}$$

式中，h 为探测目标体的深度(m)。

从式(3-12)中可以得出，当天线的中心频率 f 一定时，目标体深度 h 越大，d_h值越大，分辨能力越差。

(二)测线布置

隧道工程中超前地质预报中的测线应当依据掌子面的实际情况来布置，测线通常布置在水平方向或竖直方向上，且尽量与掌子面的中心轴线接近。为了提高探测数据的准确性，一般会多测几组数据为后期数据处理做准备。

(三)探测方法

开始探测前，应当将计算机与天线、雷达主机连接。探测时，首先将天线贴着掌子面移动并向掌子面发射电磁波脉冲，电磁波遇到地质体会发生反射，接受天线接收电磁反射波。之后，电脑主机记录反射电磁波的频率、相位、到达时间等数据，数据经过处理后最终可形成地质雷达时间剖面图像。

(四)参数选取

地质雷达的参数选取主要分为天线中心频率的选择、采样时窗和采样间隔的确定。

1. 天线中心频率的选择

为了获得较好的探测效果，达到较大的探测深度，同时考虑目标体的大小和深度，依据现有的条件，应当选择较小的天线中心频率 f。天线中心频率 f 计算如式(3-13)所示：

$$f = \frac{150}{x\sqrt{\varepsilon_r}} \tag{3-13}$$

式中：f 为天线中心频率(MHz)；x 为空间分辨率(m)。

2. 采样时窗的确定

采样时窗方程如式(3-14)所示：

$$w = 1.3\frac{2h_{max}}{v} \tag{3-14}$$

式中：v 为地层电磁波速度(m/ns)；h 为最大探测深度(m)。

3. 采样间隔的确定

奈奎斯特在1928年提出了采样定律，指出如果采样率大于2倍的反射波最高频率，则原始信号的信息可较好地保存在采样数字信号中。同时，当采样频率是6倍的天线中心频率时，电脑主机记录的波形图像较为完整。采样间隔 Δt 如式(3-15)所示：

$$\Delta t = \frac{1000}{6f} \tag{3-15}$$

采样率如式(3-16)所示：

$$f_s = w/\Delta t \tag{3-16}$$

通常用单根扫描线的样点数来代表采样率 f_s。

三、地质雷达的数据图像处理与解译

(一)图像的分层

地质雷达发射的电磁波在地下空间的电场分量瞬时波动方程如式(3-1)所示，由式(3-1)可知，衰减系数 β 和传播距离 r 的积与电场分量 E_x 呈幂指数关系，积越大，电场分量越小。对于SIR型地质雷达，可以通过调整其时间增益和窗口增益参数来减小衰减系数与传播距离之积对电场分量的影响，调整后的最终波形是消除了深度影响的回形状波形。

使用地质雷达进行目标体探测时，由于不同地质体、岩土层等的衰减系数和反射系数不同，反射回来的电磁波相位、振幅不同。利用反射波振幅和相位的不同可以达到图像分层的效果。

(二)地质雷达数据和图像处理技术

由于外界的干扰，我们得到的雷达数据并不利于图像解译，故要对雷达数据进行处理，主要是提取反射波的波速、振幅、相位等，从而提高反射波在地质雷达图像上的分辨率。

地质雷达数据处理技术与反射地震数据处理技术类似，两者都是利用反射波脉冲来进行信息记录。主要的技术手段有数字滤波和反滤波(反褶积)技术两种。

1. 数字滤波

为了保证反射波中信息的完整性，一般使用地质雷达的宽频带记录，使用宽频带记录的同时也会记录更多的干扰波，使用数字滤波技术能够通过频谱特征的不同来降低干扰波的干扰，增强有效波的表现。

数字滤波是以数学方法对离散型信号进行过滤的一种技术，滤波的输入和输出都是离散型数据。使用地质雷达进行探测时，应当尽量使地质雷达的有效频率 f_{max} 达到最大，因此采样频率满足采样定律，如式(3-17)所示：

$$\Delta t_{min} = \frac{1}{2f_{max}} \tag{3-17}$$

2. 反滤波(反褶积)技术

由于受天线频谱的制约，地质雷达发射的电磁波脉冲从尖脉冲转变成一个延续的波形 $b(t)$，发射系数和雷达子波的褶积形成了雷达记录如下：

$$x(t) = b(t) \cdot \xi(t) \tag{3-18}$$

式中：$b(t)$为雷达波形；$\xi(t)$为反射系数。

通常，由于单个界面的反射电磁波仅仅持续15ns左右，故电磁波在相隔0.5m的反射界面间的传播时间差只有几纳秒，这造成了2个界面的反射电磁波在地质雷达反射剖面图像中难以辨别。利用反滤波技术可以将雷达记录转换成为反射系数序列，令

$$\xi(t) = a(t) \cdot x(t) \tag{3-19}$$

将式(3-18)代入式(3-19)可得

$$\xi(t) = a(t) \cdot b(t) \cdot \xi(t) \tag{3-20}$$

由式(3-20)知：

$$a(t) \cdot b(t) = 1 \tag{3-21}$$

式中，$a(t)$为反子波。

由式(3-21)可知，若已知雷达子波，可以求得反子波，再根据式(3-20)将反子波和雷达记录进行褶积，可以得出反射系数序列。反褶积过程如式(3-22)所示：

$$\xi(t) = \sum a(\tau)x(t-\tau) \tag{3-22}$$

通常，由于外界环境的干扰以及地下空间物体分布复杂，根据地质雷达测试数据直接得到的地质雷达图像很难直观地判别出地下空间体的分布情况，因此需要对地质雷达图像进行处理改进以利于研究人员的图像识别工作。地质雷达图像增强处理技术主要有反射回波幅度的变换技术和多次叠加技术。

（三）时间剖面的对比

在地质雷达图像处理之后，最后的工作即为地质雷达图像解译工作。地质雷达图像解译是利用反射波组的强度、波形特征，使用同相轴追踪得到反射波组的地质意义，再由反射波组的地质意义建立地质-地球物理解释剖面，最终得出地下介质分布情况。时间剖面对比分为两个步骤，首先是反射层的拾取，其次是时间剖面的解释。

1. 反射层的拾取

反射层的拾取分为识别反射波组特征、建立介质层反射波组特征和反射层拾取3个步骤。其中识别波组特征的标志有同相性、相似性、反射波形态特征等。

(1)识别反射波组特征。①同相性。在地质雷达剖面图像中，将同一个反射波在不同道上的值相等的点连接成线，这样的线称作同相轴。如果探测区域没有地质异常，那么一个波组的相位特征(频率、波峰、波谷等)在沿测线方向上变换较小或者是以较低的视速度传播，对于某一个波组来说，通常有一组同相轴与其对应，这种对应特性被称作波的同相性。②相似性。由于使用地质雷达进行探测时设置的探测点间距通常不大于2m，被探测的目标体在这2m间的变化较小。因此，同一组反射波组的形态特征在邻近的记录道上基本不变，这种特征被称作波的相似性。③反射波形态特征。当介质相同时，介质层的电磁性特征基本变化不大。介质不同，则介质层的电磁性特征变化较大。因此，对于某一介质层的反射波组来说，其相位特征具有一定的规律性，这是辨别反射层的基础。

(2)建立介质层反射波组特征。通常依据探测的目的对介质层进行划分，例如依据地层承载力，对岩体的风化程度进行划分。对于地质雷达隧道超前预报来说，应当参考钻探等其他地质探测手段结果，依据探测目的，对预报区域的介质层反射波组建立相应的特征集合。

(3)反射层拾取。根据反射波组的特征，反射层可以从地质雷达图像剖面上拾取。反射层拾取方法是从测线垂直方向上依次逐条进行拾取，同时要保证全部测线反射层能连接起来，且交点一致。

2. 时间剖面的解释

时间剖面的解释是根据反射波组的相似性和相同性对介质层进行追踪和对比。

（四）地质雷达正反演模型

由于隧道工程现场条件复杂以及不良地质因素等的影响，仅仅使用地质雷达剖面图像难以解释地下情况，因此，建立相应的地质雷达模型进行模拟研究以帮助图像解释，对提高图像解译的准确性具有重要意义。地质雷达模拟有正演模拟和反演模拟两种，正演模拟的主要内容是模拟地质雷达的电磁波响应特征，常用的方法有射线追踪法、有限元法和时域有限差分法(FDTD)；反演模拟则是利用电磁波数据推测介质体介电常数和电导率分布情况的一种定量方法。

第二节　基于时域有限差分法的隧道超前地质预报雷达正演模拟技术

一、时域有限差分法正演原理

时域有限差分法(FDTD)是由 Yee 于 1966 年提出的用来计算电磁波数值的方法。它的基本原理是将空间以 Yee 网格的方式进行离散，把空间分成一个个小的空间单元格，每个空间单元格中的电场和磁场用 E_x、E_y、E_z、H_x、H_y、H_z六个分量表示。利用差分形式下的麦克斯韦方程组，计算每个单元格中的电场和磁场场值，最终得到整个空间的电场值和磁场值。

1. 时域有限差分法基础理论

麦克斯韦方程组包含两个旋度方程、两个散度方程，时域有限差分法是将麦克斯韦方程组中的旋度方程进行差分离散，把旋度方程中的电场强度和磁场强度在直角坐标系下进行展开，得到 6 个时域有限差分法的基础公式，如式(3-23)～式(3-28)所示：

$$\frac{\partial H_z}{\partial y}-\frac{\partial H_y}{\partial z}=\varepsilon\frac{\partial E_x}{\partial t}+\sigma E_x \tag{3-23}$$

$$\frac{\partial H_x}{\partial z}-\frac{\partial H_z}{\partial x}=\varepsilon\frac{\partial E_y}{\partial t}+\sigma E_y \tag{3-24}$$

$$\frac{\partial H_y}{\partial x}-\frac{\partial H_x}{\partial y}=\varepsilon\frac{\partial E_z}{\partial t}+\sigma E_z \tag{3-25}$$

$$\frac{\partial E_z}{\partial y}-\frac{\partial E_y}{\partial z}=-\mu\frac{\partial H_x}{\partial t}-\sigma_{\mathrm{m}}H_x \tag{3-26}$$

$$\frac{\partial E_x}{\partial z}-\frac{\partial E_z}{\partial x}=-\mu\frac{\partial H_y}{\partial t}-\sigma_{\mathrm{m}}H_y \tag{3-27}$$

$$\frac{\partial E_y}{\partial x}-\frac{\partial E_x}{\partial y}=-\mu\frac{\partial H_z}{\partial t}-\sigma_{\mathrm{m}}H_z \tag{3-28}$$

式中，σ_{m}为磁导率(Ω/m)。

当 $f(x,y,z,t)$表示磁场强度 H、电场强度 E 在直角坐标系下的分量时，时间与空间域的离散符号如式(3-29)所示：

$$f(x,y,z,t)=f(i\Delta x,j\Delta y,k\Delta,n\Delta t)=f^n(i,j,k) \tag{3-29}$$

式中：Δx 为 x 方向步长；Δy 为 y 方向补偿；Δz 为 z 方向步长；Δt 为时间步长；n 为时间步长大小；i 为 x 方向步长大小；j 为 y 方向步长大小；k 为 z 方向步长大小。

式(3-29)中 t、x、y、z 的一阶偏导数中心差分结果如式(3-30)～式(3-33)所示：

$$\left.\frac{\partial f(x,y,z,t)}{\partial x}\right|_{x=i\Delta x} \approx \frac{f^n\left(i+\frac{1}{2},j,k\right)-f^n\left(i-\frac{1}{2},j,k\right)}{\Delta x} \tag{3-30}$$

$$\left.\frac{\partial f(x,y,z,t)}{\partial y}\right|_{y=j\Delta y} \approx \frac{f^n\left(i,j+\frac{1}{2},k\right)-f^n\left(i,j-\frac{1}{2},k\right)}{\Delta y} \tag{3-31}$$

$$\left.\frac{\partial f(x,y,z,t)}{\partial z}\right|_{z=k\Delta z} \approx \frac{f^n\left(i,j,k+\frac{1}{2}\right)-f^n\left(i,j,k-\frac{1}{2}\right)}{\Delta z} \tag{3-32}$$

$$\left.\frac{\partial f(x,y,z,t)}{\partial t}\right|_{t=n\Delta t} \approx \frac{f^{n+\frac{1}{2}}(i,j,k)-f^{n-\frac{1}{2}}(i,j,k)}{\Delta t} \tag{3-33}$$

由式(3-30)～式(3-33)可知，空间节点的方向场分量可以由此方向上邻近两点的中心差商表示。

2. Yee 元胞

时域有限差分法核心思想是将空间划分为差分网格，其中最小单位的差分网格被称为 Yee 元胞。Yee 元胞表现出了空间网格节点中电场、磁场分量的坐标分布规则。Yee 元胞网格离散方式如图 3-4 所示。

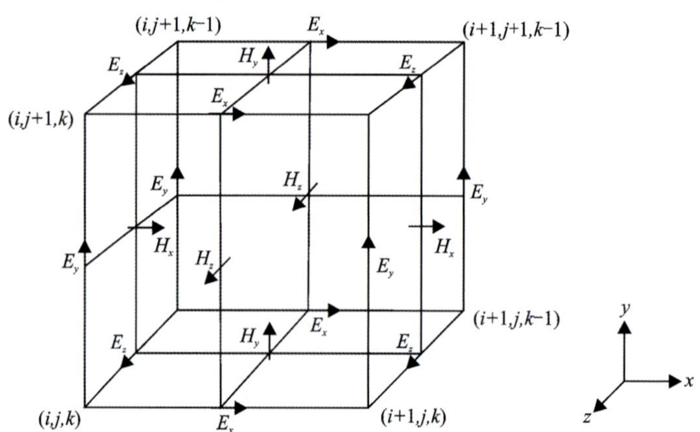

图 3-4　时域有限差分法三维 Yee 元胞网格离散方式

从图中可以看出，三维 Yee 元胞的特征表现如下：

(1)在 Yee 元胞中，磁场分量四周是电场分量，电场分量四周同样也是磁场分量，两者相互环绕且方向垂直。

(2)相邻磁场强度分量在时间上间隔一个步长，相邻电场强度分量在时间上也相隔一个步长，而电场强度分量和磁场强度分量在时间上间隔半个步长。

(3)相邻磁场强度分量在空间上间隔一个步长，相邻电场强度分量在空间上也间隔一个步长，而电场强度分量和磁场强度分量在空间上间隔半个步长。

(4)三维 Yee 元胞在 x、y、z 三个方向上的时间步长相等，以此来确保均匀介质体的电场分量、磁场分量在时空上对称。

(5)三维 Yee 元胞的电场分量、磁场强度分量分布排列方式符合麦克斯韦方程组，适用于麦克斯韦方程组的计算。

三维 Yee 元胞电场、磁场强度分量的节点坐标如表 3-1 所示。

表 3-1　三维 Yee 元胞电场、磁场强度分量节点坐标

电磁场分量	空间分量取样			时间 t 取样
	x 坐标	y 坐标	z 坐标	
E_x	$i+1/2$	$j+1/2$	k	n
E_y	i	$j+1/2$	k	
E_z	i	j	$k+1/2$	
H_x	i	$j+1/2$	$k+1/2$	$n+1/2$
H_y	$i+1/2$	j	$k+1/2$	
H_z	$i+1/2$	$j+1/2$	k	

3. 时域有限差分法的三维差分格式

在三维空间节点上 x、y、z 方向上的电场分量(i,j,k)用坐标为$(i+1/2,j+1/2,k+1/2)$的磁场分量表示，令(i,j,k)为 E_x 节点，其麦克斯韦方程中旋度公式如式(3-34)所示：

$$\frac{\partial H_z}{\partial y}-\frac{\partial H_y}{\partial z}=\varepsilon\frac{\partial E_x}{\partial_t}+\sigma E_x \tag{3-34}$$

当 $t=(n+1/2)\Delta t$ 时，对 E_x 节点差分离散得到电场公式如式(3-35)所示：

$$\begin{aligned}&\frac{H_z^{n+\frac{1}{2}}\left(i+\frac{1}{2},j+\frac{1}{2},k\right)-H_z^{n+\frac{1}{2}}\left(i+\frac{1}{2},j-\frac{1}{2},k\right)}{\Delta y}-\\&\frac{H_y^{n+\frac{1}{2}}\left(i+\frac{1}{2},j,k+\frac{1}{2}\right)-H_y^{n+\frac{1}{2}}\left(i+\frac{1}{2},j,k-\frac{1}{2}\right)}{\Delta z}=\\&\varepsilon\left(i+\frac{1}{2},j,k\right)\frac{E_x^{n+1}\left(i+\frac{1}{2},j,k\right)-E_x^{n}\left(i+\frac{1}{2},j,k\right)}{\Delta t}+\\&\sigma\left(i+\frac{1}{2},j,k\right)E_x^{n+\frac{1}{2}}\left(i+\frac{1}{2},j,k\right)\end{aligned} \tag{3-35}$$

式中，E_x、$E_x^{n+\frac{1}{2}}$、E_x^{n+1} 相互间隔半个时间步长，它们的数值可用式(3-36)近似得到：

$$E_x^{n+\frac{1}{2}}\left(i+\frac{1}{2},j,k\right)=\frac{1}{2}\left[E_x^{n+1}\left(i+\frac{1}{2},j,k\right)+E_x^{n}\left(i+\frac{1}{2},j,k\right)\right] \tag{3-36}$$

将 $E_x^{n+1}\left(i+\frac{1}{2},j,k\right)$ 看作未知数，其他作为已知数来进行迭代计算，可以得到 $E_x^{n+1}\left(i+\frac{1}{2},j,k\right)$ 如式(3-37)所示：

$$\begin{aligned}&E_x^{n+1}\left(i+\frac{1}{2},j,k\right)=CA(m)E_x^{n}\left(i+\frac{1}{2},j,k\right)+\\&CB(m)\left[\frac{H_z^{n+\frac{1}{2}}\left(i+\frac{1}{2},j+\frac{1}{2},k\right)-H_z^{n+\frac{1}{2}}\left(i+\frac{1}{2},j-\frac{1}{2},k\right)}{\Delta y}-\right.\\&\left.\frac{H_y^{n+\frac{1}{2}}\left(i+\frac{1}{2},j,k+\frac{1}{2}\right)-H_y^{n+\frac{1}{2}}\left(i+\frac{1}{2},j,k-\frac{1}{2}\right)}{\Delta z}\right]\end{aligned} \tag{3-37}$$

式中：$m=i+1/2,j,k$；且

$$CA(m)=\frac{\frac{\varepsilon(m)}{\Delta t}-\frac{\sigma(m)}{2}}{\frac{\varepsilon(m)}{\Delta t}+\frac{\sigma(m)}{2}}=\frac{1-\frac{\sigma(m)\Delta t}{2\varepsilon(m)}}{1+\frac{\sigma(m)\Delta t}{2\varepsilon(m)}}$$

$$CB(m)=\frac{1}{\frac{\varepsilon(m)}{\Delta t}+\frac{\sigma(m)}{2}}=\frac{\frac{\Delta t}{\varepsilon(m)}}{1+\frac{\sigma(m)\Delta t}{2\varepsilon(m)}}$$

得到 $E_y^{n+1}\left(i,j+\frac{1}{2},k\right)$如式(3-38)所示$\left(m=i,j+\frac{1}{2},k\right)$：

$$\begin{aligned}E_y^{n+1}\left(i,j+\frac{1}{2},k\right)==&CA(m)E_y^n\left(i,j+\frac{1}{2},k\right)+\\CB(m)&\left[\frac{H_x^{n+\frac{1}{2}}\left(i,j+\frac{1}{2},k+\frac{1}{2}\right)-H_x^{n+\frac{1}{2}}\left(i,j+\frac{1}{2},k-\frac{1}{2}\right)}{\Delta z}-\right.\\&\left.\frac{H_z^{n+\frac{1}{2}}\left(i+\frac{1}{2},j+\frac{1}{2},k\right)-H_z^{n+\frac{1}{2}}\left(i+\frac{1}{2},j+\frac{1}{2},k\right)}{\Delta x}\right]\end{aligned}\tag{3-38}$$

同样地，可以得到 $E_z^{n+1}\left(i,j+\frac{1}{2},k\right)$如下式(3-39)所示$\left(m=i,j+\frac{1}{2},k\right)$：

$$\begin{aligned}E_z^{n+1}\left(i,j,k+\frac{1}{2}\right)==&CA(m)E_z^n\left(i,j,k+\frac{1}{2}\right)+\\CB(m)&\left[\frac{H_y^{n+\frac{1}{2}}\left(i+\frac{1}{2},j,k+\frac{1}{2}\right)-H_y^{n+\frac{1}{2}}\left(i-\frac{1}{2},j,k+\frac{1}{2}\right)}{\Delta x}-\right.\\&\left.\frac{H_x^{n+\frac{1}{2}}\left(i,j+\frac{1}{2},k+\frac{1}{2}\right)-H_x^{n+\frac{1}{2}}\left(i,j-\frac{1}{2},k+\frac{1}{2}\right)}{\Delta y}\right]\end{aligned}\tag{3-39}$$

由式(3-35)、式(3-37)～式(3-39)可知，三维 Yee 元胞中的电场分量可以由前一时间步长的四周磁场分量求得。

令(i,j,k)为 H_x 的节点，可以用$(i,j+1/2,k+1/2)$、$(i+1/2,j,k+1/2)$、$(i,j+1/2,k+1/2)$磁场分量来表示 H_x 节点上的磁场分量。

当 $t=n\Delta t$ 时，对$(i,j+1/2,k+1/2)$离散可得磁场公式如式(3-40)～式(3-42)所示：

$$\begin{aligned}H_x^{n+\frac{1}{2}}\left(i,j+\frac{1}{2},k+\frac{1}{2}\right)=&CP(m)H_x^{n-\frac{1}{2}}\left(i,j+\frac{1}{2},k+\frac{1}{2}\right)-\\CQ(m)&\left[\frac{E_z^n\left(i,j+1,k+\frac{1}{2}\right)-E_z^n\left(i,j,k+\frac{1}{2}\right)}{\Delta y}-\right.\\&\left.\frac{E_y^n\left(i,j+\frac{1}{2},k+1\right)-E_y^n\left(i,j+\frac{1}{2},k\right)}{\Delta z}\right]\end{aligned}\tag{3-40}$$

式中：$m=i,j+1/2,k+1/2$；且

$$CP(m)=\frac{\frac{\mu(m)}{\Delta t}-\frac{\sigma_m(m)}{2}}{\frac{\mu(m)}{\Delta t}+\frac{\sigma_m(m)}{2}}=\frac{1-\frac{\sigma_m(m)\Delta t}{2\mu(m)}}{1+\frac{\sigma_m(m)\Delta t}{2\mu(m)}},\ CQ(m)=\frac{1}{\frac{\mu(m)}{\Delta t}+\frac{\sigma_m(m)}{2}}=\frac{\frac{\Delta t}{\mu(m)}}{1+\frac{\sigma_m(m)\Delta t}{2\mu(m)}}$$

$$\begin{aligned}H_y^{n+\frac{1}{2}}\left(i+\frac{1}{2},j,k+\frac{1}{2}\right)=&CP(m)H_y^{n-\frac{1}{2}}\left(i+\frac{1}{2},j,k+\frac{1}{2}\right)-\\CQ(m)&\left[\frac{E_x^n\left(i+\frac{1}{2},j,k+1\right)-E_x^n(i+1,j,k)}{\Delta z}-\right.\\&\left.\frac{E_z^n\left(i+1,j,k+\frac{1}{2}\right)-E_z^n\left(i,j,k+\frac{1}{2}\right)}{\Delta x}\right]\end{aligned}\tag{3-41}$$

式中：$m=i+1/2, j, k+1/2$；且

$$H_z^{n+\frac{1}{2}}\left(i+\frac{1}{2}, j+\frac{1}{2}, k\right)=CP(m)H_z^{n-\frac{1}{2}}\left(i+\frac{1}{2}, j+\frac{1}{2}, k\right)-$$

$$CQ(m)\left[\frac{E_y^n\left(i+1, j+\frac{1}{2}, k\right)-E_y^n\left(i, j+\frac{1}{2}, k\right)}{\Delta x}-\frac{E_x^n\left(i+\frac{1}{2}, j+1, k\right)-E_x^n\left(i+\frac{1}{2}, j, k\right)}{\Delta y}\right] \tag{3-42}$$

式中：$m=i+1/2, j+1/2, k$。

由式(3-40)～式(3-42)可知，三维 Yee 元胞中的磁场分量可以由前一时间步长的四周电场分量得到。

4. 数值的稳定性

时域有限差分方程是用差分方程去求得麦克斯韦方程组的解。差分方程具有收敛性和稳定性两个特征：①收敛性。离散间隔为零时，差分方程的解等于麦克斯韦旋度偏微分方程的解。②稳定性。在一定的离散间隔条件下，差分方程和麦克斯韦偏微分方程的解的差值是有界的。在 gprMax 中，需要定义空间步长 Δx、Δy、Δz 和时间步长 Δt 的大小，当四者满足一定条件时才可以用差分方程进行求解。其中，时间步长 Δt 需满足的条件如式(3-43)所示：

$$\Delta t=\frac{T}{\pi} \tag{3-43}$$

在三维空间中的时间步长和空间步长需满足的条件如式(3-44)所示：

$$\Delta t \leqslant \frac{1}{C\sqrt{\frac{1}{\Delta x^2}+\frac{1}{\Delta y^2}+\frac{1}{\Delta z^2}}} \tag{3-44}$$

5. 数值色散

用差分法对麦克斯韦方程进行计算时，在时域有限差分网格中会出现波的传播速度随频率变化而变化的现象，这种非物理因素导致的、由人为引起的各向异性即为数值的色散。因此，在使用时域有限差分法时，模拟的电磁波离散间隔 Δx、Δy、Δz 和时间间隔 Δt 需要满足一定的条件以降低色散的影响。在三维条件下的数值模拟色散关系如式(3-45)所示：

$$\left(\frac{1}{C\Delta t}\right)^2\sin^2\left(\frac{\omega\Delta t}{2}\right)=\frac{\sin^2\left(\frac{k_x\Delta x}{2}\right)}{(\Delta x)^2}+\frac{\sin^2\left(\frac{k_y\Delta y}{2}\right)}{(\Delta y)^2}+\frac{\sin^2\left(\frac{k_z\Delta z}{2}\right)}{(\Delta z)^2} \tag{3-45}$$

式中：k_x、k_y、k_z 分别为矢量在 x、y、z 方向上的分量；ω 为角频率(rad/s)；C 为光速(m/s)。

在无损耗介质条件下平面波的色散关系如式(3-46)所示：

$$\left(\frac{\omega}{C}\right)^2=k_x^2+k_y^2+k_z^2 \tag{3-46}$$

由式(3-46)可以看出，在 Δx、Δy、Δz、Δt 趋于零值时，式(3-46)与式(3-47)相等，即数值模拟色散可以减小为零，但这会大大增加数值模拟的计算时间。

图 3-5 表示了在二维空间条件下的时域有限差分传播网络中 3 种空间步长的归一化相速度和传播方向间的曲线关系，其中，λ 为波长(m)；V_p 为相速度(m/s)$V_p=\omega/k$；δ 为空间步长(m)，即网络分辨率。

由图 3-6 可知，当不同的步长条件下，当波传播角等于 45°时相速度达到最大，在 0°和 90°时相速度最小，而步长越小，网格分辨率越高则相速度越大。在 $\delta=\lambda/10$ 时，相速度与理想情况下之间的误差为 1.3%；在 $\delta=\lambda/20$ 时，相速度与理想情况下的误差为 0.31%。

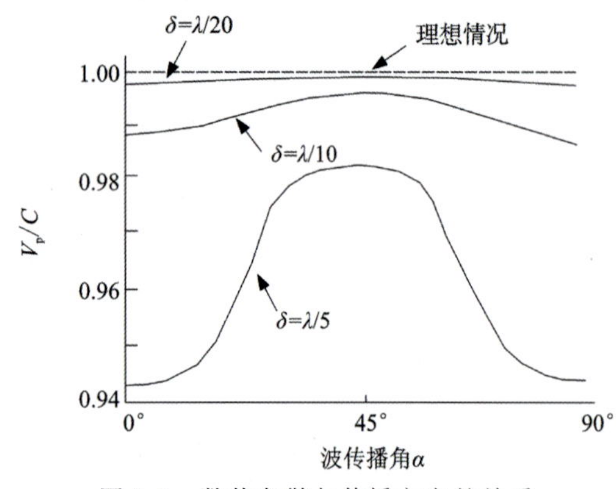

图 3-5　数值色散与传播方向的关系

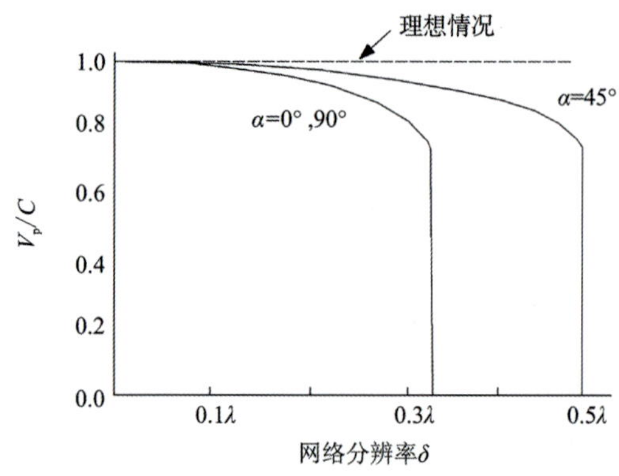

图 3-6　数值色散与网格分辨率的关系

图 3-6 表示了在入射角度为 0°、45°和 90°三种情况下相速度与网络分辨率即步长的变化关系。由图可知，在网络分辨率达到一定大小时，相速度会突然衰减至零，此时电磁波无法在时域有限差分网络中传播。取空间步长 Δx、Δy、$\Delta z \leqslant \lambda/10$ 时较好，此时可以减少由差分引起的色散现象。

6. 吸收边界条件

gprMax 中使用完全匹配层（PML）吸收电磁波。1994 年，由 Berenger 提出了 PML 边界，使用 PML 边界可以在时域有限差分网络的外边界定义一种吸收媒质，在边界内的电磁入射波到达 PML 边界时不发生反射，且不受入射波的频率和入射角度影响。

PML 原理可以从两方面考虑，一种是电磁波垂直入射进入 PML 媒质，另一种是电磁波以一定角度入射进入 PML 媒质。当电磁波为 TM 波时有如下特征。

（1）电磁波从真空中垂直入射进入 PML 媒质。真空中的波阻抗如式（3-47）所示：

$$Z_0 = \sqrt{\frac{\mu_0}{\varepsilon_0}} \tag{3-47}$$

式中：Z_0 为真空中的波阻抗（Ω）；μ_0 和 ε_0 为真空中的磁导率（S/m）和介电常数。

PML 媒质中的波阻抗如式（3-48）所示：

$$Z = \sqrt{\frac{\mu_0 + \dfrac{\sigma^*}{J\omega}}{\varepsilon_0 + \dfrac{\sigma}{J\omega}}} \tag{3-48}$$

式中：σ、σ^* 为 PML 媒质的电导率和磁导率（S/m）；J 为复数；ω 为角频率（rad/s）。

由式（3-47）、式（3-48）可知，当 $Z_0 = Z$ 时，即

$$\frac{\sigma}{\varepsilon_0} = \frac{\sigma^*}{\mu_0} \tag{3-49}$$

此时，平面波入射到 PML 边界时不发生反射情况，反射系数为零。

（2）电磁波斜射进入 PML 媒质。在 PML 媒质中共有 E_x、E_y、H_{zx}、H_{zy} 四个磁场分量，其中 H_{zx}、H_{zy} 是由 H_z 在 x、y 方向分解而来。此时，4 个磁场分量满足式（3-50）～式（3-53）：

$$\varepsilon_0 \frac{\partial E_x}{\partial t} + \sigma_y E_x = \frac{\partial (H_{zx} + H_{zy})}{\partial y} \tag{3-50}$$

$$\varepsilon_0 \frac{\partial E_y}{\partial t} + \sigma_x E_y = \frac{\partial (H_{zx} + H_{zy})}{\partial x} \tag{3-51}$$

$$\mu_0 \frac{\partial H_{zx}}{\partial t} + \sigma_x^* H_{zx} = -\frac{\partial E_y}{\partial x} \tag{3-52}$$

$$\mu_0 \frac{\partial H_{zy}}{\partial t} + {}_y\sigma^* H_{zy} = -\frac{\partial E_x}{\partial y} \tag{3-53}$$

当式(3-54)和式(3-55)成立时，电磁波可以被 PML 边界吸收，公式如下：

$$\frac{\sigma_x}{\varepsilon_0} = \frac{\sigma_x^*}{\mu_0} \tag{3-54}$$

$$\sigma_y = \sigma_y^* = 0 \tag{3-55}$$

7. 激励源

在基于时域有限差分法的地质雷达正演模拟中，对激励源的模拟是十分重要的。激励源随时间变化可以分为时谐场源和脉冲场源。在 gprMax 中常用的激励源有以下几种：Gaussian 波形、Ricker 波形、Sine 波形、Contsine 波形。

(1)Gaussian 波形方程如式(3-56)所示：

$$W(t) = e^{-\xi(t-x)^2} \tag{3-56}$$

式中：$\xi = 2\pi^2 f^2$；$x = 1/f$；f 为频率(Hz)。Gaussian 波形的时域谱如图 3-7 所示。

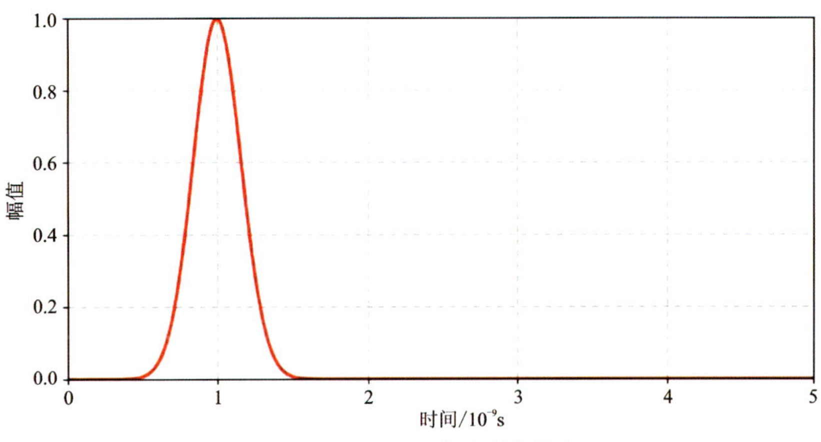

图 3-7 Gaussian 波形时域谱图

(2)Ricker 波形方程如式(3-57)所示：

$$W(t) = -[2\xi(t-x)^2 - 1]e^{-\xi(t-x)^2} \tag{3-57}$$

Ricker 波形是 Gaussian 波形的负归一化二阶导数，式中 $x = \sqrt{2}/f$。Ricker 波形的时域谱如图 3-8 所示。

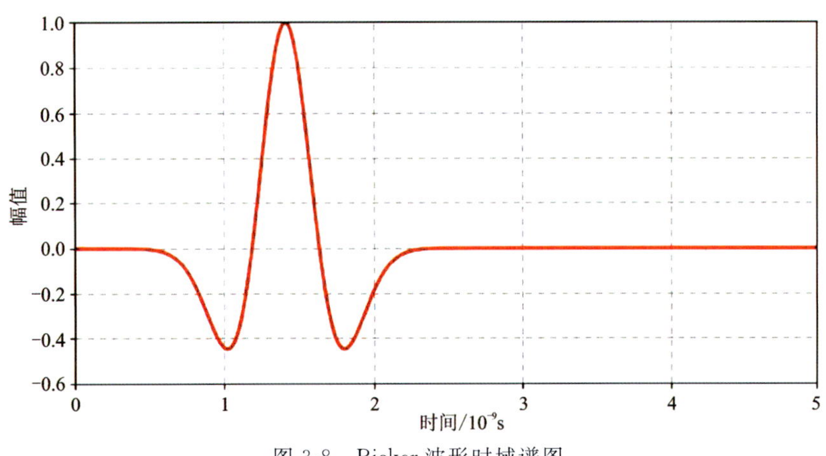

图 3-8 Ricker 波形时域谱图

(3)Sine 波形方程如式(3-58)、式(3-59)所示：

$$W(t) = R\sin(2\pi ft) \tag{3-58}$$

$$R = \begin{cases} 1 \ , t \leqslant 1 \\ 0 \ , t > 1 \end{cases} \tag{3-59}$$

Sine 波形的时域谱如图 3-9 所示。

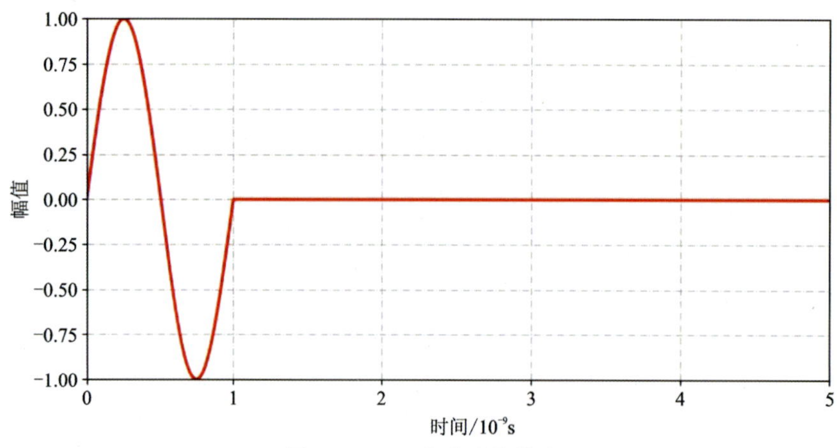

图 3-9 Sine 波形时域谱图

(4)Contsine 波形方程如式(3-60)、式(3-61)所示：

$$W(t) = R\sin(2\pi ft) \tag{3-60}$$

$$R = \begin{cases} R_c ft \ , R \leqslant 1 \\ 1 \qquad , R > 1 \end{cases} \tag{3-61}$$

式中，R_c通常被设置为 0.25。Contsine 波形的时域谱如图 3-10 所示。

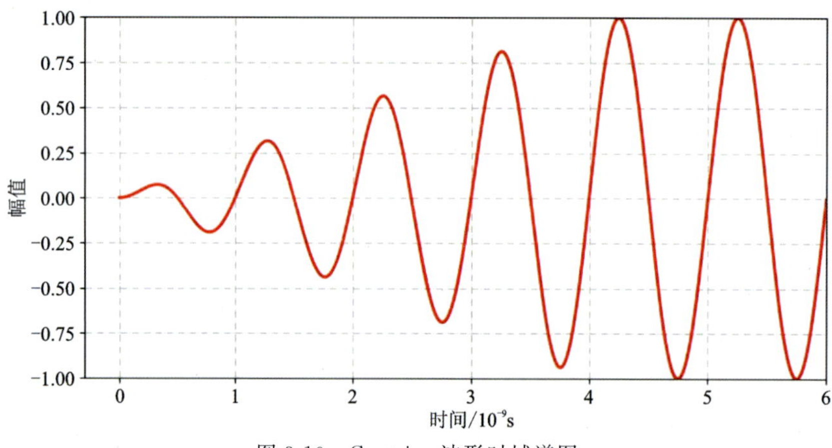

图 3-10 Contsine 波形时域谱图

二、基于 gprMax 的隧道超前地质预报雷达正演模拟技术

1. gprMax 介绍

gprMax 是基于 Python 实现的模拟电磁波传播的开源软件，它的原理是基于时域有限差分法来实现模拟，目前 gprMax 已经可以建立三维模型。gprMax 在模拟时需要在 in 文件中定义基本参数(空间步长、时间步长、时窗大小)、材料参数(介电常数、电导率、磁导率、磁损率)和模型参数(形状、位置、材料等)。将 in 文件输入 Python 程序可以得到模拟结果的 out 文件和模型 vti 文件。gprMax 软件界面如图 3-11 所示。

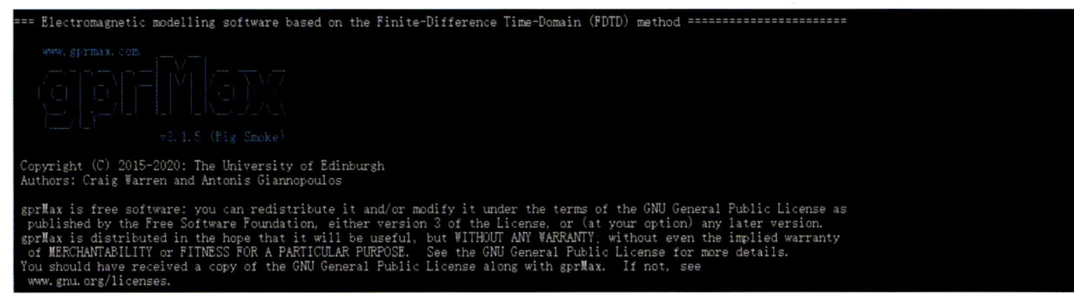

图 3-11　gprMax 软件界面

在 gprMax 软件中，时间步长不需要人为计算输入，可由软件依据空间步长自动算出，使用者需要考虑的是空间步长设置是否合理，会不会引发数值色散。通常来说，在编写 in 文件时空间步长需要符合如下规律：

$$\Delta x、\Delta y、\Delta z \leqslant \frac{\lambda_{\min}}{10} \tag{3-62}$$

$$\lambda_{\min} = \frac{C}{f_{\max}\sqrt{\varepsilon_r}} \tag{3-63}$$

$$f_{\max} = 3f_0 \tag{3-64}$$

2. 模型参数

地质雷达正演模拟模型、模型参数和介质电磁性参数分别如图 3-12、表 3-2 和表 3-3 所示。

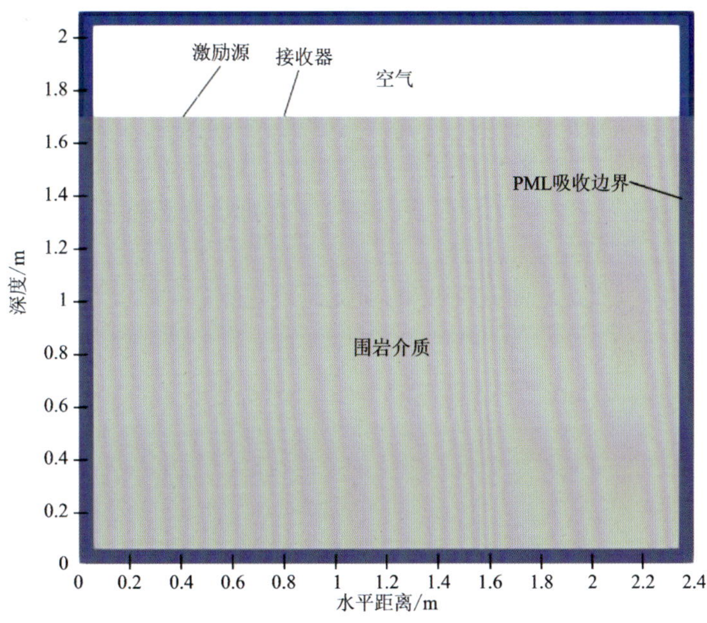

图 3-12　地质雷达正演模拟模型

表 3-2　正演模型参数表

模型空间大小/m	$x=2.40;y=2.10;z=0.006$
空间步长/m	0.006
时窗/ns	5×10^{-8}
激励源类型	Ricker
激励源频率/Hz	4×10^{8}

续表 3-2

激励源位置/m	$x=0.40;y=1.70;z=0$
接收天线位置/m	$x=0.80;y=1.70;z=0$
激励源和接收天线移动步长/m	0.02

表 3-3 地质雷达正演模拟所用介质的电磁性参数表

介质	介电常数	电导率/(s·m^{-1})
围岩	6	0.005
破碎带	18	0.000 5
水	80	0.003
淤泥	18	0.001

3. 介电常数、电导率对地质雷达图像影响的正演模拟

在地质雷达探测目标体时，介质与目标体之间的介电常数差异以及两者的电导率大小是影响地质雷达探测效果的重要参数。其中，介电常数差异影响着电磁反射波能量的强弱程度，电导率影响电磁波传播的衰减大小。电磁波的反射系数如式(3-65)所示：

$$R=\frac{\sqrt{\varepsilon_1}-\sqrt{\varepsilon_2}}{\sqrt{\varepsilon_1}+\sqrt{\varepsilon_2}} \tag{3-65}$$

式中，ε_1与ε_2分别为反射界面上、下介质的介电常数。

反射系数的绝对值可以看作电磁波遇到不同介质时反射能量的大小，例如电磁波从空气介质传播进入水中时的反射系数为−80%，即绝大部分电磁波都发生了反射。将 Ricker 波的原始波形相位方向看作正相，当使用 Ricker 波作为激励源时，R 若为负数，反射波形为负相位，电磁波发生正反射；R 若为正数，反射波形为正相位，电磁波发生负反射。

使用 Paraview 软件对 vti 模型文件进行处理，建立的地质模型如图 3-13 所示。

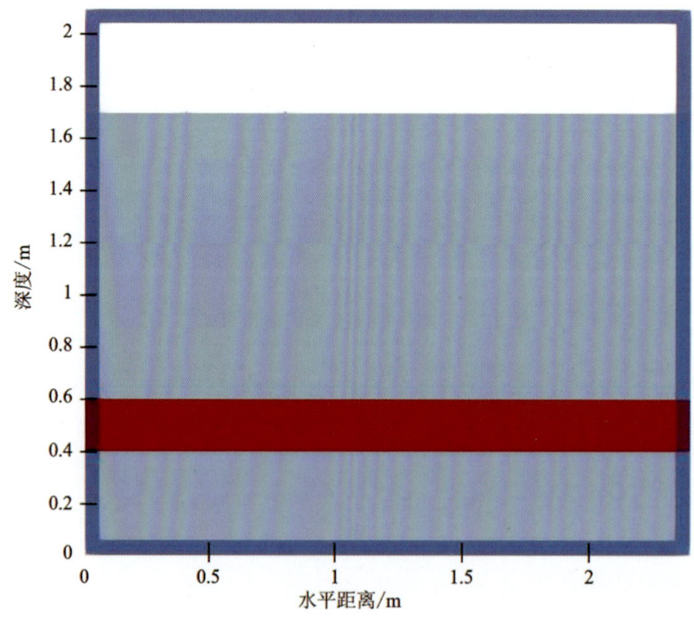

图 3-13 介电常数与电导率模拟模型

1)介电常数对地质雷达探测的影响

图 3-13 中红色部分为目标体,其介电常数设置为 15,电导率设置为 0.000 5s/m。围岩的介电常数分别设置为 5、10、13、20、35,电导率设置为 0.000 5s/m。模拟一共采集 60 道地质雷达信号,地质雷达图像的单道波形模拟结果如图 3-14～图 3-18 所示。

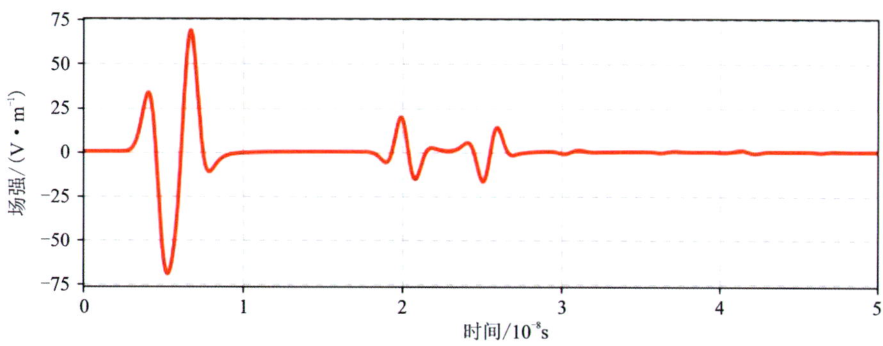

图 3-14 围岩介电常数为 5 的单道波形

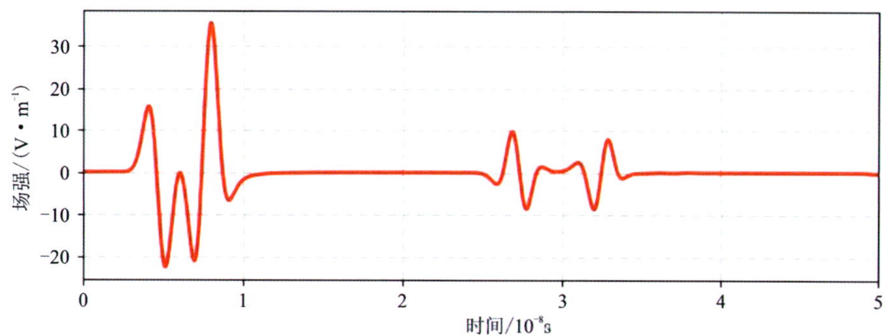

图 3-15 围岩介电常数为 10 的单道波形

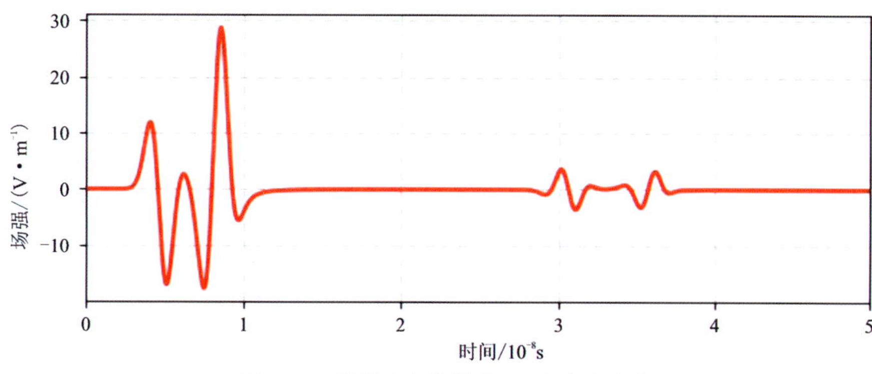

图 3-16 围岩介电常数为 13 的单道波形

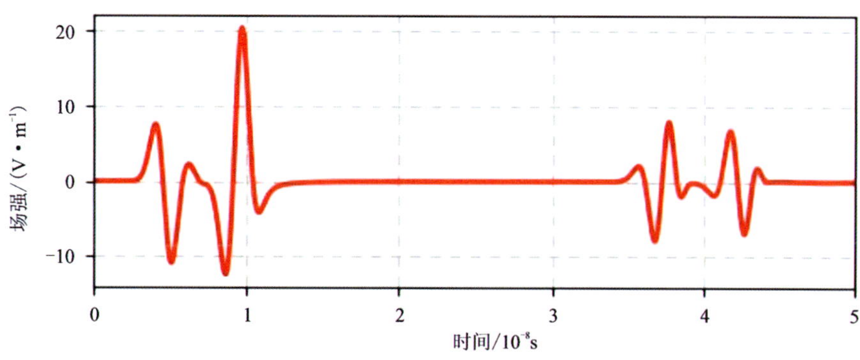

图 3-17 围岩介电常数为 20 的单道波形

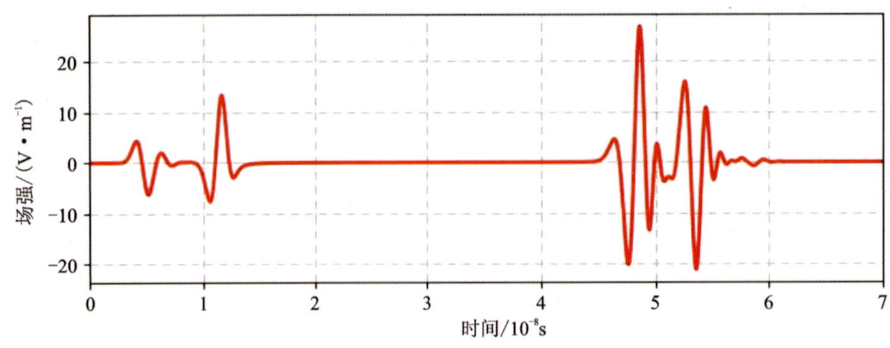

图 3-18 围岩介电常数为 35 的单道波形

地质雷达图像的堆积波形模拟结果如图 3-19～图 3-23 所示。从地质雷达正演模拟结果图像中，我们可得到以下结论：

(1)目标体形状特征和雷达响应强度。对于水平条带状目标体，在地质雷达堆积波形图像中也呈现出条带状特征，并且目标体与围岩介质的介电常数差异越大，目标体的反射信号越强，图像特征越清晰。

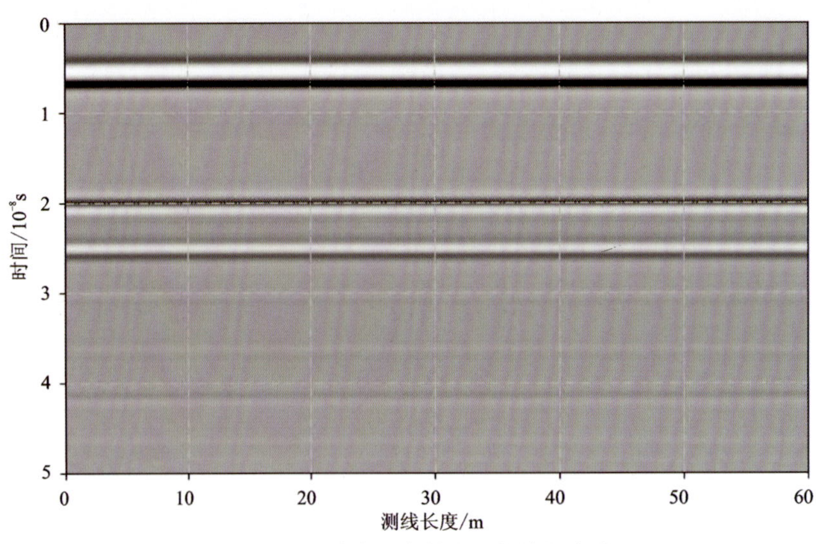

图 3-19 围岩介电常数为 5 的堆积波形

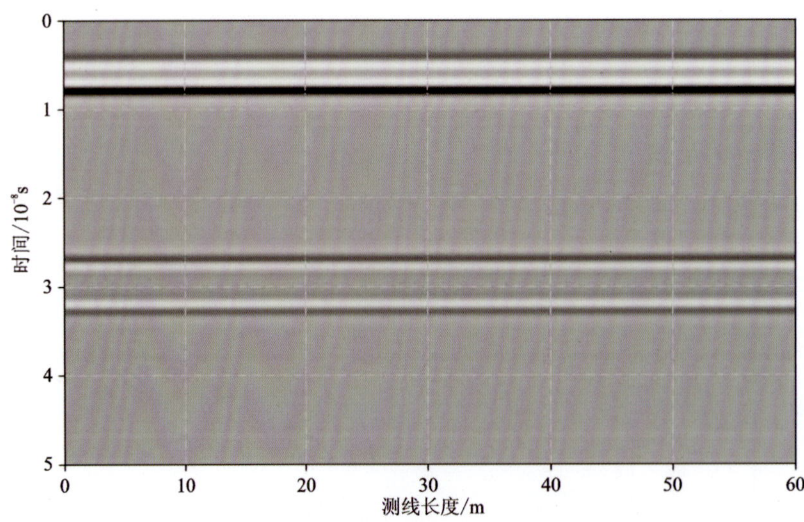

图 3-20 围岩介电常数为 10 的堆积波形

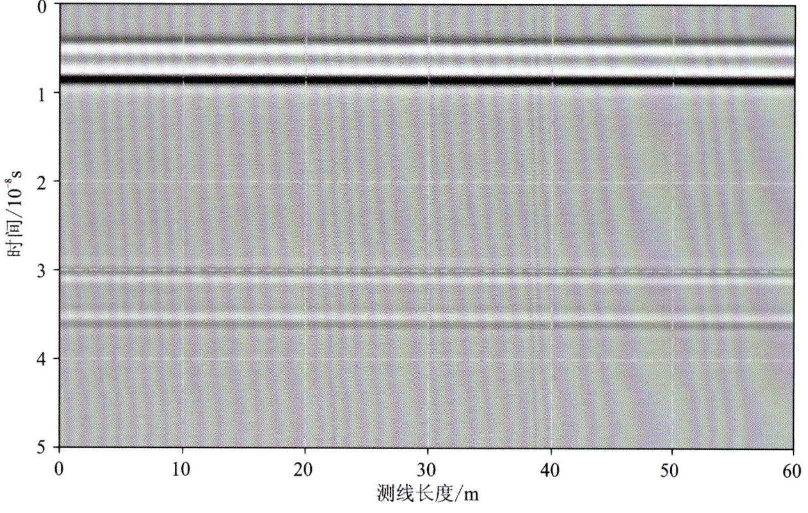

图 3-21 围岩介电常数为 13 的堆积波形

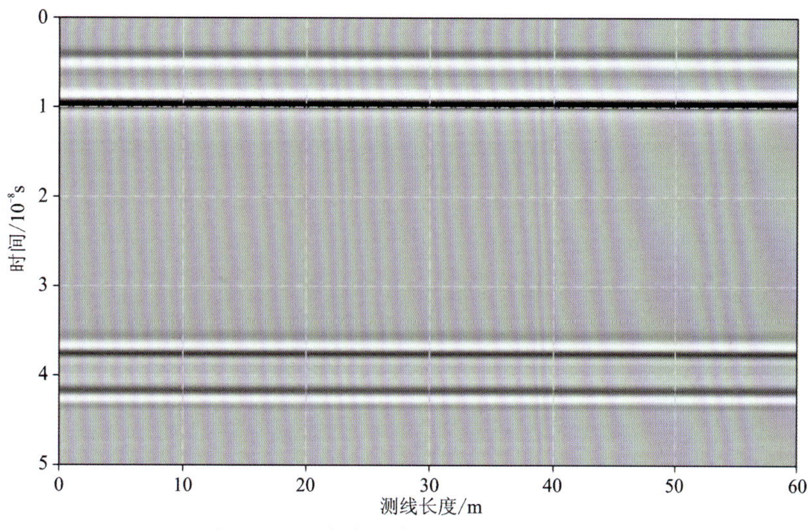

图 3-22 围岩介电常数为 20 的堆积波形

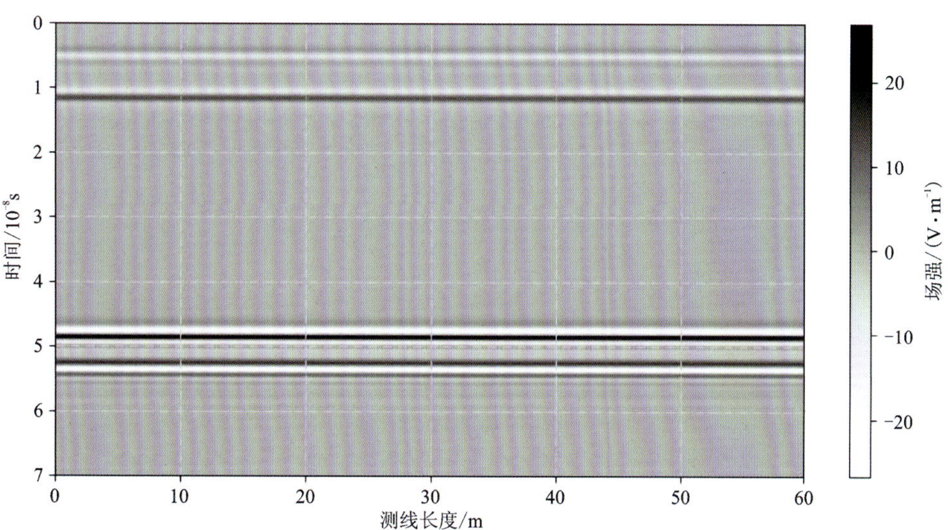

图 3-23 围岩介电常数为 35 的堆积波形

(2)电磁反射波的波形特征。对比不同介电常数下的单道波形可以看出,当围岩的介电常数为5、10、13时,电磁波从围岩入射到目标体,围岩介电常数大于目标体的介电常数,反射系数为负,电磁波发生了正反射;当围岩的介电常数为20、35时,围岩介电常数小于目标体的介电常数,反射系数为正,电磁波发生了负反射。

(3)电磁波的波速与目标体深度。介电常数越大的介质,电磁波的传播速度越小,探测目标体花费的时间越长,电磁波的传播速度和介电常数的关系如式(3-66)所示:

$$v = \frac{C}{\sqrt{\varepsilon_r}} \tag{3-66}$$

电磁波旅行时长计算公式如式(3-67)所示:

$$t = \frac{\sqrt{4z^2 + x^2}}{v} \tag{3-67}$$

式中:z为目标体埋深(m);x为发射天线与接收天线的间距(m);v为电磁波传播速度(m/s)。

从地质雷达图像中得到的电磁波走时和电磁波传播速度可以推测出目标体的深度,例如当围岩介电常数为5时,用式(3-66)可以计算出电磁波传播速度约为1.34×10^8m/s,从图3-19中可以得到电磁波走时约为1.6×10^{-8}s,由于发射天线与接收天线间距平方较小,可忽略不计。由式(3-67)可得电磁波共传播了约1.072m,这与模型中的实际距离1.1m接近。同样的,由目标体上、下界面反射波的双程走时以及目标体的介电常数,可以大概推测出目标体的垂直分布范围。

2)电导率对雷达探测的影响

电磁波在介质中传播的衰减关系如式(3-68)所示:

$$\beta = \frac{\sigma}{\sqrt{\mu/\varepsilon_r}} \tag{3-68}$$

由式(3-68)可知,电磁波在介质中传播的衰减与电导率呈正比关系,电导率越大,电磁波衰减越强,雷达的探测深度越小。在模型中,将目标体的介电常数设置为15,电导率设置为0.000 5s/m,将围岩的介电常数设置为5,电导率分别设置为0.05s/m、0.03s/m、0.02s/m、0.005s/m、0.000 5s/m。地质雷达图像的单道波形模拟结果如图3-24~图3-28所示。

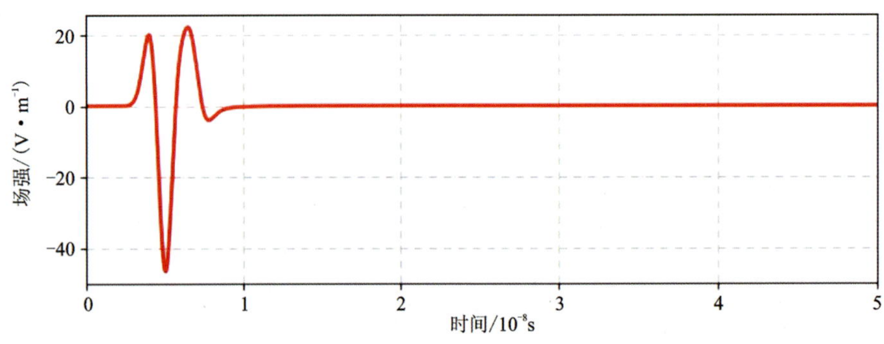

图3-24 围岩电导率为0.05s/m的单道波形

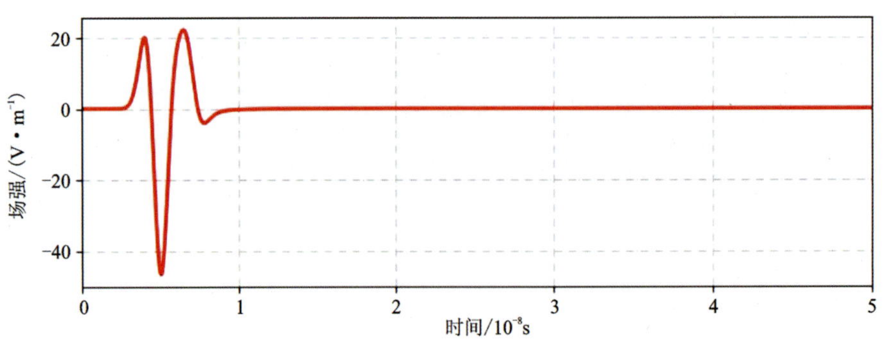

图3-25 围岩电导率为0.03s/m的单道波形

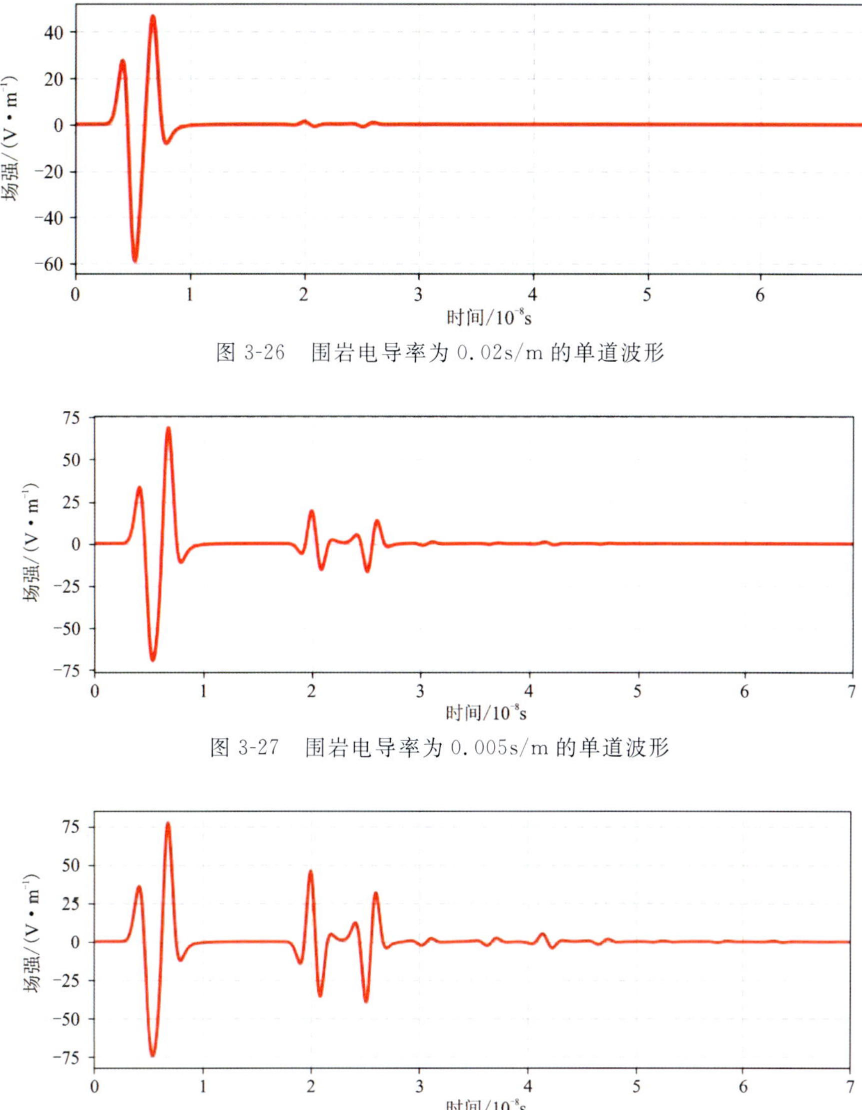

图 3-26　围岩电导率为 0.02s/m 的单道波形

图 3-27　围岩电导率为 0.005s/m 的单道波形

图 3-28　围岩电导率为 0.000 5s/m 的单道波形

地质雷达图像的堆积波形模拟结果如图 3-29～图 3-33 所示。

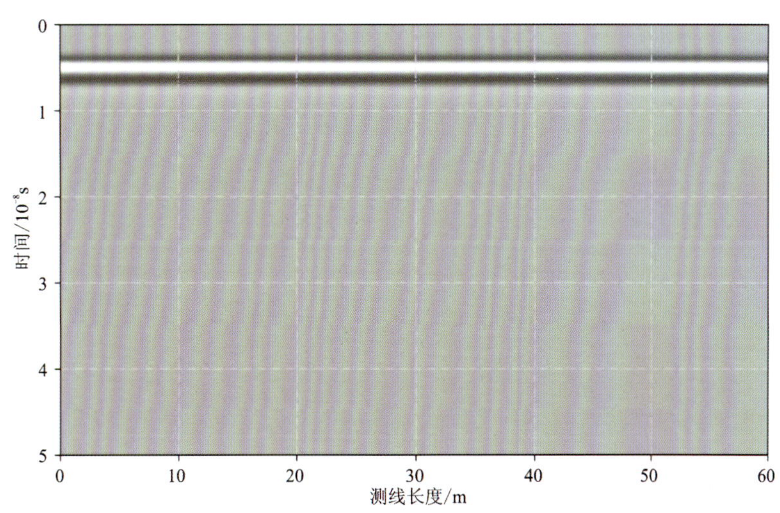

图 3-29　围岩电导率为 0.05s/m 的堆积波形

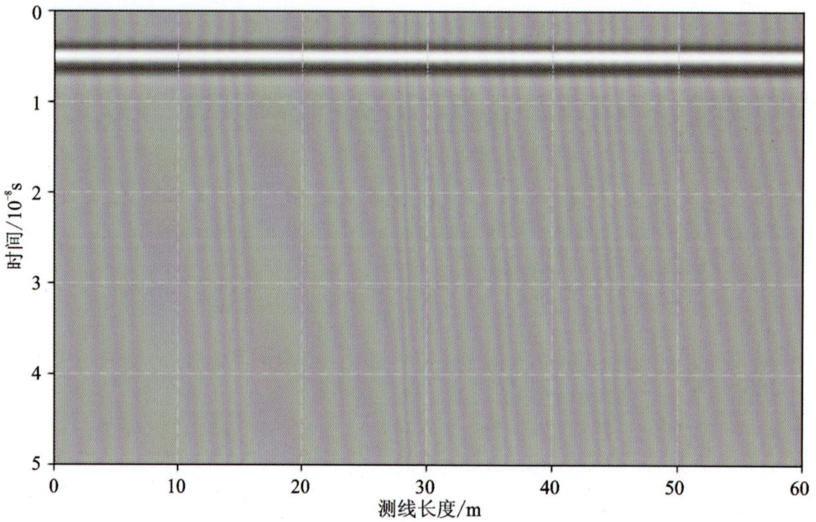

图 3-30　围岩电导率为 0.03s/m 的堆积波形

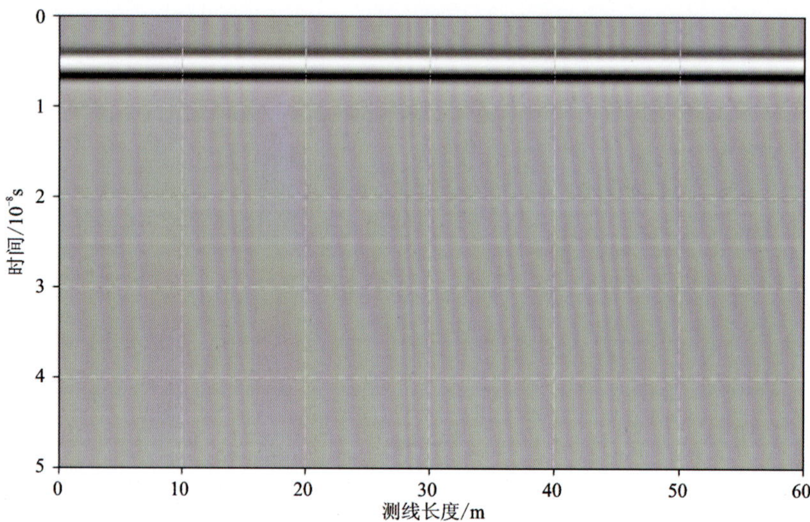

图 3-31　围岩电导率为 0.02s/m 的堆积波形

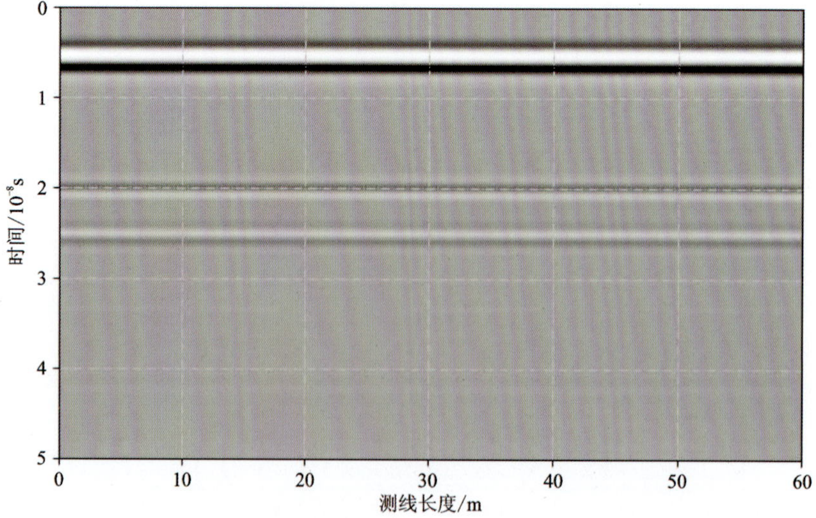

图 3-32　围岩电导率为 0.005s/m 的堆积波形

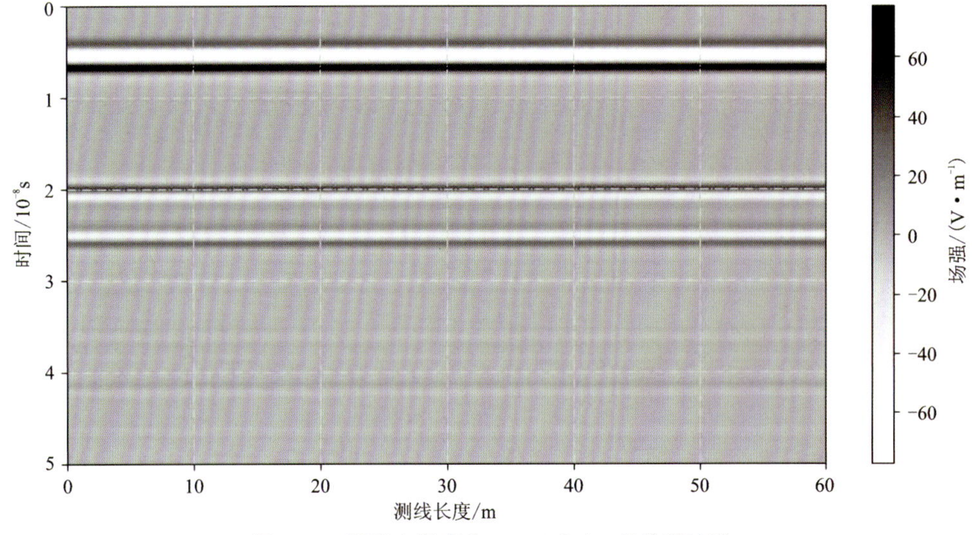

图 3-33　围岩电导率为 0.000 5s/m 的堆积波形

从模拟结果可以看出，对于 400MHz 的使用 Ricker 波的激励源来说，当围岩介质的电导率大于 0.02s/m时，模拟结果中没有电磁波信号；当围岩介质电导率为 0.02s/m 时，模拟结果中只有微弱的电磁波信号；在围岩介质电导率小于 0.02s/m 时，电导率越小，电磁波衰减越小，信号反射越强烈。

由介电常数和电导率参数模拟结果可以得出，在雷达探测中，围岩介质电导率越小，介电常数与目标体的差异越大，探测效果越好。然而，如果目标体与围岩介质间的介电常数差异过大，可能会导致绝大部分电磁波信号在差异界面被反射回去，使得雷达无法继续探测下面的物体。

4. 不同激励源频率正演模拟

使用地质雷达探测时，天线的中心频率是雷达探测深度、雷达分辨率等的关键参数，现建立如图 3-34所示的模型，分别使用激励源频率为 100MHz、200MHz、500MHz、750MHz、1000MHz 进行正演模拟，共采集 110 道地质雷达信号。模型中矩形的电性参数介电常数为 18，电导率为 0.000 5s/m。堆积波形模拟结果如图 3-35～图 3-39 所示。

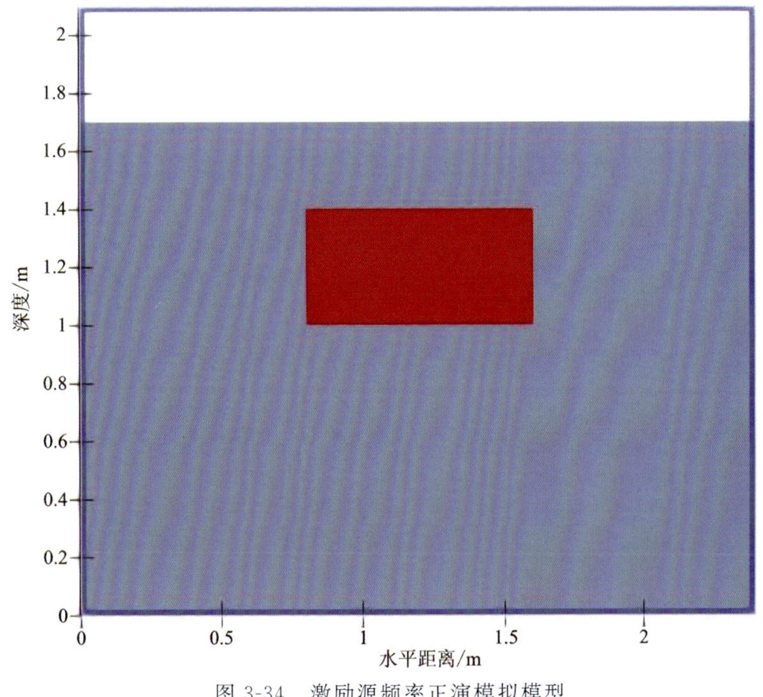

图 3-34　激励源频率正演模拟模型

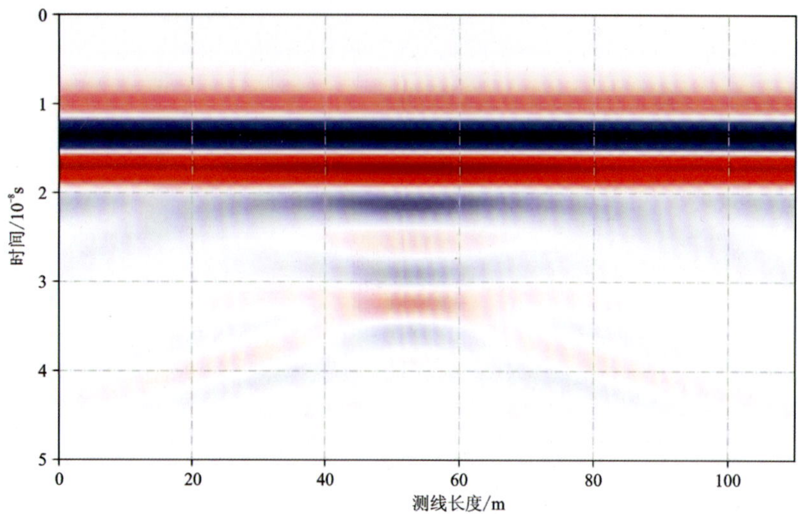

图 3-35　激励源频率 100MHz 堆积波形图像

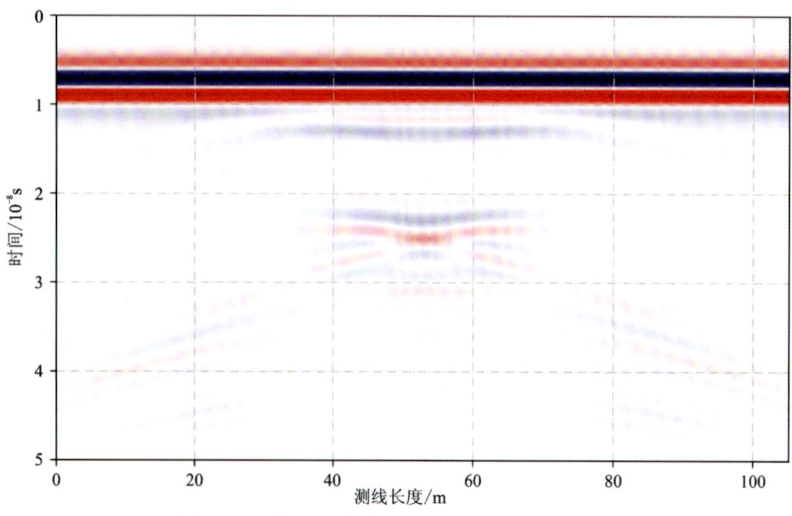

图 3-36　激励源频率 200MHz 堆积波形图像

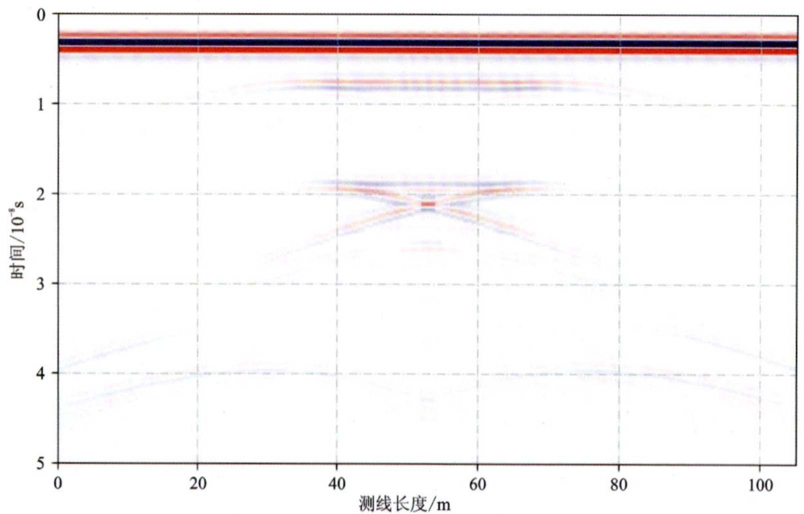

图 3-37　激励源频率 500MHz 堆积波形图像

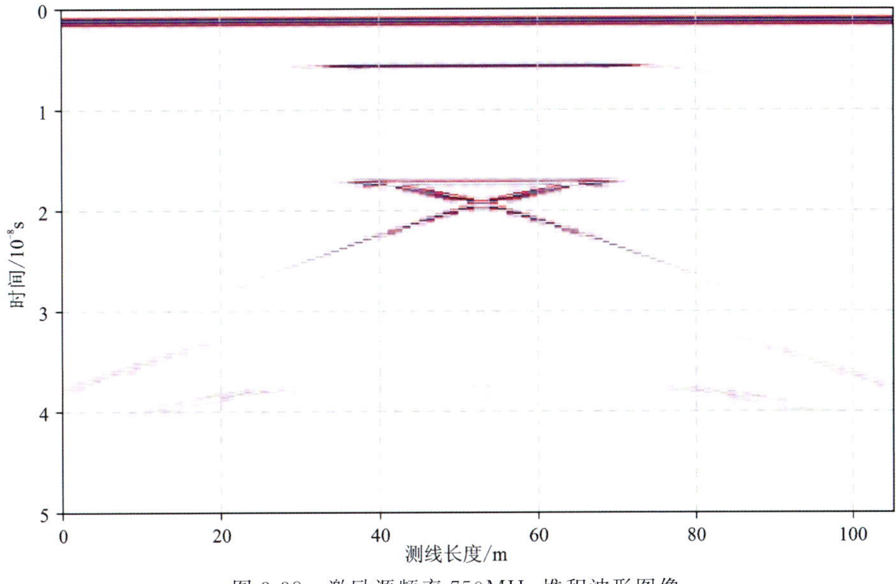

图 3-38　激励源频率 750MHz 堆积波形图像

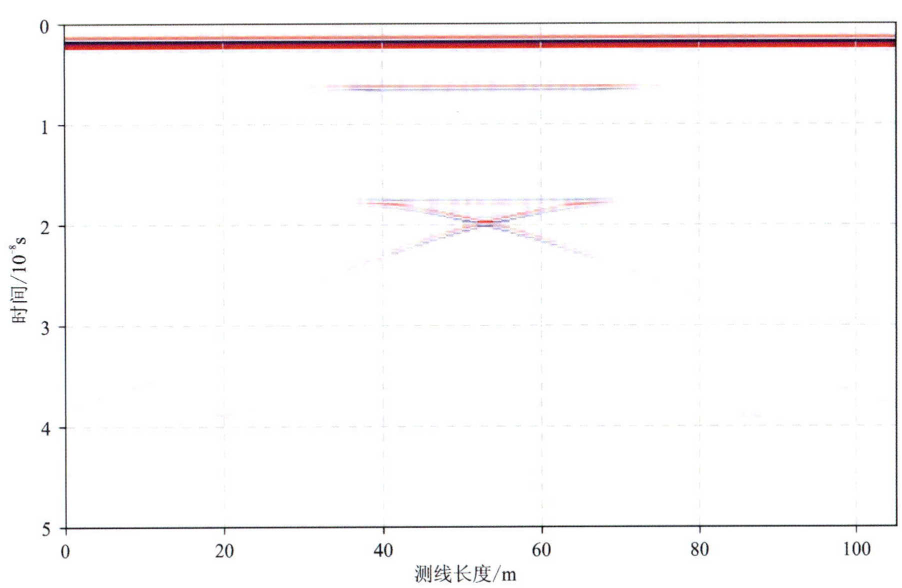

图 3-39　激励源频率 1000MHz 堆积波形图像

从 100MHz、200MHz、500MHz、750MHz、1000MHz 共 5 种不同激励源频率正演结果中可以看出，随着激励源频率的增大，雷达图像的分辨率增加。其中，激励源频率为 200MHz 的正演结果表现最好。在实际地质雷达探测时，应当结合当地地质条件以及其他探测资料，选取合适的天线中心频率，这样既能探测一定深度，又能分辨出被探测地质体。

5. 破碎带正演模拟

由上述结果可以看出，如果破碎带是水平分布，则雷达堆积波形图中的破碎带也是水平分布。破碎带的正演模拟基本参数可参考表 3-2。

1)倾斜和竖直破碎带的正演模拟

对于水平目标体，如果雷达测线方向或者激励源与接收器移动方向与其平行，则在雷达堆积波形图上得到的同样是水平的图像特征。现建立如图 3-40、图 3-41 所示的模型，其中破碎带分别呈倾斜与竖直状态，分别采集 85 道和 60 道地质雷达信号。倾斜破碎带单道波形图以及堆积波形图如图 3-42、图

3-43所示。竖直破碎带单道波形图以及堆积波形图如图 3-44、图 3-45 所示。

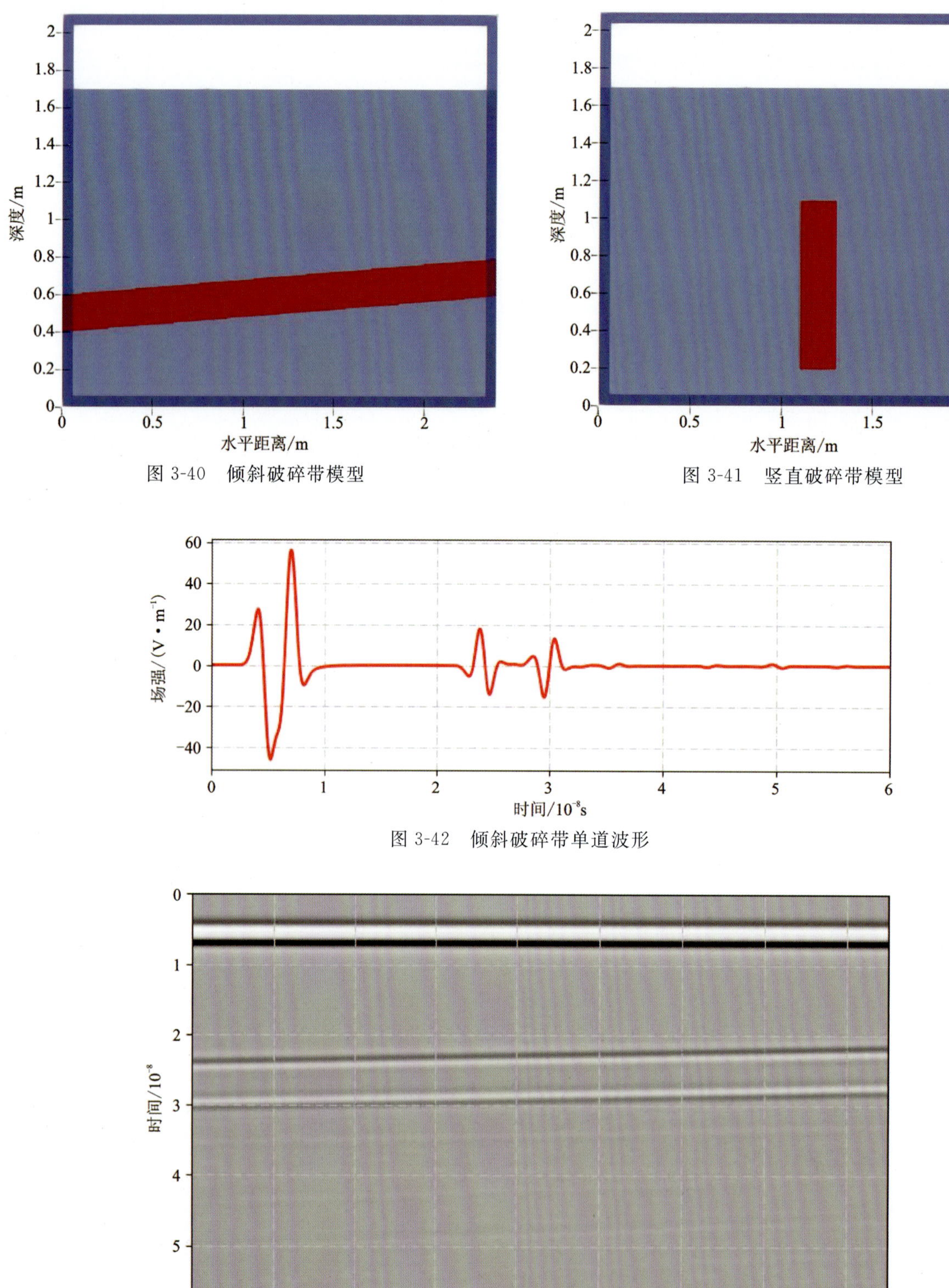

图 3-40　倾斜破碎带模型

图 3-41　竖直破碎带模型

图 3-42　倾斜破碎带单道波形

图 3-43　倾斜破碎带堆积波形

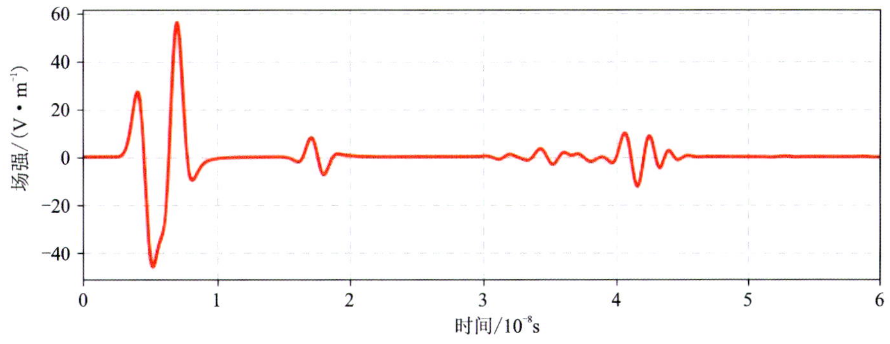

图 3-44　竖直破碎带单道波形

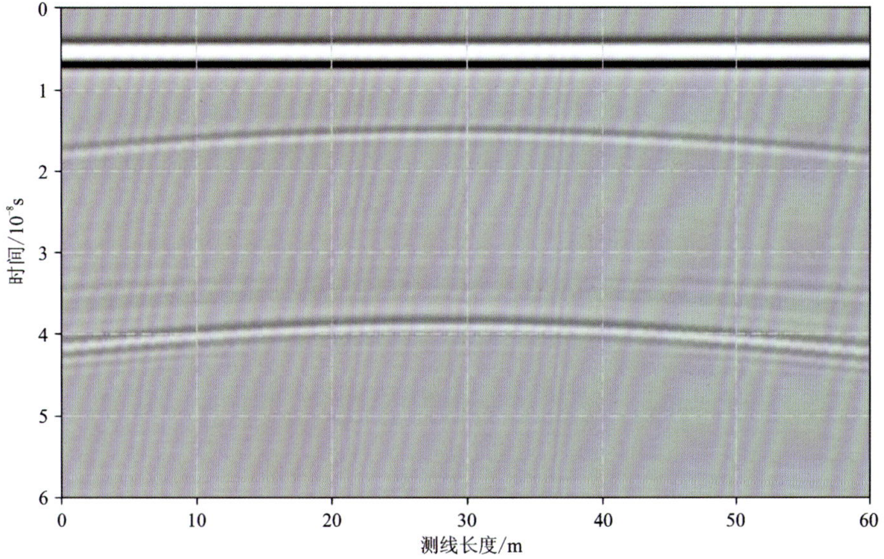

图 3-45　竖直破碎带堆积波形

由模拟结果可以看出，对于倾斜破碎带来说，它在堆积波形图像中也是呈倾斜状的，不过倾斜的角度并不完全一样。对于水平破碎带来说，激励源发出的电磁波到达破碎带发生反射时，会垂直反射回去；而倾斜破碎带接收器收到的电磁波信号包括反射波与折射波，虽然在图像形态上表现为倾斜，但是电磁波的路程不是上下垂直的，故模型与雷达图像中破碎带倾斜角度不同。

竖直破碎带堆积波形图像呈上、下两条双曲线形态，这是由于模型的水平方向间距较小，而激励源又距离破碎带较远，故破碎带的顶端可看作是一个电磁波的绕射点，图像呈双曲线特征。如果破碎带水平间距较大，如同一个矩形一样，则在破碎带顶面的两端为电磁波的两个绕射点，此时图像会形成两个高度相同、形状对称的双曲线。取中间第 30 道波形，两条双曲线反射信号接收时间差距大约为 24ns，传播速度可用式(3-66)计算得出，计算得两条双曲线的间距大约为 0.707m，而实际模型破碎带顶底间距为 0.8m，比较接近。

2）双层破碎带的正演模拟

由单层破碎带正演模拟可知，水平或者倾斜破碎在堆积波形图中同样表现出水平和倾斜的特征。那么对于两层甚至多层的破碎带来说，上层的破碎带可能会阻碍下层的破碎带在堆积波形图上的表现。从电磁波传播规律可知，水平破碎带不会影响下层破碎带的雷达响应特征，但倾斜破碎带对下层的影响则不好推断。双层破碎带模型如图 3-46、图 3-47 所示。双层破碎带单道波形模拟结果如图 3-48、图 3-49 所示，堆积波形模拟结果如图 3-50、图 3-51 所示。

从上面两种破碎带分布形式模拟可知，上层破碎带的存在与否以及倾斜角度并不会影响下层破碎带的雷达响应特征，也就是说，我们可以从堆积波形图上直观地看出破碎带的分布形式，这对于雷达图像解译是十分有利的。当然，实际情况下的破碎带必然是断断续续的，不会如此完整，但我们依然可以从堆积波形图像中直接观察到破碎带的分布情况。

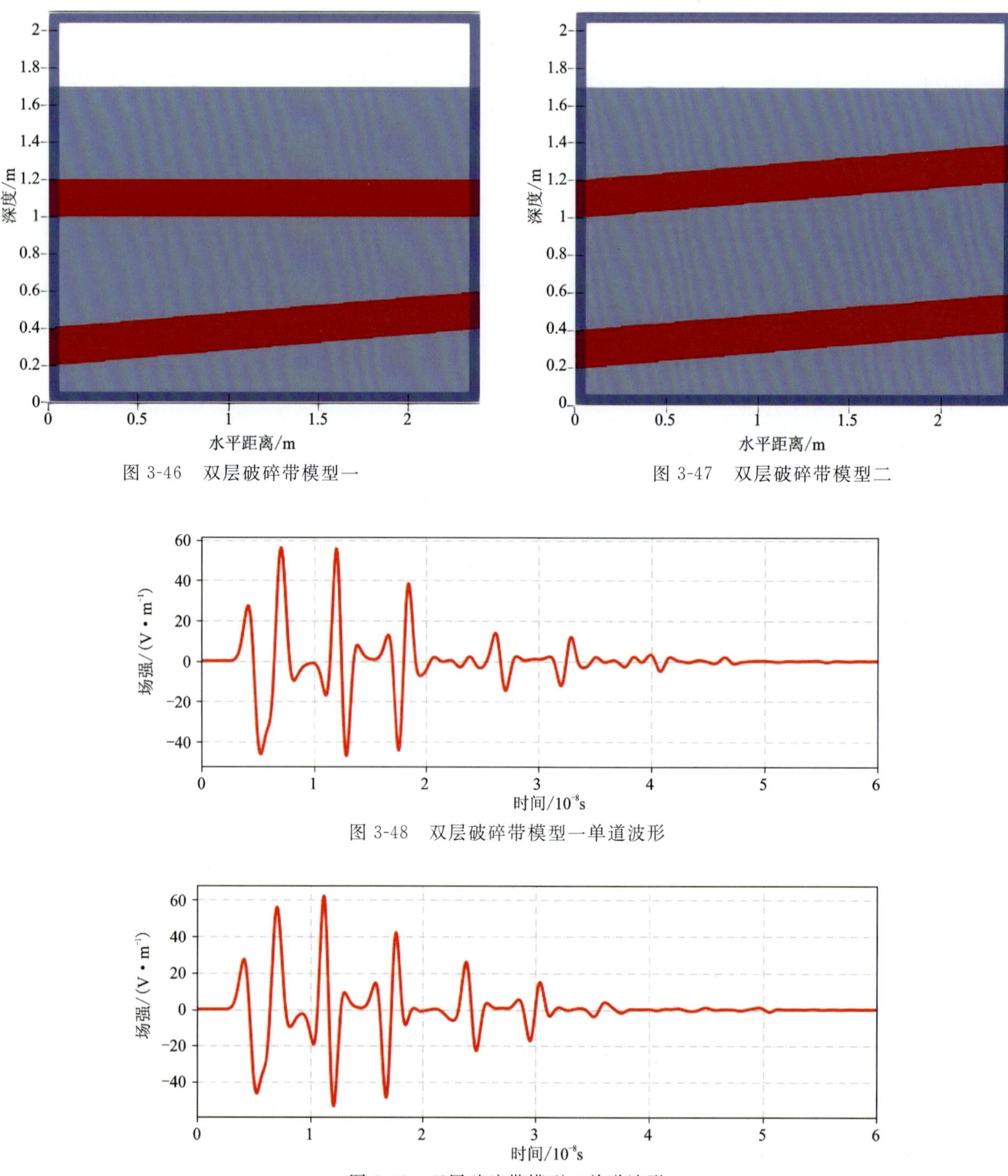

图 3-46　双层破碎带模型一

图 3-47　双层破碎带模型二

图 3-48　双层破碎带模型一单道波形

图 3-49　双层破碎带模型二单道波形

6. 富水带正演模拟

富水带模拟中激励源采用 1000MHz 的 Ricker 波，共采集 180 道波形线。模型中正方形、圆形、三角形中填充的都是水，模型长度单位为米(m)，正方形左下角与右上角坐标为(0.7，1.4，0)、(0.9，1.6，0.003)；圆形中心点坐标为(1.25，1.50，0)，半径为 0.1m；三角形 3 个顶点坐标为

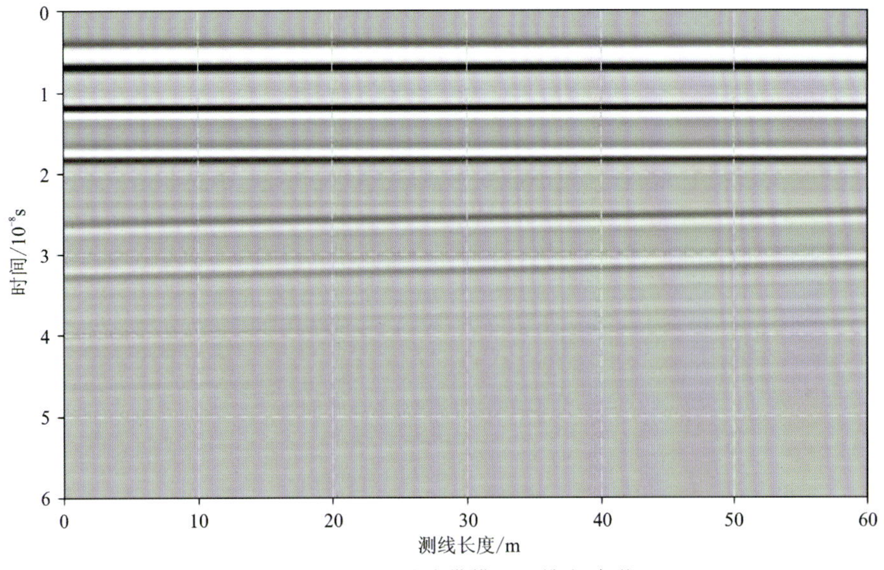

图 3-50　双层破碎带模型一堆积波形

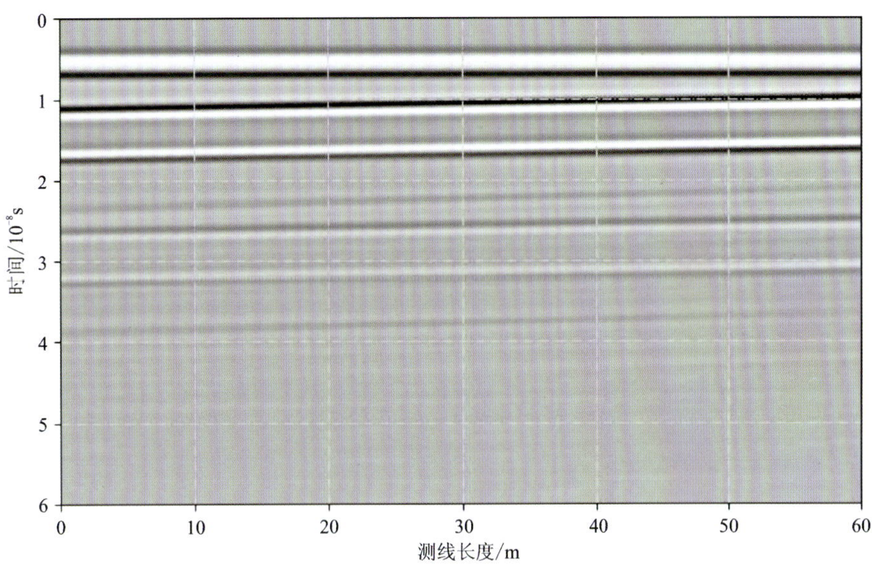

图 3-51　双层破碎带模型二堆积波形

(1.6,1.4,0)、(1.6,1.6,0)、(1.8,1.4,0)。富水带模型及正演模拟结果如图 3-52～图 3-54 所示。

从堆积波形中可以看出,电磁波在 3 种富水带的传播过程中都出现了多次反射的现象。圆形富水带地质雷达响应特征为顶、底有两条双曲线形。正方形富水带的地质雷达响应特征为顶面两个角点各有一条双曲线,且在正方形中间有较大的重合区域,这是由电磁波在两个角点发生绕射造成的现象。三角形富水带的雷达响应特征为电磁波在三角形顶点发生绕射形成双曲线以及表现为斜直线的斜边。

7. 富水破碎带的正演模拟

富水破碎带的激励源采用 400MHz 的 Ricker 波,共采集 165 道单道波形。模型中各个物体所表示的介质如图 3-55 中所示,堆积波形模拟结果如图 3-56 所示。

从富水破碎带堆积波形可以看出,矩形中的电磁波反射较为混乱,仅能观察到矩形上边界两个角点的绕射电磁波曲线,而很难确定矩形的下边界。由电磁波速度可以推断出矩形的下边界大约在 0.7ns 的位置上,在 0.7ns 之后仍有许多杂乱的电磁波,这是电磁波在物体中来回反射的结果。

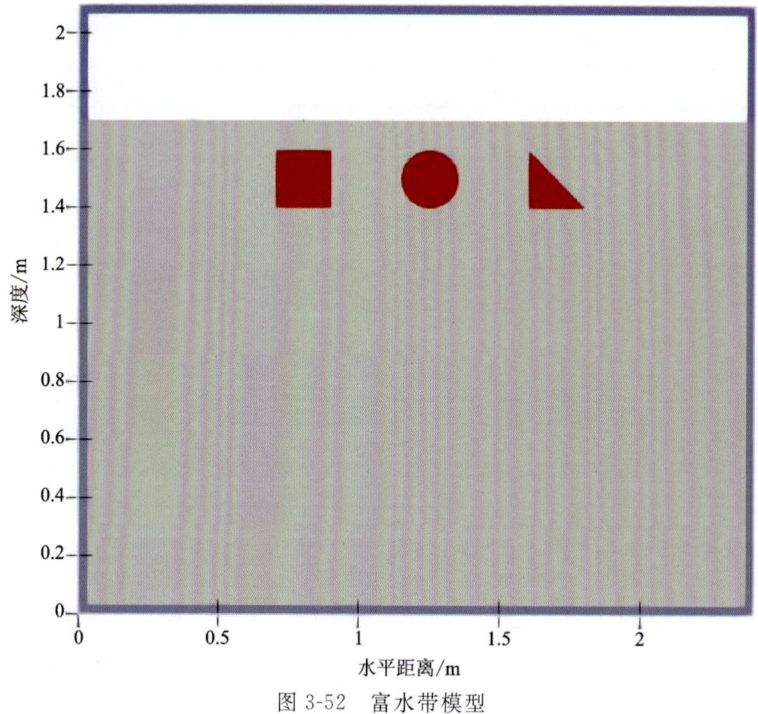

图 3-52　富水带模型

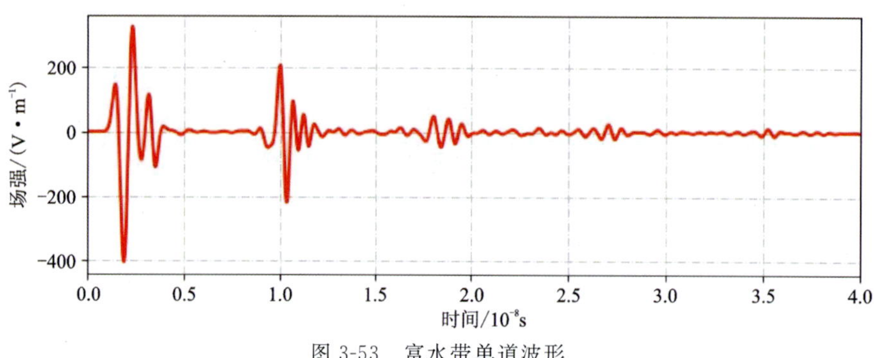

图 3-53　富水带单道波形

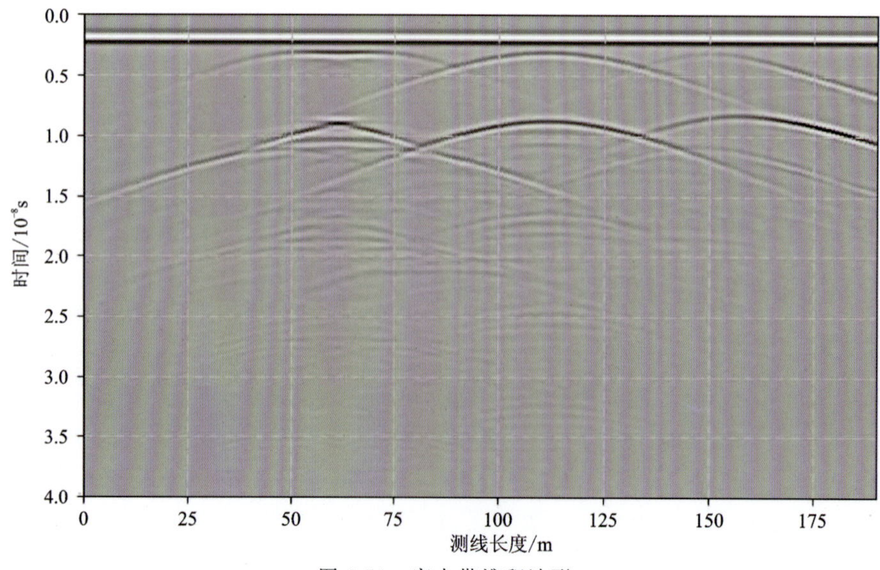

图 3-54　富水带堆积波形

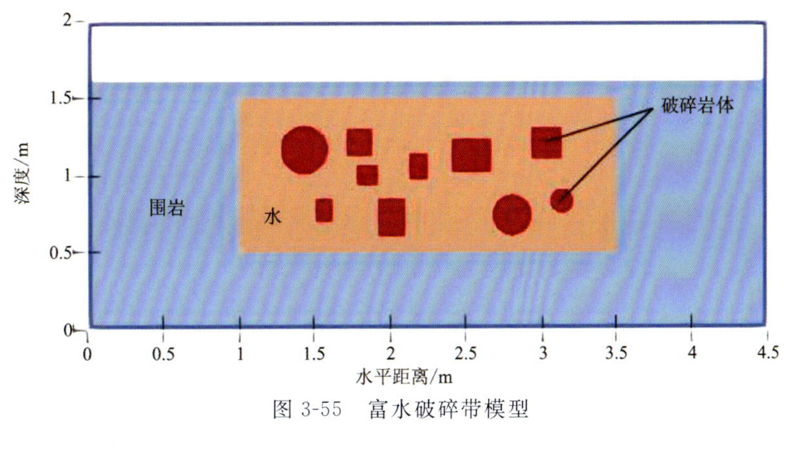

图 3-55　富水破碎带模型

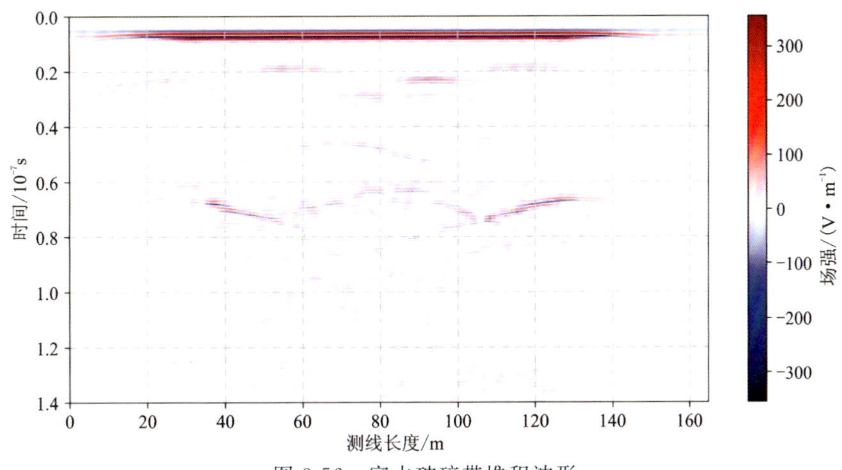

图 3-56　富水破碎带堆积波形

第三节　地质雷达探测应用实例

在以下实际地质雷达探测例子中，雷达测线布置方式如图 3-57 所示，数据采集采用仪器配套的采集软件 Ground Vision2，雷达使用发射频率为 100MHz 的屏蔽天线，采样时窗为 600～700ns，采样频率为 1000～1200MHz，以点测方式采集数据。

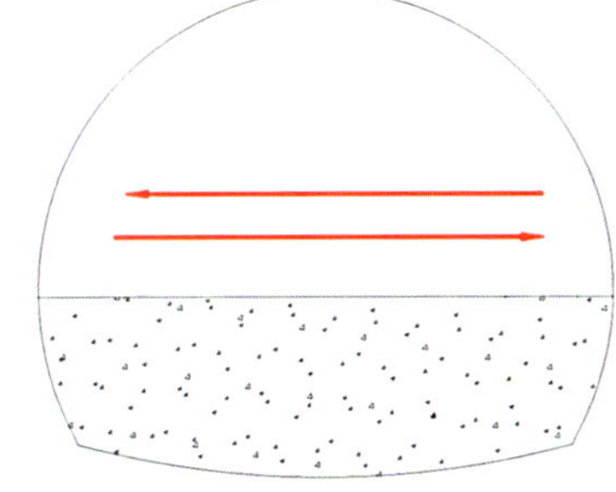
图 3-57　地质雷达测线布置

一、破碎带

1. 掌子面地质条件

掌子面（五马山引水隧洞 DP9＋008）实际揭露围岩为微—中风化灰岩，岩层表面多有薄层泥质附着，总体以中厚层状镶嵌结构为主，局部裂隙发育，裂隙间多为钙质胶结，洞壁较完整。破碎带掌子面现场照片如图 3-58 所示。

2. 数据解译

经过时间静校正、去直流漂移、增益等处理后，检测范围内（五马山引水隧洞 DP9＋008～DP9＋038）破碎带地质雷达堆积波形如图 3-59 所示。

图 3-58　破碎带掌子面现场照片

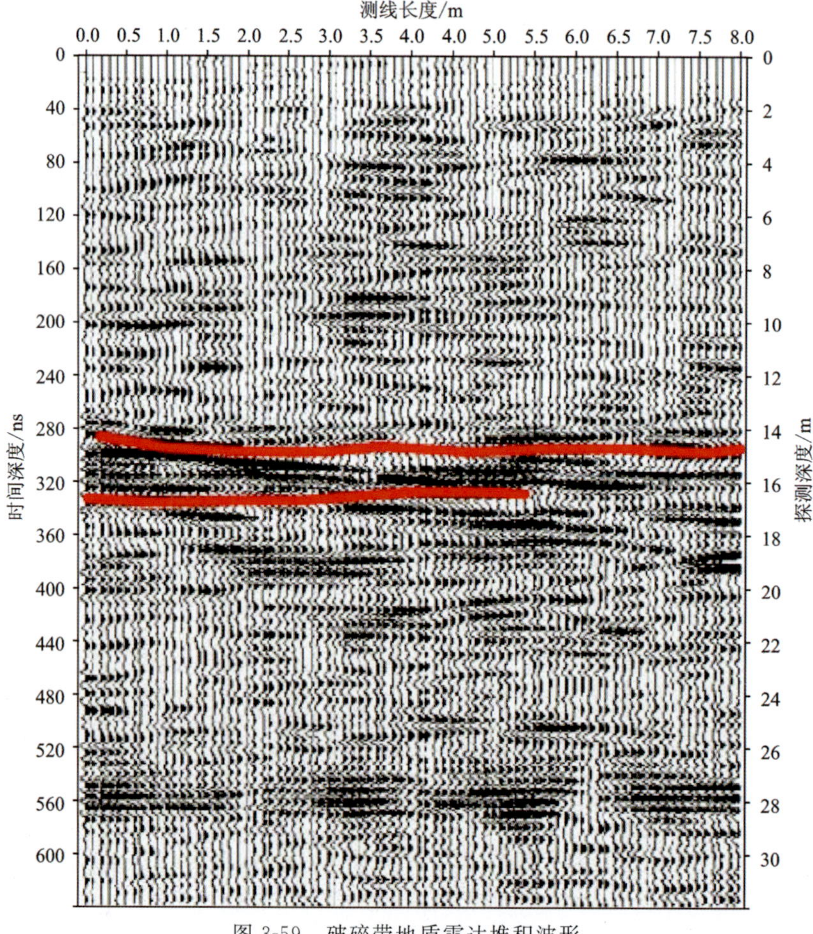

图 3-59　破碎带地质雷达堆积波形

从图 3-59 中可以看出，雷达回波信号稍强，频率稍低，振幅中等，局部轻微波动，同相轴较为连续。有两条近似平行的同相轴在图中用红线标出，与破碎带的正演模拟结果相似。推断该范围内围岩以中风化灰岩为主（含少量泥质），呈层状镶嵌碎裂结构，层状节理及裂隙较为发育，局部裂隙切割现象明显，岩体较为破碎，为一条破碎带。

二、富水带

1. 掌子面地质条件

掌子面(东张水库北岸 DD2＋918)实际揭露围岩为中风化灰岩，夹杂片状软质岩，总体呈中—薄层状结构，层状节理较发育，岩体较破碎，拱顶存在碎落、少量渗滴水现象。富水带掌子面现场照片如图3-60所示。

图 3-60 富水带掌子面现场照片

2. 数据解译

经过时间静校正、去直流漂移、增益等处理后，检测范围内(东张水库北岸 DD2＋918～DD2＋948)富水带地质雷达堆积波形如图 3-61 所示。

从图 3-61 中可以看出，雷达回波信号稍强，存在少量低频信号，振幅中等，同相轴较为连续，存在含水振荡信号，如图中红色方框所示，这与富水带正演模拟中电磁波信号多次反射相同。推断该范围内围岩以中风化灰岩为主，局部有少量板岩侵入，总体呈中薄层状结构，层状节理较为发育，岩体较破碎，节理间多为片状软质岩充填，层间结合力稍差，拱顶易产生层状剥落现象，围岩富水，以点滴状为主。

三、富水破碎带

1. 掌子面地质条件

掌子面(东张水库隧洞出口 DD22＋088)围岩为灰色夹杂黄褐色灰岩，呈中—强风化，岩体节理裂隙较发育，沿节理裂隙方向有方解石岩脉填充，岩体表层较破碎，整体完整性一般，局部有弱变形，地下水位埋藏于弱风化带中上部，隧洞埋深较大，在开挖过程中可能有渗水甚至涌水现象。富水破碎带掌子面现场照片如图 3-62 所示。

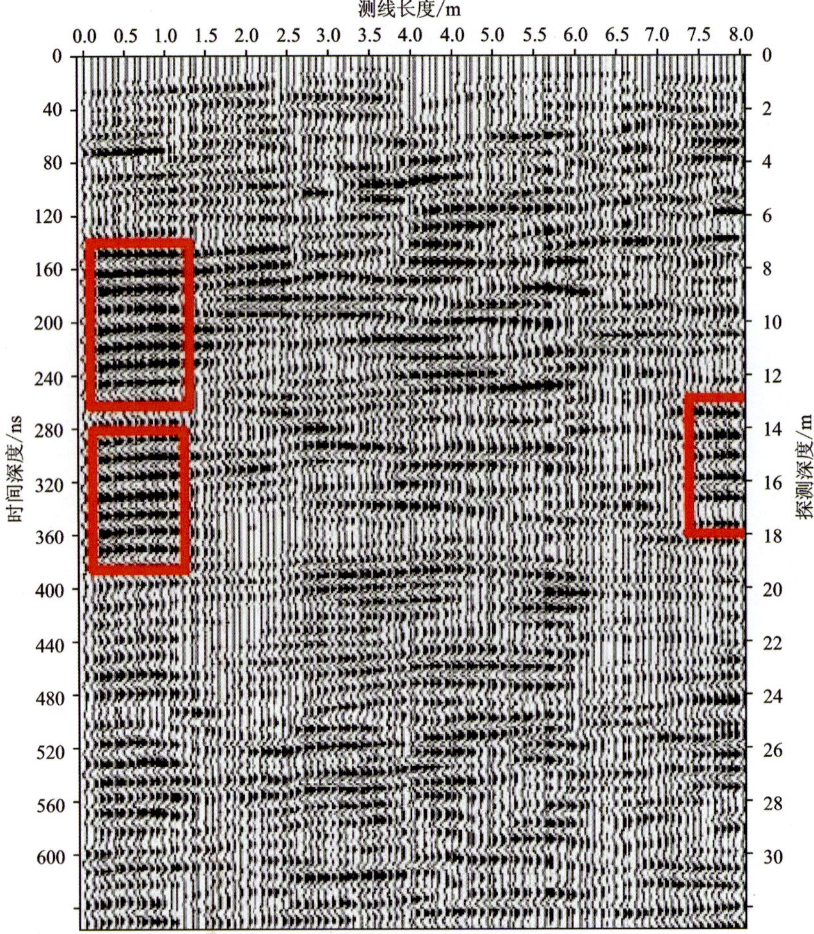

图 3-61 富水带地质雷达堆积波形

图 3-62 富水破碎带掌子面现场照片

2. 数据解译

经过时间静校正、去直流漂移、增益等处理后，检测范围内(东张水库隧洞出口 DD22＋088～DD22＋118)富水破碎带地质雷达堆积波形如图3-63所示。

从图 3-63 中可以看出，在掌子面前方 4～25m 深度范围内电磁波反射较为强烈，同相轴时断时续，波形较杂乱，高频波变为中、低频波，波幅局部变化较大，出现高、宽幅，电磁波呈缓慢衰减趋势。红圈标出了富水区域，红色横线为破碎带大致走向。推断围岩完整性相对较差，自稳能力较差，层间结合性较差，岩体破碎，含水量偏高，存在夹泥现象，局部溶蚀发育，推测为破碎带、富水带。

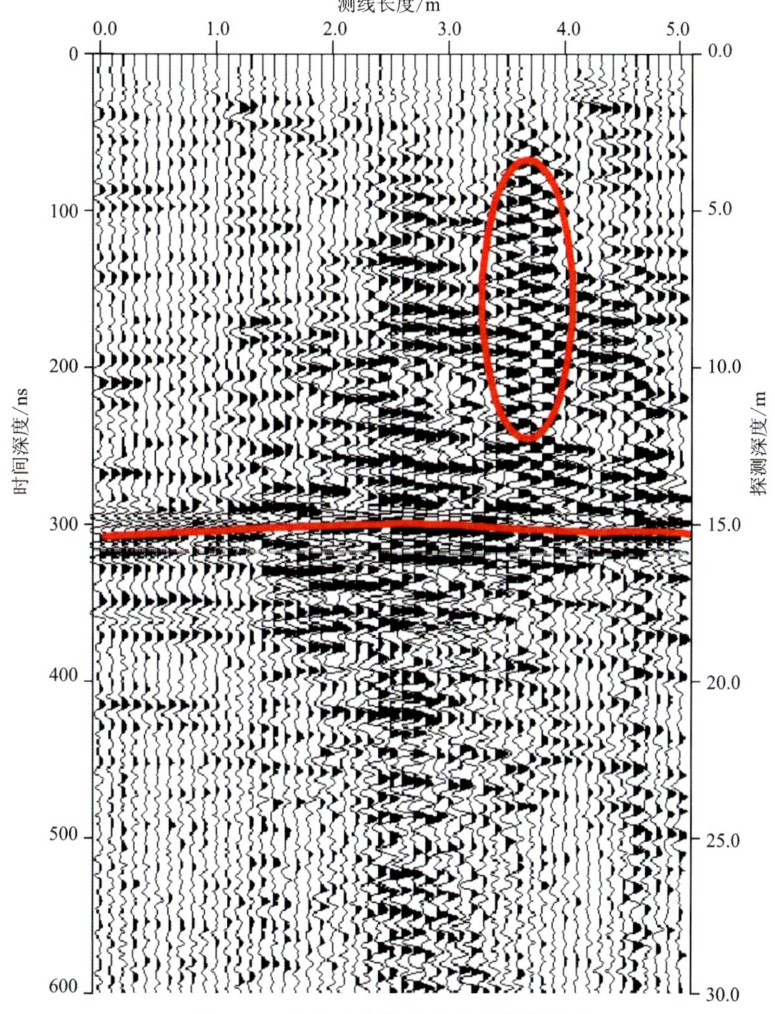

图 3-63　富水破碎带地质雷达堆积波形

第四章　涌水突泥机理与防控技术

隧洞工程属于目前工程分类中比较典型的地质工程，而将地质工程作为一个真正明确的命题进行研究，在我国最初是由孙广忠教授提出的[41]。在孙教授的一系列著作当中，他将地质工程的重点研究对象提升为“地质体”，这是对古德曼所研究的地质工程概念中“岩体”的提升与突破。按照孙广忠教授对地质工程的经典定义及阐述可知，研究地质工程需要重点研究“地质体”“地质环境”，需要重点关注“地质”问题，紧密联系“设计和施工”。

由此可见，隧洞涌水突泥问题的研究，溯本求源，离不开对“地质体”(围岩以及地下水)的分析研究，离不开对工程所处的“地质环境”(工程地质条件、水文地质条件)的研究，离不开对设计及施工的研究[42]。这些因素，从宏观到微观，从客观到主观，从必然因素到偶然因素，对隧洞的涌水突泥皆有不同的影响。

第一节　涌水突泥的类型及影响因素

一、涌水突泥的灾害类型

涌水突泥是指在隧道开挖施工过程中，围岩中的水体或者泥、水混合物在人类工程活动影响下冲破隔水岩体阻力的一种现象，常常伴有一定的压力和流速。为了提高人们对涌水突泥灾害的认识，深入分析其发生原因，总结工程经验，目前按照不同原则对涌水突泥的灾害类型的划分主要有以下几种。

首先，根据地质条件，涌水突泥灾害类型可划分为岩溶类、断层类以及其他成因类，具体如表 4-1 所示。其次，根据发生时间，涌水突泥灾害类型可划分为缓发型、滞发型、突发型，具体如表 4-2 所示。最后，

表 4-1　涌水突泥的地质特征分类

类型	比例/%	型式	灾害类型
岩溶类	48	溶蚀裂隙型	以涌水为主
		溶洞溶腔型	以涌水突泥为主
		管道及地下暗河型	以涌水突泥为主
断层类	29	富水断层型	以涌水突泥为主
		导水断层型	以涌水突泥为主
		阻水断层型	以涌水突泥为主
其他成因类	23	侵入接触型	以突泥为主
		层间裂隙型	以涌水为主
		不整合接触型	以涌水为主
		差异风化型	以突泥为主
		特殊条件型	—

结合国家对质量安全事故划分的相关规定，并按照灾害程度将涌水突泥灾害等级划分为Ⅰ类(严重涌水型)、Ⅱ类(较强涌水型)、Ⅲ类(一般涌水型)，具体如表 4-3 所示。

表 4-2　涌水突泥的时间特征分类

类型	特征
缓发型	发生于隧道开挖后的支护过程中，瞬时压力较低，冲击力较小，规模增大迟缓，涌水量峰值可能出现在几小时或者几天之后，涌水口不明显，涌水量有限
滞发型	发生于隧道开挖之后，多由于暴雨等因素产生
突发型	发生在开挖过程中，涌水量峰值出现快，冲击力强，涌水口明显且畅通

表 4-3　涌水突泥的灾害等级分类

灾害程度	类型	涌水情况	损失程度
Ⅰ	严重涌水型	水量＞10 000m^3/h 水压＞1MPa	造成停工 3 个月以上，或造成伤亡人数 3 人及以上，或造成经济损失 50 万元以上
Ⅱ	较强涌水型	水量 1000～10 000m^3/h 水压＞0.5MPa	造成停工 1 个月以上，或造成伤亡人数 1 人及以上，或造成经济损失 10 万元以上
Ⅲ	一般涌水型	水量 100～1000m^3/h 水压轻微	造成停工 1 个月以内，未造成人员伤亡，经济损失 10 万元以内

二、涌水突泥灾害的影响因素

涌水突泥灾害的发生主要包含两个条件：首先，具备大型饱水构造，并具有一定的能量积蓄；其次，存在打破原有系统的能量干扰。从影响因素分析，涌水突泥灾害是在地质、水文气象、工程等因素综合作用下发生的。其中，地质因素主要包括地形地貌、地层岩性、地质构造等；水文气象因素主要包括地下水、气象等；工程因素主要包括设计、施工、管理等。涌水突泥的影响因素具体如图 4-1 所示。

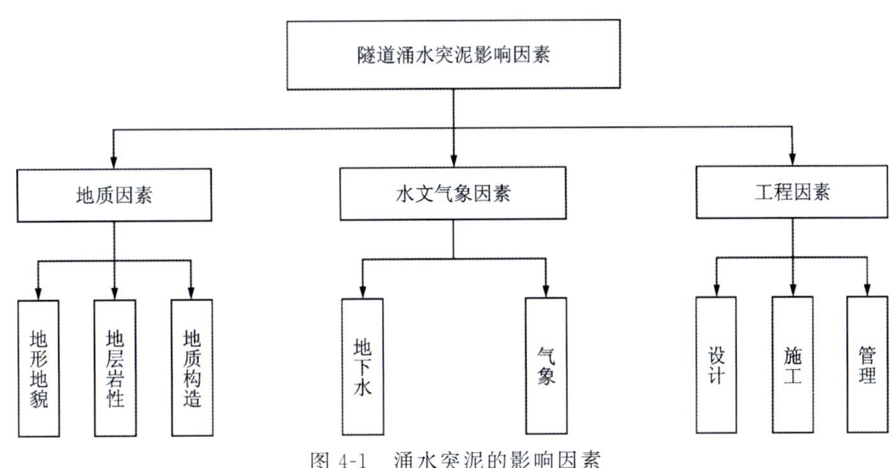

图 4-1　涌水突泥的影响因素

(一)地质因素

1. 地形地貌

地形地貌一般控制着地表水系的发育情况。山间沟谷及低洼地带具有良好的汇聚大气降水的能力,常易形成溪流甚至湖塘,为山体或地表以下地下水补给提供了丰富的来源。这也是地表水系发育地带隧洞围岩中也往往易形成涌水突泥的水文依据。同时,地形地貌深刻影响着地下水的埋藏特征、渗流及排泄路径,不同地貌单元一般埋藏着不同类型的地下水。河流及海岸阶地、洪积扇等地貌单元多见松散岩组孔隙潜水,山前平原、山间谷地、山脚下多见承压水。

在进行隧洞涌水量预测模型选取及参数计算时也通常要考虑地形地貌的影响,有时需按照地形条件计算汇水面积,确定地表水体与隧洞的补给距离等。因此,地形地貌控制着隧洞线路区域的地下水埋藏条件、补给条件、渗流路径等,深刻影响着隧洞的涌水情况。

2. 地层岩性

从岩质看,脆性岩石一般易发育裂隙,强度较高,不易被水流冲刷、侵蚀,围岩稳定性较好、透水性好。此类岩体隧洞涌水突泥事故以直接涌水为主,且不易坍塌。塑性岩石一般发育较少裂隙,裂纹易闭合,且含更多黏土矿物,强度较低,围岩稳定性差,变形更具有流变、蠕变效应,压力拱易产生动态变化,易被冲刷、侵蚀,甚至软化、崩解。此类岩体隧洞涌水突泥事故常伴有大规模的塌方,从而形成泥石混合流,易导致涌水突泥的滞后发生以及多次发生。

从围岩风化程度看,全风化岩体一般结构已经破坏,多呈松散状,稳定性极差,更容易发生涌水突泥事故,且围岩矿物发生蚀变后易软化崩解,可为涌水突泥提供较多的泥质成分。

从围岩的结构特征看,完整性好的岩体自稳能力强,松动圈及裂隙开展范围小,通常不易发生大规模的破坏现象,以局部破坏、局部掉块为主,而层理发育、结构面发育的岩体更加破碎,稳定性更差,同时渗透性更好,更容易发生大规模的涌水突泥事故。由此可见,地层岩性及结构特征对隧洞涌水突泥具有显著影响。

3. 地质构造

涌水突泥灾害发生的位置常受到地质构造控制。这是因为岩体中的节理、裂隙、层面、断层等结构面,如在岩体的向斜核部和背斜翼部或岩层的接触面、滑动带、断层破碎带等部位,不仅容易汇水形成溶蚀裂隙和溶洞,成为地下水的主要运移通道,而且往往岩体破碎、胶结程度差,降低了岩体整体强度,是地下水突发的薄弱地带。

(二)水文气象因素

1. 地下水

地下水的埋藏,即围岩的富水性、地下水压力对于隧洞涌水突泥具有明显的影响,在多雨湿润地区或雨水丰沛的季节时段内,张性断层内储备了丰富的地下水,更易发生涌水突泥事故,涌水突泥的水量更大。深埋条件下,水压较高,隧洞内更易产生涌水突泥事故;水压过低,则地下水能量有限,其破坏能力显著降低,隧洞内多见局部渗漏、淋水,难以引发灾难性破坏;高水压地下水则具有更高的势能,会加速围岩裂隙开展,扩展渗流通道,加快渗流速度,加剧水流对岩石的冲刷侵蚀,从而使围岩劣化,降低围岩的强度,同时可以突破更厚的隔水岩墙,涌水突泥后会带出大量的岩块、岩屑及泥质,因此高水压地下水极易引发大规模塌方及涌水突泥事故,可形成水石流、泥石流等。

地下水的补给条件对于隧洞涌水突泥的水量及持续性也具有重要影响。地表径流发育，地下水与附近水源连通，会大大加强地下水的补给。区域地表溪流发育，且多断层出露地表，由于断层带及附近岩质疏松，地表易被风化侵蚀，最终被冲刷形成山间溪流，使得区域断层带内的地下水与地表水之间形成了紧密的水力联系。同时，由于储水断层之间的相互连通和相互渗流补给，断层储水体之间联系紧密，加强了局部涌水突泥后的水力补给及涌水总量，此种情形不仅增大了隧洞涌水突泥的概率，且增加了深埋条件下涌水突泥后水量的持续性。

2. 气象

地区地表径流的流量、水位乃至地下水通常受当地气象条件主导，受大气降水及地面蒸发的平衡关系控制。地区气温高低决定了蒸发强度，而气候特点决定了地区全年的总降水量，降水强度则决定了短时间内的地表水量。

一般区域地下水主要接受大气降水入渗补给。对隧洞涌水突泥而言，就空间区域来看，大气降水丰沛地区一般涌水多发；就时间来看，雨季涌水灾害较枯水季节要重，短时间降水强度高，涌水量会增大。丰水季节一般地下水位较高，地层中地下水的水压也相对较高，而较高的水压更有利于地下水的渗流和岩体裂隙的开展，从而导致涌水突泥事故的发生。通常各地地下水均具有明显季节性变化特点，相应地，隧洞涌水也随着季节气候及降水的变化而变化。

（三）工程因素

1. 设计

设计因素的影响主要体现在勘察和设计两个阶段。在这个过程中，如果不能准确判断出隐藏的不良地质情况，或者虽然发现了不良地质却未给予足够的重视，在设计方案中没有提出相关的预防措施，都会为地质灾害的发生种下祸根。

要避免发生隧道涌水突泥地质灾害，必须做好地质勘察工作，以便为设计工作提供详细、可靠的数据支持，从而不断优化隧道工程选线方案，避开富水溶洞或者岩溶破碎带等易爆发涌水突泥灾害的不良地质段。

2. 施工

隧道进入施工阶段，一定会打破原有岩体的平衡，同时也会暴露出隧道洞身的各种不良地质体。施工技术的革新和合理化的工艺改进可以在规避涌水突泥灾害的发生上起到一定作用，与之相对应的是不合理的施工方案则可能导致涌水突泥灾害的产生。隧道修建过程中开挖和支护两个阶段均会影响围岩的稳定性，进而导致涌水突泥灾害的发生。隧道的开挖方式如果没有跟围岩的强度相适应，很易导致灾害发生，如在Ⅴ级破碎围岩地区采用全断面爆破开挖，极容易导致隧道塌方或者涌水突泥事故的发生。隧道开挖之后的初期支护要尽快跟上，以有效约束围岩变形，如果支护强度不够或者支护方案不合理，会导致支护结构和围岩没有形成有效整体来抵抗变形，使得围岩松动、强度降低、隔水性变差，从而引发灾害。

在勘测阶段要想完全准确地探明整条隧道完整的围岩地质情况是较为困难的，因此必须在施工阶段加强地质调查和超前地质预报，以此来避免涌水突泥地质灾害的发生。除加强施工地质超前预报工作外，必须对不同地质类型的隧道制订有针对性的施工方案和支护措施。

3. 管理

科学的施工管理对于防止涌水突泥灾害的发生有着重要的影响。从过往发生的灾害统计结果来看，造成重大人员伤亡和经济损失的自然事故，除因技术落后导致不良地质灾害难以预报的原因之外，没有科学地进行施工组织设计，没有按规定进行三级技术交底，没有强调施工安全的重要性，一味追求施工进度等，这些管理方面的问题同样是灾害发生的主要因素。例如在隧道施工过程中，按照规定必须进行监控量测和地质预报，依靠测量数据可以提前判断前方的地质情况，从而预防灾害的发生。但如果管理人员知识水平不高，对施工现场变化的资料掌握不足，思想意识麻痹大意，就会忽视施工过程中出现的异常情况，从而导致未提前采取有效的措施预防灾害的发生。

第二节　基于筒仓理论的断层破碎带防突安全厚度

一、筒仓理论的基本原理

散体力学中 Janssen 公式主要用于料仓筒壁四周和底部的压力计算，由于其严格的理论基础，除被广泛应用于筒仓设计外，也应用于其他类似料仓形式的工程领域中。它的基本假设主要包括以下几个方面：

(1)垂直方向上散体容重不变。

(2)散体垂直压力沿水平面上均匀分布。

(3)散体内任意点(包括仓壁)的水平压力与垂直压力成比例。

根据以上假设条件即可求出不同深度下的料仓压力。如图 4-2 所示，在距离物料表面 h 处取一厚度为 $\mathrm{d}h$ 的单元体进行受力分析，设其截面积为 S，周长为 C。该单元体所受的垂直荷载与单元体自重及与仓壁周边的摩擦力相平衡。静力平衡方程为

$$(P_V + \mathrm{d}P_V) \cdot S + P_W C \cdot \mathrm{d}h - P_h S - \gamma S \cdot \mathrm{d}h = 0 \tag{4-1}$$

式中：P_V 为垂直方向上单位面积的贮料压力(kPa)；P_h 为水平方向上单位面积的贮料压力(kPa)；P_W 为物料与仓壁的摩擦力(kPa)；γ 为物料重度($\mathrm{kN/m^3}$)。

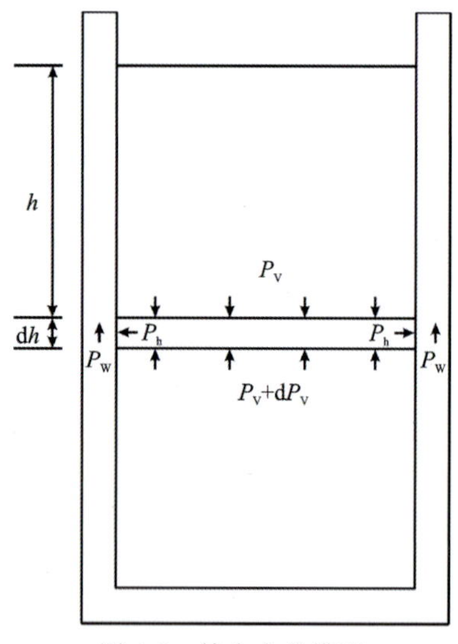

图 4-2　筒仓力学模型

设水平截面水力半径 $\rho = S/C$，侧压力系数 $K = P_h/P_V$，摩擦系数 $\mu = P_W/P_h$，代入式(4-1)可得

$$\frac{\mathrm{d}P_V}{\mathrm{d}h} + \frac{\mu K}{\rho} P_V - \gamma = 0 \tag{4-2}$$

式(4-2)为一阶非齐次线性微分方程，利用常数变易法即可求取方程的解，并结合边界条件，即在

$h=0$ 处，$P_{\mathrm{V}}=0$，可得

$$P_{\mathrm{V}}=\frac{\gamma\rho}{\mu K}\left[1-\exp\left(-\frac{\mu hK}{\rho}\right)\right] \tag{4-3}$$

$$P_{\mathrm{h}}=\frac{\gamma\rho}{\mu}\left[1-\exp\left(-\frac{\mu hK}{\rho}\right)\right] \tag{4-4}$$

二、基于筒仓理论的断层破碎带最小防突安全厚度

1. 假设条件

断层破碎带是隧道施工过程中一种常见的地质构造形式，受地质营力作用，破碎带内岩体松散破碎，节理裂隙发育，且富水性较好。从物质组成分析，断层破碎带充填的物质类型不是单一的固体、液体或者气体，而是固体、液体、气体三相的混合物，同筒仓存储的散体特性基本一致，因此将断层破碎带简化成筒仓模型是合理可行的。

将隧道掌子面前方的断层破碎带简化为岩塞模型，其破坏形式为极限平衡条件下发生整体剪切破坏，基本假定条件如下：

(1)隧道掌子面和断层破碎带之间的岩盘视为岩塞，岩盘为连续均匀的各向同性弹性体，符合小变形理论。

(2)断层破碎带对掌子面岩体的作用力简化为水压力 Q 和地应力 P 作用。

(3)断层破碎带对岩盘的应力 P_{V} 通过筒仓模型进行计算。

(4)研究对象为倾角、规模较大的断层，并忽略岩盘水合作用的影响。

2. 筒仓理论求取地应力

传统地应力计算多基于半无限体理论，自重应力取上层岩土体的自重，水平应力等于自重应力乘以一侧压力系数。然而，在实际应用中，断层规模有限，难以满足半无限体前提，因此将整个断层破碎带看成一个筒仓，断层破碎带的四周看成筒仓壁，断层破碎带的岩体看成筒仓内储存的物料，其力学模型如图 4-3 所示。

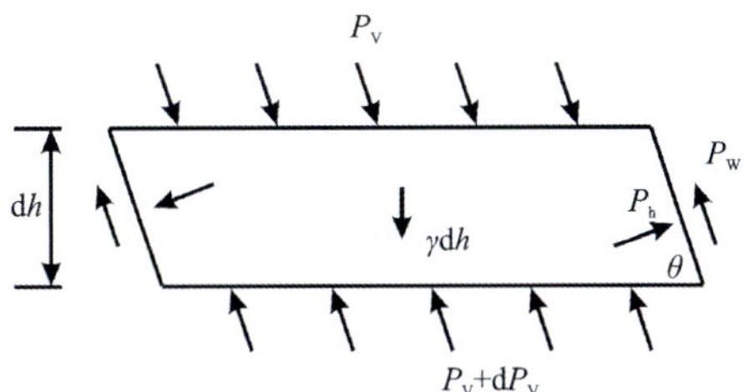

图 4-3 断层破碎带力学模型

依据平衡条件建立如下平衡方程：

$$(P_{\mathrm{V}}+\mathrm{d}P_{\mathrm{V}})S-P_{\mathrm{V}}S+\mu(P_{\mathrm{h}}+0.5\gamma b\cos\theta)C\mathrm{d}h-\gamma\sin\theta C\mathrm{d}h=0 \tag{4-5}$$

式中：b 为断层破碎带的宽度(m)；θ 为断层破碎带的倾角(°)，令水力半径 $\rho=0.5bl/(b+l)$ [l 为断层破碎带长度(m)]，其他符号意义同前。利用常数变易法即可求取方程的解，并结合边界条件，即在 $h=0$ 处，$P_{\mathrm{V}}=0$，可得

$$P_{\mathrm{V}}=\frac{\gamma\rho\left(\sin\theta-\frac{\mu b}{2\rho}\cos\theta\right)}{\mu K}\left[1-\exp\left(-\frac{\mu Kh}{\rho}\right)\right] \tag{4-6}$$

$$P_h = \frac{\gamma\rho\left(\sin\theta - \frac{\mu b}{2\rho}\cos\theta\right)}{\mu}\left[1-\exp\left(-\frac{\mu K h}{\rho}\right)\right] \tag{4-7}$$

$$P = \frac{\gamma\rho\left(\sin\theta - \frac{\mu b}{2\rho}\cos\theta\right)}{\mu}\left[1-\exp\left(-\frac{\mu K h}{\rho}\right)\right] + \gamma b\cos\theta \tag{4-8}$$

当 $l=b$ 趋于无穷大时，即符合半无限体条件时，水力半径 ρ 趋于无穷大，则有 $(\mu Kh/\rho)\rightarrow 0$，则 $1-\exp(-\mu Kh/\rho)\rightarrow(\mu Kh/\rho)$，将其代入式(4-6)和式(4-7)可得

$$P_V = \gamma h(\sin\theta - 2\mu\cos\theta) \tag{4-9}$$

$$P_h = \gamma h(\sin\theta - 2\mu\cos\theta)/K \tag{4-10}$$

取 $\theta=90°$，即断层破碎带垂直且无限大，可以得到 $P_V=\gamma h$，$P_h=\gamma h/K$，显然这是半无限体理论的一般解，也是筒仓理论的特殊解。

3. 断层与隧道轴线正交涌水的力学模型

当断层走向正交于隧道轴线，隧洞开挖方向与断层倾向呈锐角时，其涌水模式如图 4-4 所示，力学模型如图 4-5 所示。根据极限平衡原理，当发生涌水时，掌子面岩体所受侧向压力的水平分量等于岩盘的阻力，基于此极限平衡条件即可求取掌子面岩体防突的安全厚度。

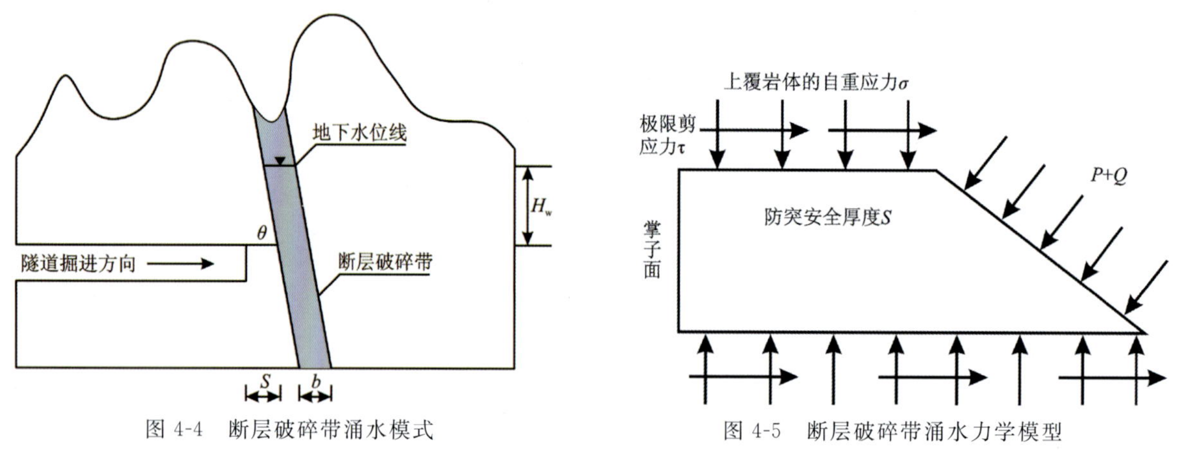

图 4-4　断层破碎带涌水模式　　　图 4-5　断层破碎带涌水力学模型

水压力和地应力作用下的掌子面岩体的水平分量 F_S 计算公式如下：

$$F_S = (P+Q)A\sin\theta = \frac{\pi D^2}{4}(P+Q) \tag{4-11}$$

其中，水压力 Q 计算公式如下：

$$Q = \gamma_W H_W \tag{4-12}$$

岩盘的防突阻力可通过模型求取：

$$\begin{cases} F_H = \pi D S \tau \\ \sigma = \sum \gamma_i H_i \\ \tau = c' + \sigma\tan\varphi' \end{cases} \tag{4-13}$$

掌子面岩体的防突安全厚度 S 可以基于模型的极限平衡条件求取：

$$S = \frac{D(P+Q)}{4\tau} = \frac{\dfrac{\gamma\rho\left(\sin\theta - \frac{\mu b\cos\theta}{2\rho}\right)\left[1-\exp\left(-\frac{\mu K h}{\rho}\right)\right]}{\mu} + \gamma b\cos\theta + \gamma_W H_W}{4\left(\sum c' + \gamma_i' H_i\tan\varphi'\right)}D \tag{4-14}$$

式中：γ_W 为水的重度（kN/m^3）；H_W 为地下水水头高度（m）；c' 和 φ' 分别为防突岩墙的饱和黏聚力和饱和内摩擦角（°）；γ_i' 为第 i 层上覆岩土体的重度（kN/m^3）；H_i 为第 i 层上覆岩土体的厚度（m）；γ 为断层破碎带岩土体的重度（kN/m^3）；h 为计算点的埋深（m）；D 为隧道直径（m）；b 为断层破碎带的宽度（m）；θ 为断层倾角（°）；其他符号意义同前。

4. 影响因素分析

由式（4-14）可知，影响掌子面岩体防突安全厚度的因素主要有断层破碎带岩体性质、水头高度、隔水岩体的抗剪强度以及隧道直径，具体包括断层破碎带的宽度 b、长度 l、倾角 θ、重度 γ、水力半径 ρ、摩擦系数 μ、侧压力系数 K、隧道埋深 h、隧道直径 D、地下水水头高度 H_W、水的重度 γ_W、隔水岩体的饱和黏聚力 c' 和饱和内摩擦角 φ' 以及上覆岩土体的重度 γ'，其基本取值如表 4-4、表 4-5 所示。

表 4-4 断层破碎带力学参数取值表

b/m	l/m	γ/($kN\cdot m^{-3}$)	θ/(°)	ρ/m	μ	K	h/m
50	600	18	60	9.68	0.2	1.2	300

表 4-5 地下水、防突岩墙、隧道直径参数取值表

γ_W/($kN\cdot m^{-3}$)	H_W/m	c'/kPa	φ'/(°)	γ'/($kN\cdot m^{-3}$)	D/m
10	250	18	25	20	15

1）断层破碎带几何参数

在控制其他参数不变的条件下，掌子面防突安全厚度与断层破碎带几何参数之间关系如图 4-6～图 4-9所示。由图可知，安全厚度与断层宽度、断层长度呈正比，即随着断层宽度和断层长度的增大而增大，且安全厚度随断层宽度增加而明显增大，相较而言，断层宽度对安全厚度的影响更为显著。此外，安全厚度随断层倾角的增大呈现出先增大后减小的趋势，而不同长度、不同宽度作用下安全厚度随断层倾角的演化规律又略显不同。当断层宽度保持不变时（图 4-8），不同长度条件下的安全厚度均在 $\theta=80°$ 处达到最大值，而当断层长度保持不变时（图 4-9），安全厚度最大值所对应的断层倾角随断层宽度增

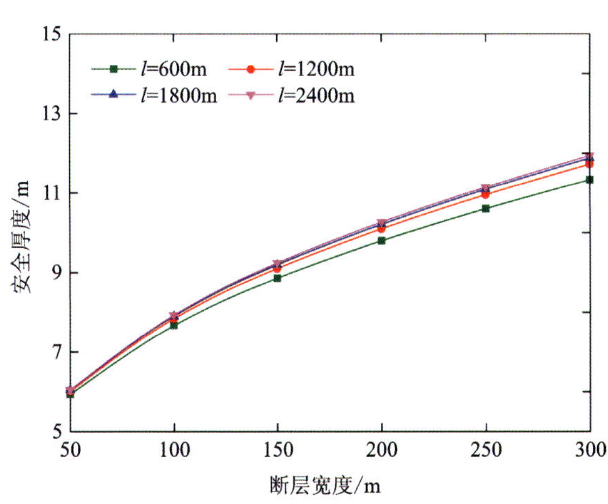

图 4-6 不同长度下安全厚度随断层宽度的变化规律

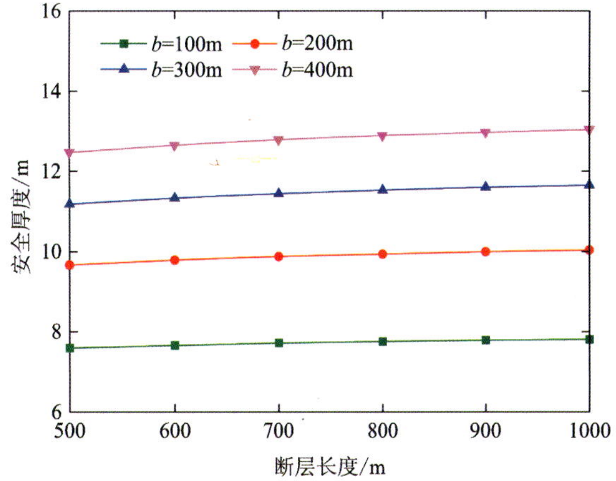

图 4-7 不同宽度下安全厚度随断层长度的变化规律

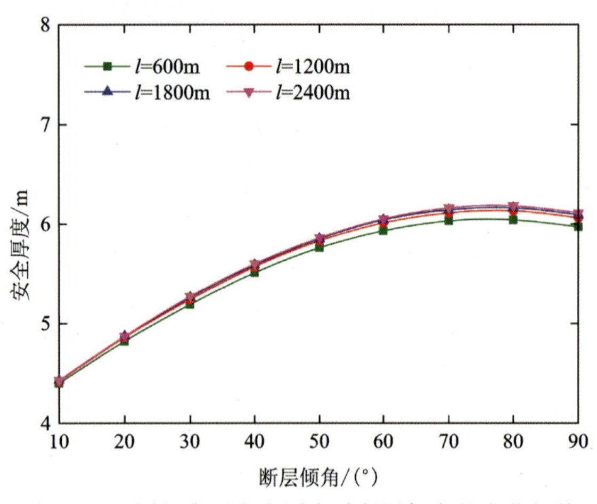

图 4-8 不同长度下安全厚度随断层倾角的变化规律

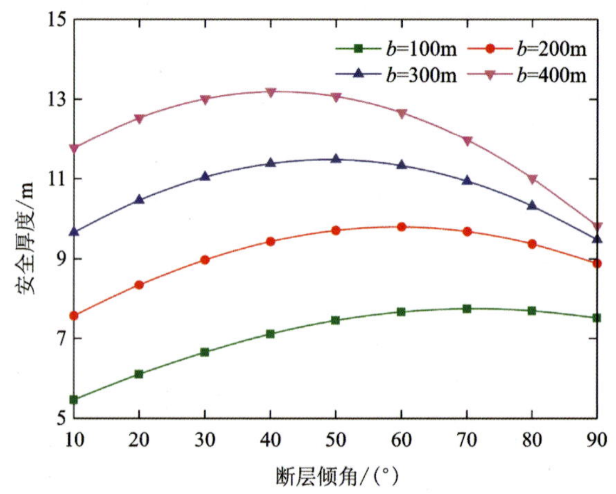

图 4-9 不同宽度下安全厚度随断层倾角的变化规律

大而逐渐减小，如当断层宽度 b 取 100m、200m、300m、400m 时，安全厚度最大值对应的断层倾角依次为 70°、60°、50°、40°。本节讨论断层破碎带几何参数对安全厚度的影响，下面着重讨论岩土体参数对安全厚度的影响。

2)岩土体参数的影响

假定上覆岩层为单一岩层，在保证断层几何参数不变的情下，分析不同断面条件下隧道掌子面防突安全厚度随岩土体物理力学参数的变化规律，如图 4-10 所示。由图可知，安全厚度与隧道直径、重度、

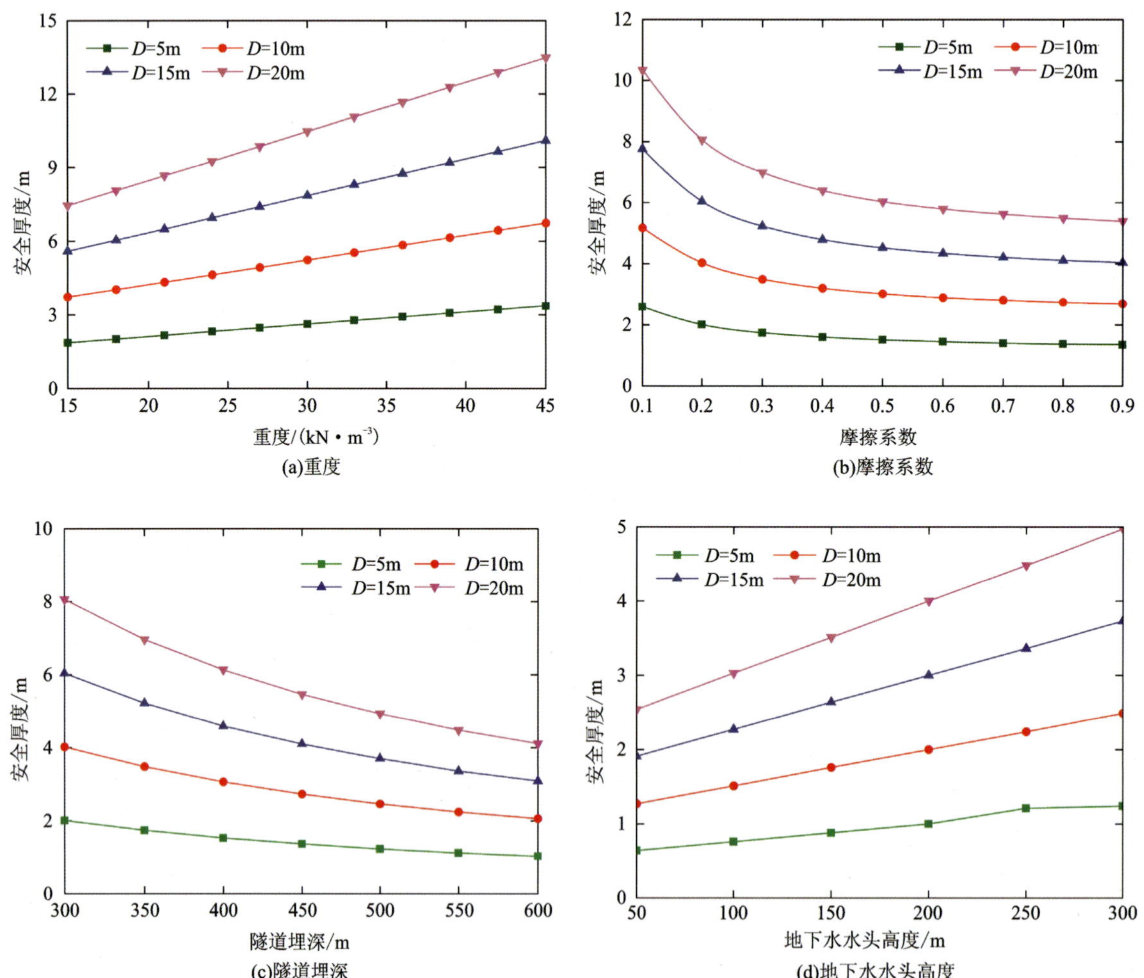

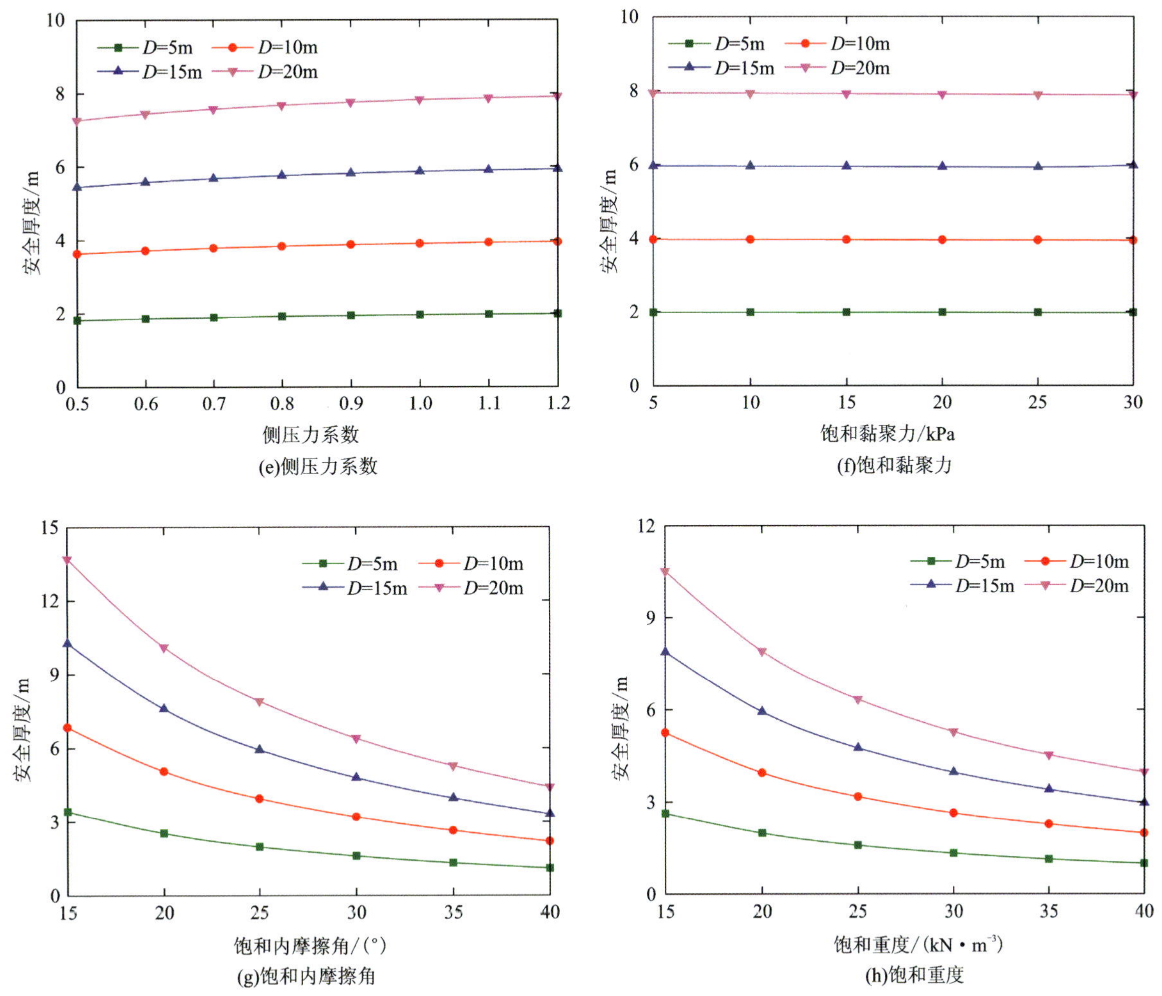

图 4-10 安全厚度随岩土体参数演化规律

地下水水头高度、侧压力系数呈反比关系，与摩擦系数、隧道埋深、防突岩体的饱和黏聚力、饱和内摩擦角、饱和重度呈反比关系。在所有参数中，侧压力系数、防突岩体的饱和黏聚力对掌子面岩体的防突安全厚度影响较小。

5. 案例分析

工程区两部分线路（大樟溪-东张水库输水线路和东张水库-石溪输水线路）的区域地质构造都以断裂构造为主，其中较大断裂情况详见表 1-3。

以隧道施工穿越断层 F32 为例，断层破碎带长 500m、宽 30m，倾角为 85°，重度为 25kN/m^3，附近围岩岩体破碎等级为Ⅳ级，摩擦系数取 0.1，隧道埋深为 200m，地下水水头高度取 180m，防突岩墙饱和黏聚力为 20kPa，饱和内摩擦角为 30°，隧洞直径为 5m，侧压力系数取 1.5，代入式(4-14)可得掌子面岩体的最小防突厚度为 2.12m。在实际工程中，由于爆破开挖的影响，靠近掌子面的岩体扰动明显，形成破裂带范围一般为 2m 左右。为保证施工安全，防突安全厚度应将破裂带考虑在内，因此，当采取措施穿越断层破碎带时，掌子面防突安全距离预留厚度为 4.12m。

第三节　基于单断层和组合断层控制的输水隧洞涌水突泥演化机制

一、FLAC 3D 软件简介

FLAC 3D 软件的基本原理是拉格朗日差分法。拉格朗日元法源于流体力学，在流体力学中有两种主要的研究方法：一种是定点观察法，亦称欧拉法；另一种是随机观察法，亦称拉格朗日法。后者是研究每个流体质点随时间变化的状态，即研究某一流体质点在任一段时间内的运动轨迹、速度、压力等特征。将拉格朗日法移植到固体力学中，将所研究的区域划分成网格，其节点就相当于流体质点，然后按时步用拉格朗日法来研究网格结点的运动，这种方法就是拉格朗日元法。它的优点是占用内存少、求解速度快，便于用微机求解较大规模的工程问题。

拉格朗日元法是一种利用拖带坐标系分析大变形问题的数值方法，该方法使用差分格式按时步积分求解，随着构形的不断变化，可不断更新坐标，允许介质有较大的变形。模型通过网格划分，将物理网格映射成数学网格，数学网格上的某个节点就与物理网格上相应的结点坐标相对应。三维快速拉格朗日法的求解使用了如下 3 种计算方法：

(1)离散模型方法。连续介质被离散为若干互相连接的六面体单元，作用力均被集中在结点上。

(2)有限差分方法。变量关于空间和时间的一阶导数均用有限差分近似计算。

(3)动态松弛方法。应用质点运动方程求解，通过阻尼使系统运动衰减至平衡状态。

同有限元相比，以有限差分为原理的 FLAC 3D 软件具有以下特点：

(1)比有限元更适合塑性分析。有限元代码通常通过一系列静态平衡解法来描述稳定的塑性流动。对于理想的塑性材料，最好的有限元代码会给出极限荷载，且该极限荷载随位移的增加而保持不变。由这些代码给出的解与 FLAC 3D 算出的解相似。然而，FLAC 3D 公式更为简单，这是因为它并不需要算法将每一个单元的应力带到屈服界面，而且一步就可将塑性方程解出。因此，对于模拟稳定塑性流动问题，FLAC 3D 公式比有限元程序更为强大而有效。

(2)FLAC 3D 输入模式分人机交互模式和命令驱动模式，通过独特的命令驱动模式，用户几乎参与了有限差分网格生成、本构特性与材料参数设置、边界条件与初始条件设置、参数调试及结果输出的全部求解过程。可以利用 FISH 语言定义新的变量与函数，也可以利用 C＋＋程序语言自定义新的本构模型并编译成 DLL(动态链接库)，还可以利用其他软件建立复杂三维模型，导入 FLAC 3D，以弥补建立复杂模型方面的不足。

(3)求解中采用“显式”差分方法大大节约了计算时间，特别对求解任意的非线性应力-应变问题尤为重要。同时，它不需要存储较大的刚度矩阵，因此与一般的差分分析方法相比，它既节约了计算机的内存空间，又减少了运算时间，大大提高了解决问题的速度。

(4)具有强大的后处理功能。可以查看模型在某一时间步的值，也可以查看某一空间点上的值随时间步的变化情况，还可以查看模型在整个时间步上的值；可以根据实际需要用分辨率的彩色或灰度图或数据文件输出结果，输出结果可以是网格、节点、结构以及跟踪变量的云图、矢量图、曲线、数据、动画等。

(5)FLAC 3D 计算周期长。FLAC 3D 对网格尺寸十分敏感，求解时间受其影响较大，同一个模型采用不同尺寸的网格单元求解时间相差巨大。例如模拟固结过程、长期动力效应、材料流变这样的物理过程均采用真实时间，从而造成求解时间过长。因此，利用 FLAC 3D 模拟非线性问题、大变形问题或动态问题更有效。

(6)FLAC 3D程序的应用范围极广。FLAC 3D程序适用于岩土工程问题以及包含力学、流体流动、热传导等广泛的物理过程。FLAC 3D程序可以模拟这些运动的单个过程，也可以模拟它们之间的耦合作用。具体来讲，FLAC 3D程序可用于下列岩土工程问题的研究：①边坡稳定和基础设计中承载力及变形分析；②隧洞、矿山巷道等地下工程的变形与破坏分析；③隧洞等地下工程衬砌、岩石锚杆、锚索、土钉等支护结构的分析；④隧洞及采矿工程的动力作用与震动分析；⑤水工结构中流体流动以及水-结构相互作用分析；⑥基础与大坝由于振动或变化的孔隙压力作用发生的液化现象分析；⑦地下高放射性废料储存库由于热作用产生的变形与稳定问题分析。

二、FLAC 3D流固耦合计算原理

FLAC 3D计算岩土体的流固耦合效应时，将岩体视作多孔介质，流体在孔隙介质中的流动依据Darcy定律，同时满足Biot方程。该软件使用有限差分法进行流固耦合计算，计算中包含的几个主要方程如下。

1. 平衡方程

对于小变形，流体质点平衡方程为

$$-q_{i,j}+q_{\mathrm{v}}=\frac{\partial \zeta}{\partial t} \tag{4-15}$$

式中：$q_{i,j}$为渗流速度(m/s)；q_{v}为被测体积的流体源强度(L/s)；ζ为单位体积孔隙介质的流体体积变化量；t为时间(s)。而

$$\frac{\partial \zeta}{\partial t}=\frac{1}{M}\frac{\partial p}{\partial t}+\alpha\frac{\partial \varepsilon}{\partial t}-\beta\frac{\partial T}{\partial t} \tag{4-16}$$

式中：M为Biot模量(N/m^2)；p为孔隙压力(kPa)；α为Biot系数；ε为体积应变；T为温度(℃)；β为考虑流体和颗粒热膨胀系数(1/℃)。

液体质量平衡关系为

$$\frac{\partial \zeta}{\partial t}=-\frac{\partial q_i}{\partial x_i}+q_{\mathrm{v}} \tag{4-17}$$

式中：x_i为液体容量的变分(多孔深水材料的单位液体体积的变分)；q_{v}为液体的密度(kg/m^3)。

动量平衡的形式为

$$\frac{\partial \sigma_{ij}}{\partial x_j}+\rho g_i=\rho\frac{\mathrm{d}u_i}{\mathrm{d}t} \tag{4-18}$$

式中：$\rho=(1-n)\rho_{\mathrm{s}}+n\rho_{\mathrm{W}}$，为体积密度(kg/m^3)，$\rho_{\mathrm{s}}$和$\rho_{\mathrm{w}}$分别为固体和液体的密度，$(1-n)\rho_{\mathrm{s}}$为基体的干密度(例如$\rho=\rho_{\mathrm{d}}+n\rho_{\mathrm{w}}$)。

2. 运动方程

流体的运动用Darcy定律来描述。对于均质、各向同性固体和流体密度是常数的情况，这个方程具有如下形式：

$$q_i=-k[p-\rho_{\mathrm{f}}x_j g_j] \tag{4-19}$$

式中：k为介质的渗透系数(m^2/pa·s)；ρ_{f}为流体密度(kg/m^3)；g_j (j=1,2,3)为重力加速度的3个分量(m/s^2)。

3. 本构方程

体积应变的改变会引起流体孔隙压力的变化，反之，孔隙压力的变化也会导致体积应变发生变化。

孔隙介质本构方程的增量形式为

$$\Delta\tilde{\sigma}_{ij} + \alpha\Delta p\delta_{ij} = \dot{H}_{ij}(\sigma_{ij}, \Delta\varepsilon_{ij}) \tag{4-20}$$

式中：$\Delta\tilde{\sigma}_{ij}$ 为应力增量(kPa)；σ_{ij} 为总应力(kPa)；Δp 为流体孔隙压力增量(kPa)；$\dot{H}_{ij}$ 为本构定律的泛函数形式；$\Delta\varepsilon_{ij}$ 为应变增量；δ_{ij} 为克罗内克符号。

4. 相容方程

应变率和速度梯度之间的关系为

$$\zeta_{ij} = \frac{1}{2}(v_{i,j} + v_{j,i}) \tag{4-21}$$

式中：ζ_{ij} 为应变率；$v_{i,j}$ 和 $v_{j,i}$ 为介质中某点的速度分量。

5. 边界条件

计算中有 4 种类型的边界条件，分别为给定孔隙水压力、给定边界外法线方向流速分量、透水边界、不透水边界。不透水边界在程序中默认，透水边界以如下形式给出：

$$q_n = h(p - p_e) \tag{4-22}$$

式中：q_n 为边界外法线方向流速分量(m/s)；h 为渗漏系数(m^3/N・s)；p 为边界面处的孔隙水压力(kPa)；p_e 为渗流出口处的孔隙水压力(kPa)。

三、流固耦合数值计算基本假定

(1)岩体为均质、各向同性的等效连续渗透介质。

(2)隧洞开挖前孔隙水处于静止状态，自由水面以下的岩体处于饱和状态，隧洞开挖后地下水流动满足 Darcy 定律，渗流为单相饱和流动，并处于稳定状态。

(3)将岩体变形视为弹塑性变形，岩体采用 Mohr-Coulomb 弹塑性本构模型计算。

(4)根据现场实际施工情况，不施作初支和二衬，仅按毛洞进行模拟分析，有利于更好地分析和揭示涌水突泥信息规律。

四、单断层模型

以大樟溪-东张水库(观音洋支洞)引水隧洞为例，选取断层 F150 研究隧洞穿越单断层破碎带涌水突泥机理。断层 F150 长约 8.5km，面呈舒缓波状，局部平直，充填构造角砾岩，有花岗斑岩脉贯入，具硅化、绿泥石化等蚀变。隧洞在断层区域平均埋深 150m，隧洞断面为底宽 4.0m、直径 5.0m 的扩底圆形断面。断层宽约 6m，倾向 77°，与隧洞走向一致，倾角 82°。断层周边破碎带按 20m 考虑。地下洞室开挖仅对距离洞室中心点 3～5 倍洞径范围内的围岩应力、位移产生较大影响，对 3 倍洞径之外的影响在 5%以下。

计算模型：由隧洞轴线向两侧各取 18m，竖直方向向上，下边界各取 18m，纵向范围也作相应的延伸，由断层向两侧各延伸 35m。整个计算模型三维尺寸为 36m×36m×116m，如图 4-11、图 4-12 所示，以隧洞轴向为 y 轴，竖向向上为 z 轴，垂直于 yz 平面为 x 轴，原点为模型底部前视角点处。

渗流场边界条件：模型上表面为自由水面，设置孔隙水压力为零边界；隧洞开挖周边及掌子面由于与大气相通，也设置孔隙水压力为零边界，隧洞左右、前后以及底部均设置为无流动边界。

应力、位移场边界条件：深埋隧洞模型不计上覆岩土体重力作用，仅施加构造应力；隧洞开挖周边及掌子面为自由边界；隧洞左右、前后限制水平位移，设为辊支撑约束；隧洞底部设为固定约束。

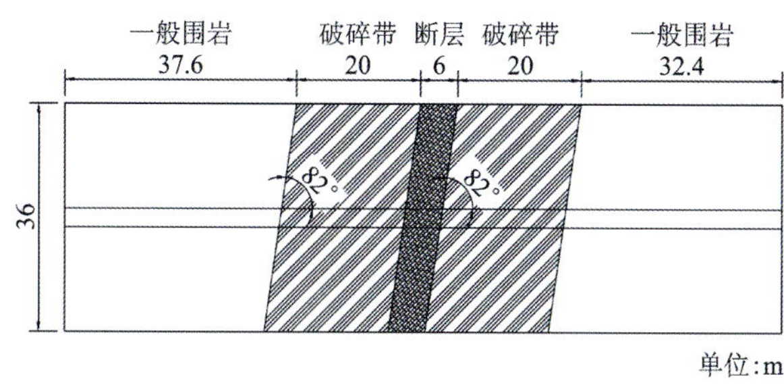

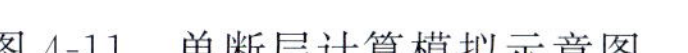

图 4-11 单断层计算模拟示意图

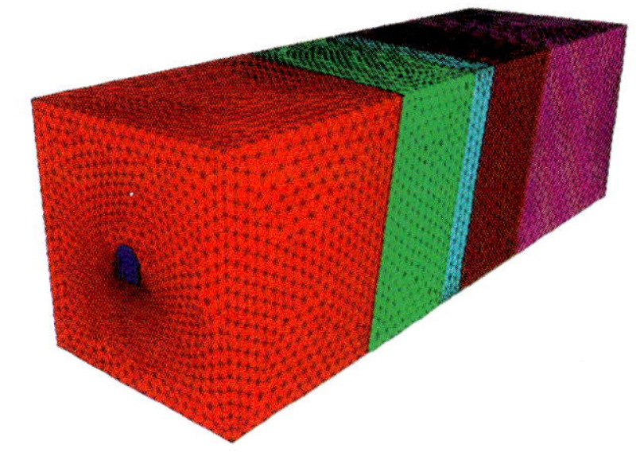

图 4-12 单断层模型网格划分图

为统计岩石的各项参数，研究人员多次从现场取回岩样，挑选完整、便于制样的岩块进行常规物理力学试验，试验结果如表 4-6 所示。

表 4-6 断层 F150 岩石试验结果表

试样编号	岩性	风化程度	极限抗压强度/MPa		密度/(g·cm^{-3})		开型孔隙率/%	吸水率/%	饱和吸水率/%	软化系数	弹性模量/10^4MPa	泊松比
			干燥	饱和	干燥	饱和						
1	凝灰岩	弱	80.9	72.1	2.504	2.512	0.807	0.306	0.310	0.87	36.5	0.25
2		弱	100.8	86.7	2.509	2.516	0.707	0.268	0.271	0.85	36.4	0.24
3		强	76.6	61.0	2.585	2.404	1.940	0.771	0.781	0.80	23.2	0.27
4		弱	81.7	68.0	2.495	2.502	0.703	0.268	0.271	0.90	35.5	0.23
5		弱	110.2	97.4	2.524	2.530	0.600	0.226	0.228	0.92	37.0	0.22
6		弱	84.3	68.1	2.504	2.512	0.807	0.306	0.310	0.89	32.5	0.21
7	黑云母花岗岩	弱	144.3	131.6	2.540	2.552	1.244	0.358	0.490	0.88	39.5	0.21
8		弱	155.0	142.9	2.542	2.554	1.210	0.344	0.476	0.92	38.6	0.23
9		微	163.4	152.3	2.554	2.563	0.944	0.238	0.370	0.93	40.5	0.22
10		弱	103.2	92.9	2.541	2.553	1.156	0.335	0.455	0.90	35.1	0.20
11		弱	149.4	136.4	2.536	2.547	1.110	0.296	0.438	0.91	40.3	0.20

从试验成果可知，输水路线区弱风化凝灰岩岩体致密坚硬，软化系数为 0.80～0.92，饱和极限抗压强度在 61.0～97.4MPa 之间，弹性模量为(23.2～40.5)×10^4MPa，岩体抗风化能力强。弱风化黑云母花岗岩岩石致密坚硬，饱和极限抗压强度为 92.9～152.3MPa，软化系数为 0.88～0.93，弹性模量为(35.1～40.3)×10^4MPa。

将计算模型的围岩视为普通围岩、破碎带围岩和断层围岩 3 种形式，根据《平潭及闽江口水资源配置(一闸三线)工程地质勘察报告》，普通围岩为Ⅲ级围岩，破碎带为Ⅳ级围岩，断层为Ⅴ级围岩，各计算参数具体取值如表 4-7 所示。

表 4-7 断层 F150 岩石试验统计表

材料名称	重度/(kN·m^{-3})	弹性模量/GPa	泊松比	内摩擦角/(°)	黏聚力/MPa	渗透率/[m^2·(Pa·s)$^{-1}$]	孔隙率/%
Ⅲ级围岩	26	15	0.25	45	0.41	1×10^{-13}	0.01
Ⅳ级围岩	24	5	0.35	30	0.18	1×10^{-9}	0.1
Ⅴ级围岩	17	0.02	0.3	20	0.03	1×10^{-8}	0.5

本章主要研究内容为建立长距离小断面输水隧洞涌水突泥的断层致灾模型，分析多因素影响下隧洞围岩应力场、位移场和渗流场的演化规律，揭示隧洞涌水突泥灾变演化机制。因此，分析时对隧洞开挖施工模拟进行了适当的简化，隧洞采用全断面开挖，工况依次为沿轴向开挖 15m、30m、45m、58m、64m、70m、80m，并在掌子面后方 1m 处布设监控断面。

1. 孔隙水压力及渗流场

隧洞开挖穿越断层破碎带过程中，围岩孔隙水压力场及渗流场不断发生变化。以下列出掌子面开挖 15m、30m、45m、58m、64m、70m、80m 时，孔隙水压力与渗流场分布整体剖切图及其后方 1m 处监测断面的孔隙水压力与渗流场分布图（图 4-13）。

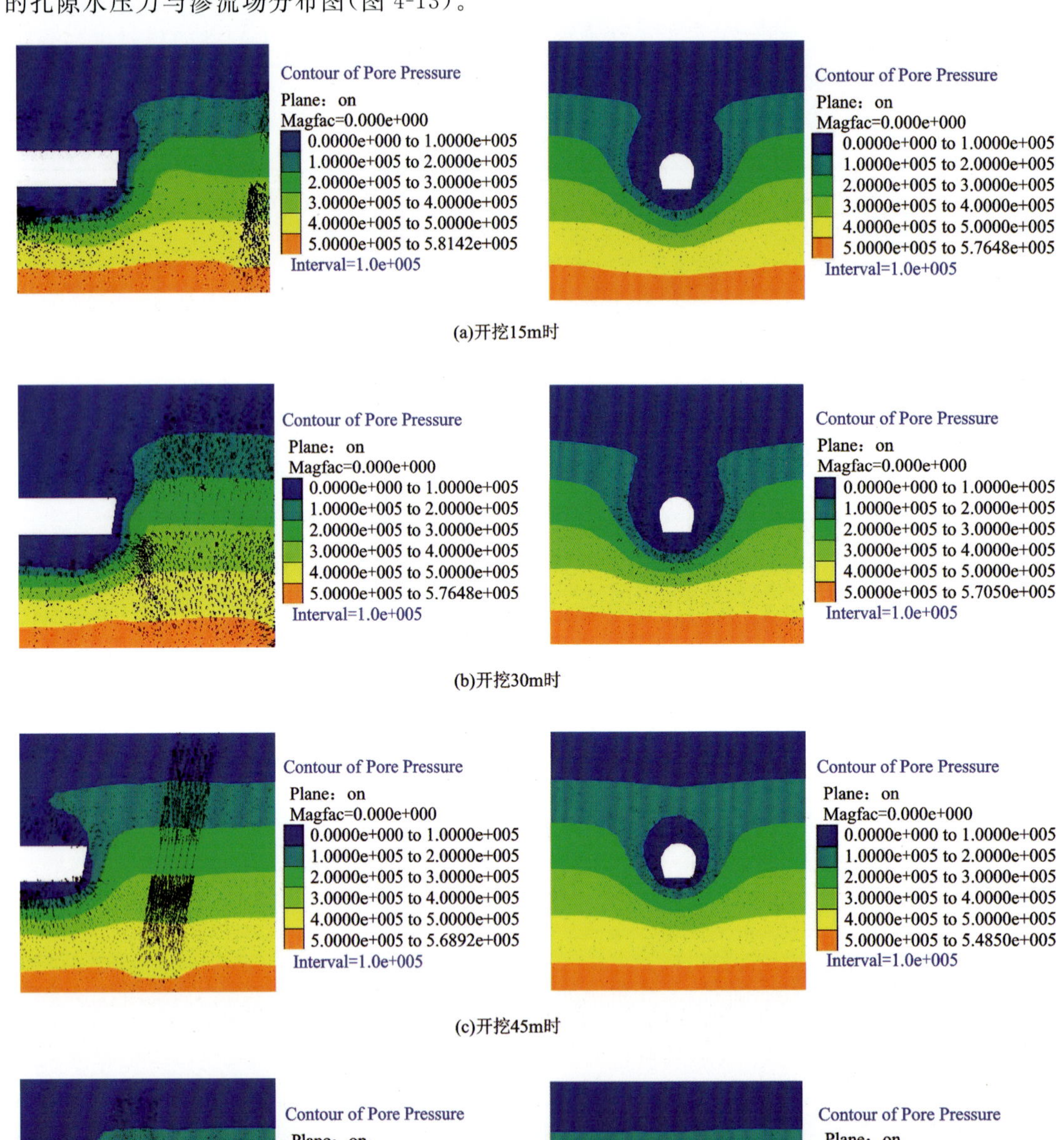

(a)开挖15m时

(b)开挖30m时

(c)开挖45m时

(d)开挖58m时

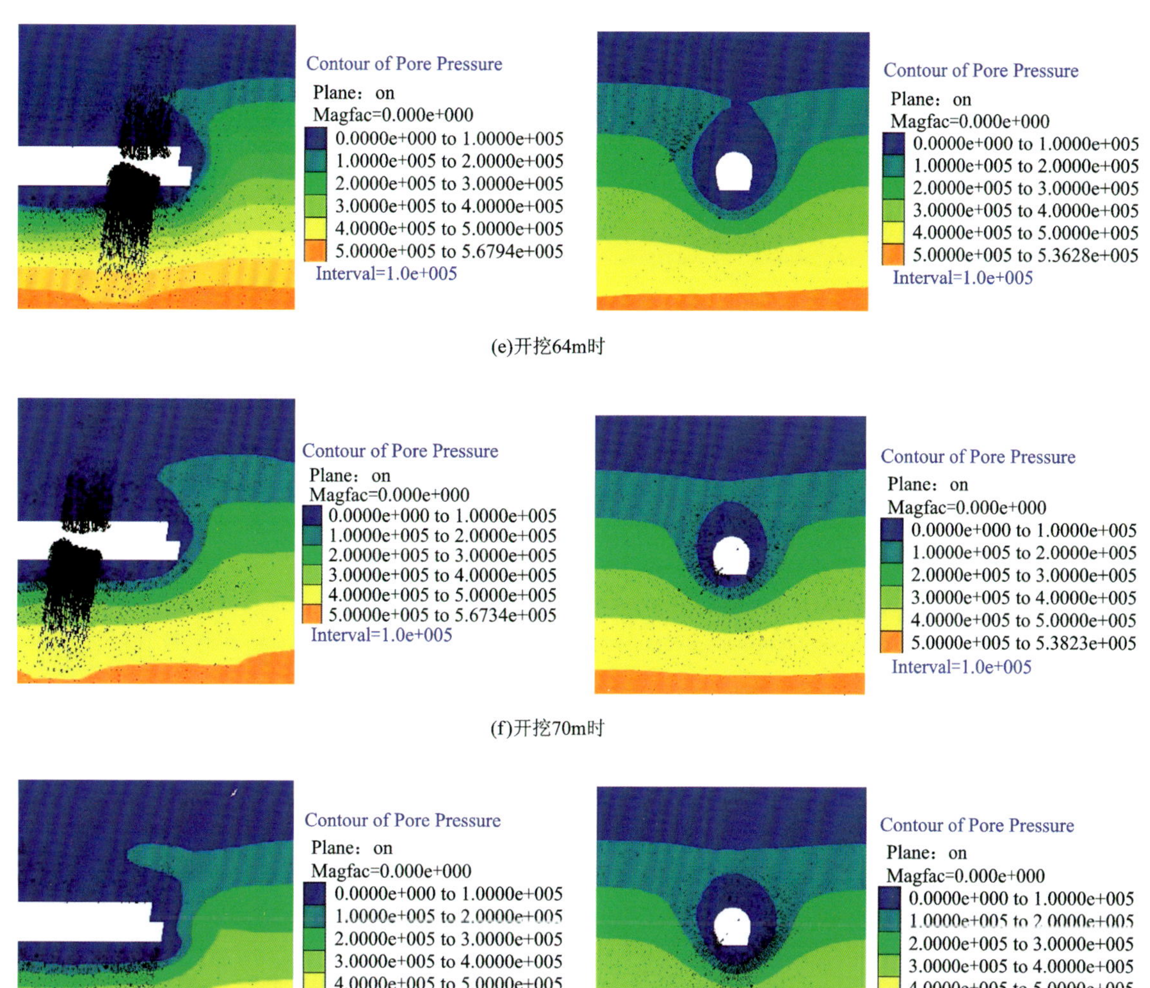

(e)开挖64m时

(f)开挖70m时

(g)开挖80m时

图 4-13 隧洞开挖过程中围岩孔隙水压力场及渗流场分布云图

从图 4-13 中可知，开挖前，初始孔隙水压力在普通围岩与断层带两者间的分布场相同，均随着深度的增加而增加；开挖后，围岩孔隙水压力场发生明显变化，隧洞周围孔隙水压力等势面密集，水压力较低，形成类似于漏斗状的低孔隙水压力区域。

此外，当隧洞挖入断层破碎带后，孔隙水压力明显降低，低孔隙水压力区域相比于普通围岩进一步扩大，隧洞开挖由 45m 推进至 80m 时，整个隧洞模型中孔隙水压力变化不大，但是掌子面后的最大孔隙水压力由 0.586MPa 变为 0.516MPa，降低了 11.9%左右。

由上述分析可知，隧洞穿越断层破碎带时，孔隙水压力消散，水力坡降增大，引起渗流速度和渗透动水压力变大，地下水更容易向洞内渗透，形成冲刷、潜蚀作用，导致结构面进一步扩展，并造成围岩软化，力学性能降低，从而加剧断层破碎带岩体的失稳破坏，如不采取注浆等加固措施，极易发生涌水突泥灾害，造成工程和环境等方面的问题。

2. 应力场

隧洞开挖穿越断层破碎带过程中，同样取隧洞掌子面后方 1m 处的断面为监测断面，研究隧洞围岩最大应力变化情况。以下列出开挖 15m、30m、45m、58m、64m、70m、80m 时掌子面后方 1m 处最大应力分布云图，如图 4-14 所示。

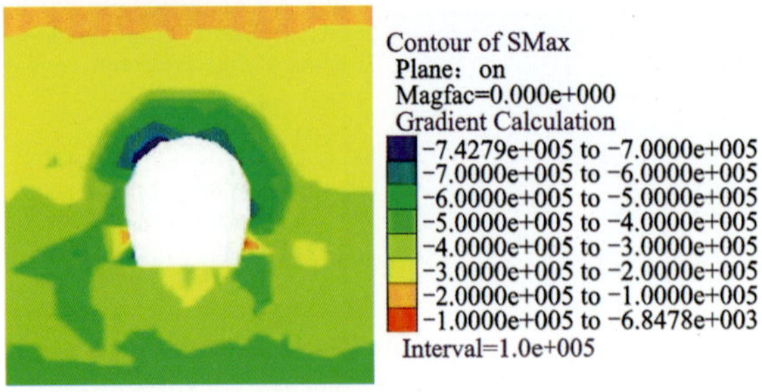

(a)开挖15m时

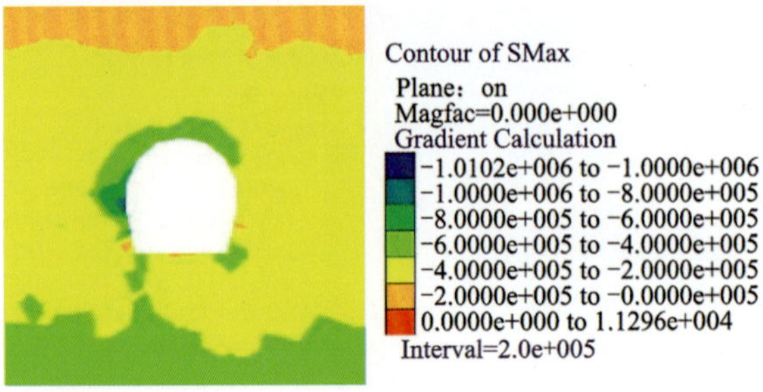

(b)开挖30m时

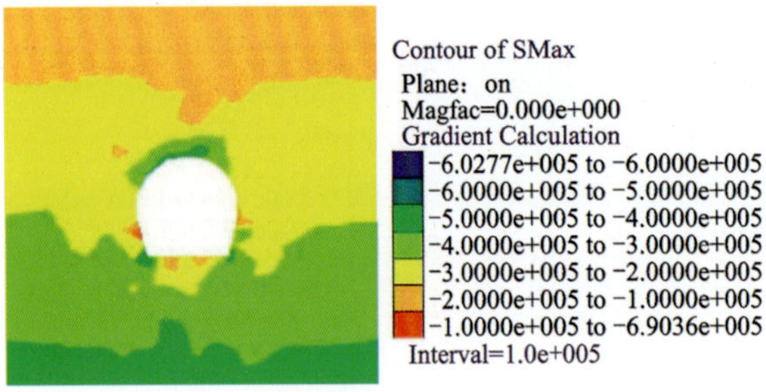

(c)开挖45m时

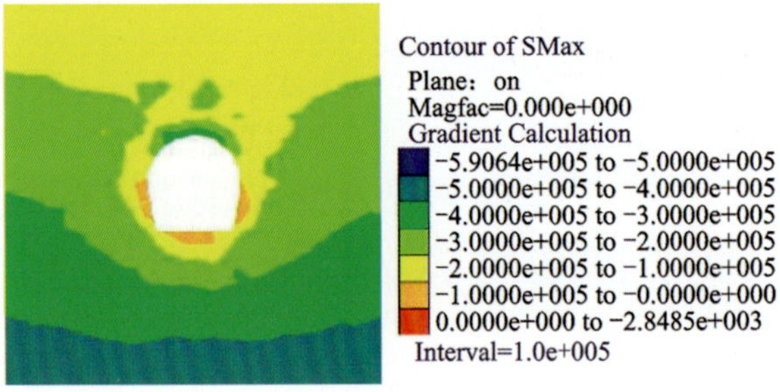

(d)开挖58m时

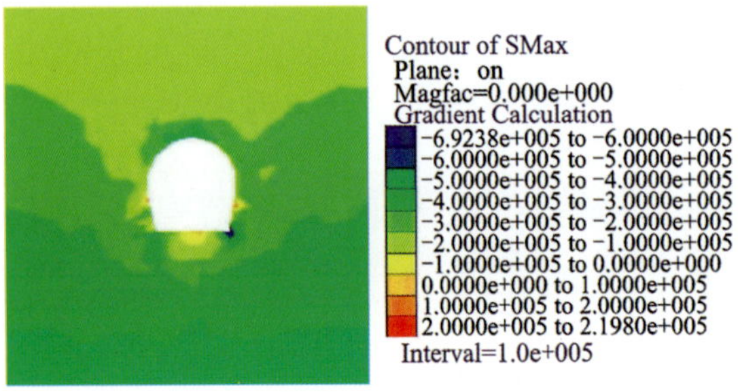

(e)开挖64m时

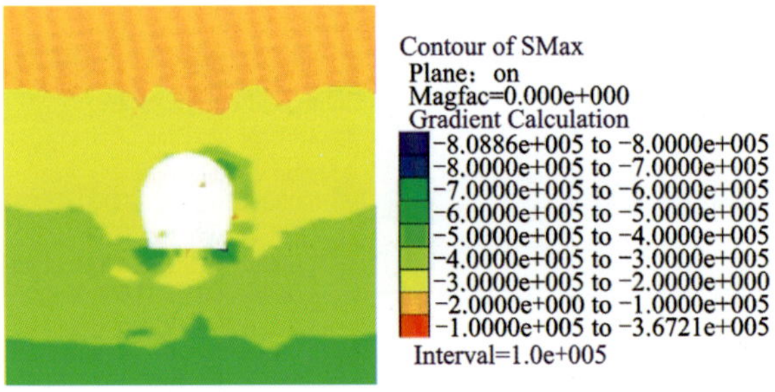

(f)开挖70m时

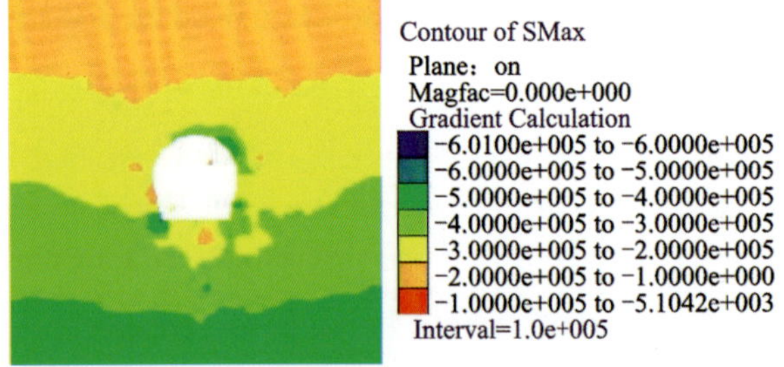

(g)开挖80m时

图 4-14 各开挖推进距离掌子面后方 1m 处最大应力分布云图

根据上述应力场可统计出最大主应力随隧洞开挖推进距离的变化曲线如图 4-15 所示。

由图 4-14、图 4-15 可知，隧洞开挖后，围岩应力发生重分布，产生应力集中现象，压应力主要集中在隧洞侧壁、拱脚附近区域，拉应力主要集中在拱顶和底板区域。进入破碎带前，随着隧洞开挖推进，围岩的第一主应力最大值逐渐增大，应力集中现象加剧，开挖 30m 时，第一主应力最大值为 1.01MPa。此外，应力集中区范围也有所扩大，较大范围的高应力集中极易导致围岩失稳，发生涌水突泥灾害。隧洞开挖进入断层带后，应力急剧变化，在 58m 断层处降低至 0.59MPa。

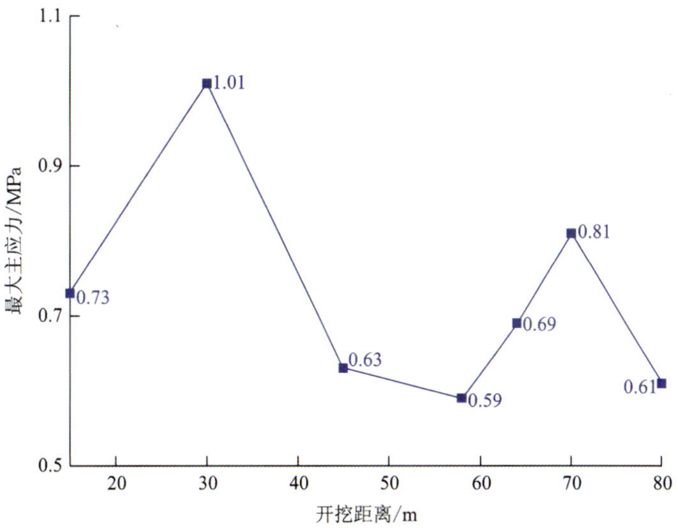

图 4-15 最大主应力随隧洞开挖推进距离的变化曲线

同时，由 58m 断面图可以看出，隧洞洞周出现大范围卸荷、应力松弛现象。大范围应力释放使得岩体向隧洞开挖临空面以膨胀破坏等形式释放能量，导致隧洞围岩裂(孔)隙扩展发育，渗透性增大，进一步恶化将导致涌水突泥灾害的发生。施工中应做好监控量测及加固措施，防止应力达到围岩极限抗压、抗拉强度而使围岩破坏，形成涌水突泥点，导致灾害的发生。

3. 位移场

隧洞开挖穿越断层破碎带过程中，取隧道掌子面后方 1m 处的断面为监测断面，研究分析隧洞围岩多种位移变化情况。以下列出开挖 15m、30m、45m、58m、64m、70m、80m 时掌子面后方 1m 处竖向位移分布云图(图 4-16)。

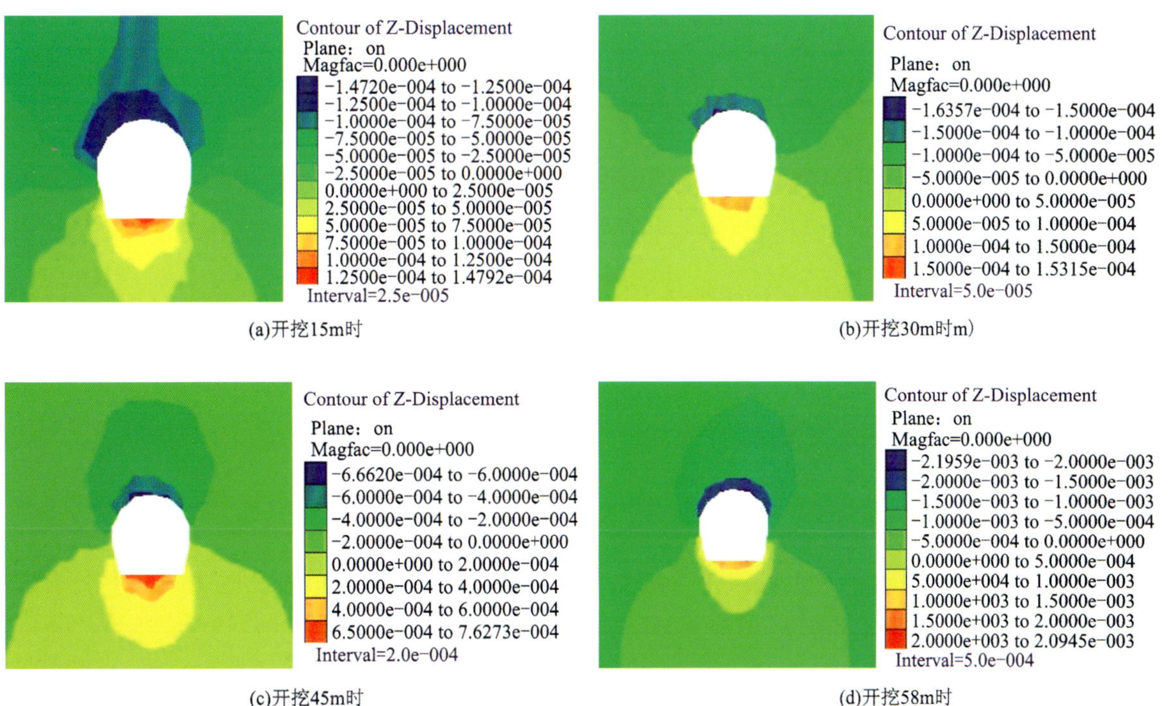

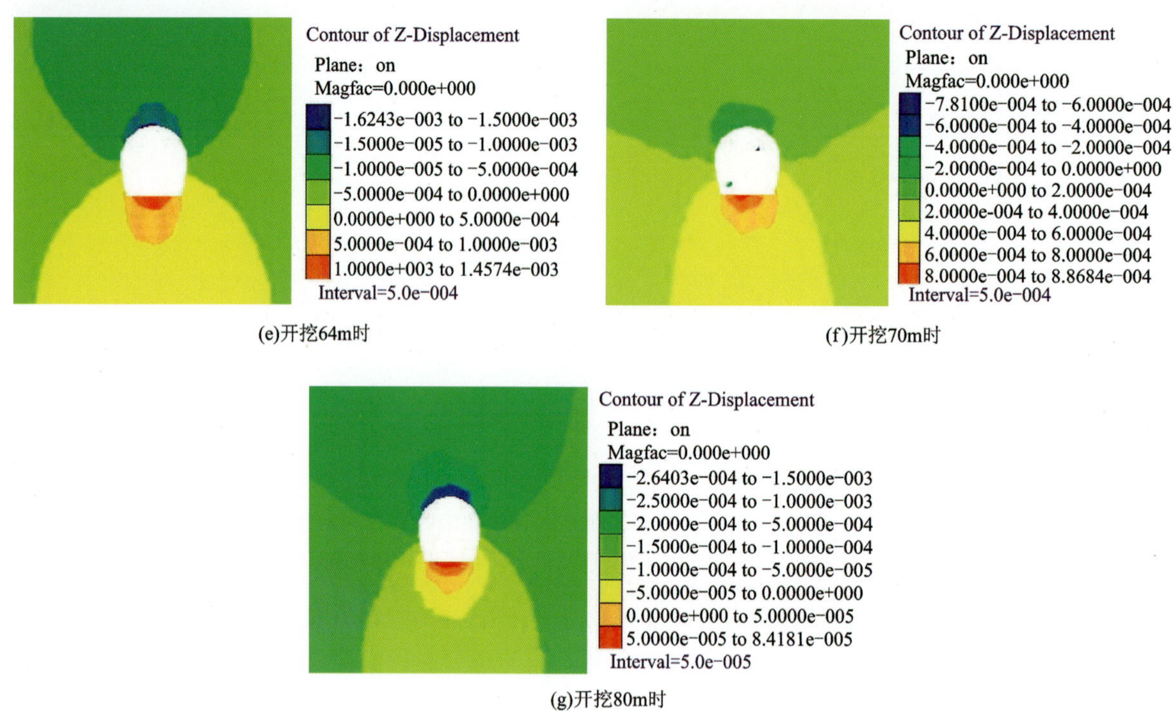

(e)开挖64m时

(f)开挖70m时

(g)开挖80m时

图 4-16 各开挖推进距离掌子面后方 1m 处竖向位移分布云图

根据上述位移场可统计出隧洞竖向位移结果，正值表示拱底隆起，负值表示拱顶沉降，具体趋势如图 4-17 所示。

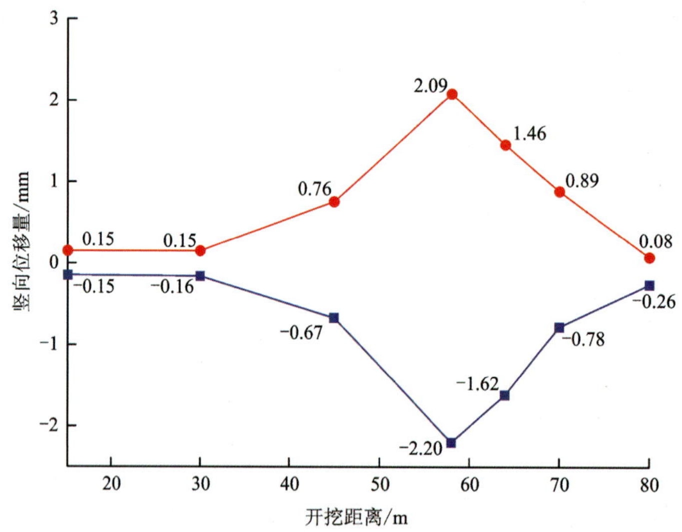

图 4-17 拱顶沉降、拱底隆起值随隧洞开挖推进距离的变化曲线图

由图 4-16、图 4-17 可知，隧洞开挖推进至断层前，围岩竖向位移变化不大，位移值基本稳定在某个较小值附近。以竖向位移计算结果为例，隧洞开挖由 15m 向 30m 推进过程中，拱顶沉降由－0.15mm 变为－0.16mm，变化很小；拱底为 0.15mm，基本保持不变。随着隧洞开挖进入断层后，位移量出现急剧性、突变性增大的现象。从竖向位移角度来看，隧洞开挖推进至第一断层时，拱顶沉降值达到－0.67mm，拱底隆起值达到 0.76mm。继续开挖穿越过断层进入破碎带，拱顶沉降值达到－2.2mm，拱底隆起值达到 2.09mm。穿越第二断层后，隧洞沉降值及隆起值又急剧降低，整个位移量变化受隧洞穿越不同地层的过程影响。

可见，隧洞施工穿越断层破碎带后，由于岩体软弱、破碎，围岩竖向位移、水平位移和掌子面先行位移发生急剧性、突变性增加，隧洞极有可能产生大变形。倘若施工方法不当，支护没有跟紧，断层附近地下水丰富，围岩大变形后极有可能引起塌方甚至发生涌水突泥地质灾害。因此，隧洞施工至断层带附近时，应加强监控量测，采取多种合理有效的措施防止涌水突泥灾害发生。

五、组合断层模型

以引水隧洞引 2＋960 段为背景，研究隧洞穿越双断层破碎带涌水突泥机理。隧洞在此断层区域平均埋深 500m，地下水位线平均高度位于地表以下 50m；隧洞断面为底宽 3.0m、直径 3.9m 的扩底圆形断面；断层 F55 宽约 3m，倾向 11°，倾向与隧洞走向夹角 40°，倾角 70°。断层 F54 宽约 3m，倾向 92°，倾向与隧洞走向夹角 30°，倾角 90°。断层周边破碎带按 15m 考虑。地下洞室开挖仅对距离洞室中心点 3～5倍洞径范围内的围岩应力、位移产生较大影响，对 3 倍洞径之外的影响在 5%以下。因此，综合考虑计算精度和计算效率，水平方向上，计算模型由隧洞轴线向两侧各取 18m；竖直方向上，下边界各取 18m。计算模型纵向范围也应作相应的延伸，由断层向两侧各延伸 35m。整个计算模型三维尺寸为 36m×36m×170m，如图 4-18 和图 4-19 所示。

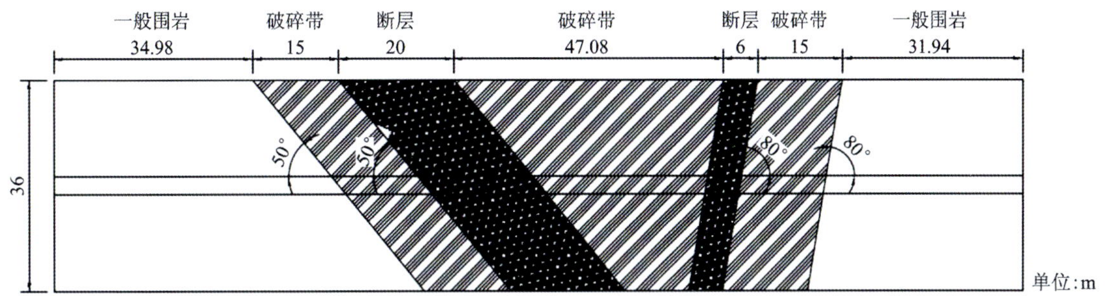

图 4-18　组合断层计算模拟示意图

渗流场边界条件：模型上表面为自由水面，设置孔隙水压力为零边界；隧洞开挖周边及掌子面由于与大气相通，也设置孔隙水压力为零边界；隧洞左右、前后以及底部设为无流动边界。

应力、位移场边界条件：深埋隧洞模型不计上覆岩土体重力作用，仅施加构造应力；隧洞开挖周边及掌子面为自由边界；隧洞左右、前后限制水平位移，设为辊支承约束；隧洞底部设为固定约束。

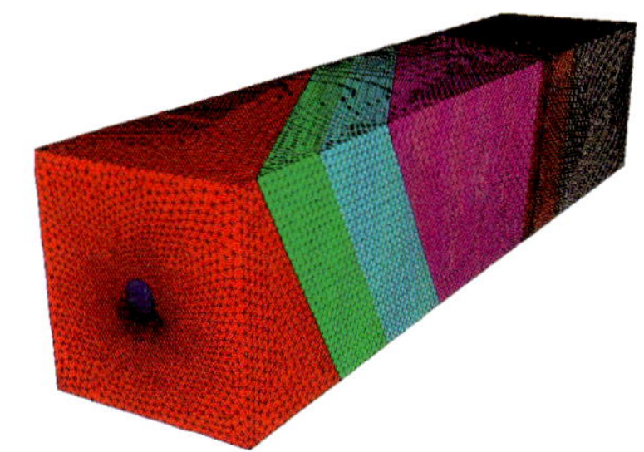

图 4-19　组合断层模型网格划分图

将计算模型的围岩视为普通围岩、碎带围岩和断层围岩 3 种形式的岩体，根据《潭及闽江口水资源配置（一闸三线）工程地质勘察报告》，普通围岩为Ⅲ级围岩，破碎带为Ⅳ级围岩，断层为Ⅴ级围岩，各计算参数具体取值见表 4-7。

本章主要研究隧洞穿越断层时涌水突泥机理及规律，因此，对隧洞开挖施工模拟做了适当的简化：几个工况针对穿越破碎带界面前后各设为 3m。隧洞采用全断面开挖，工况依次为沿轴向开挖 35m、60m、75m、100m、117m、127m、150m 共 7 个阶段。在掌子面后方 1m 处布设监测断面进行对比研究，从孔隙水压力、渗流速度、最大应力、位移的变化角度研究隧洞穿越断层破碎带涌水突泥机理。

1. 孔隙水压力及渗流场

隧洞开挖穿越断层破碎带过程中，分析研究围岩孔隙水压力场及渗流场变化情况。以下列出掌子面开挖 35m、60m、75m、100m、117m、127m、150m 时，孔隙水压力与渗流场分布整体剖切面及其后方 1m 处监测断面的孔隙水压力场与渗流场分布云图（图 4-20）。

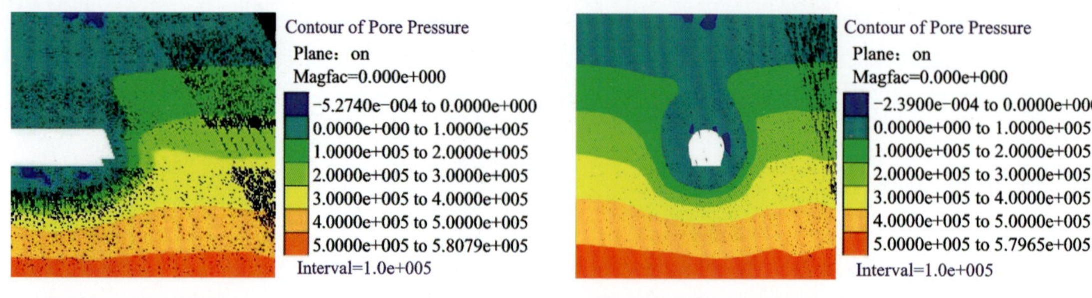

(a)开挖35m时

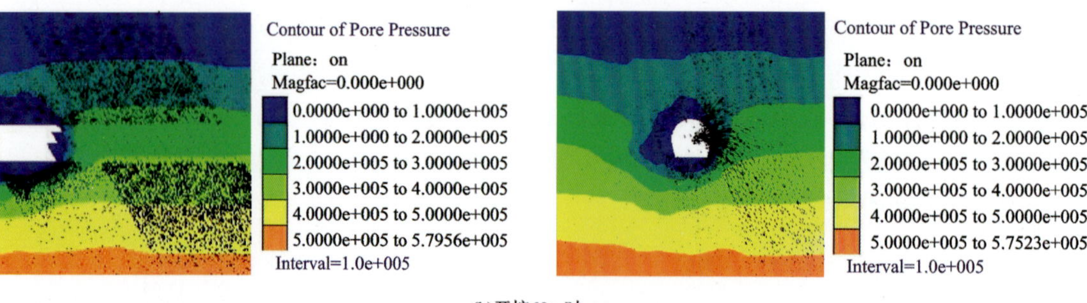

(b)开挖60m时

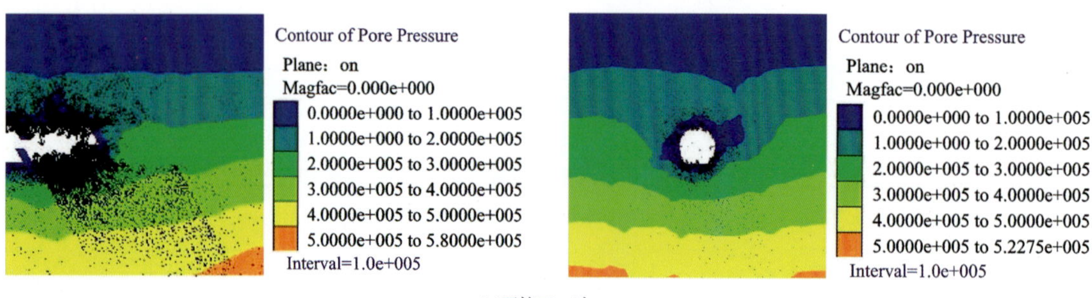

(c)开挖75m时

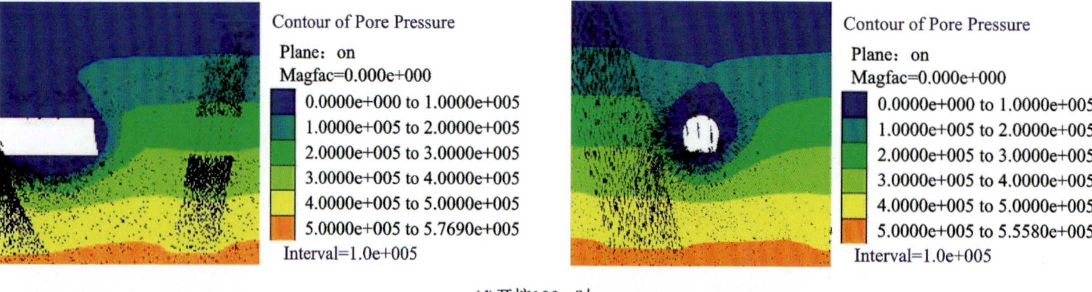

(d)开挖100m时

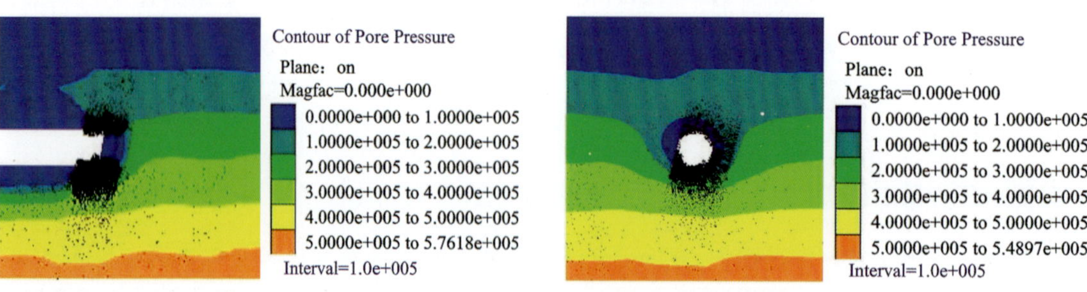

(e)开挖117m时

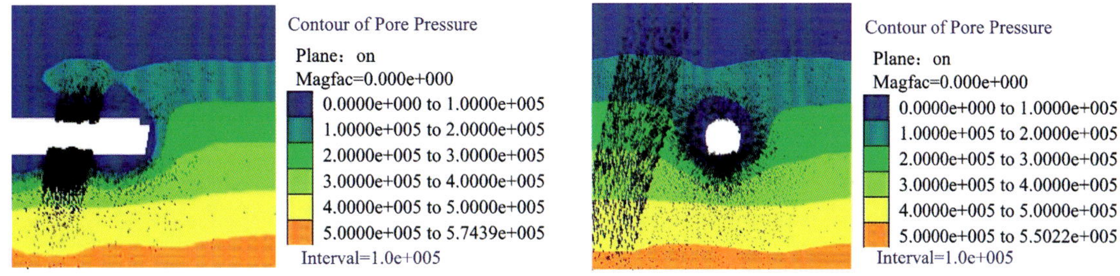

(f)开挖127m时

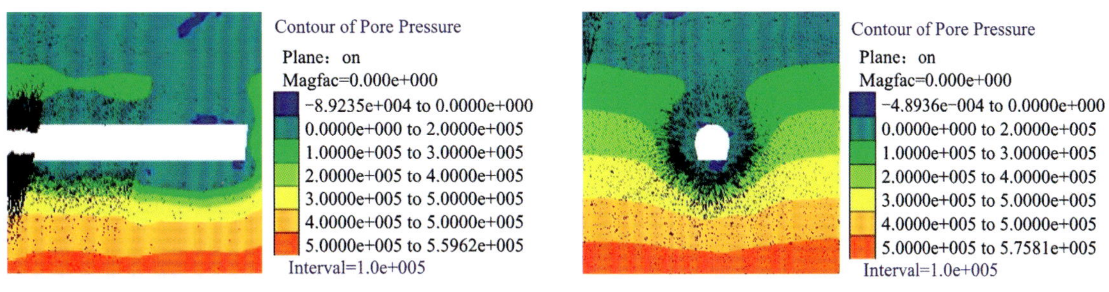

(g)开挖150m时

图 4-20 隧洞开挖过程中围岩孔隙水压力及渗流场分布云图

分析图 4-20 可知:开挖前,初始孔隙水压力在普通围岩与断层带两者间的分布场一样,均随着深度的增加而增加。开挖后,围岩孔隙水压力场发生明显变化,隧洞周围孔隙水压力等势面密集,水压力较低,形成类似于漏斗状的低孔隙水压力区域。

此外,当隧洞开挖进入断层破带后,孔隙水压力明显降低,低孔隙水压力区域相比于普通围岩进一步扩大,隧洞开挖由 35m 推进至 75m 时,最大孔隙水压力由0.580MPa变为 0.522MPa,降低了 10.0%。

由上述分析可知,隧洞穿越断层带时,孔隙水压力大幅消散,导致水力坡降增大,引起渗流速度和渗透动水压力变大,地下水更容易向洞内渗透,造成围岩软化、力学性能降低,从而加剧断层破碎带岩体的失稳破坏,如不采取注浆等加固措施,极易导致涌水突泥灾害的发生,造成工程和环境等方面的问题。

2. 应力场

隧洞开挖穿越断层破碎带过程中,同样取隧洞掌子面后方 1m 处的断面为监测面,研究分析隧洞围岩最大应力变化情况。以下列出掌子面开挖至 35m、60m、75m、100m、117m、127m、150m 时监测断面应力分布云图,如图 4-21 所示。

根据上述应力场统计出最大主应力随隧洞开挖推进距离的变化曲线,具体趋势如图 4-22 所示。

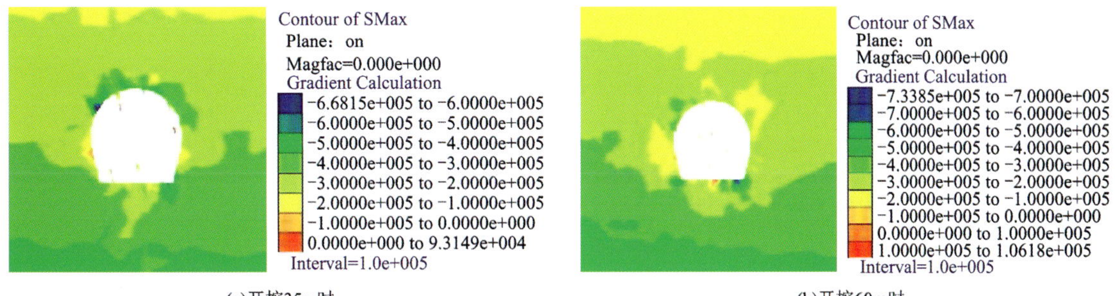

(a)开挖35m时 (b)开挖60m时

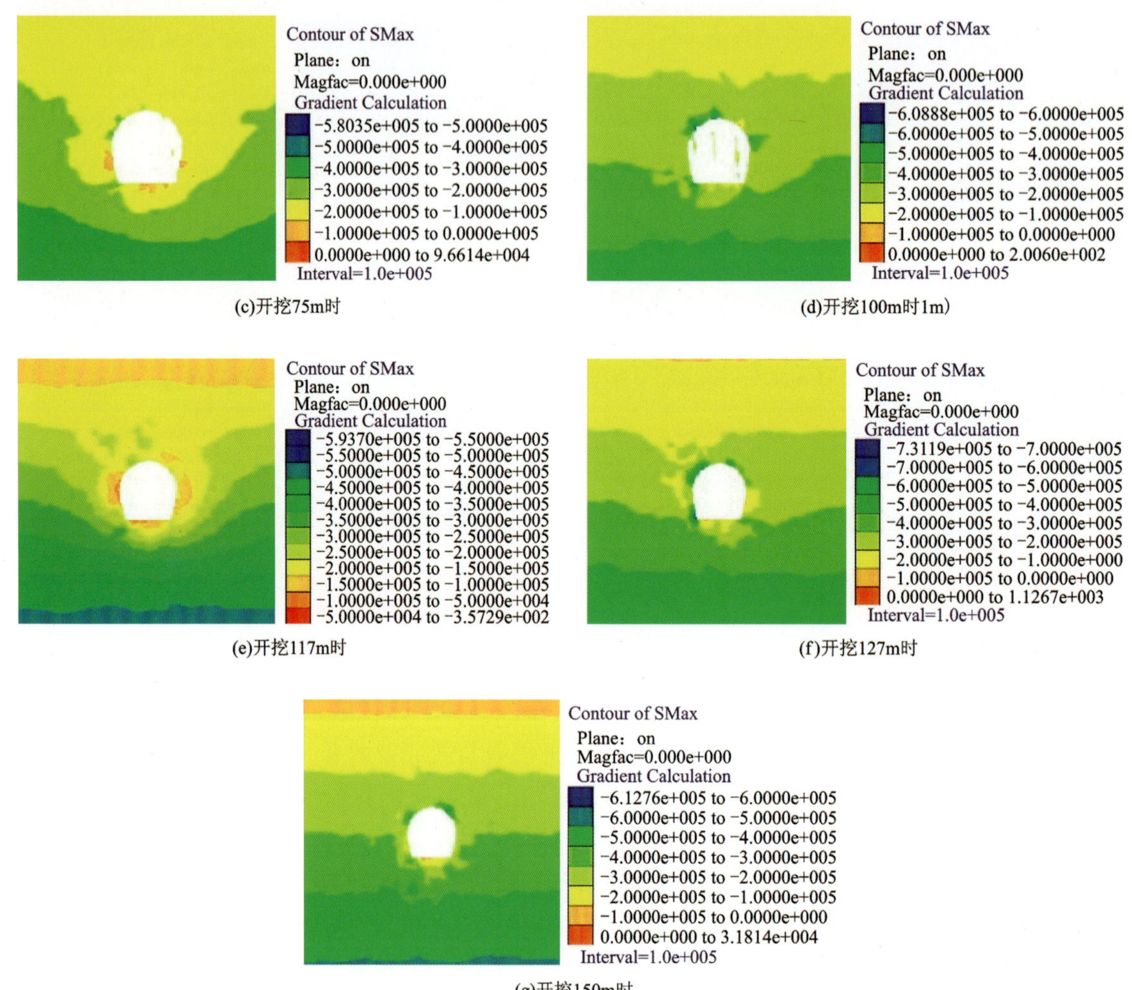

(c)开挖75m时　(d)开挖100m时1m)

(e)开挖117m时　(f)开挖127m时

(g)开挖150m时

图 4-21　各开挖推进距离掌子面后方 1m 处最大应力分布云图

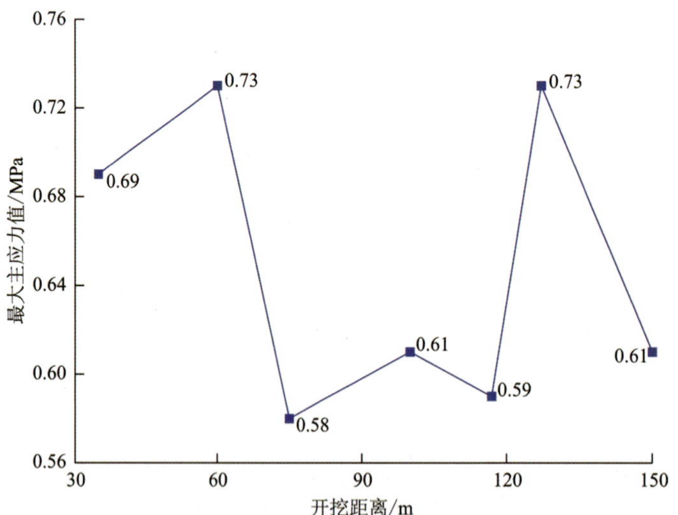

图 4-22　最大主应力随隧洞开挖推进距离变化曲线

分析图 4-22 可知：隧洞开挖后，围岩应力重分布，产生应力集中现象，压应力主要集中在隧洞侧壁、拱脚附近区域，拉应力主要集中在拱顶和底板区域。进入破碎带前，随着隧洞开挖推进，围岩的第一主应力最大值逐渐增大，应力集中现象加剧，开挖 60m 时，第一主应力最大值为 0.73MPa。此外，应力集中区范围也有所扩大，较大范围的高应力集中极易导致围岩失稳，发生涌水突泥灾害。隧洞开挖进入断层带后，应力急剧变化，在 75m 断层处，应力值降低至 0.58MPa，在 117m 断层处，应力值降低至 0.59MPa。同时，由图 4-21(c)和图 4-21(e)可以看到，隧洞周围出现大范围卸荷、应力松弛现象。

大范围应力释放使得岩体向隧洞开挖临空面以膨胀破坏等形式释放能量，使得隧洞围岩裂(孔)隙扩展发育，渗透性增大，进一步恶化可导致涌水突泥灾害发生。施工中应做好监控量测及加固措施，防止应力达到极限抗压、抗拉强度破坏围岩，形成涌水突泥点，导致灾害发生。

3. 位移场

隧洞开挖穿越断层破碎带过程中，研究分析隧洞围岩多种位移变化情况。以下列出开挖 35m、60m、75m、100m、117m、127m、150m 时，掌子面后方 1m 处竖向位移分布云图(图 4-23)。

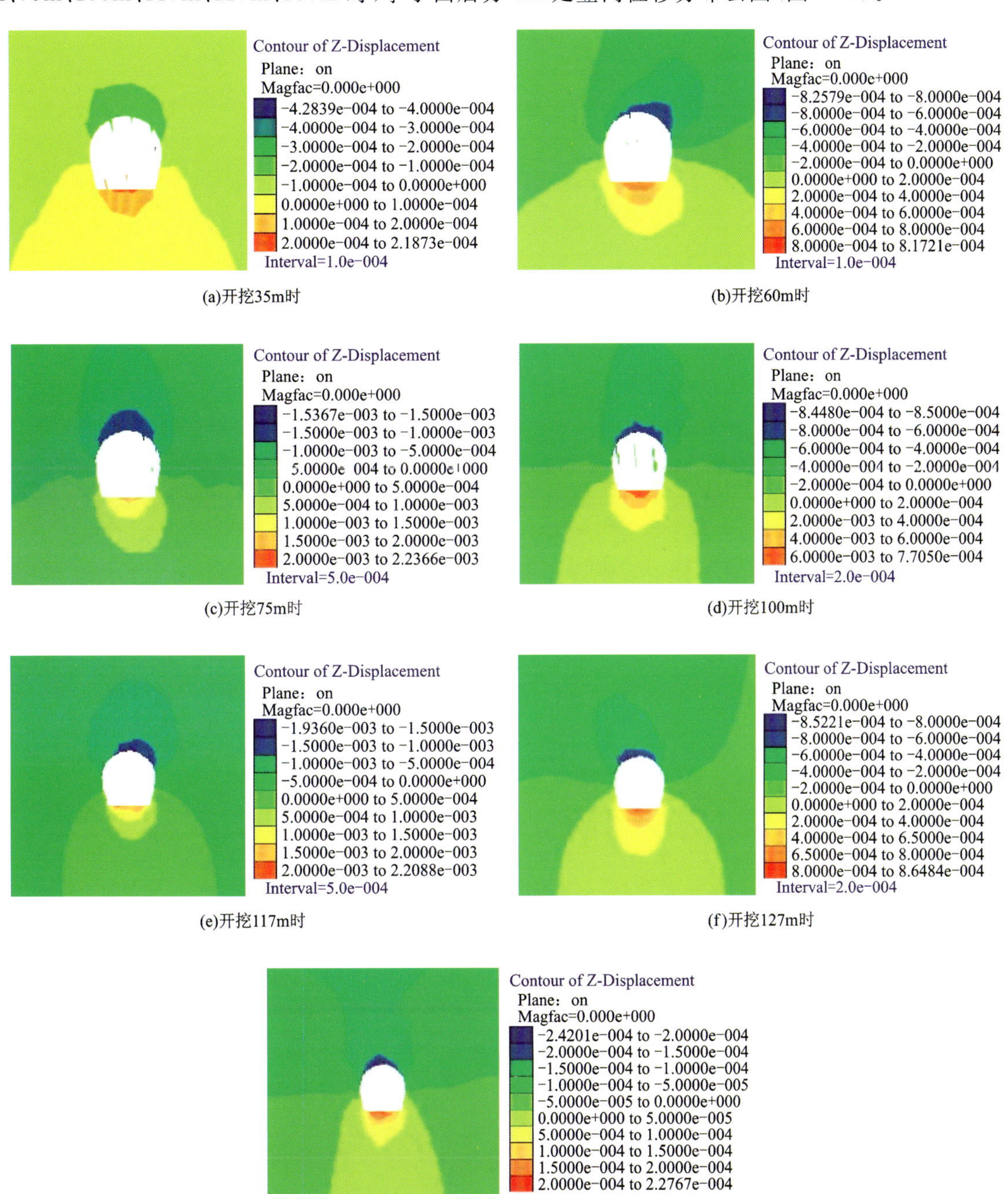

(a)开挖35m时　(b)开挖60m时

(c)开挖75m时　(d)开挖100m时

(e)开挖117m时　(f)开挖127m时

(g)开挖150m时

图 4-23　各开挖推进距离掌子面后方 1m 处竖向位移分布云图

根据上述位移场统计出隧洞竖向位移结果，正值表示拱底隆起，负值表示拱顶沉降，具体趋势如图 4-24 所示。

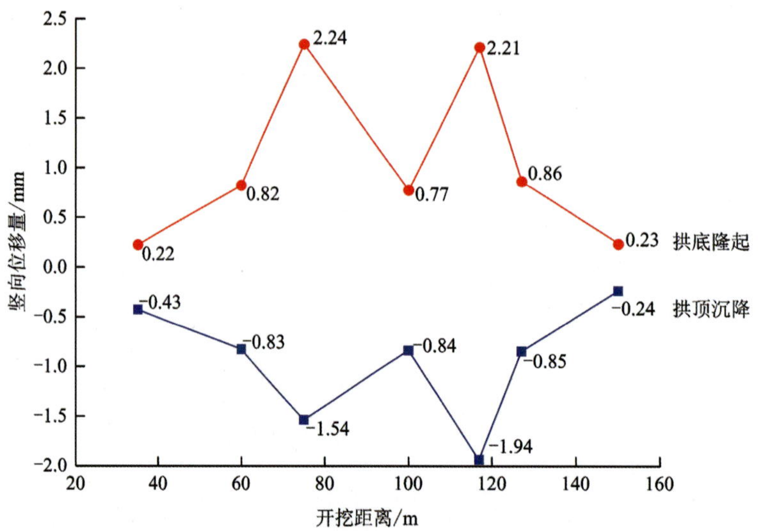

图 4-24 拱顶沉降、拱底隆起值随隧洞开挖推进距离的变化曲线

隧洞开挖推进至断层前，隧洞围岩竖向位移变化不大，位移值基本稳定在某个较小值附近。以竖向位移计算结果为例，隧洞开挖由 15m 向 35m 推进过程中，拱顶沉降值为－0.43mm，拱底隆起值为 0.22mm。随着隧洞开挖进入断层后，位移量出现急剧性、突变性增大的现象。从竖向位移角度来看，隧洞开挖推进至第一断层时，拱顶沉降值达到－1.54mm，拱底隆起值达到 2.24mm。继续开挖推进至两断层之间的破碎带，隧洞沉降值及隆起值又急剧降低，并在开挖至第二个断层后再次急剧升高，拱顶沉降值达到－1.94mm，拱底隆起值达到 2.21mm。整个位移量变化受隧洞穿越不同地层的过程影响。

由上述分析可知，隧洞施工穿越断层带后，由于岩体软弱破碎，围岩竖向位移、水平位移和掌子面先行位移发生急剧性、突变性增加，隧洞极有可能产生大变形。倘若施工方法不当，支护没有紧跟，断层附近地下水丰富，围岩大变形极有可能引起塌方甚至涌水突泥地质灾害。因此，隧洞施工至断层带附近时，应加强监控量测，采取多种合理有效的措施防止涌水突泥灾害发生。

第四节　输水隧洞破碎带注浆加固技术

以大樟溪-东张水库（观音洋支洞）引水隧洞为例，研究隧洞穿越单断层破碎带涌水突泥机理。选取断层 F150 为例进行分析。断层 F150 长约 8.5km，面呈舒缓波状，局部平直，充填构造角砾岩，有花岗斑岩脉贯入，具硅化、绿泥石化等蚀变特征。隧洞在断层区域平均埋深 150m，断面为底宽 4.0m、直径 5.0m 的扩底圆形断面。断层宽约 6m，倾向 77°，倾向与隧洞走向一致，倾角 82°。断层周边破碎带按 20m 考虑。地下洞室开挖仅对距离洞室中心点 3～5 倍洞径范围内的围岩应力、位移产生较大影响，对 3 倍洞径之外产生的影响在 5%以下。计算模型由隧洞轴线向两侧各取 18m，竖直方向向上、下边界各取 18m。计算模型纵向范围也作相应的延伸，由断层向两侧各延伸 35m，整个计算模型三维尺寸为 36m×36m×116m，以隧洞轴向为 y 轴，竖向向上为 z 轴，垂直于 yz 平面为 x 轴，原点为模型底部前视角点处，如图 4-25、图 4-26 所示。

渗流场边界条件：模型上表面为自由水面，设置孔隙水压力为零边界；隧洞开挖周边及掌子面由于与大气相通，也设置孔隙水压力为零边界；隧洞左右、前后以及底部均设置为无流动边界。

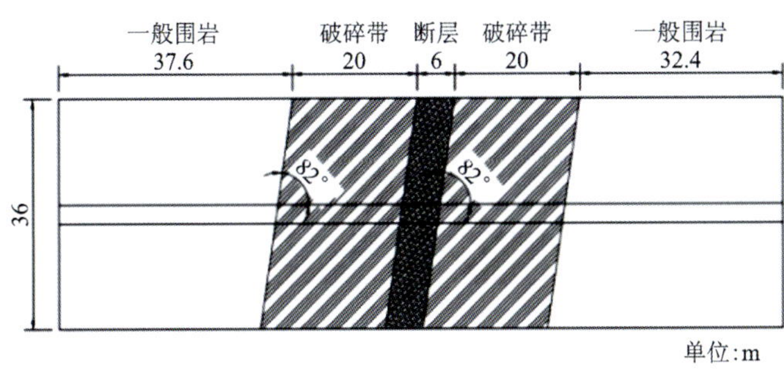

图 4-25 计算模拟示意图

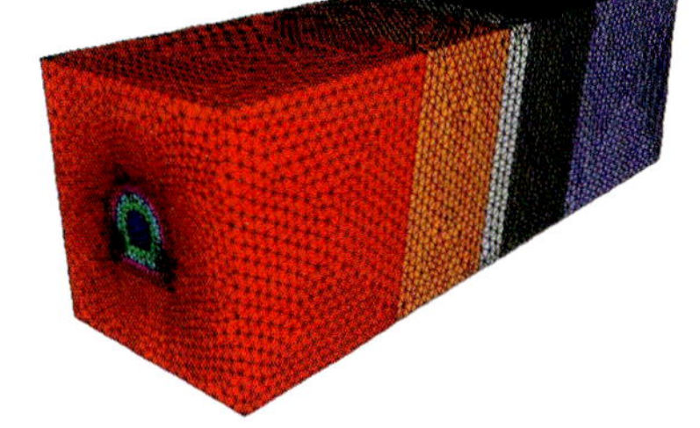

图 4-26 单断层注浆圈模型

应力、位移场边界条件:深埋隧洞模型不计上覆岩土体重力作用,仅施加构造应力;隧洞开挖周边及掌子面为自由边界;隧洞左右、前后限制水平位移,设为辊支撑约束;隧洞底部设为固定约束。

将计算模型的围岩视为普通围岩、破碎带围岩和断层围岩 3 种形式的岩体,根据《平潭及闽江口水资源配置(一闸三线)工程地质勘察报告》,普通围岩为Ⅲ级围岩,破碎带为Ⅳ级围岩,断层为Ⅴ级围岩,各计算参数具体取值见表 4-7。

本书主要研究在不同注浆圈厚度下隧洞断层涌水突泥机理及规律,因此对隧洞开挖施工模拟做了如下适当的简化:隧洞采用全断面开挖,并在掌子面前 10m 对隧洞周边围岩进行不同程度的注浆,注浆厚度分别为 1m、2m、3m、4m,工况依次为沿轴向开挖 30m、40m、50m、60m、70m、80m。在掌子面后方 1m 处布设监测断面进行对比研究,从孔隙水压力、渗流速度、最大应力、位移研究隧洞穿越断层破碎带涌水突泥机理。

一、孔隙水压力及渗流场

隧洞开挖穿越断层破碎带过程中,分析研究围岩孔隙水压力场及渗流场变化。以下列出掌子面开挖 50m、60m、70m 时孔隙水压力与渗流场分布整体剖切图及后方 1m 处监测断面的孔隙水压力与渗流场分布图(图 4-27)。

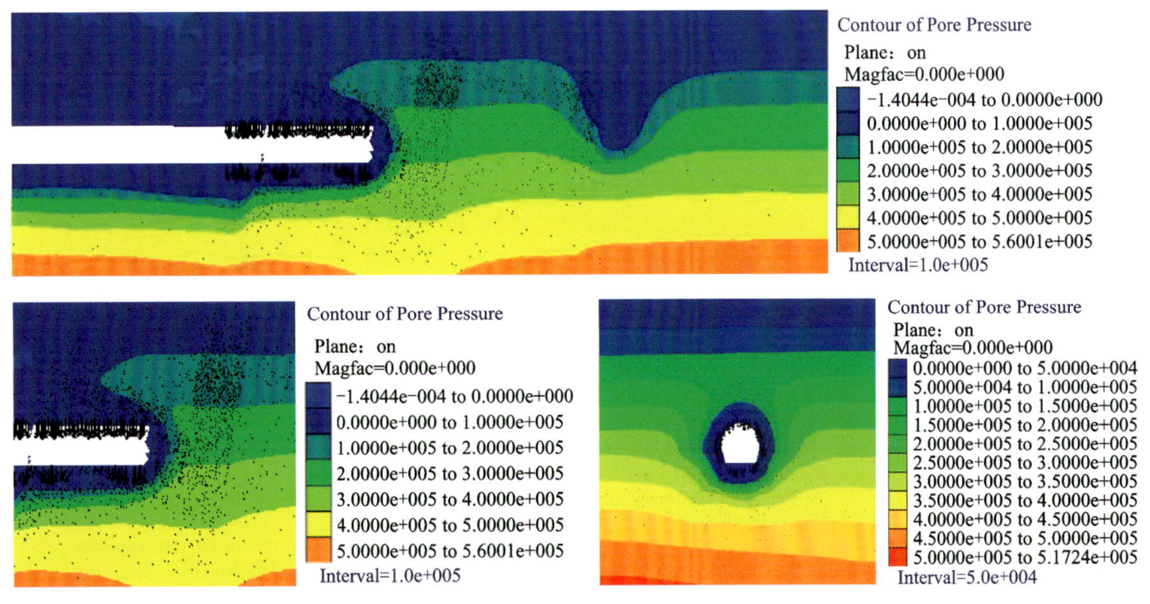

(a)开挖50m时(1m厚注浆圈)

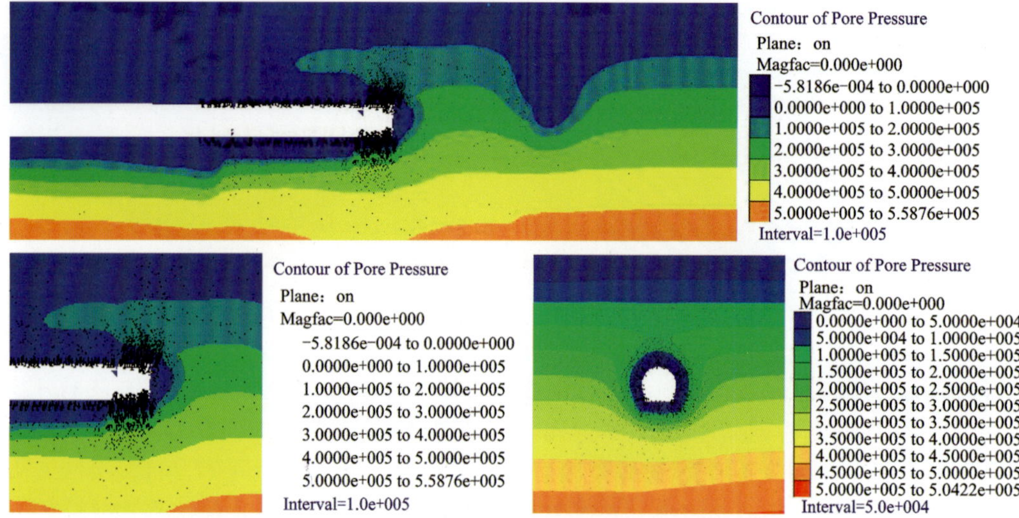

(b)开挖60m时(1m厚注浆圈)

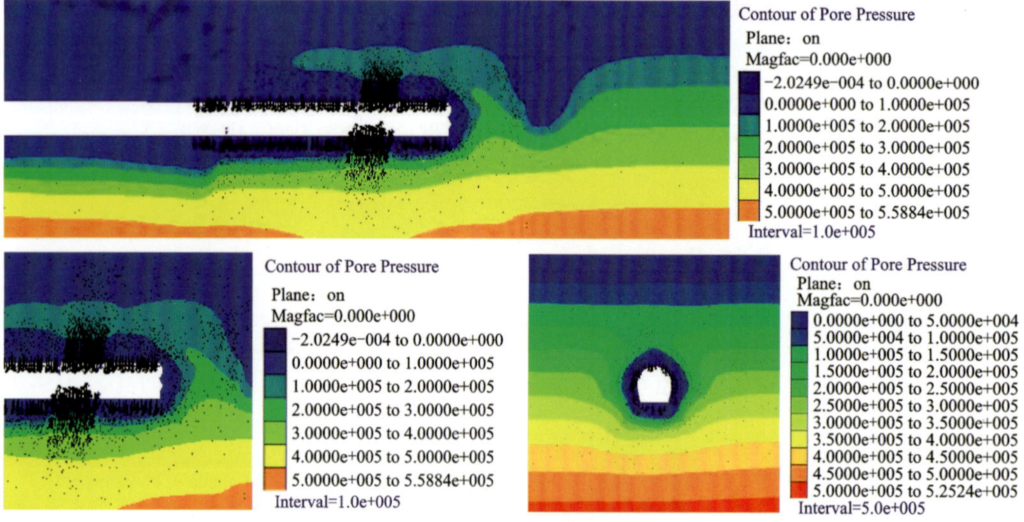

(c)开挖70m时(1m厚注浆圈)

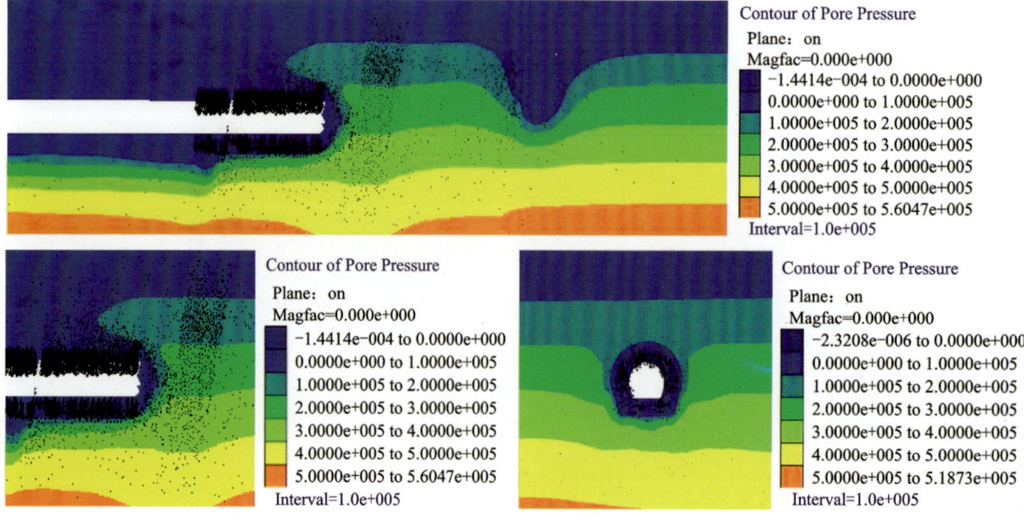

(d)开挖50m时(2m厚注浆圈)

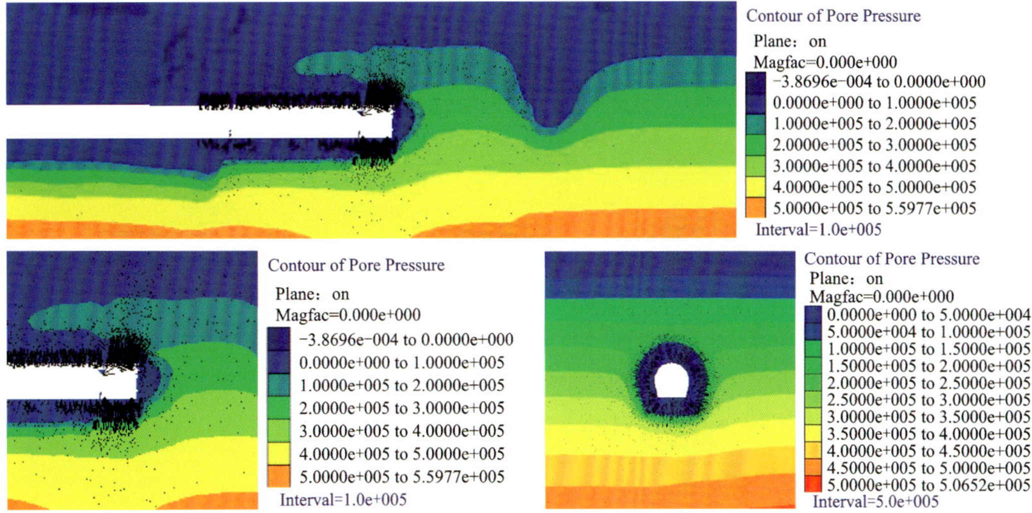

(e)开挖60m时(2m厚注浆圈)

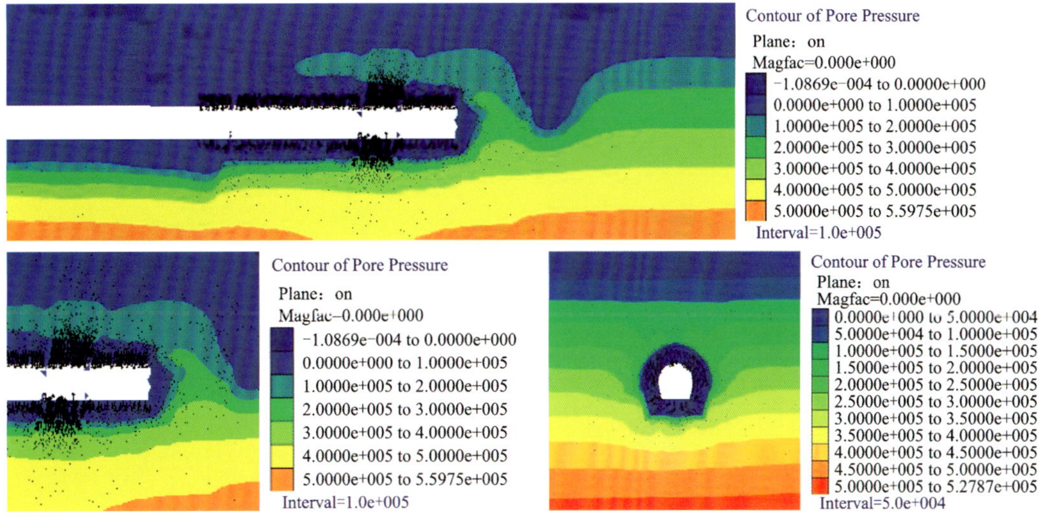

(f)开挖70m时(2m厚注浆圈)

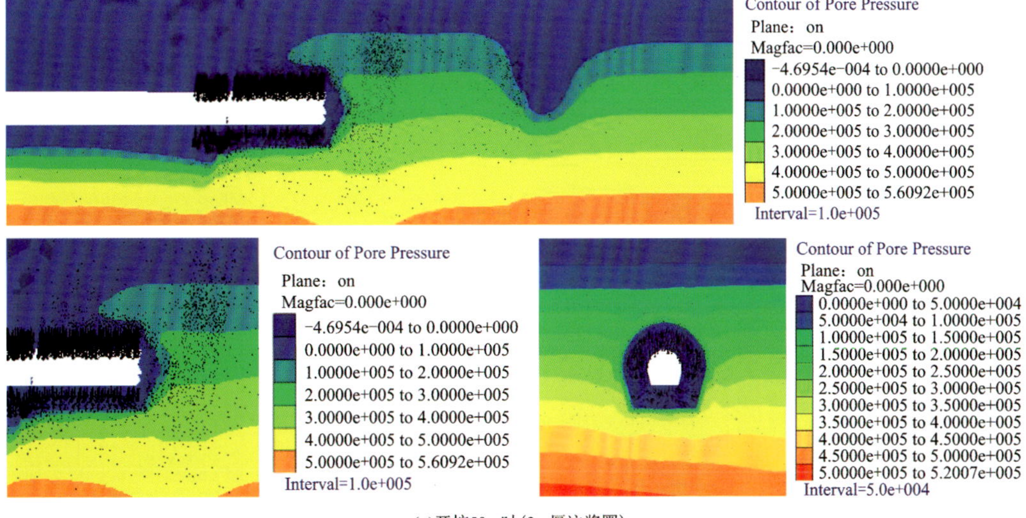

(g)开挖50m时(3m厚注浆圈)

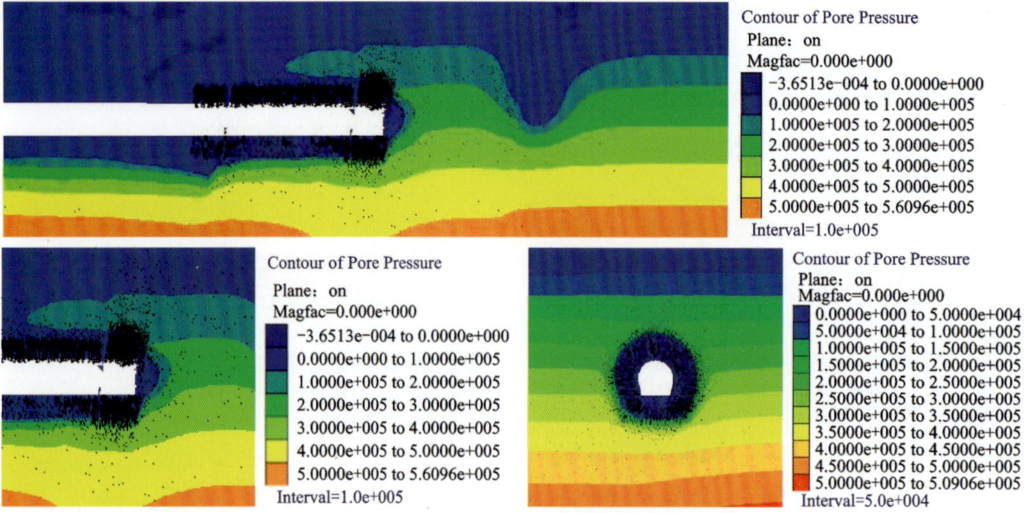

(h)开挖60m时(3m厚注浆圈)

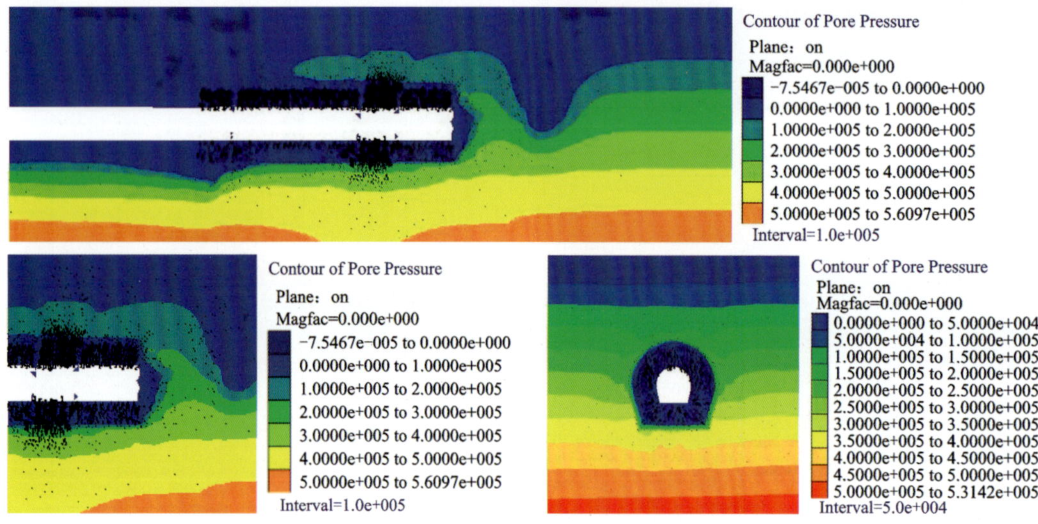

(i)开挖70m时(3m厚注浆圈)

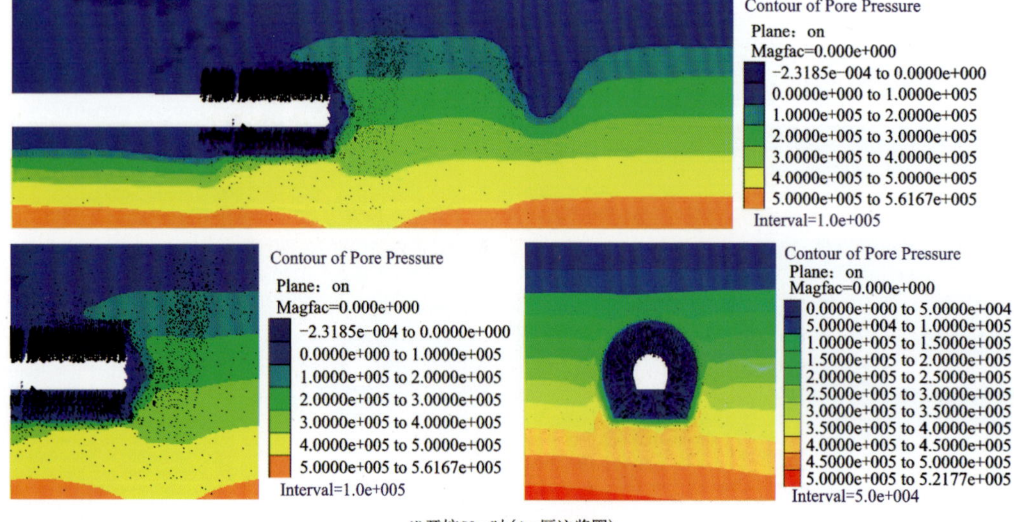

(j)开挖50m时(4m厚注浆圈)

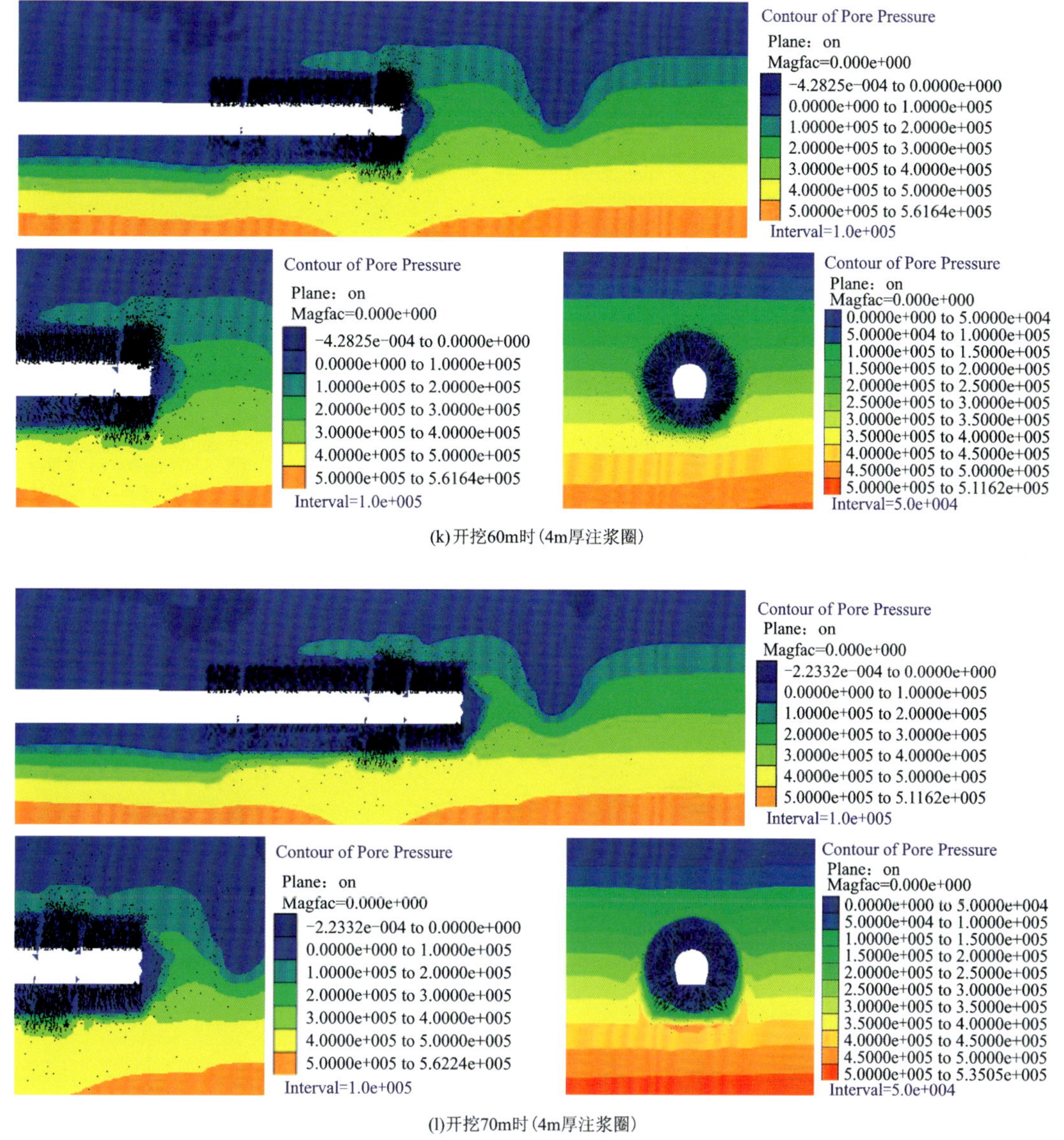

图 4-27　隧洞开挖过程中围岩孔隙水压力场及渗流场分布云图

分析图 4-27 可知：开挖前，初始围岩孔隙水压力在普通围岩与断层带两者间的分布场一样，均随着深度的增加而增加。开挖后，围岩孔隙水压力场发生明显变化，隧洞周围孔隙水压力等势面密集，水压力较低，形成类似于漏斗状的低孔隙水压力区域。此外，当隧洞开挖进入断层破碎带后，孔隙水压力明显降低，低孔隙水压力区域相比普通围岩进一步扩大，随着隧洞持续开挖，掌子面最大孔隙水压力将持续减小并趋于稳定，4 种注浆圈厚度组合均呈现这一规律。

由上述分析可知，隧洞穿越断层带时，孔隙水压力大幅消散，导致水力坡降增大，引起渗流速度和渗透动水压力变大，地下水更容易向洞内渗透，造成围岩软化、力学性能降低，从而加剧断层破碎带岩体的失稳破坏。

二、应力场

隧洞开挖穿越断层破碎带的过程中，同样取隧洞掌子面后方 1m 处的断面为监测面，研究分析不同隧洞围岩组合的最大应力变化情况。以下列出掌子面开挖 50m、60m、70m 时监测断面及洞周局部放大的应力分布云图(图 4-28)。

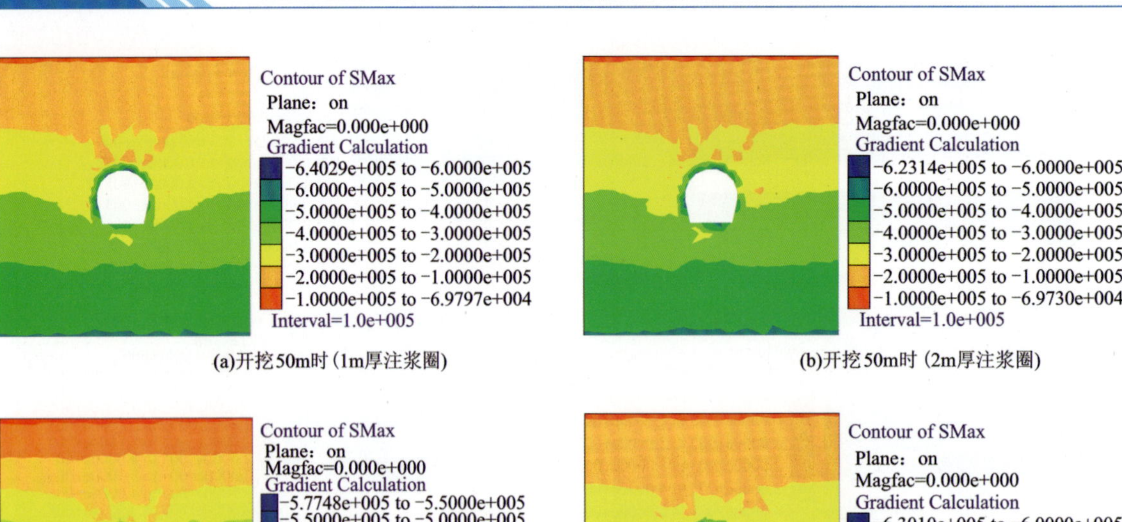

(a)开挖50m时（1m厚注浆圈）

(b)开挖50m时（2m厚注浆圈）

(c)开挖50m时（3m厚注浆圈）

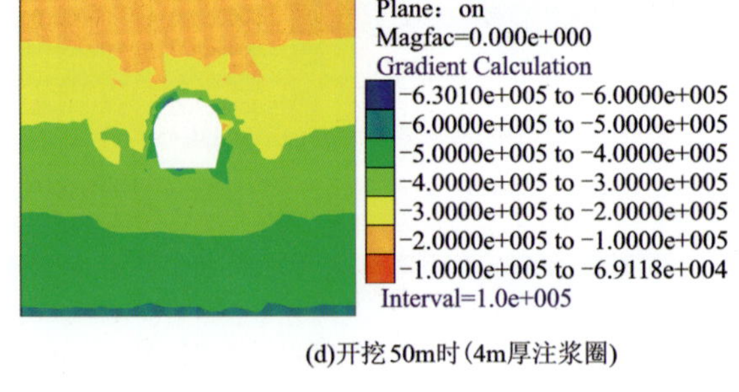

(d)开挖50m时（4m厚注浆圈）

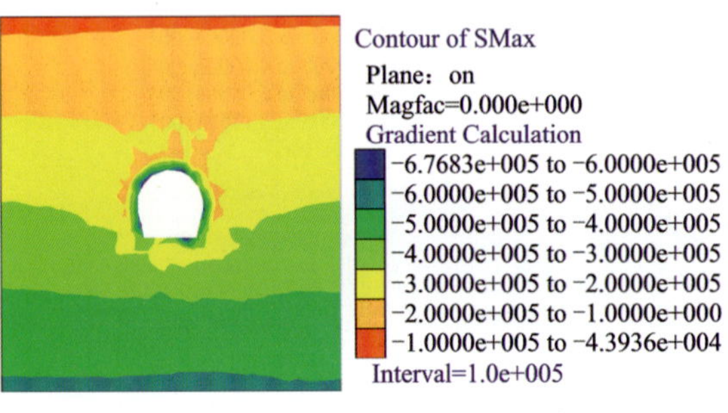

(e)开挖60m时（1m厚注浆圈）

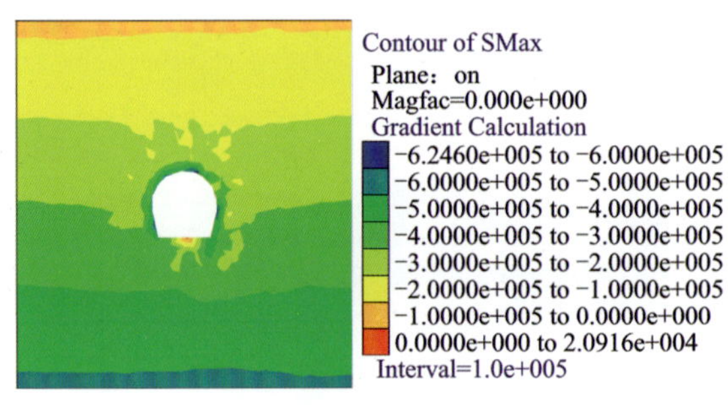

(f)开挖60m时（2m厚注浆圈）

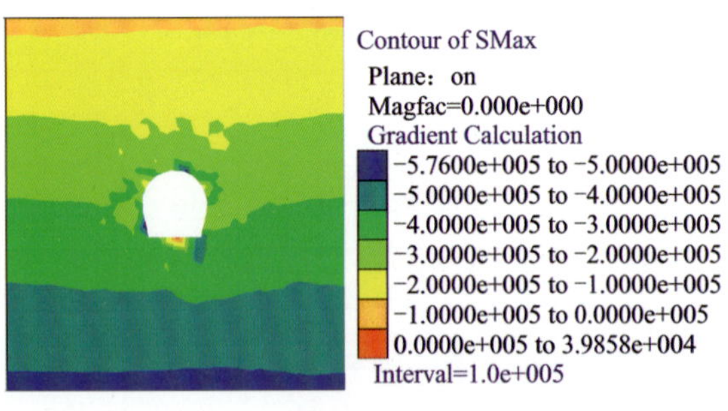

(g)开挖60m时（3m厚注浆圈）

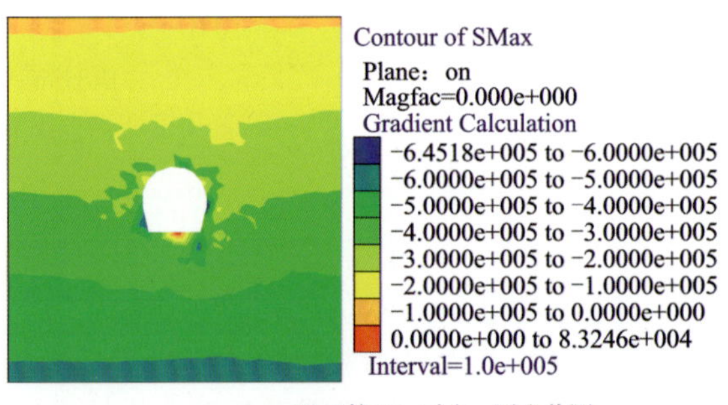

(h)开挖60m时（4m厚注浆圈）

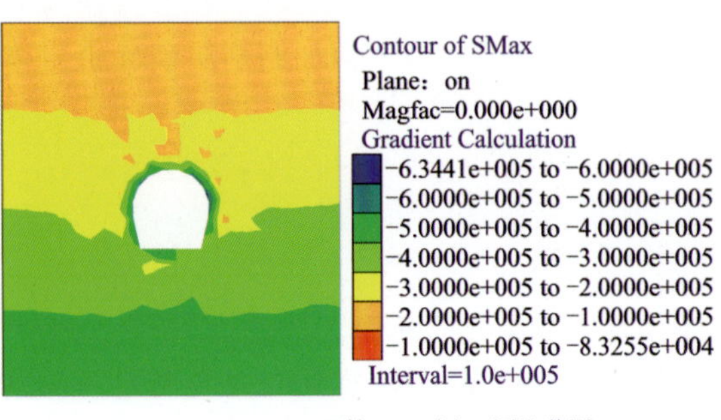

(i)开挖70m时（1m厚注浆圈）

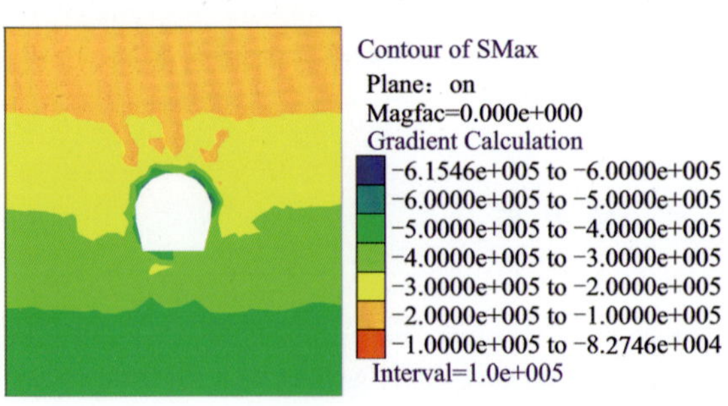

(j)开挖70m时（2m厚注浆圈）

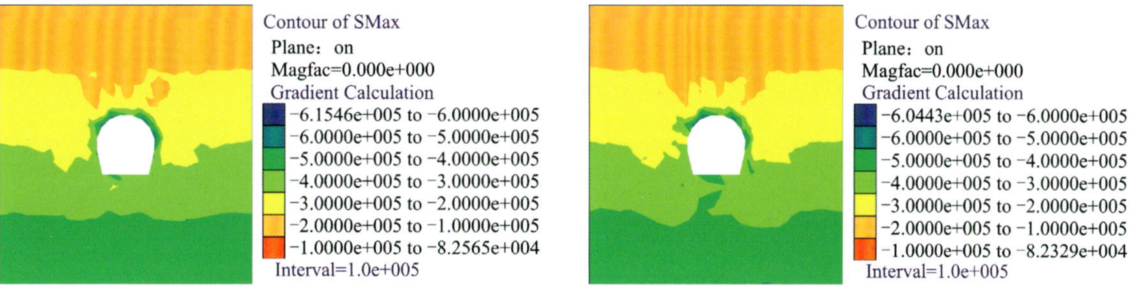

(k)开挖70m时(3m厚注浆圈)　　(l)开挖70m时(4m厚注浆圈)

图 4-28　不同厚度注浆圈支护下各开挖推进距离掌子面后方 1m 处最大应力分布云图

分析图 4-28 可知:隧洞开挖后,围岩应力重分布,产生应力集中现象,压应力主要集中在隧洞侧壁、拱脚附近区域,拉应力主要集中在拱顶和底板区域。进入破碎带前,随着隧洞开挖推进,围岩的第一主应力最大值逐渐增大,应力集中现象加剧,开挖 30m 时,第一主应力最大值为 0.6MPa。此外,应力集中区范围也有所扩大,较大范围的高应力集中极易导致围岩失稳,发生涌水突泥灾害。隧洞开挖进入断层带后,应力急剧变化,在断层 60m 处,应力值增大至 0.68MPa,在 70m 处,应力值降低至 0.63MPa。同时,由 70m 断面图可以看到,隧洞洞周出现大范围卸荷、应力松弛现象。

大范围应力释放使得岩体向隧洞开挖临空面以膨胀破坏等形式释放能量,使得隧洞围岩裂(孔)隙扩展发育,渗透性增大,进一步恶化可导致涌水突泥灾害发生。施工中应做好监控量测及加固措施,防止应力达到极限抗压、抗拉强度破坏围岩,形成涌水突泥点,导致灾害发生。

三、位移场

隧洞开挖穿越断层破碎带过程中,研究分析不同围岩组合下隧洞位移变化情况。以下列出开挖 50m、60m、70m 时,掌子面后方 1m 处竖向位移分布云图(图 4-29)。

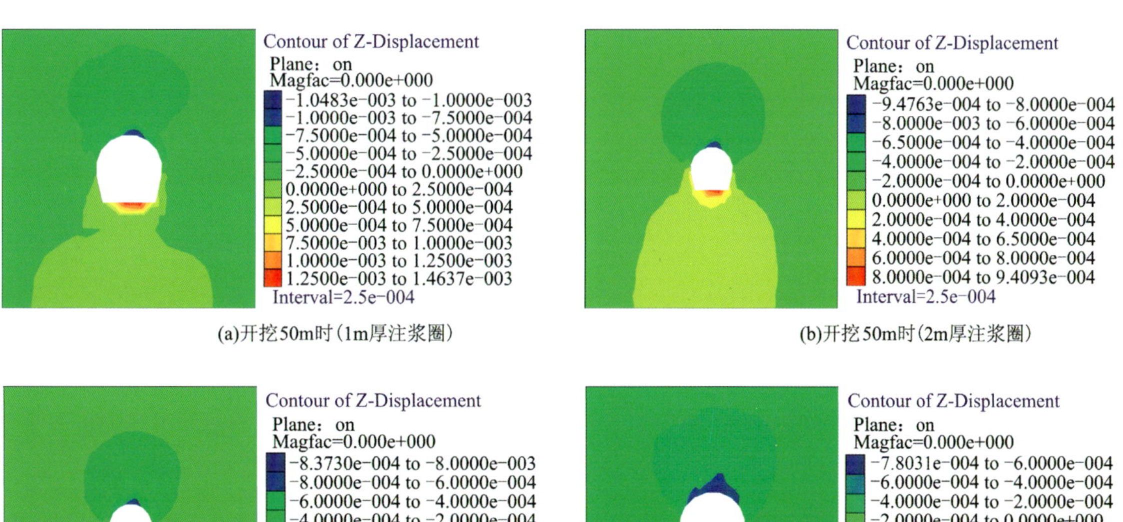

(a)开挖50m时(1m厚注浆圈)　　(b)开挖50m时(2m厚注浆圈)

(c)开挖50m时(3m厚注浆圈)　　(d)开挖50m时(4m厚注浆圈)

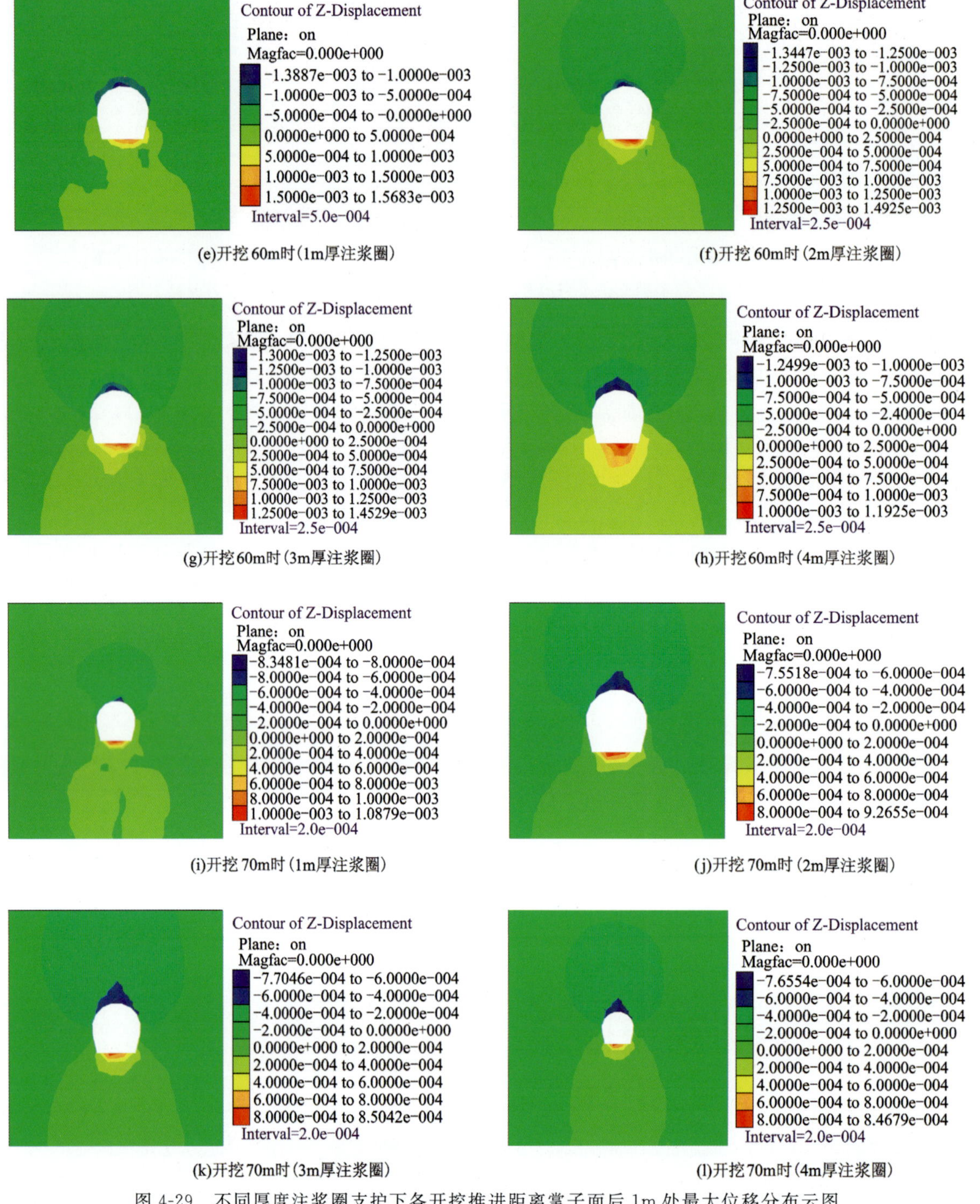

(e)开挖 60m时(1m厚注浆圈)　(f)开挖 60m时(2m厚注浆圈)

(g)开挖 60m时(3m厚注浆圈)　(h)开挖 60m时(4m厚注浆圈)

(i)开挖 70m时(1m厚注浆圈)　(j)开挖 70m时(2m厚注浆圈)

(k)开挖 70m时(3m厚注浆圈)　(l)开挖 70m时(4m厚注浆圈)

图 4-29　不同厚度注浆圈支护下各开挖推进距离掌子面后 1m 处最大位移分布云图

隧洞开挖推进至断层前，隧洞围岩竖向位移变化不大，位移值基本稳定在某个较小值附近。以 1m 厚注浆圈竖向位移计算结果为例，隧洞开挖由 30m 向 50m 推进过程中，拱顶沉降值由－0.221mm 变为－1.050mm，位移增量为 0.829mm；拱底隆起值由 0.195mm 变为 1.460mm，增量为 1.265mm。随着隧洞开挖进入断层后，拱顶沉降值为－1.24mm，底部隆起值为 1.49mm。当开挖穿越断层后，拱顶沉降及底部隆起均有所降低。

当注浆圈厚度为 2m 时，隧洞开挖从 30m 至 50m 过程中，拱顶沉降值由－0.221mm 变为－0.948mm，位移增量为 0.727mm，较前一围岩组合降幅为 12.3%。同时，底部隆起值从 0.195mm 变为 0.941mm，

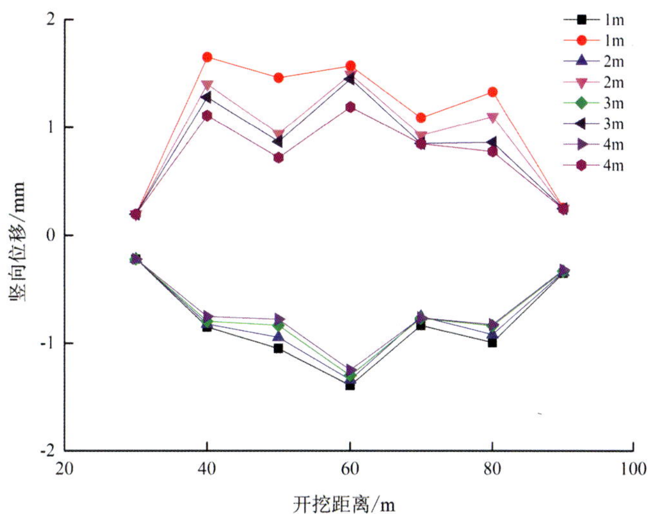

图 4-30　不同厚度注浆圈拱顶沉降、拱底隆起值变化曲线

位移增量为 0.746mm，较前一组围岩组合降幅为 41.3%。随着隧洞开挖进入断层，位移量出现急剧性、突变性增大的现象，拱顶沉降值达到峰值－1.17mm，底部隆起值为 1.31mm。继续开挖穿越断层进入破碎带，隧洞沉降值及隆起值又急剧降低，整个位移量变化受隧洞穿越不同地层的过程影响。

对于 3m 厚的注浆圈，隧洞开挖从 30m 至 50m 过程中，拱顶沉降值由－0.221mm 增加至－0.837mm，位移增量为 0.616mm，较前一组围岩组合降幅为 15.3%。底部隆起值从 0.195mm 上升至 0.867mm，位移增量为 0.672mm，较前一组围岩组合降幅为 9.92%。随着隧洞开挖进入断层，位移量出现急剧性、突变性增大的现象，拱顶沉降达到峰值－1.12mm，底部隆起值为 1.28mm，增幅分别为 4.3%和 2.3%。4m 厚注浆圈的竖向位移趋势基本与 3m 厚注浆圈一致。

由上述分析可知，隧洞施工穿越断层带后，由于岩体软弱破碎，围岩竖向位移、水平位移和掌子面先行位移发生急剧性、突变性增加，隧洞极有可能产生大变形。因此，倘若施工方法不当，支护没有紧跟，断层附近地下水丰富，围岩大变形极有可能引起塌方甚至涌水突泥地质灾害。因此，隧洞施工至断层带附近时，应加强监控量测，采取多种合理有效措施防止涌水突泥灾害发生。

第五章　长距离小断面输水隧洞下穿高速公路施工控制技术

在地下建筑工程施工技术中，隧洞施工引起地表沉降和变形这一问题一直备受国内外学者的关注。随着我国城市化进程和基础设施建设进程的不断加快，隧洞下穿既有构筑物的工程越来越多，隧洞与既有构筑物之间的互相影响也越来越严重[43-58]。

输水隧洞工程的施工位置处于地下岩土体内部，开挖隧洞时必然会对周围岩土体造成扰动，这种扰动会使得隧洞周围岩土体已有的力学状态遭到破坏，围岩应力将重新分布，最终达到一个新的平衡状态。该过程不可避免地造成岩土体内部应力、位移发生变化，这种变化传递到地表则会对隧洞上部的高速公路产生影响。国内的输水隧洞工程施工常常采用钻爆法开挖，隧洞下穿高速公路，钻爆法施工必然会对其上方的高速公路产生明显的振动效应。在施工过程中，如不采取合理措施制订安全评价标准或细则，不进行有效的爆破振动控制，必然会对公路上车辆的通行及公路稳定性造成严重影响，对高速公路安全运营、隧洞施工安全高效带来巨大威胁。在隧洞下穿既有高速公路的施工过程中，隧洞上方高速公路通行的车辆会通过车轮对路面施加动荷载，这种动荷载传递到公路下方的隧洞拱顶，会对拱顶围岩造成一定的影响，严重时甚至会引起隧洞的塌方。同时，采用钻爆法开挖隧洞，炸药爆破岩石产生的地震波也会对隧洞拱顶围岩造成较强的影响，若爆破参数设置不得当，也会诱发隧洞拱顶塌方。

基于上述存在的问题，结合福建省平潭及闽江口水资源配置工程第 4 标段(大樟溪-石溪输水线路工程)工程实际情况，以解决实际工程施工问题为导向，采用现场调研、理论分析及动力有限元软件 ANSYS/LS-DYNA 数值模拟相结合的研究方法，从输水隧洞下穿高速公路施工路面沉降控制技术、输水隧洞下穿高速公路施工爆破振动控制技术、输水隧洞施工下穿高速公路隧洞拱顶塌方控制技术3 个方面入手，对输水隧洞下穿既有高速公路施工控制技术进行深入、系统、详细的研究和总结，为确保输水隧洞下穿高速公路施工期间高速公路的安全和隧洞爆破安全高效施工提供理论和技术支持，为类似工程的施工、科学研究提供参考。

第一节　施工下穿高速公路工程概况

一、工程概述

东张水库-石溪输水隧洞下穿的 G15 高速公路位于岭斗支洞(桩号 DP3＋948.531)下游 781.47m 处，输水隧洞与 G15 高速公路下穿交叉投影点(下穿交叉点)隧洞桩号 DP4＋730，高速公路运营桩号 K2120＋100(位于福清渔溪镇大往服务区附近)，下穿交叉点坐标(X＝2839484.345，Y＝428469.359)。交叉位置沈海高速公路路面高程约为 49m，本工程隧洞拱顶高程为 25m，隧洞顶板与公路路面的高差为 24m，穿越段 G15 高速公路轴线与隧洞轴线的夹角为 90°，下穿位置如图 5-1 所示。

拟建输水隧洞下穿处 G15 高速公路为整体式路堑、双向 8 车道，路基宽约 42m，路堑边坡高 2～8m，采用重力式挡墙及浆砌片石护坡，现场踏勘未发现明显病害。交叉处高速公路采用沥青混凝土路面结构，路面平整。下穿位置 G15 高速公路现场如图 5-2 所示。

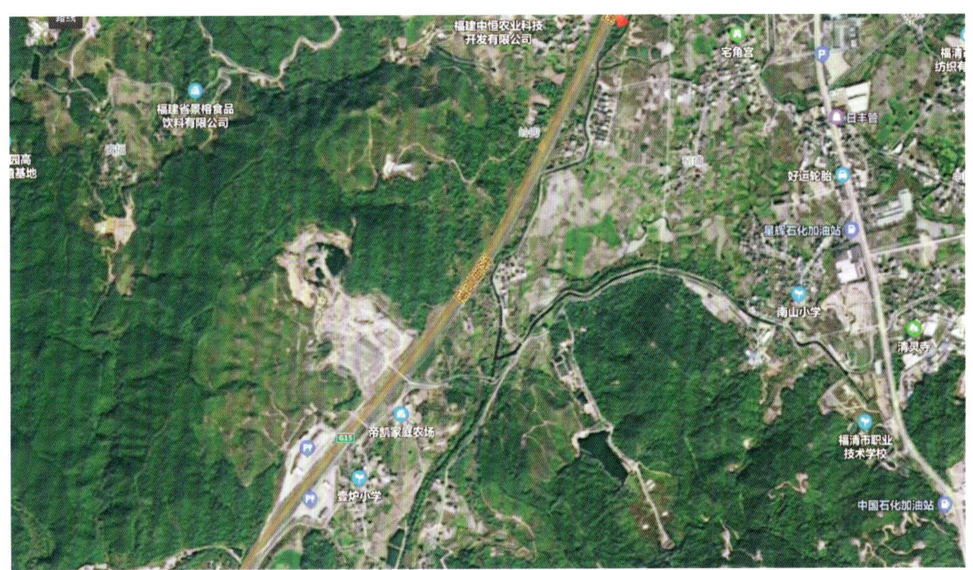

图 5-1　下穿位置卫星图

图 5-2　下穿位置 G15 高速公路现场照片

二、输水隧洞爆破施工设计方案

（一）炮孔布置原则

隧洞掘进爆破时，由于只有一个自由面，四周岩石夹制力很大，爆破困难，因此掏槽孔的布置极为重要。掏槽孔的作用就是在工作面上首先造成一个槽腔作为第二个自由面，为其他炮孔爆破创造有利条件。辅助孔的作用是扩大和延伸掏槽的范围。光爆孔的作用是控制隧洞断面规格形状。为了提高其他炮孔的爆破效果，掏槽孔应比其他炮孔加深 0.15～0.25m。

掏槽孔：本工程设计采用平行空眼直线掏槽，掏槽孔由 5 个炮孔组成，各掏槽孔互相平行且呈对称形式排列，炮孔间距 0.2m，中间一个为空眼。

辅助孔和光爆孔：布孔均匀，既要充分利用炸药能量，又要保证岩石按设计轮廓线崩落。各孔间距根据岩石性质而定。本工程辅助孔间距 0.53～0.7m，光爆孔距隧洞轮廓线取 0.1～0.15m。

底孔：布置较为困难，有积水时易产生盲炮。因此，底孔孔口应比隧洞底板高出 0.1～0.2m，但孔底应低于底板 0.1～0.2m，孔间距取 0.55～0.61m。底孔装药量介于掏槽孔和辅助孔之间，装药深度为孔深的 0.7～0.8 倍。

（二）钻孔爆破参数

1. 光面爆破参数

为了最大限度地减少爆破对围岩的破坏，全隧洞实行光面爆破。对于极破碎岩石地段则采取预裂爆破。

光面爆破参数按《水工建筑物地下开挖工程施工规范》(SL 378—2007)附录 D 光面爆破与预裂爆破参数表选取，光面爆破参数见表 5-1。

表 5-1　光面爆破参数表

岩石类别	光爆孔间距/mm	光爆孔抵抗线/mm	线装药密度/$(g \cdot m^{-1})$
硬岩	550～650	600～800	300～350
中硬岩	450～600	600～750	200～300
软岩	350～450	450～550	70～120

注：炮孔直径为 40～50mm；药卷径为 20～25mm。

初次设计按表 5-1 选择爆破参数，在施工中可按照选定的参数记录每次爆破效果，测量半孔率和轮廓不平整度，不断调整光爆参数。

2. 主洞爆破参数

以主洞断面为典型断面进行设计。炮孔深度 $L=1.0$m，炮孔直径 $d=38\sim42$mm。根据现场爆破试验，合理经济地选取循环进尺。

(1)炮孔数量。炮孔数量的多少直接影响每一循环凿岩工作量、爆破效果、循环进尺、隧洞成型的好坏以及爆渣块度的大小。暂按式(5-1)计算炮孔数目，在施工中可根据具体情况再作调整，以达到最佳爆破效果。用图解法确定炮孔数量为 60 个，如图 5-3 所示。

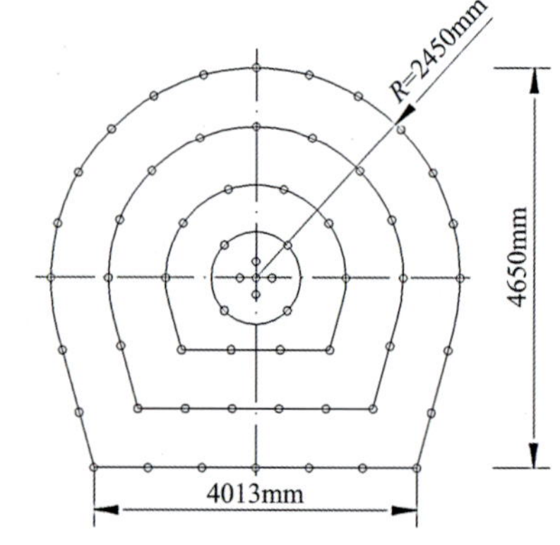

图 5-3　全断面法开挖炮孔布置图

$$N=(q \cdot s)/(r \cdot \eta) \tag{5-1}$$

式中：N 为炮孔数量(个)；q 为炸药单耗(kg/m^3)，根据隧洞工程经验及有关资料，岩石坚固性系数 $f=5\sim8$ 时，隧洞掘进炸药单耗为 $1.7kg/m^3$；s 为隧洞掘进断面积(m^2)，取 $19.35m^2$；r 为每米长度炸药的质量(kg/m)，取0.78kg/m；η 为炮孔装药系数，取 0.7。

(2)主洞全断面法开挖钻爆参数见表 5-2。单响最大药量为 33.93kg(段别 3、段别 5、段别 7)。

表 5-2　主洞全断面法开挖钻爆参数表

炮孔名称	炮孔数量/个	炮孔深度/m	每孔装药量/kg	装药量/kg	起爆顺序（段别）	总装药量/kg	炮孔总数/个
掏槽孔	4	1.5	1.04	4.16	1	46.375	59(不含空孔 1 个)
辅助孔	29	1.3	1.17	33.93	3,5,7		
底孔	7	1.3	0.825	5.775	9		
光爆孔	19	1.3	0.132	2.51	11		

3. 起爆网络

采用毫秒微差非电雷管全断面一次起爆方法，炮孔起爆顺序为掏槽孔→辅助孔→底孔→光爆孔，选用多段毫秒雷管，相邻炮孔的起爆时差不大于 100ms。

每 10～20 发导爆管雷管外面裸露管连接到 2 发二级簇联导爆管雷管上，所有的二级簇联导爆管雷管必须是相同段位的。将所有的二级簇联导爆管雷管并联在一起，由非电起爆器引爆，进而引爆整个网路。起爆网路如图 5-4 所示。

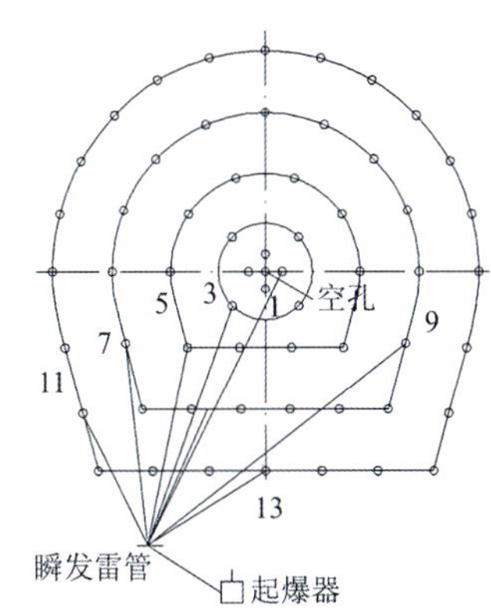

图 5-4　全断面法开挖起爆网路示意图(数字为雷管段别)

4. 装药结构

掏槽孔、辅助孔、底孔采用耦合连续反向起爆装药结构，为最大限度地减小爆破对围岩的破坏，光爆孔采取间隔不耦合装药方式，装药结构如表 5-3 所示。

表 5-3　装药结构图

结构形式	示意图	说明
间隔不耦合装药	秒微差导爆管雷管；导爆索；炮泥；ϕ25mm小药卷；ϕ32mm药卷	①此图为光爆孔装药结构图；②孔外雷管延时；③导爆索传爆
耦合连续反向起爆装药结构	导爆雷管；炮泥；ϕ32mm药卷	此图为掏槽孔、辅助孔、底孔装药结构图

三、输水隧洞下穿高速公路施工难点分析

通过介绍隧洞下穿高速公路工程的概况与施工方案等，总结分析国内外研究现状可以看出，输水隧洞下穿高速公路施工主要存在以下难点。

1. 隧洞开挖可能引起公路路面下沉

一般认为,地下建筑物是包含了支护结构和地层结构的复杂的复合结构体。隧洞开挖必然会对所处地层的岩土体造成扰动,使得岩土体的应力状态发生变化,产生向隧洞内的变形位移。这种影响体现在隧洞上方的高速公路上,就是路面路基的下沉。东张水库-石溪输水隧洞下穿 G15 高速公路工程所处地段围岩稳定性较差,地质环境复杂,周围存在高速公路、加油站、民房等建(构)筑物。控制下穿段高速公路路面沉降,保证交通设施正常运营是施工的重点和难点。

2. 爆破可能产生的危害

公认的爆破产生的危害主要有 3 种:空气冲击波、飞石、爆破振动。输水隧洞爆破开挖是在地下岩土体内进行的,空气冲击波和飞石基本上不会对上方的 G15 高速公路产生影响。但爆破产生的地震波能在岩土体介质内传播较远,在爆破区域一定范围以内,地震波产生的振动会造成各种各样的破坏,如建筑物的震动开裂、边坡的滑动等。在该工程施工中,爆破产生的地震波可以通过岩土体传导到高速公路路面上,振动过大则可能导致公路路面开裂,严重影响高速公路的运营。因此,控制爆破振动是该工程施工的难点之一。

3. 隧洞拱顶塌方风险

该工程的输水隧洞下穿的既有构筑物为高速公路,车辆在下穿段路行进的过程中会产生动载,动载经路面、岩土体传递到隧洞顶板,从而造成隧洞顶板受力、震动而发生冒落,最终可能形成塌方。隧洞塌方将直接影响施工人员的安全,同时有可能波及地表,造成道路路面塌陷,影响道路交通安全。由于隧洞采用钻爆法开挖,爆破产生的冲击波和地震波也会对隧洞拱顶围岩产生一定的影响,从而引起拱顶围岩失稳,发生塌方。因此,在下穿过程中需控制车辆运行中的动载和车速,将动载控制到最低程度,同时也要进一步考虑爆破作用下隧洞拱顶围岩的稳定性。

第二节　施工下穿引起的高速公路路面沉降特性及控制措施

一、下穿施工引起公路路面沉降的因素分析

在输水隧洞下穿高速公路施工的过程中,有多种因素影响高速公路路面的沉降。总体而言,这些因素主要包括自然因素和人为因素两大类。

1. 自然因素

引起公路路面沉降的自然因素主要有工程地质因素和水文地质因素两大类。

工程现场地质条件良好,地层、围岩稳定性高,在施工期间引起的公路路面沉降则小;工程现场地质条件差,断层、溶洞、滑坡等不良地质现象发育,在施工期间引起的公路路面沉降则大。不良地质现象发育也可能引起隧洞内部塌方、突泥涌水等严重影响工程安全的问题。同时,现场的水文地质条件也是影响公路路面沉降的因素之一,如地下水位的变化会影响岩土体的固结。

2. 人为因素

引起公路路面沉降的人为因素主要有:隧洞开挖引起土体扰动,使得地下水位发生改变,开挖过程还会引起土层损失;附加荷载作用产生附加应力,导致支护结构变形,破坏部分土体的再固结等。

隧洞开挖之后，原有地应力平衡被打破，隧洞在支护应力、附加荷载应力及初始应力的叠加下达到一个新的平衡状态，形成一个新的应力场。土体在这个新的应力场下发生弹塑性变形，导致隧洞产生相应的位移。同时，隧洞开挖必然会造成地层的损失，地层损失即开挖之前的体积与开挖成之后的体积之差，对于地下隧洞工程来说，不同的开挖工法及不同的支护加固措施造成的地层损失是不同的。

二、输水隧洞下穿高速公路施工数值模拟

在总结分析输水隧洞下穿高速公路施工过程中影响公路路面沉降的各类因素后，充分结合工程实际情况，并考虑现场工程地质条件，使用大型通用有限元分析软件 ANSYS 对输水隧洞下穿高速公路施工进行数值模拟研究。

1. ANSYS 简介

ANSYS 软件是由美国 ANSYS 公司开发的全球知名的大型通用有限元分析软件，同时也是全世界范围内使用最多的计算机辅助工程软件。ANSYS 软件包含了多种有限元分析功能，不仅能进行简单的线性静力学问题分析，还能进行复杂的非线性动态分析。该软件功能强大是因为它包含众多功能和特性各异的模块。

ANSYS 软件在进行有限元分析时主要使用 3 个模块：前处理模块(PREP7)、分析求解模块(SOLUTION)和后处理模块(POST1 和 POST2)。其中，前处理模块具有参数定义、实体建模、网格划分等功能，利用这个模块用户能够十分方便地构建有限元模型。在前处理阶段完成建模以后，可以利用分析求解模块对模型施加边界条件、定义分析类型、设置分析选项与载荷和载荷步，进而对所建模型进行力学分析和有限元求解。完成有限元计算和力学分析以后，用户能够通过后处理模块查看计算结果。ANSYS 软件的后处理模块分为通用后处理模块(POST1)和时间历程后处理模块(POST2)。

2. 数值模拟模型

东张水库-石溪输水隧洞下穿 G15 高速公路工程交叉位置处的沈海高速公路路面高程约为 49m，本工程隧洞洞顶高程为 24.79m，隧洞顶板与公路路面的高差为 24.21m，穿越段 G15 高速公路轴线与隧洞轴线夹角为 90°。使用 ANSYS 软件进行数值模拟时，计算范围确定的原则是取隧洞洞径 3 倍左右(隧洞周围大于或等于 3 倍洞径以外围岩变形受到施工的影响较小)。但因本工程实际下穿段工程地质条件复杂，围岩稳定性较差，隧洞模型计算范围应大于 3 倍洞径。

根据工程实际情况，数值模拟计算模型尺寸为 50m×10m×50m(长×宽×高)。计算模型平面和网格划分如图 5-5、图 5-6 所示。

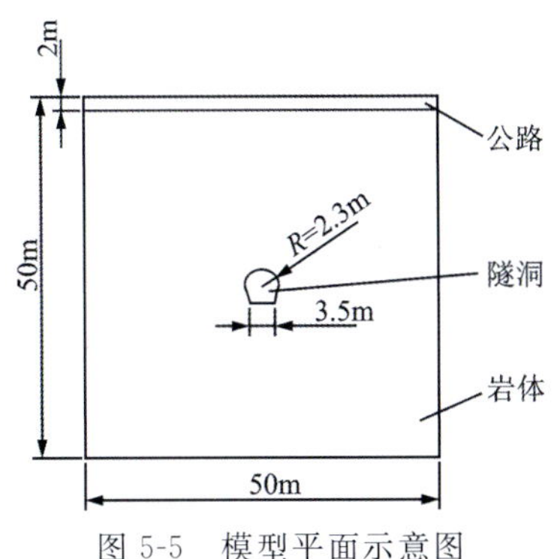

图 5-5　模型平面示意图

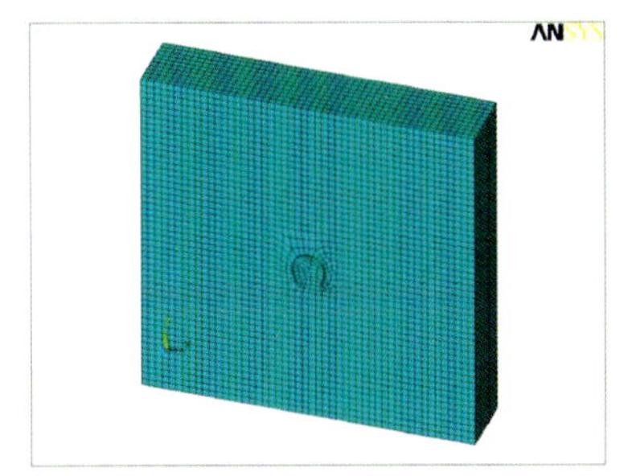

图 5-6　模型网格划分示意图

同时，对数值模拟计算模型作如下假设：

(1)模型涉及的岩土体为均质、各向同性。

(2)模型计算过程中,初始地应力考虑岩土体特性及重力,不考虑地下水和围岩构造应力的影响。

(3)隧洞开挖引起的岩土体变形传递过程是连续的。

在模拟输水隧洞下穿高速公路施工过程中,建立数值模拟模型涉及的材料有岩石、路面路基、初期支护,材料参数根据本章第一节所介绍的进行选取。其中,岩石和路面路基材料采用 Solid185 单元模拟,具体参数如表 5-4 所示。

表 5-4 材料参数

材料名称	密度 $\rho/(\mathrm{kg\cdot m^{-3}})$	弹性模量 E/GPa	泊松比 μ	内摩擦角 φ/(°)	凝聚力 c/MPa
岩石	2300	3.6	0.31	35	0.5
路面路基	2200	2.5	0.15	54	0.3
初期支护	2500	29.5	0.20	50	2.42

对建立的模型进行边界条件设置,在除路面以外的 5 个面添加法向位移约束,并在 y 方向施加全局重力加速度,其值为 9.8N/kg。

3. 初始应力场模拟

在输水隧洞开挖之前,高速公路所处地段的岩体基本处于天然状态,其初始应力场模拟结果如图 5-7 和图 5-8 所示。

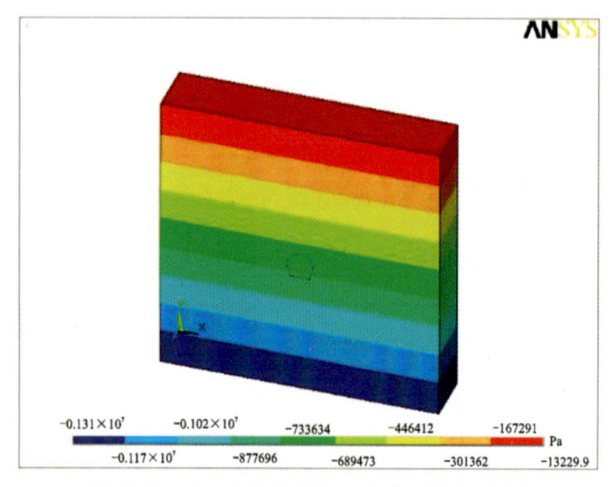

图 5-7 初始状态下 y 方向应力云图

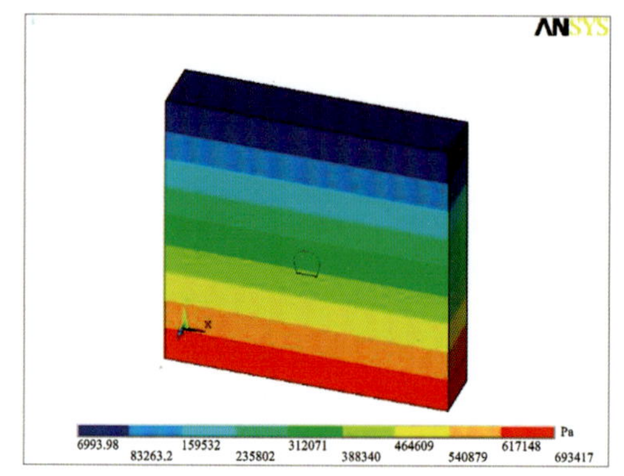

图 5-8 初始状态下 Mises 有效应力云图

图 5-7 显示了该地层在初始应力状态下 y 方向的应力云图,可以看出,在初始应力场作用下,模型中单元的最大垂向压力为 1.31MPa,最小垂向压力为 0.013MPa。模型底部单元的垂向压力在 1.17～1.31MPa 范围内,顶部路面路基单元垂向压力在 0.013～0.167MPa 范围内。而由图 5-8 的 Mises 有效应力云图可以看出,在初始应力场作用下,模型中单元的最大有效应力为 0.69MPa,最小有效应力为 6.99kPa。模型底部单元的有效应力在 0.61～0.69MPa 范围内,顶部路面路基单元有效应力在 6.99～83.26kPa 范围内。应力云图基本呈现层状分布,符合一般规律。

4. 隧洞开挖模拟

为了实现隧洞开挖模拟,ANSYS 软件中需用到单元生死功能(birth and death)。同时,在初始应力场模拟的基础上,利用 ANSYS 软件的重启动命令进行计算。本次隧洞拟开挖 4m,开挖求解迭代过程如图 5-9 所示。

图 5-10、图 5-11 显示了隧洞开挖 4m 时围岩的变形特征。其中,从 x 方向位移云图可以看出,隧洞开挖产生的横向变形主要分布在隧洞左、右两侧,最大变形量为 0.174cm,且隧洞拱顶和隧洞底部横向变形较小。从 y 方向位移云图可以看出,隧洞开挖对地层造成了扰动,岩体 y 方向位移等值线不再互相平行。而隧洞周围的竖向变形主要分布在隧洞拱顶部分,隧洞两侧的变形略小于隧洞拱顶部分,在隧洞

底部竖向变形最小。

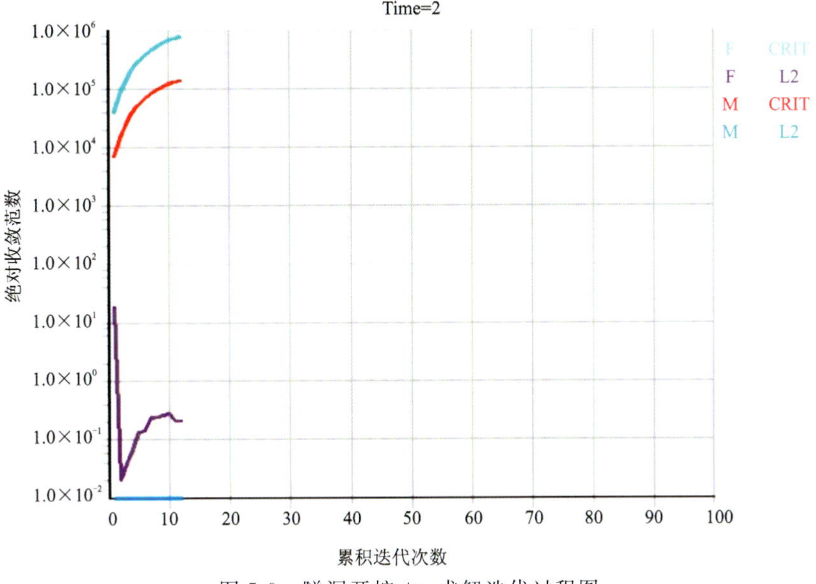

图 5-9 隧洞开挖 4m 求解迭代过程图

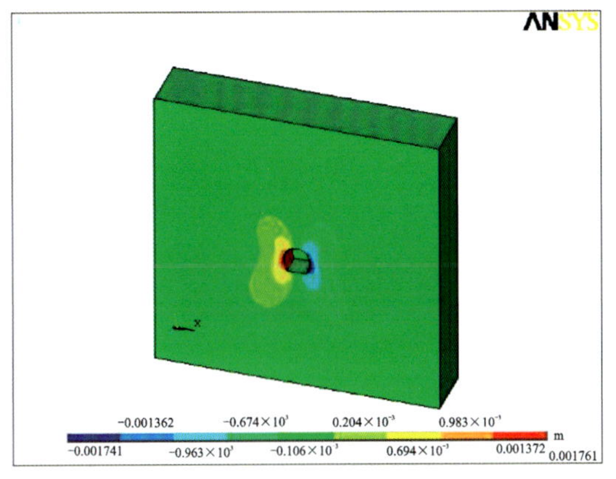

图 5-10 隧洞开挖 4m 时 x 方向位移云图

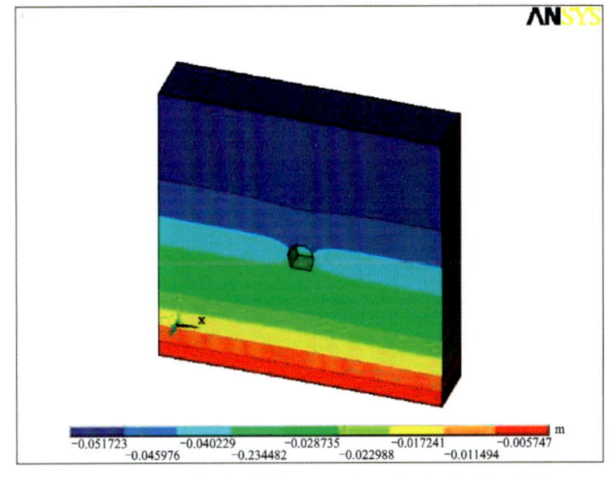

图 5-11 隧洞开挖 4m 时 y 方向位移云图

图 5-12、图 5-13 显示了隧洞开挖 4m 时围岩的受力特征。其中，从 x 方向应力云图可以看出，隧洞开挖之后，侧向压力主要分布在隧洞左、右两侧，为 0.13～0.25MPa，隧洞拱顶和隧洞底部侧向压力较小。从 y 方向应力云图可以看出，隧洞开挖对地层造成了扰动，岩体 y 方向应力等值线同样不再互相平行。而隧洞周围的竖向压力主要分布在隧洞拱顶部分和隧洞底部，数值在 0.10～0.29MPa 之间。隧洞两侧的竖向应力最小。

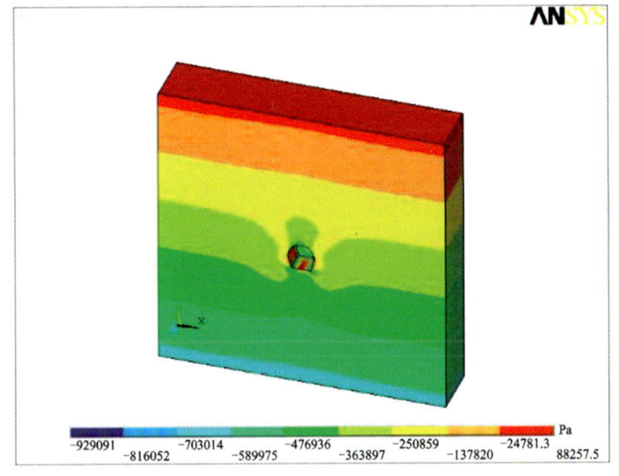

图 5-12 隧洞开挖 4m 时 x 方向应力云图

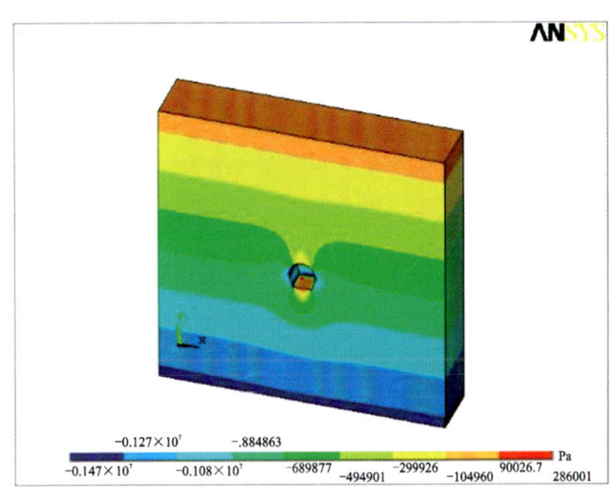

图 5-13 隧洞开挖 4m 时 y 方向应力云图

三、开挖方式对路面沉降的影响

隧洞施工就是要挖除坑道范围内的岩体，并尽量保持坑道围岩的稳定。因此，开挖是施工的第一道工序，也是关键工序。在坑道开挖过程中，围岩的稳定除了与围岩本身的工程地质条件有关外，开挖方法对其也有直接且重要的影响。按隧道断面分部情况，隧道开挖方法可分为全断面开挖法、台阶开挖法和分部开挖法等。在进行开挖方法的比选之前，应选定一种特定的情况作为计算模型，在本次计算中选定福建平潭引水工程输水隧洞下穿 G15 高速公路的工程实际为背景，研究隧洞下穿施工对高速公路路面沉降的影响。该工程隧洞开挖断面较小，基本不可能采用分部开挖法，故本节主要分析比对全断面开挖法与台阶开挖法开挖隧洞围岩变形特征及路面沉降特点。

1. 全断面开挖法

隧洞拟开挖 4m，全断面开挖情况下隧洞围岩的受力变形特征上文已经进行了详细分析，在此不再赘述。图 5-14、图 5-15 分别显示了全断面开挖情况下掘进 4m 时高速公路路面路基 x 方向位移云图和 y 方向位移云图。

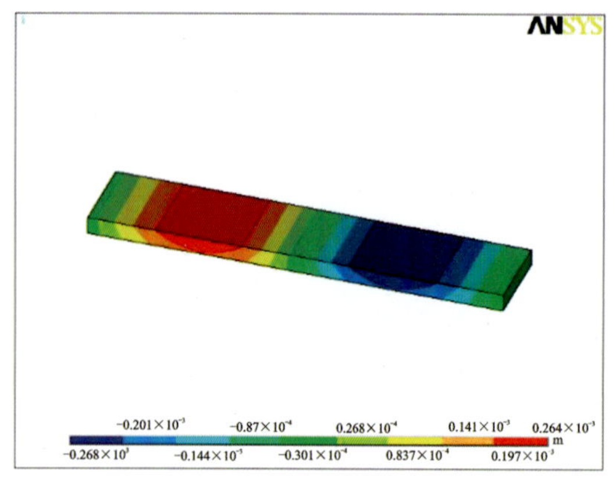

图 5-14 全断面开挖情况下高速公路路面路基 x 方向位移云图

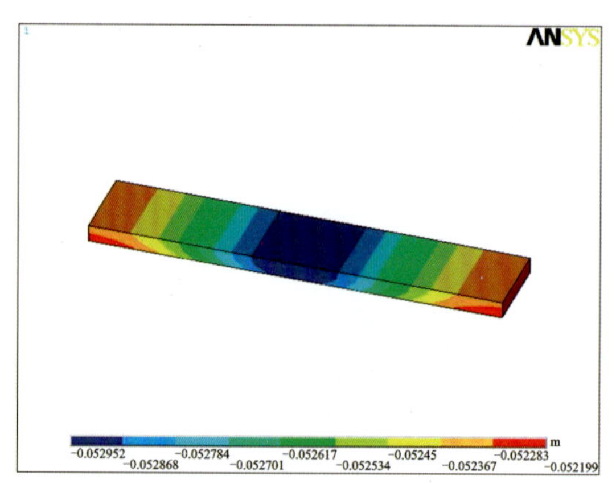

图 5-15 全断面开挖情况下高速公路路面路基 y 方向位移云图

从由图 5-14 可知，以隧洞掘进轴线为基准，高速公路路面质点的横向位移随着距离不同而不断变化。其中，隧洞开挖中轴附近质点的横向位移最小，横向最大位移出现在隧洞轴线两侧，分别为 0.254mm、－0.268mm，两者方向均指向隧洞掘进轴线在公路路面上的投影。这说明在隧洞开挖以后，高速公路路面质点有向隧洞掘进轴线在公路路面上的投影处靠拢的趋势，而距离更远时这种趋势会逐渐减弱。由图 5-15 可知，高速公路路面竖向位移也随着距离隧洞掘进轴线在公路路面上投影的远近不同而变化。距竖向位移最大的质点在隧洞掘进轴线公路路面上投影附近，竖向位移最小的质点在公路路面两端。同时，从图 5-15 中也能看出，与隧洞掘进轴线在公路路面上投影的距离越远，高速公路路面质点的竖向位移越小，且这种变化并非线性的。

为了进一步探究隧洞全断面开挖时高速公路路面沉降的规律，在公路路面上选取监测点进行分析。在高速公路路面中轴线处，每隔 1m 设置一个监测点位，模型中高速公路路面长度为 50m，故共有 51 个监测点位(图 5-16)，以隧洞掘进轴线在公路路面上投影处的点位为零点。通过 ANSYS 软件的后处理功能将每个监测点位的竖向位移数据导出，以隧洞掘进轴线在公路路面上投影处的点位为零点，绘制成图 5-17。

从图 5-17 中可以明显看出，整个沉降位移变化成一个光滑的凹槽型，左、右地表沉降变化基本对称，隧洞掘进轴线在高速公路路面上投影处对应地表沉降变形最大。从开挖曲线可以看出，曲线变化曲率最大的点在－15m 和 15m 处，曲线的拐点也出现在 15m 处，说明高速公路路面受开挖影响最大的是隧洞掘进轴线在公路路面上投影处的左、右共 30m 范围以内，因此可在此区域内加强加固措施。隧洞开挖对 30m 外高速公路路面的沉降影响较小，大都小于 2mm 并趋近于零。

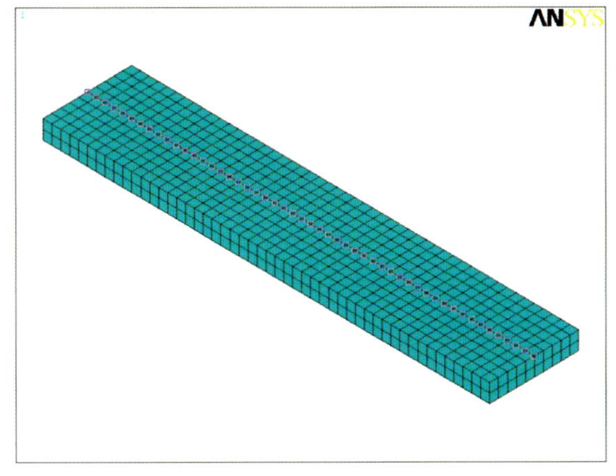

图 5-16 公路路面监测点位布置图

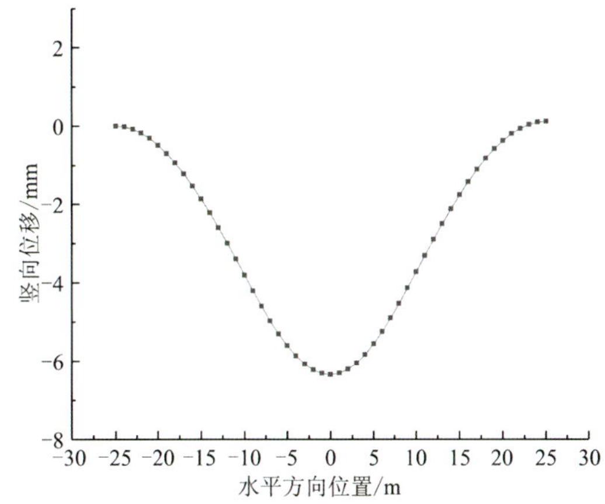

图 5-17 全断面开挖竖向位移变化图

2. 台阶开挖法

隧洞拟开挖 4m，台阶开挖法如图 5-18 所示。开挖步骤：第一步，先开挖上台阶，即隧洞断面的上半圆部分，并施作支护结构，掘进距离为 4m。第二步，开挖下台阶，掘进距离为 4m，施作支护结构，完成隧洞开挖。隧洞使用台阶开挖法开挖 4m 以后高速公路路面路基 x 方向位移云图和 y 方向位移云图如图 5-19、图 5-20 所示。

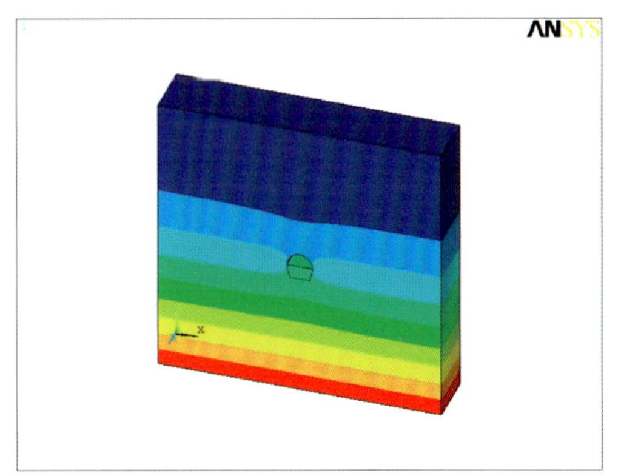

图 5-18 台阶开挖法示意图

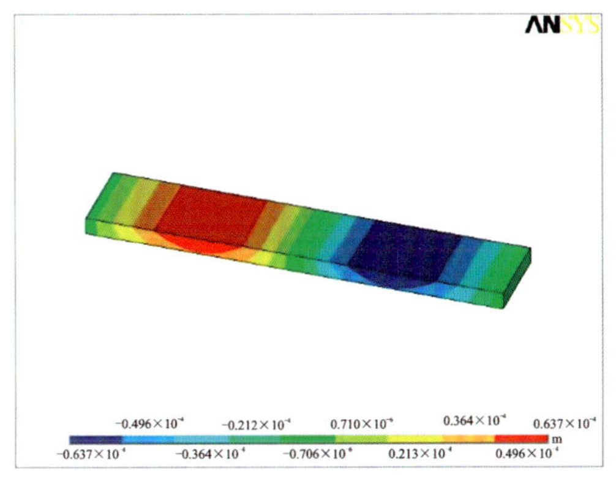

图 5-19 台阶开挖法高速公路路面路基 x 方向位移云图

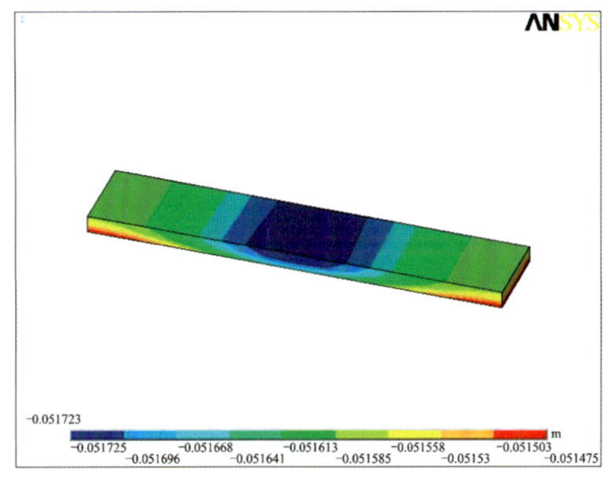

图 5-20 台阶开挖法高速公路路面路基 y 方向位移云图

由图 5-19 可知，高速公路路面质点的横向位移随着距离不同而不断变化。其中，隧洞开挖中轴附近质点的横向位移最小，横向最大位移出现在隧洞轴线两侧，分别为 0.063mm 和－0.064mm，两者方向均指向隧洞掘进轴线在公路路面上的投影。这说明在隧洞开挖后，高速公路路面质点有向隧洞掘进轴线在公路路面上的投影处靠拢的趋势，而距离更远时这种趋势会逐渐减弱。由图 5-20 可知，高速公路路面竖向位移也随着距离隧洞掘进轴线在公路路面上投影的远近不同而变化。其中，距竖向位移最大的质点在隧洞掘进轴线公路路面上投影附近，竖向位移最小的质点在公路路面两端。同时，从图 5-19 中也可以看出，距离隧洞掘进轴线在公路路面上投影的距离越远，高速公路路面质点的竖向位移越小，且这种变化规律基本与全断面开挖情况一致。

同理，为了进一步探究隧洞台阶法开挖时高速公路路面沉降的规律，在公路路面上选取监测点进行分析。在高速公路路面中轴线处，每隔 1m 设置一个监测点位，模型中高速公路路面长度为 50m，故共有 51 个监测点位(图 5-16)，以隧洞掘进轴线在公路路面上投影处的点位为零点。通过 ANSYS 软件的后处理功能将每个监测点位的竖向位移数据导出，以隧洞掘进轴线在公路路面上投影处的点位为零点，绘制成图 5-21。

从图 5-21 中可以明显看出，整个沉降位移变化成一个光滑的凹槽型，左、右地表沉降变化基本对称，隧洞掘进轴线在高速公路路面上投影处对应地表沉降变形最大。从开挖曲线可以看出，曲线变化曲率最大的点是在－13m 和 13m 处，曲线的拐点也出现在 13m 处，说明高速公路路面受开挖影响最大的是隧洞掘进轴线在公路路面上投影处的左、右共 26m 范围以内，可在此区域内加强加固措施。隧洞开挖对 30m 外高速公路路面的沉降影响较小，其沉降值基本趋近于零。

3. 两种开挖方式对比分析

在全断面开挖法和台阶开挖法的模拟分析中，所选取的监测点位和拟定的开挖进尺都是一样的，因此可以对两种不同的开挖方式进行比对分析。两种开挖方式下高速公路路面路基竖向位移变化如图 5-22 所示。

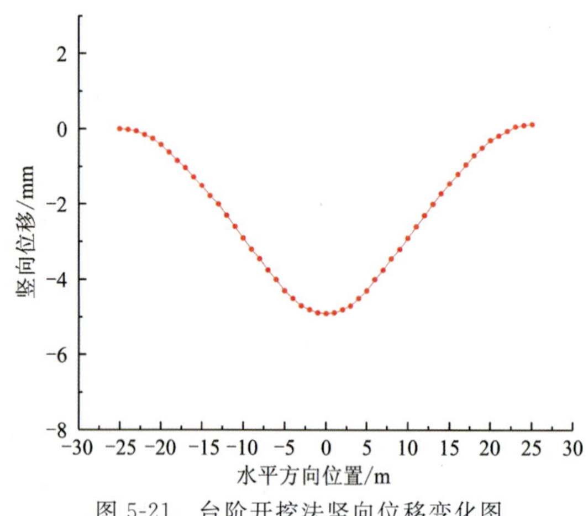

图 5-21 台阶开挖法竖向位移变化图

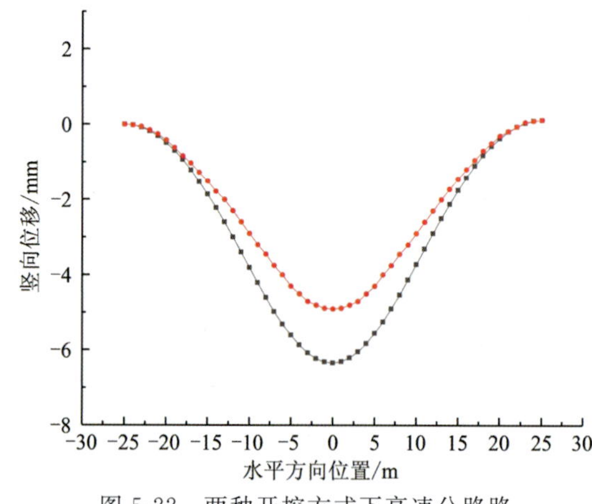

图 5-22 两种开挖方式下高速公路路基路面竖向位移变化图

从图 5-22 中可以明显看出，在同样的开挖距离和支护方式下，台阶法开挖隧洞比全断面法开挖隧洞产生的最大沉降小。采用台阶法开挖隧洞至 4m 时产生的公路路面沉降最大值为 4.82mm，而全断面法开挖 4m 时产生的公路路面沉降最大值为 6.35mm。采用台阶法开挖的路面沉降值较全断面法开挖减小了 1.53mm，降低了约 24%。

从开口大小来看，台阶法开挖竖向位移变化曲线的开口较大，说明台阶法开挖隧洞产生的地表沉降槽整体深度较小，成宽缓的凹槽型，而全断面开挖竖向位移变化曲线的开口较小，开挖产生的地表沉降槽整体深度较大，成陡急的凹槽型。从两条曲线可以看出，它们几乎都在距隧洞轴线约 20m 处重合并逐渐趋近于零，说明不管用何种工法开挖隧洞对地表的沉降影响范围都是有限的，并且距隧洞中轴线越远，沉降越小，且逐渐趋近于零，从图 5-16 与图 5-21 中可以看出，两条曲线都在距隧道轴线 15m 左右处变化最快，15m 处是曲线的拐点位置。因此，实际工程中，高速公路路面的控制范围应该在距隧道 15m 范围内，且宜采用台阶法开挖。

四、开挖进尺对路面沉降的影响

隧洞开挖采用不同的循环进尺，则单次开挖的土方量不同，且对周围岩体和地层的扰动影响也不同。为了研究不同开挖进尺对路面沉降的影响，以全新断面开挖为例，拟构建开挖进尺为 1m、2m 和 4m 的数值模拟模型。其中，总开挖进尺设置为 8m，开挖进尺设置为 1m 的模型，共开挖 8 步；开挖进尺为 2m 的模型，共开挖 4 步；开挖进尺为 4m 的模型，共开挖 2 步。如图 5-23～图 5-25 所示分别为开挖进尺为 1m、2m 和 4m 的情况下，第一步时隧洞 y 方向位移云图，图 5-26 为公路路面监测点位布置图。

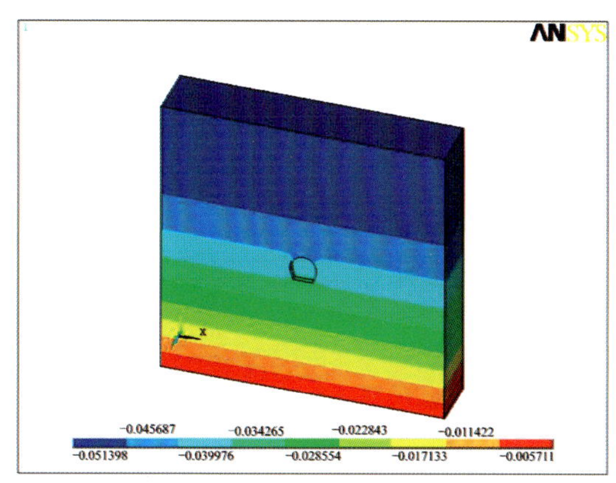

图 5-23　开挖 1m 情况下第一步时隧洞 y 方向位移云图

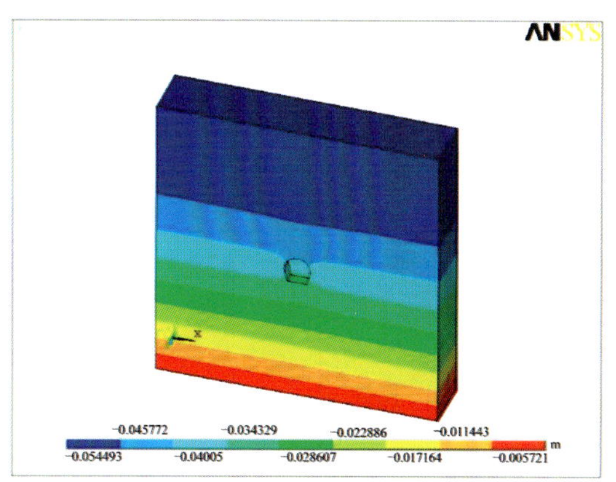

图 5-24　开挖 2m 情况下第一步时隧洞 y 方向位移云图

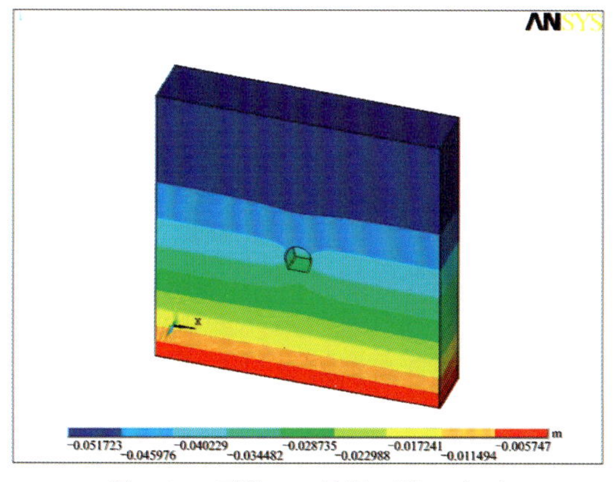

图 5-25　开挖 4m 情况下第一步时隧洞 y 方向位移云图

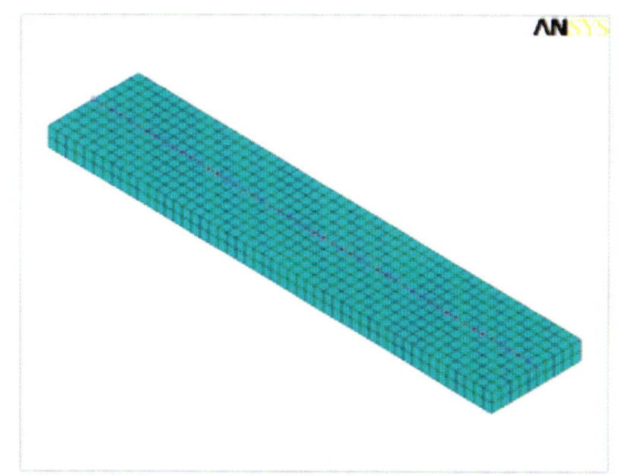

图 5-26　公路路面监测点位布置图

为了进一步探究不同开挖循环进尺条件下隧洞开挖对高速公路路面沉降的影响，在公路路面上选取监测点进行分析。在高速公路路面中轴线处，每隔 1m 设置一个监测点位，模型中高速公路路面长度为 50m，故共有 51 个监测点位，以隧洞掘进轴线在公路路面上投影处的点位为零点。通过 ANSYS 软件的后处理功能将每个监测点位的竖向位移数据导出，以隧洞掘进轴线在公路路面上投影处的点位为零点，绘制成图 5-27。

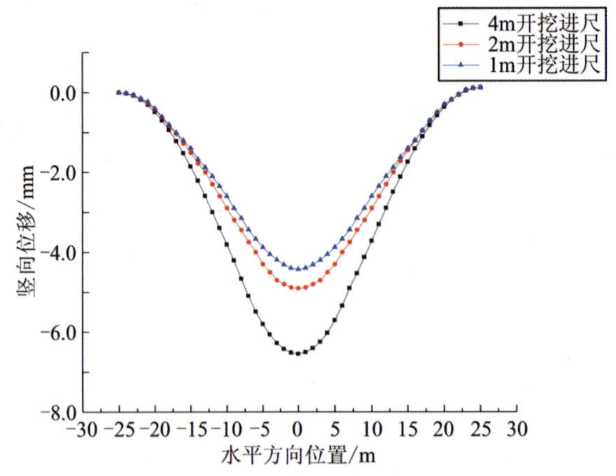

图 5-27　不同开挖进尺下公路路面路基竖向位移变化图

由图 5-27 可以明显看出，在同样的开挖距离和支护方式下，隧洞开挖循环进尺为 1m 时要比循环进尺为 4m 时产生的最大沉降小。隧洞开挖进尺为 4m 时产生的公路路面沉降最大值为 6.55mm，隧洞开挖进尺为 2m 时产生的公路路面沉降最大值为 4.92mm，隧洞开挖进尺为 1m 时产生的公路路面沉降最大值为 4.31mm。隧洞开挖进尺为 1m 时，路面最大沉降量较开挖进尺为 2m 时减少了 12.4%，较开挖进尺为 4m 时减少了 34.2%。

而从开口大小看，隧洞开挖进尺为 4m 时的竖向位移变化曲线的开口最小，这说明开挖产生的地表沉降槽整体深度较大，成陡急的凹槽型。隧洞开挖进尺为 1m 时的竖向位移变化曲线的开口最大，这说明开挖产生的地表沉降槽整体深度较小，成宽缓的凹槽型。因此，在实际工程中对高速公路路面沉降进行控制时，宜选择的循环开挖进尺为 1m。

五、下穿高速公路路面沉降控制措施

（一）采用台阶法开挖

台阶法是指先开挖隧道上部断面（上台阶），上台阶超前一定距离后开始开挖下部断面（下台阶）的上下台阶同时并进的施工方法。根据台阶长度，台阶法可分为短台阶法、长台阶法、超短台阶（微台阶）法等。

1. 施工方法

采用台阶法开挖时，首先需进行超前锚杆支护施工，然后对上台阶进行开挖，上台阶钻孔、爆破与全断面法相同，采用人工出渣，即由人工将上台阶渣石扒至下台阶或由人力车运至下台阶。待上台阶出渣结束后，再进行上台阶初期支护。上台阶初期支护步骤：首先进行初喷混凝土，然后架设上台阶钢拱架、锁脚锚杆、超前锚杆、挂网和复喷混凝土。待上台阶进尺 3～5m 后，再对下台阶进行施工。下台阶施工步骤：首先对下台阶进行开挖，下台阶钻孔、爆破、出渣与全断面法相同。下台阶出渣结束后，再进行初期支护。下台阶初期支护步骤：首先进行初喷混凝土，然后架设下台阶钢拱架、锁脚锚杆、挂网和复喷混凝土。至此，上、下台阶初期支护形成一个整体。

2. 施工工艺流程

台阶法开挖施工工艺流程如图 5-28 所示。

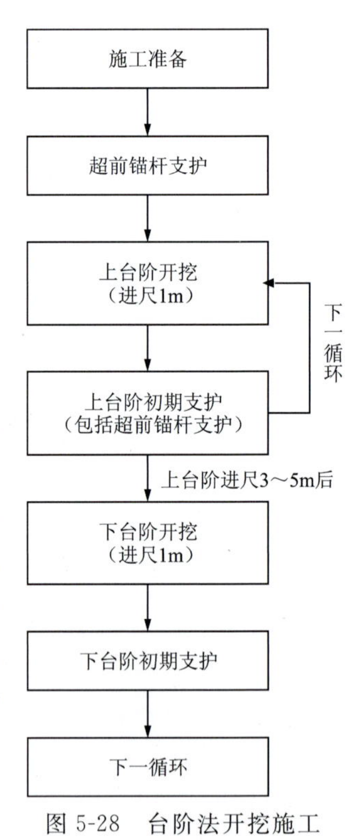

图 5-28　台阶法开挖施工工艺流程图

(二)隧洞支护措施

1.喷射混凝土

喷射在岩石表面的混凝土具有与岩石固结并加固岩石表面的性能，它可将单个松散岩块胶结在一起，填充岩石的裂隙和凹陷，从而减少隧洞周边应力集中。喷射混凝土层与所支护的岩面共同承受着压力或由局部荷载引起的剪应力，因此可以改善围岩条件。

2.挂钢筋网

在喷射混凝土内设钢筋网，有利于提高喷射混凝土的抗剪强度和抗弯强度以及抗冲切能力和抗弯曲能力，以提高喷射混凝土的整体性，减少收缩裂纹，防止局部掉块。

钢筋网材料为 HPB300，钢筋材质、规格、性能应满足设计要求。隧洞初期支护钢筋网采用 ϕ6mm 钢筋，布设间距为 25cm×25cm。钢筋网布设过程中有如下要求：

(1)钢筋网的原材料应按进场批次检验，检验结果应符合设计及规范要求。

(2)钢筋直径、钢筋网网格尺寸及搭接长度应满足设计要求。

(3)钢筋网的分片制作尺寸应根据开挖分部确定，并预留搭接长度，应在钢筋加工场专用的胎架上集中制作，分类编号码放整齐，并进行遮盖。

(4)钢筋应冷拉调直后使用，表面不得有裂纹、油污、颗粒或片状锈蚀等。

钢筋网安装搭接长度应不少于 1 个网格，相邻网片之间采用铅丝绑扎。钢筋网铺设在砂浆锚杆施作后进行，采用人工铺设，将锚杆和钢拱架绑扎连接牢固。钢筋网和钢拱架绑扎时，应绑在靠近岩面的一侧；在初喷混凝土(厚度为 4～6cm)以后铺挂，沿环向压紧后再喷混凝土。喷混凝土时，减小喷头至受喷面距离和风压，以减少钢筋网振动，降低回弹。钢筋网喷混凝土保护层厚度不小于 4cm。钢筋网片施工布置如图 5-29 所示。

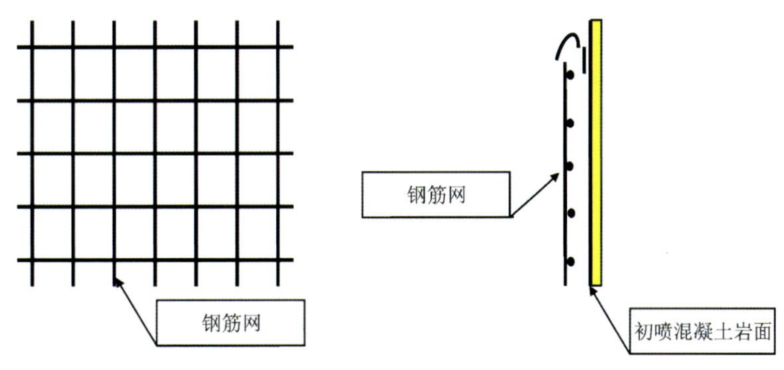

图 5-29　钢筋网片施工布置图

(三)施工预加固措施

1.超前锚杆预加固

施工中一旦发现破碎带的迹象，应立即沿隧洞轮廓线钻孔，孔深至少应大于循环进尺 1m(一般为 3～5m)，然后充填砂浆，再插入锚杆，锚杆的外插角宜为 5°～10°。安设的锚杆可使一定区域成为一个整体，以锚杆长度作为控制长度形成模拟挡土墙，通过这个挡土墙可抵抗背后土压，以达到超前支护的效果。这些锚杆对未开挖部位的岩石起到了预加固的作用，因而加长了开挖后围岩的自稳时间。

2. 超前小导管注浆预加固

超前小导管注浆预加固应用在围岩裂隙较多或岩体特别松散、孔隙率较大的地层。这些地层因岩石破碎而自稳能力降低，灌注的浆液可将破碎岩石胶结成一个整体，从而提高围岩的完整性和稳定性。

3. 管棚预加固

管棚预加固指在隧洞轮廓线的外侧钻凿一排直径为 100～146mm 的钻孔，然后将 ϕ89mm 的钢管插入孔内并注入水泥和水玻璃浆液。管棚的支撑作用可防止隧洞顶板的冒落，其预加固施工方法与洞口管棚预加固基本相同。

超前锚杆预加固和超前小导管注浆预加固常应用在工程地质性质相对较差的地层中，但当围岩稳定性极差时，则采用管棚预加固法，管棚可承受较大的地压，当然三者也可同时使用。

第三节　下穿高速公路施工爆破振动控制技术

一、影响爆破振动的主要因素分析

大量研究表明，影响爆破地震波传播的主要因素有质点振动速度的大小、爆破持续时间的长短以及爆破振动频率的高低。目前，以下几个影响爆破振动的因素常常被研究者关注。

1. 地质构造及爆区场地条件

爆区地质条件直接影响爆破地震波的振幅、频率和持续时间，当传播介质越坚硬、振动速度越小时，主频主要集中在高段，振动时间就越短。在松软岩土体中传播时，爆破能量消耗很大，因此振动速度和高频成分衰减很快。当传播介质不同时，产生的振动波周期也不同。由于波在传播过程中会发生反射和折射，振动中各种频率的成分相互叠加，爆区自振周期对由爆破引起的振动具有类似的调制作用，当传播中地质条件变化较大时，可能出现振动速度与传播距离不符合传播特性的现象。当建筑物修建在原始岩石上时，需测出岩石硬度系数，检测岩石的物理性质，如节理裂隙性等；当建筑物所处位置地质条件特殊时，地基需要设置在经过特殊处理的黏土或回填土上，以尽量减小爆破振动速度、频率及缩短持续时间，以降低建筑物的破坏程度。

2. 爆心距

爆心距是人们较早认识的对爆破振动有影响的因素，随着爆心距的增加，爆破地震波逐渐衰减，质点振动速度随着爆心距的增加而减小，爆破主振频率也在传播过程中不断变化。岩体介质具有类似滤波器的特点，随着爆心距的增加，爆破振动波在传播过程中主振频率由高频逐渐向低频转化。在爆源附近为粉碎圈，以动力损伤为主。当爆破振动波传播距离较远时，振动频率大多转化为低频段的振动波，由于建筑物自身的振动频率比较低，因此容易引起共振造成建筑物的损坏。

3. 建筑物结构

建筑物振动是由爆破地震波引起的，建筑物自身的结构对爆破振动的影响很大。近年来的研究发现，地震波的爆破振动效应对于地面和地下工程中建筑物的作用是不同的，对于不同的爆区环境，如钢筋混凝土框架结构、砖石结构、普通建筑物以及现代化高层建筑物也是不同的。

4. 单段最大装药量

传播介质质点的振动速度是由单段最大装药量决定的，质点振动速度随着装药量的增大而增大。相关研究表明，在同一爆区相同条件下两次爆破引起的振动振幅之间具有相似性。由此可知，通过改变单段最大装药量能够达到降低振幅的目的，微差爆破就是人们在认识这一现象的基础上产生的。当单段最大装药量增加时，传播介质的质点振动速度也增大。在单段最大装药量相差很大的两次爆破中，用振动监测仪器观察到小药量爆破引起的爆破振动中高频成分很丰富，而在大药量爆破引起的爆破振动中优势频率相对来说比较低，这在相关的大量研究得到了验证。

5. 爆破微差时间

在微差爆破施工中，使用延迟雷管可使每段爆破产生时差，先起爆的炸药会使介质裂隙面增多，形成新的自由面，从而减小介质对炸药的夹制作用，为随后起爆的炸药创造有利的爆破环境。当孔网参数设计精确时，延迟爆破炸药的最小抵抗线方向就会改变，作用的方向变为平行于自由面，这将大大减小爆破范围和对介质的抛掷作用。延迟爆破中先起爆的炸药在介质中形成压缩波，压缩波到达自由面会反射形成拉伸波，此时后引爆的炸药又形成压缩波，两种波叠加会消除爆炸时介质中形成的应力空白区，并且能够增大应力空白区的拉应力，使传播介质受力均匀。由于微差爆破的时间很短，先起爆的炸药形成的应力会与后起爆炸药所形成的应力叠加在一起，传播介质将受到比单段药量起爆大很多的应力作用，因此介质破碎的效果更加明显，炸药消耗量也将更小。在微差爆破设计过程中，精确的微差时间会使爆破地震波相互作用而减小，这样就降低了传播介质的振动效应。

二、下穿高速公路爆破施工引起路面振动特性数值模拟

（一）LS-DYNA 简介

LS-DYNA 是全球范围内比较著名的显式动力有限元分析软件，该软件能够精确、可靠地处理如碰撞分析、爆炸分析、冲压成型分析、常规武器设计分析、跌落分析、热分析和流固耦合分析等高度非线性问题。该软件由美国霍尔奎斯特博士带领的团队在 1976 年开发而成。起初该团队开发此软件的目的主要是提供一个可靠度高的动力分析软件给北约组织国进行武器研究工作，后来霍尔奎斯特博士自己在研究机构以外成立了公司，从此 LS-DYNA 被推向了商业化的道路。经过了多年的优化和改进，该软件成为了国际著名的显式动力分析软件。自我国 20 世纪 90 年代引入以来，该软件在汽车、国防军工、电子、石油、航空航天、制造和建筑业等行业得到了越来越广泛的应用。

LS-DYNA 软件的功能特点主要如下：

（1）可以分析包括动力学的非线性和多刚体问题、流体课题、水下冲击课题等在内的数十类问题。

（2）提供给用户的材料库十分丰富，软件自带 140 多种金属、非金属材料供用户选择。

（3）提供三维实体单元、梁单元、壳体单元等众多类型的单元，同时又提供丰富的理论算法。

（4）提供给用户全自动的接触分析功能。

（5）软件中的 Smart 网格划分功能可使网格划分自动适应相应的问题。

（6）提供能够克服单元严重变形进而出现负体积问题的 ALE 列式和 Euler 列式，并实现流固耦合的动态分析。

LS-DYNA 程序提供了多种方法对水下岩石中的爆炸进行数值模拟，可以采用 Lagrange 算法、Euler 算法与 ALE 算法模拟炸药与被爆结构之间的关系。

(二)材料参数

本章数值模拟模型主要涉及的材料有炸药、围岩、空气、堵塞材料、路面路基，各材料模型参数选择如下。

1. 炸药模型及参数

在 LS-DYNA 软件中一般采用高能炸药材料模型来模拟高能量、高密度的炸药，其材料模型在软件所输出的 k 文件中使用关键字“＊MAT_HIGH_EXPLOSIVE_BURN”表示。高能量的炸药爆炸以后，其内部某个单元的压力值计算，将通过一定的状态方程进行求解。琼斯・威尔肯斯・李(1965)提出了 JWL 状态方程，这个状态方程对凝聚炸药条件下的圆筒实验有着十分重大的意义。它针对如炸药之类的含有较高能量的材料，能合理地描述这类材料压应力特点，因此该状态方程在数值模拟技术中广受青睐。JWL 状态方程描述了每单位体积的比内能 E 及相对体积 V 与爆轰压力 p 之间的数学函数关系，它的一般表达如式(5-2)所示：

$$p = A\left(1-\frac{\omega}{R_1 V}\right)e^{-R_1 V} + B\left(1-\frac{\omega}{R_2 V}\right)e^{-R_2 V} + \frac{\omega E}{V} \tag{5-2}$$

式中：p 为爆轰压力(GPa)；A、B、R_1、R_2、ω 为含能材料常数，A、B 的单位为 GPa，R_1、R_2、w 无量纲；e 为自然对数的底数；E 为单位体积爆轰产生物所含有的内能(GPa)；V 为爆轰产生物质的相对体积(即为爆轰产生物体积与炸药原始体积之比)。

福建平潭输水隧洞下穿高速公路工程中采用的是防水性能好、爆能较高、运输使用安全系数大的 2 号岩石乳化炸药，炸药材料参数及 JWL 状态方程参数如表 5-5 所示。

表 5-5　2 号岩石乳化炸药及 JWL 状态方程参数表

密度/(g・cm^{-3})	爆速/(cm・μs^{-1})	A/(10^{-2}GPa)	B/(10^{-2}GPa)	R_1	R_2	ω	E/(10^{-2}GPa)	V
1.3	0.4	2.144	0.001 82	4.2	0.9	0.15	0.041 92	1.0

2. 围岩模型及参数

在 LS-DYNA 软件中，有很多适合模拟岩石材料的模型，例如伪张量模型、弹塑性流体模型、几何帽子模型、土壤泡沫模型、德鲁克-普拉德模型等。岩石中炸药爆炸以后，临近炮孔的岩石受力比较大，应力和变形都很迅速且明显。本书采用的围岩材料模型为塑性动力学模型，在 k 文件中关键字为“＊MAT_PLASTIC_KINEMATIC”。此模型不但考虑了岩石介质的弹塑性特性，而且能够对材料的强化效应(随动强化与各向同性强化)和应变率变化效应加以描述，同时还可分析失效应变。应变率用 Cowper-Symonds 模型计算，屈服应力 σ_y 与应变率 ε 关系如式(5-3)所示：

$$\sigma_y = \left[1+\left(\frac{\varepsilon}{C}\right)^{\frac{1}{P}}\right]\left[\sigma_0 + \beta\frac{E_0 E_{\tan}}{E_0 - E_{\tan}}\varepsilon_P^e\right] \tag{5-3}$$

式中：σ_0 为岩体的初始屈服应力(kPa)；ε 为加载应变率(s^{-1})；C、P 为 Cowper-Symonds 应变率参数；ε_P^e 为有效塑性应变；E_0 为杨氏模量(kPa)；$E_{\tan}$ 为切线模量(kPa)；β 为各向同性硬化或随动硬化贡献的硬化参数，且 $0\leqslant\beta\leqslant1$。

根据《福建平潭输水隧洞下穿高速公路工程勘察报告》，交叉段隧洞岩体为弱风化流纹质晶屑凝灰熔岩，因此岩石模型参数取值如表 5-6 所示。

表 5-6　岩石模型参数表

密度/(g・cm^{-3})	抗压强度/MPa	抗拉强度/MPa	泊松比	弹性模量/GPa
2.614	80	15	0.5	40

3. 空气材料模型

一般情况下，在 LS-DYNA 软件中，对水、空气等流体物质均采用“＊MAT_NULL”材料模型，本书也采用该模型。同时，水材料的状态方程采用“＊EOS_GRUNEISEN”。该方程可确定压缩性材料受到的压力与体积变化的关系，其表达如式(5-4)所示：

$$p=\frac{\rho_0 C^2\mu\left[1+\left(1-\frac{\gamma_0}{2}\right)\mu-\frac{a}{2}\mu^2\right]^2}{\left[1-(S_1-1)\mu-S_2\frac{\mu^2}{\mu+1}-S_3\frac{\mu^3}{(\mu+1)^2}\right]^2}+(\gamma_0+a\mu)E \tag{5-4}$$

式中：p 为爆轰压力(kPa)；C、S_1、S_2、S_3 为常数；ρ_0 为初始密度(kg/m^3)；γ_0 为 Gruneisen 系数；a 为对 γ_0 的一阶体积修正。

4. 堵塞材料模型

采用土壤泡沫材料模型模拟炮孔孔口的堵塞物，关键字为“＊MAT_SOIL_AND_FOAM”。堵塞材料模型参数见表 5-7。

表 5-7 堵塞材料模型参数表

密度/(g·cm^{-3})	抗压强度/MPa	抗拉强度/MPa	泊松比	弹性模量/GPa
1.500	14	0	0.2	10

5. 路面路基材料模型

采用塑性动力学模型模拟路面路基材料，其关键字为“＊MAT_PLASTIC_KINEMATIC”。路面路基材料模型参数如表 5-8 所示。

表 5-8 路面路基材料模型参数表

密度/(g·cm^{-3})	抗压强度/MPa	抗拉强度/MPa	泊松比	弹性模量/GPa
2.800	32	20	0.31	70

(三)数值模拟模型

东张水库-石溪输水隧洞下穿 G15 高速公路工程交叉位置沈海高速公路路面高程约为 49m，本工程隧洞顶高程为 24.79m，隧洞顶板与公路路面的高差在 23.10～25.21m 范围内，穿越段 G15 高速公路轴线与隧洞轴线夹角约为 90°。根据工程实际情况，数值模拟计算模型尺寸为 50m×60m×50m(长×宽×高)。其中，隧洞拱顶至路面距离取 24.0m，隧洞底部到洞顶的距离为 4.6m、隧洞下方岩石取 21.4m，装药量共 34kg。数值模拟计算模型平面如图 5-30 所示。计算模型采用 cm-μs-g 单位制。

在有限元软件中，数值模拟实体模型建立完成以后，需要划分网格才能进行计算。网格划分过于粗糙，将导致数值模拟计算结果与实际情况差距很大。但网格划分过于精细，将大大延长模型求解计算所需要的时间，且严重影响计算效率。因此，合理划分网格在数值模拟过程中十分关键。为使计算结果更加精确，本次模型采用六面体网格，隧洞周边待开挖的岩石采用 free 网格划分，其他岩石及路面路基采用 mapped 映射网格划分。空气材料、炸药、堵塞采用 mapped 映射网格划分。模型网格划分如图 5-31 所示。

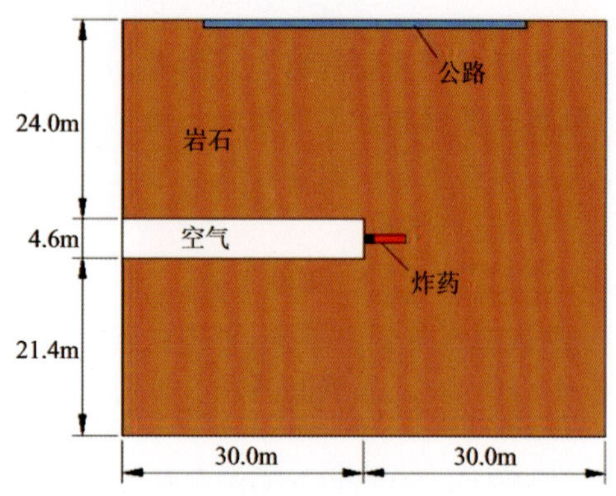

图 5-30 数值模拟计算模型平面示意图

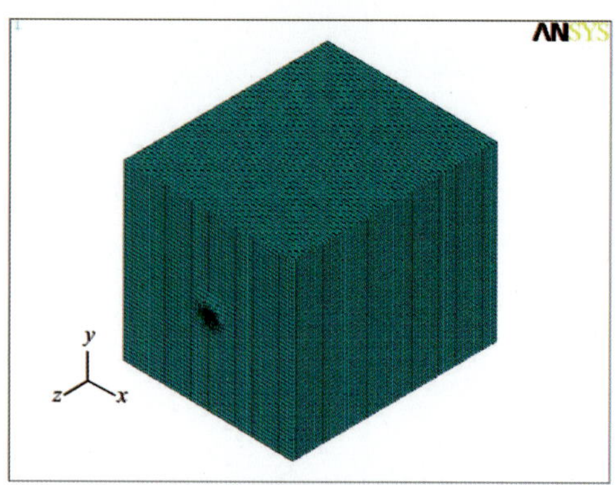

图 5-31 模型网格划分图

（四）高速公路路面应力分析

高速公路路面不同时刻的应力如图 5-32 所示。

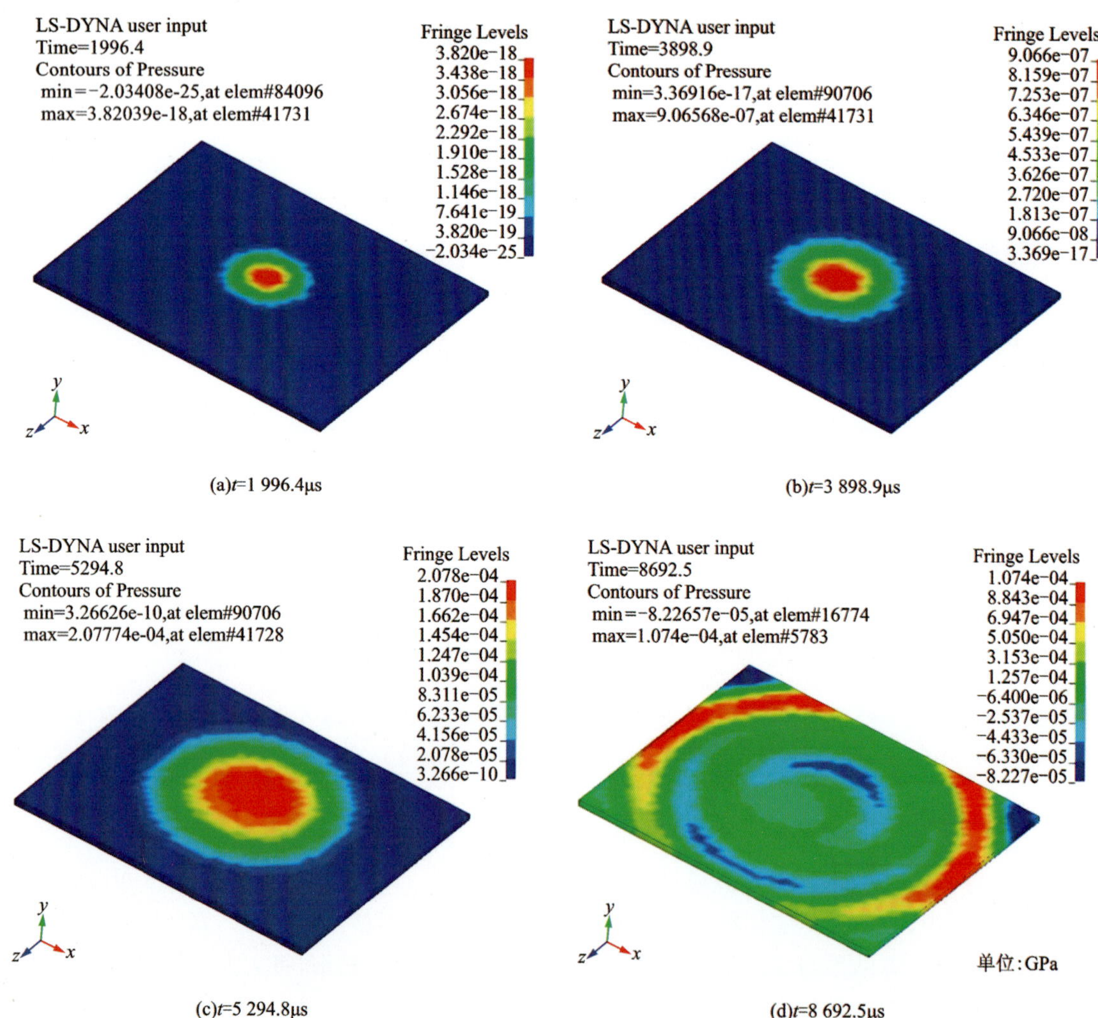

图 5-32 高速公路路面不同时刻应力云图

由图 5-32 可知，隧洞爆破开挖过程中路面的应力响应过程如下：

(1)在 $t=1\ 996.4\ \mu s$ 时刻，地震波到达路面并开始产生作用，隧洞爆源在路面的法向投影点周围出现明显的应力分布。此时应力云图呈现椭圆形，中心位置的应力较大，周边位置应力较小。由于地震波作用时间不长，路面单元的应力值较小，其中路面单元最大应力为 3.82×10^{-9} Pa，最小应力为 -2.03×10^{-16} Pa。

(2)在 $t=3\ 898.9\ \mu s$ 时刻，应力云图也呈现椭圆形，与 $t=1\ 996.4\ \mu s$ 时刻特点类似。但此时路面上应力作用范围较之前更大，说明这段时间应力波作用范围在逐渐扩大，路面单元最大应力为 9.07×10^{2} Pa，最小应力为 3.36×10^{-8} Pa。

(3)在 $t=5\ 294.8\ \mu s$ 时刻，应力云图也呈现椭圆形，与 $t=1\ 996.4\ \mu s$ 时刻特点类似。但此时路面上应力作用范围基本上扩大到接近路面边缘了。路面单元应力迅速上升，最大应力为 2.08×10^{5} Pa，最小应力为 3.26×10^{-1} Pa。

(4)在 $t=8\ 692.5\ \mu s$ 时刻，应力云图已经发散，应力作用范围基本涵盖了整个路面模型，路面单元应力开始出现衰减。此时路面单元最大应力为 1.07×10^{5} Pa，最小应力为 -8.23×10^{4} Pa。

为了进一步分析高速公路路面的应力特点和分布规律，以爆源在路面的投影点为原点，沿着 x 方向(高速公路延伸方向)依次选取与爆源水平距离为 0m、5m、10m、15m 的 4 个监测点，并选取监测点位的单元。如图 5-33 所示，它们的单元编号依次是 H117687、H102687、H99687、H96687。

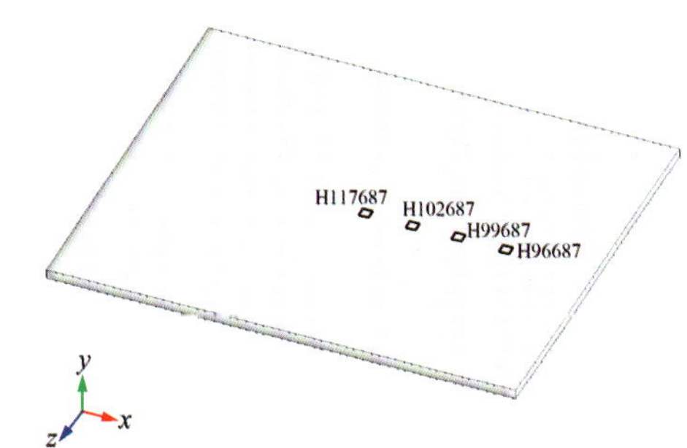

图 5-33　高速公路路面应力分析监测点位布置示意图

通过后处理软件 LS-PREPOST 调取监测点位的单元应力时程曲线，如图 5-34～图 5-37 所示。

由图 5-34～图 5-37 可知，在与爆源水平距离为 0m 路面单元 H117687 上，x 方向应力峰值为 142.16kPa，y 方向应力峰值为 584.61kPa，z 方向应力峰值为 144.13kPa。在与爆源水平距离为 5m 路面单元 H102687 上，x 方向应力峰值为 124.65kPa，y 方向应力峰值为 451.96kPa，z 方向应力峰值为 121.67kPa。在与爆源水平距离为 10m 路面单元 H99687 上，x 方向应力峰值为 94.249kPa，y 方向应力峰值为 330.22kPa，z 方向应力峰值为 87.051kPa。在与爆源水平距离为 15m 路面单元 H96687 上，x 方向应力峰值为 81.784kPa，y 方向应力峰值为 249.34kPa，z 方向应力峰值为 63.407kPa。

将以上各个监测点单元的峰值应力数据统计如表 5-9 所示，各方向应力峰值与爆源水平距离关系如图 5-38 所示。

由表 5-9 和图 5-38 可知，在隧洞爆破施工产生的地震波作用下，不论水平距离如何变化，高速公路路面质点的应力在 y 方向(竖直方向)最大，x 方向应力和 z 方向应力都远小于 y 方向应力。在爆源正上方的点应力峰值都是最大的，其 x 方向应力峰值达到了 142.16kPa，y 方向应力峰值达到了 584.61kPa，z 方向应力峰值达到了 144.13kPa，且随着水平距离的增加，监测点在 x 方向、y 方向、z 方向的峰值应力不断减小。这是因为随着水平距离的不断增大，监测点的爆心距也在不断增大，所受到地震波的影响不断减小。

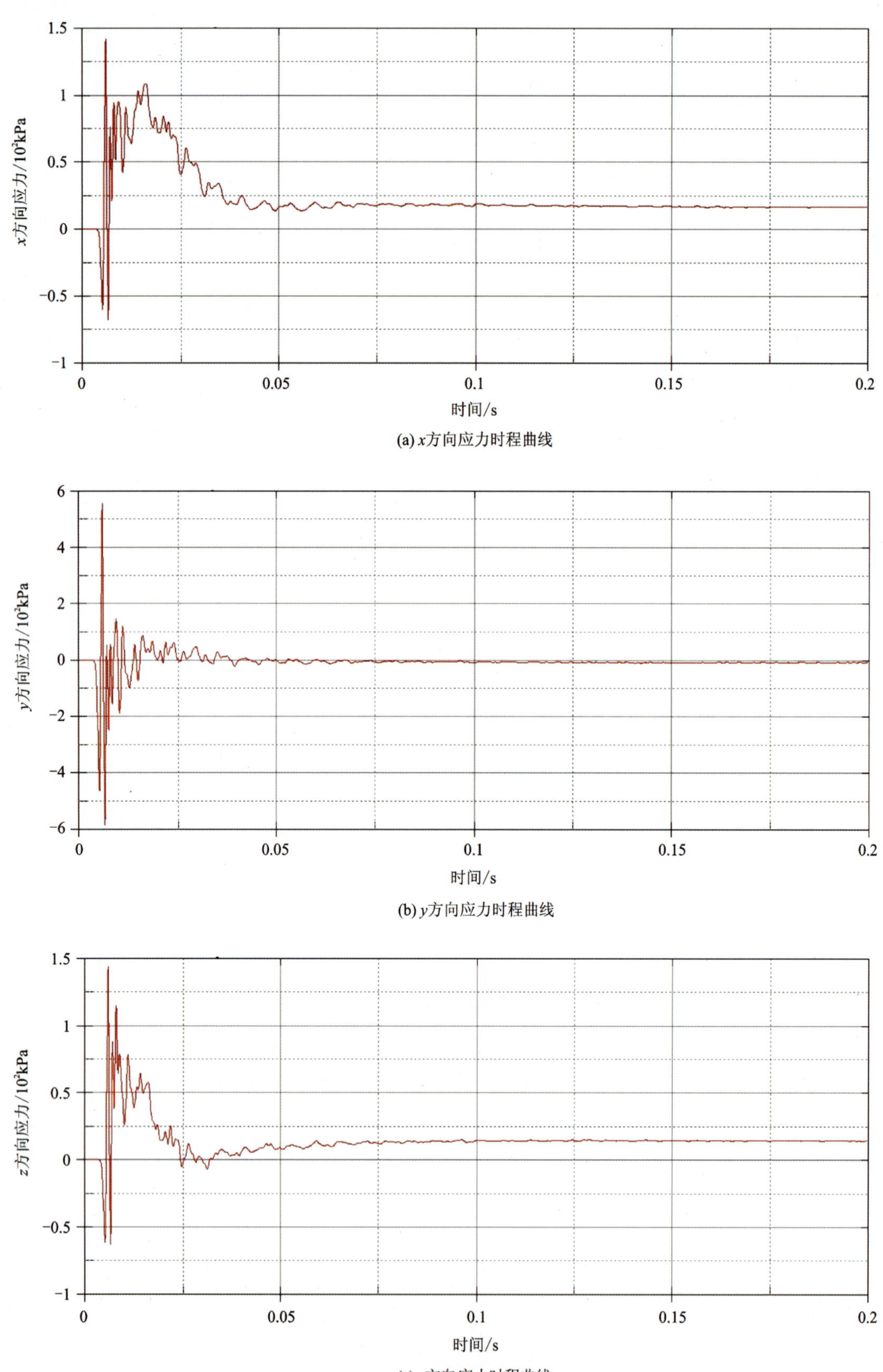

(a) x方向应力时程曲线

(b) y方向应力时程曲线

(c) z方向应力时程曲线

图 5-34　H117687 单元应力时程曲线图

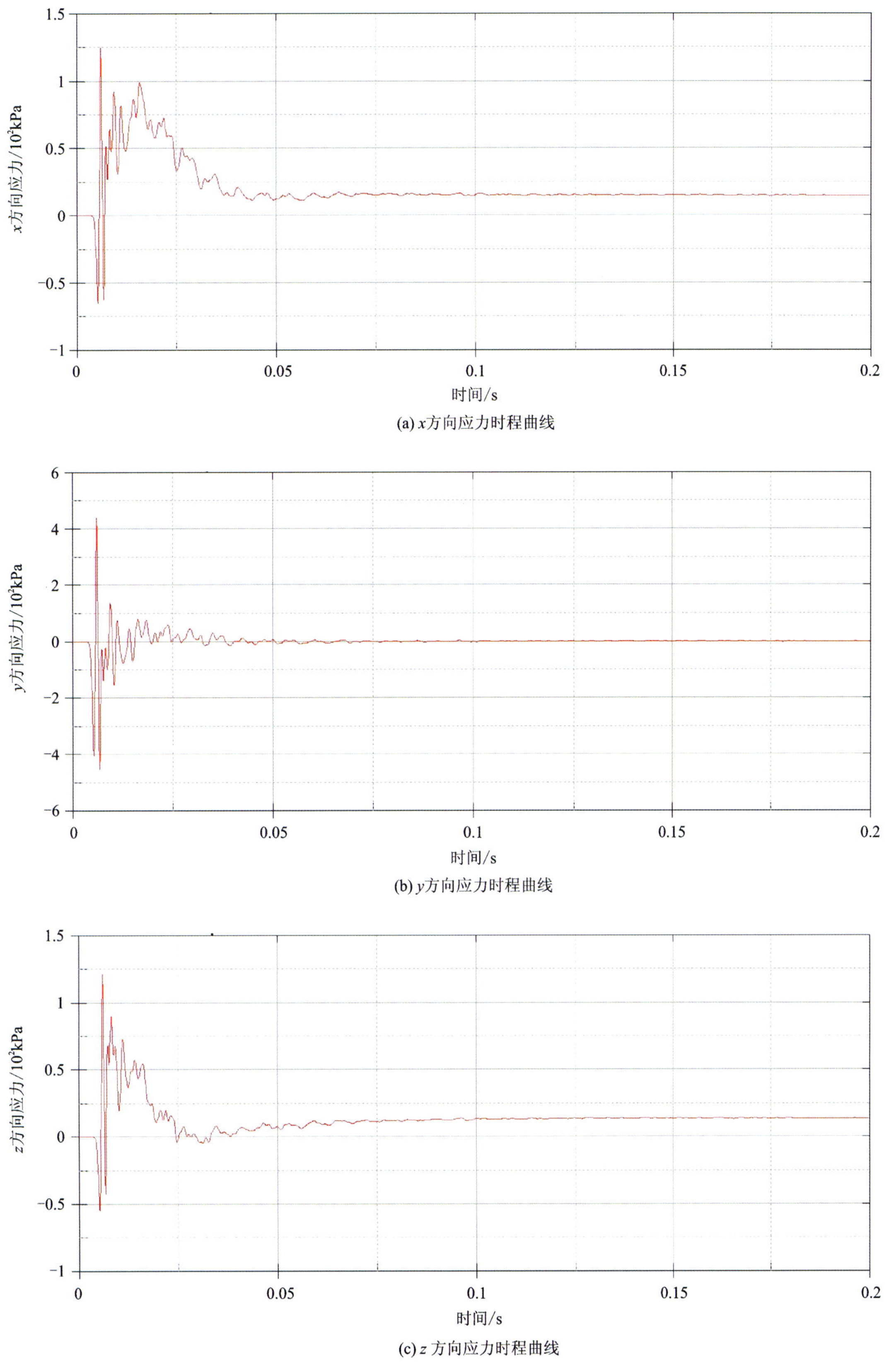

(a) x方向应力时程曲线

(b) y方向应力时程曲线

(c) z方向应力时程曲线

图 5-35　H102687 单元应力时程曲线图

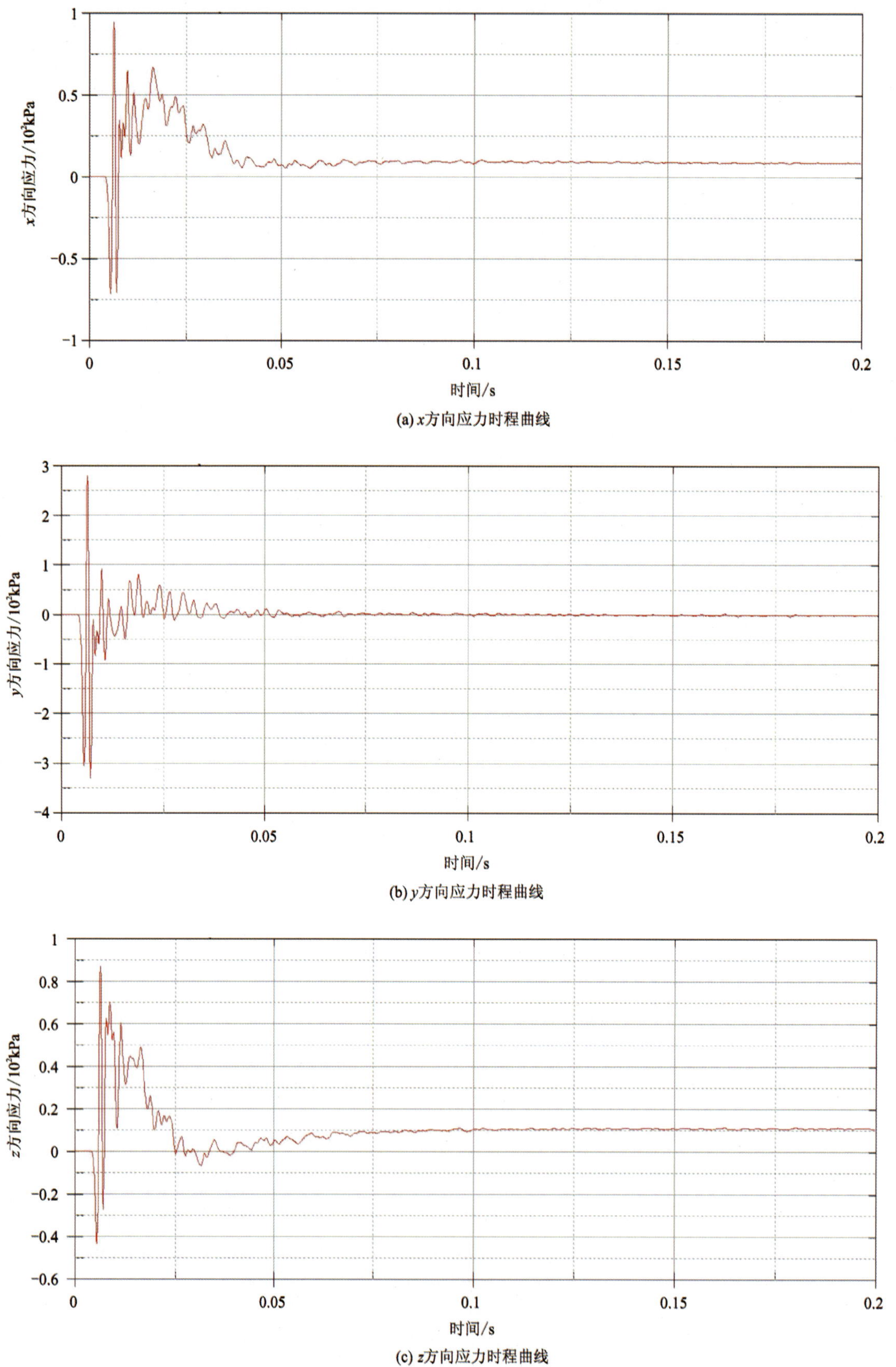

(a) x方向应力时程曲线

(b) y方向应力时程曲线

(c) z方向应力时程曲线

图 5-36　H99687 单元应力时程曲线图

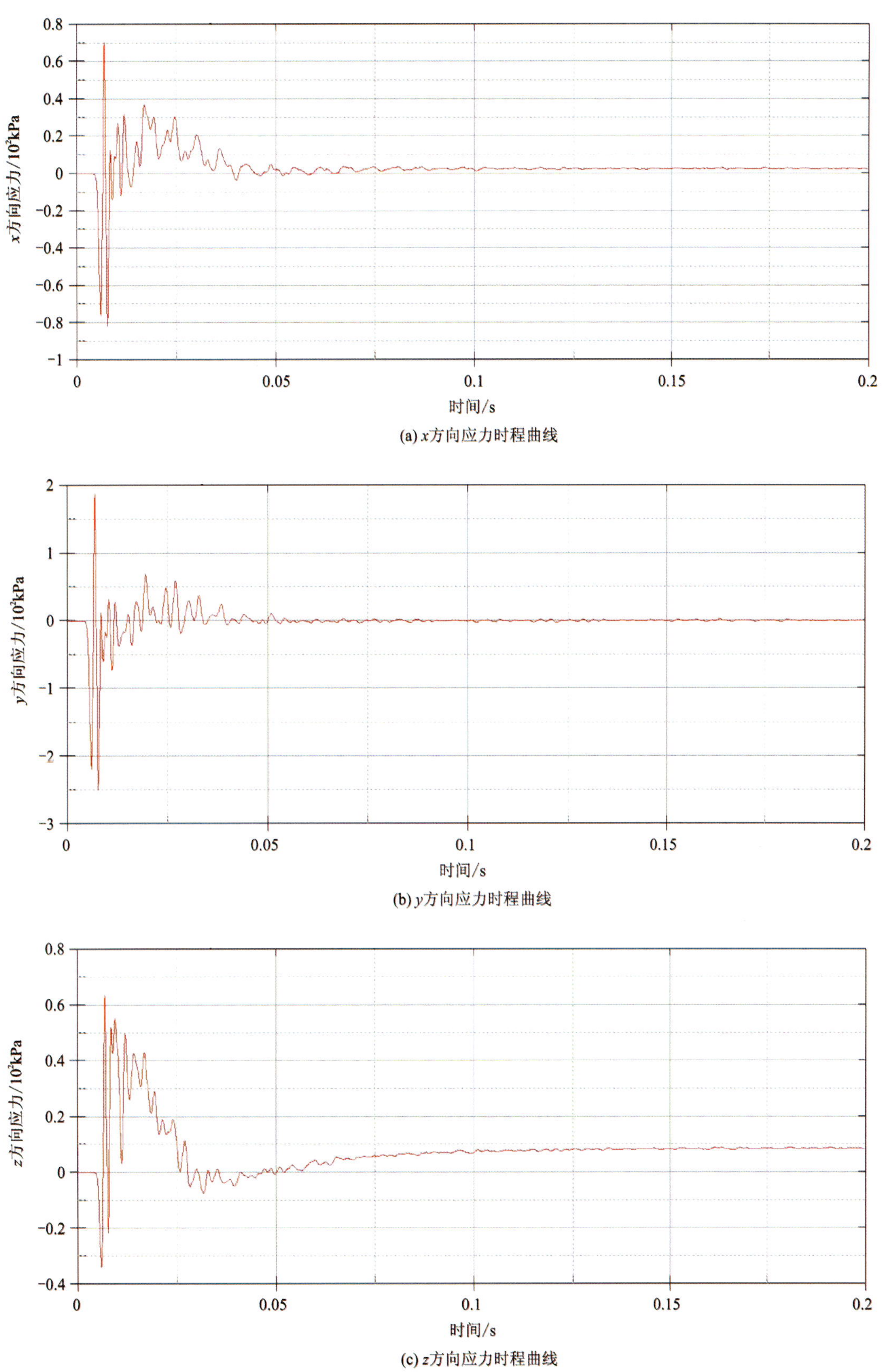

(a) x方向应力时程曲线

(b) y方向应力时程曲线

(c) z方向应力时程曲线

图 5-37　H96687 单元应力时程曲线图

表 5-9 各个监测单元的峰值应力统计表

单元编号	水平距离/m	应力峰值/kPa		
		x	y	z
H117687	0	142.16	584.61	144.13
H102687	5	124.65	451.96	121.67
H99687	10	94.249	330.22	87.051
H96687	15	81.784	249.34	63.407

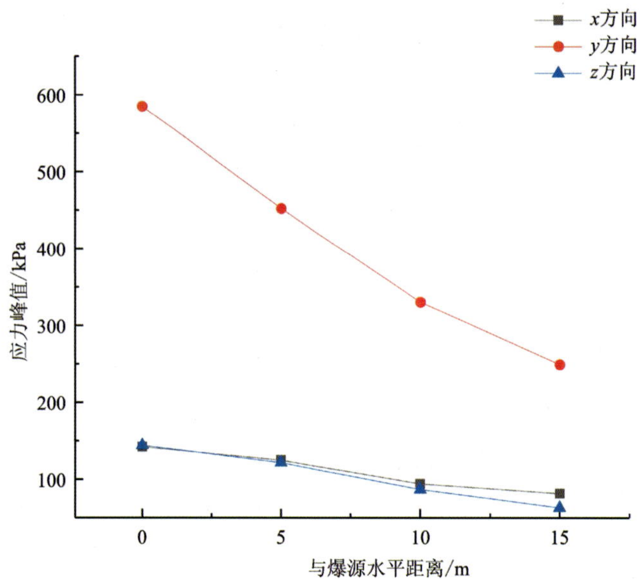

图 5-38 各方向单元应力峰值与爆源水平距离关系图

5. 高速公路路面振动速度分析

为了进一步分析高速公路路面的振动速度特点和分布规律，以爆源在路面的投影点为原点，沿着$-y$方向（隧洞掘进方向）依次选取与爆源水平距离为-10m、-5m、0m、5m、10m 的 5 个监测点，并选取监测点位所对应的节点。如图 5-39 所示，它们的节点编号依次是 127204、127199、85936、48029、48024。

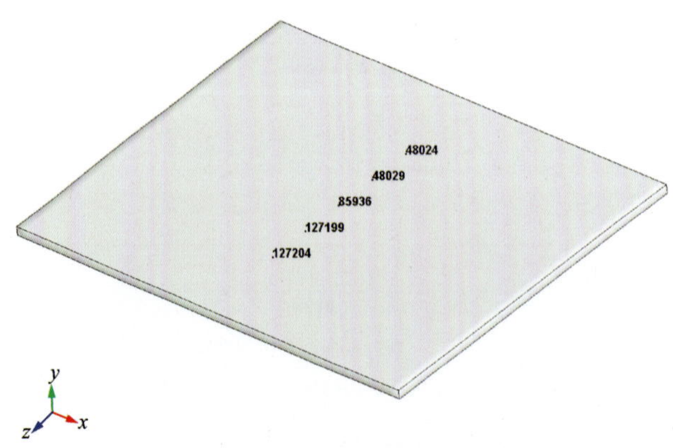

图 5-39 高速公路路面振动速度分析监测点位示意图

通过 LS-DYNA 的后处理软件 LS-PREPOST 调取监测点位的节点的速度时程曲线，如图 5-40～图 5-44 所示。

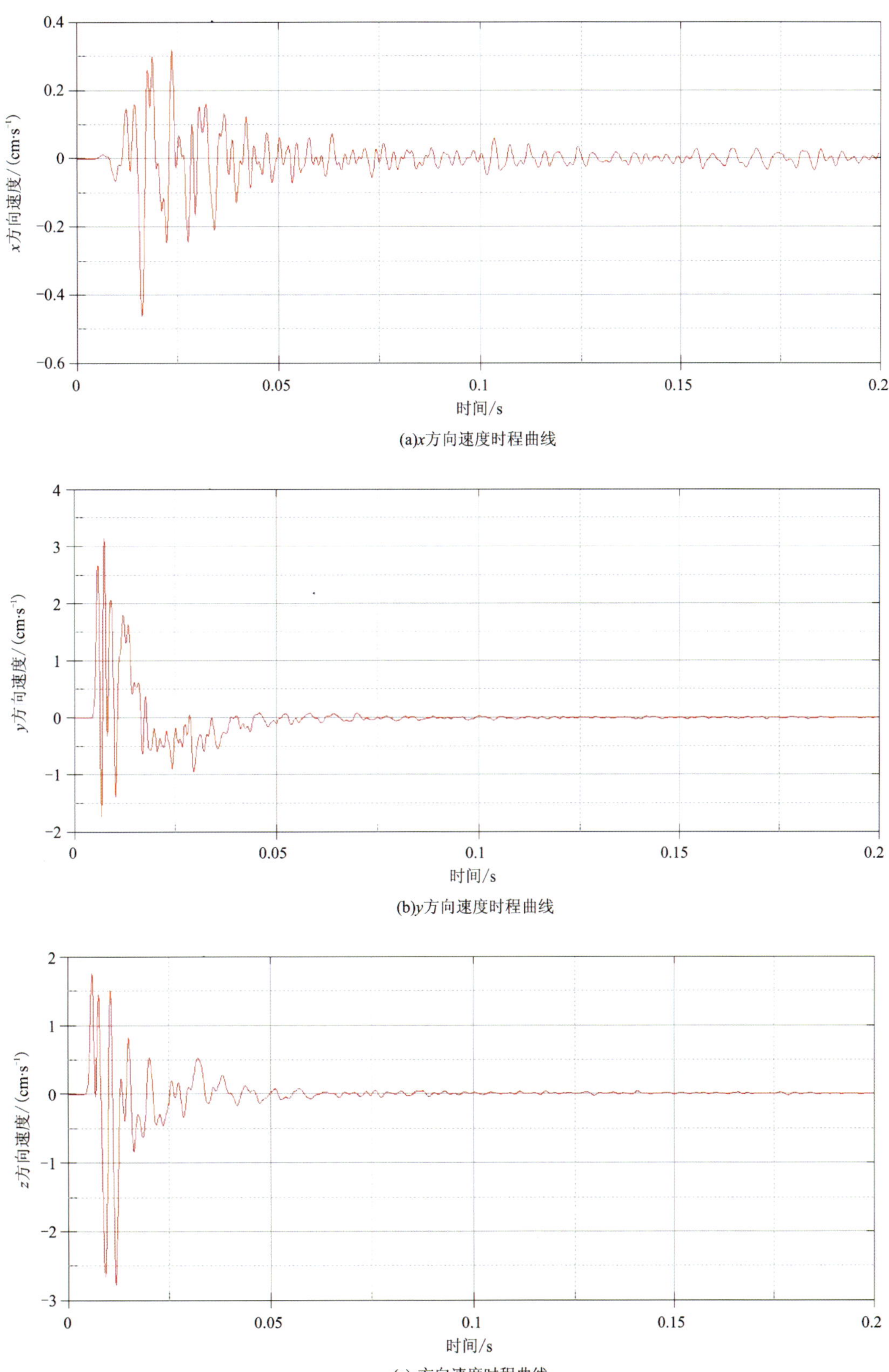

(a)x方向速度时程曲线

(b)y方向速度时程曲线

(c)z方向速度时程曲线

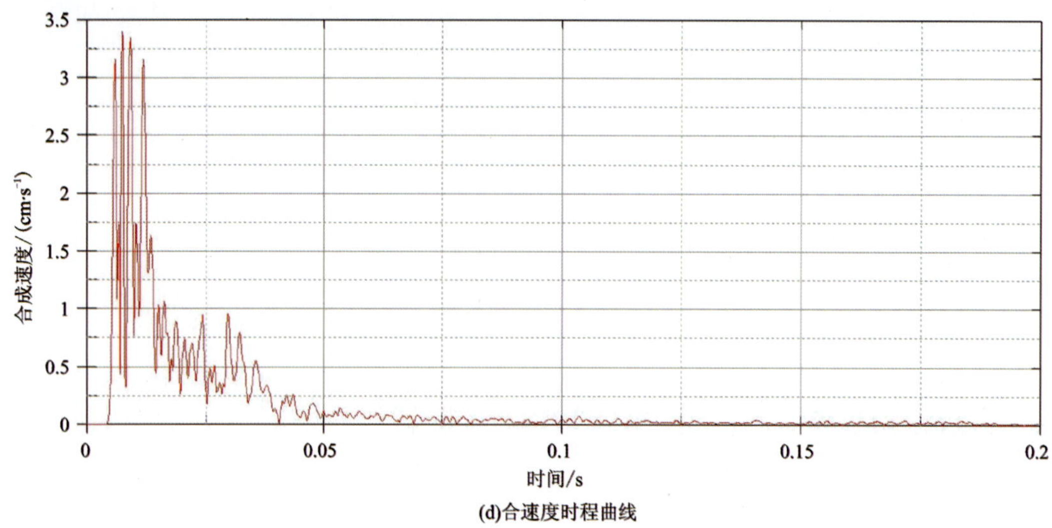

(d)合速度时程曲线

图 5-40　节点 127204 速度时程曲线图

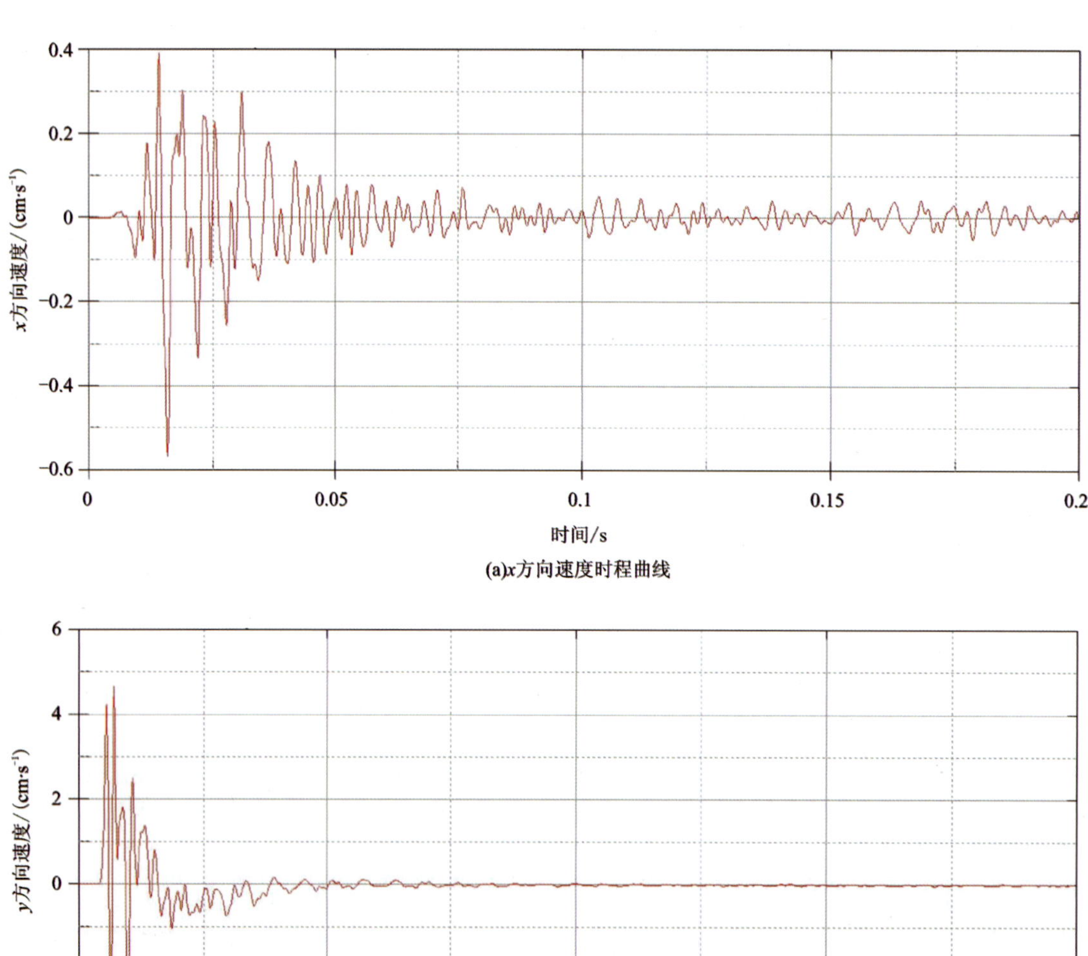

(a)x方向速度时程曲线

y方向速度/(cm·s⁻¹)

时间/s

(b)y方向速度时程曲线

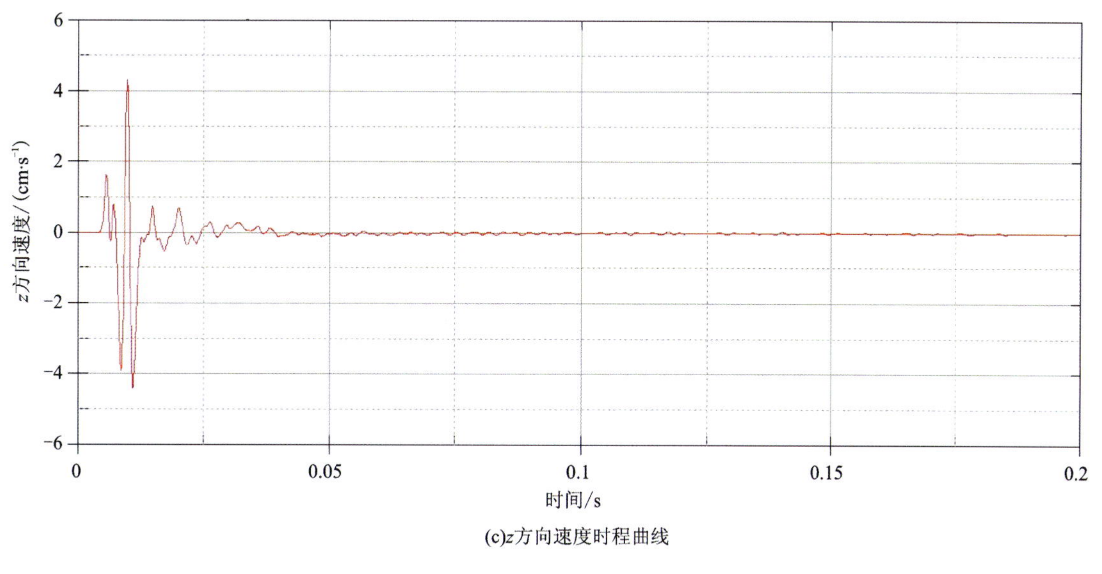

(c)z方向速度时程曲线

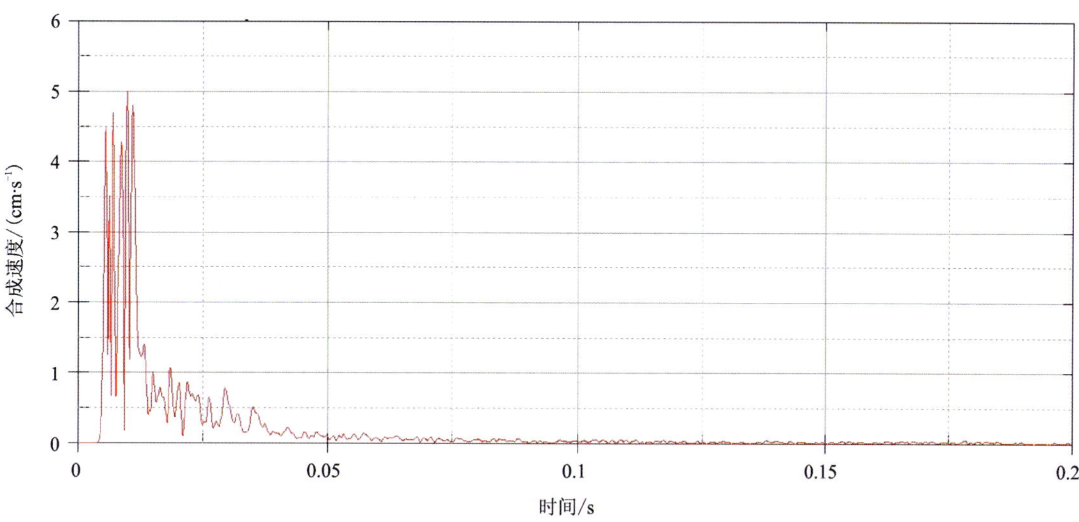

(d)合速度时程曲线

图 5-41　节点 127199 速度时程曲线

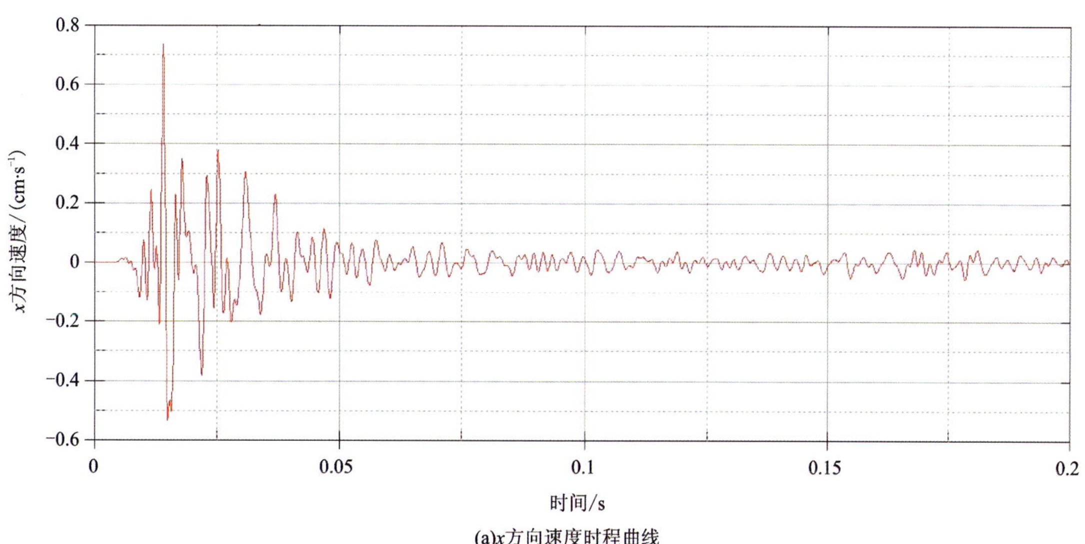

(a)x方向速度时程曲线

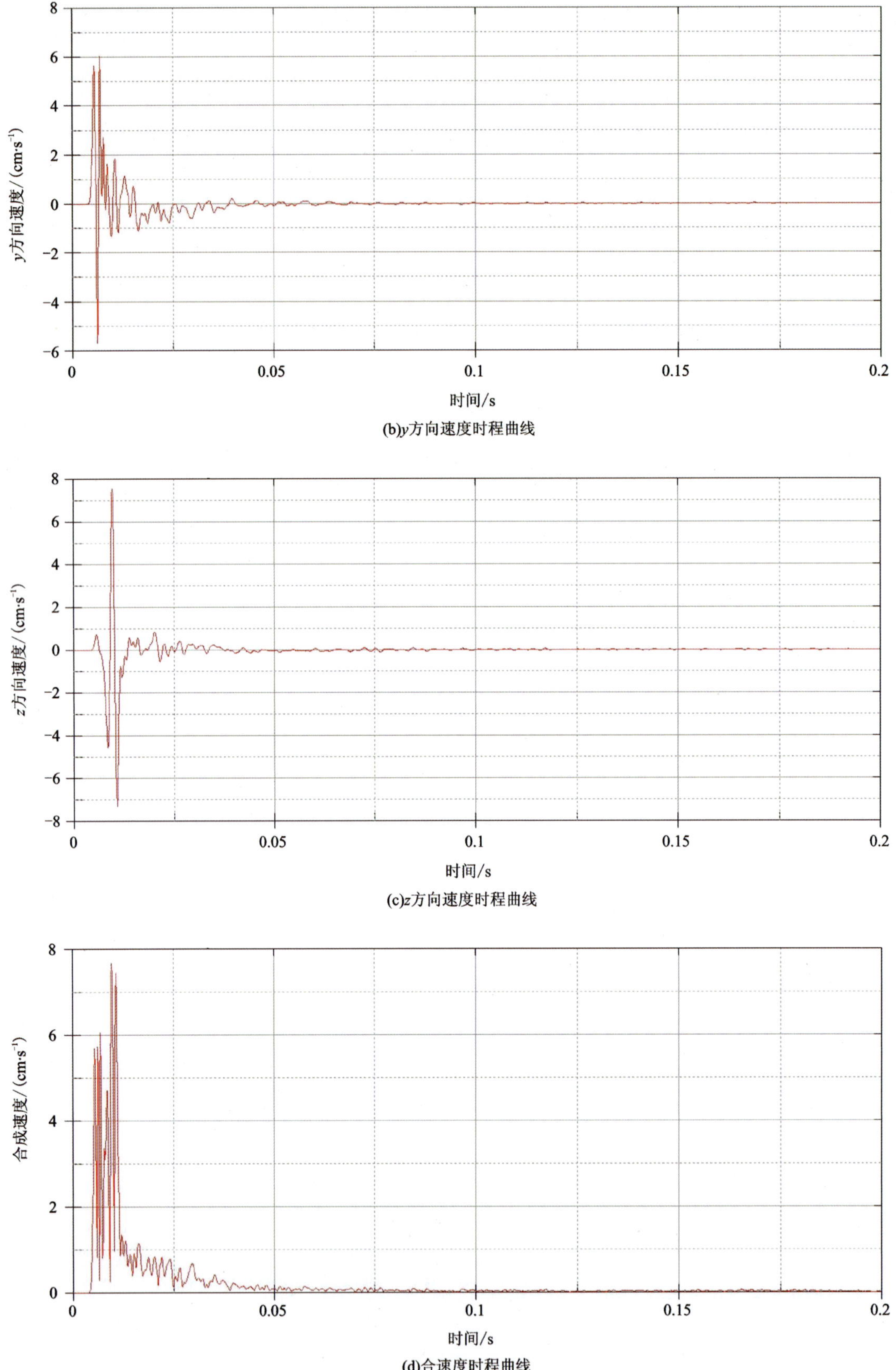

(b)y方向速度时程曲线

(c)z方向速度时程曲线

(d)合速度时程曲线

图 5-42　节点 85936 速度时程曲线图

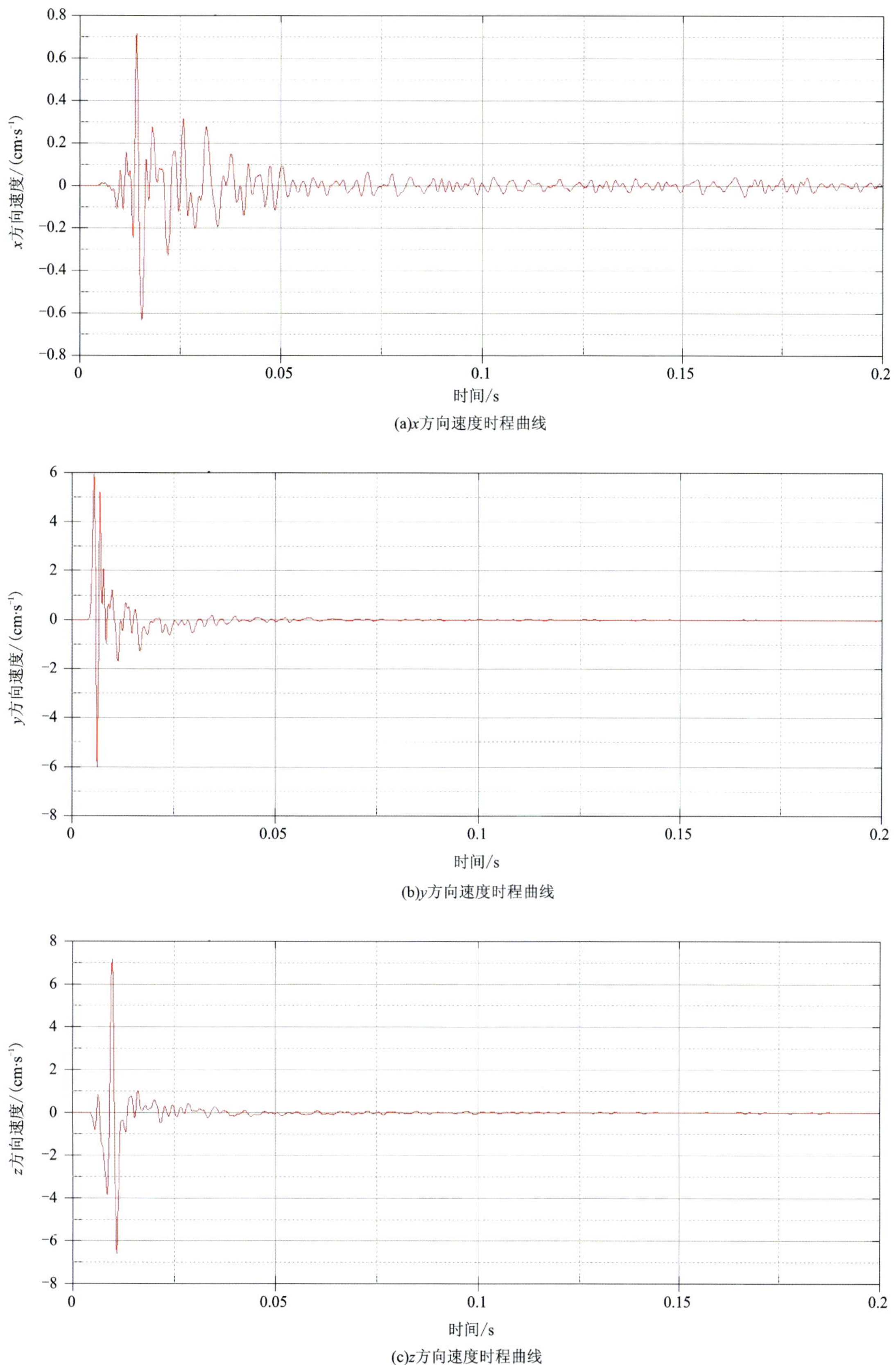

(a)x方向速度时程曲线

(b)y方向速度时程曲线

(c)z方向速度时程曲线

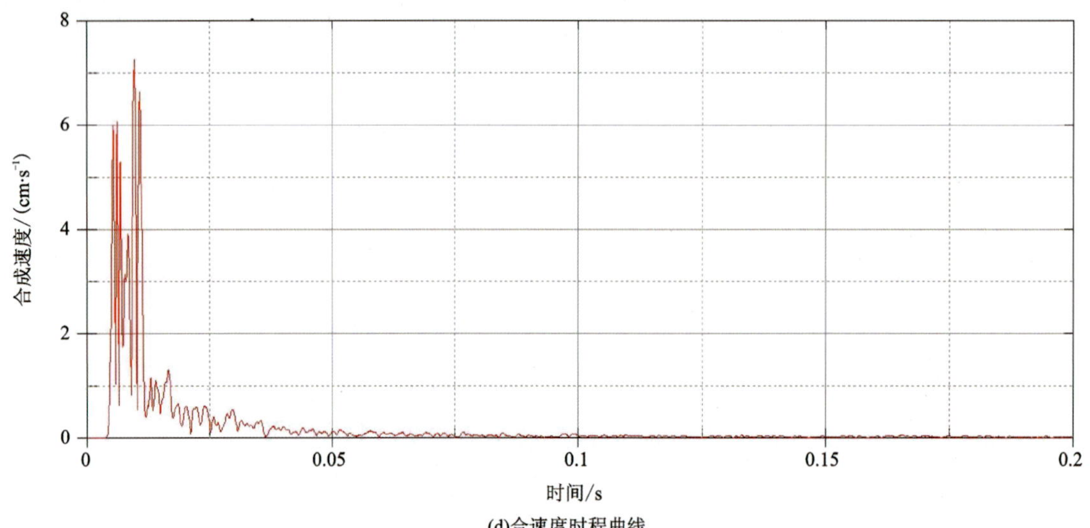

(d)合速度时程曲线

图 5-43　节点 48029 速度时程曲线图

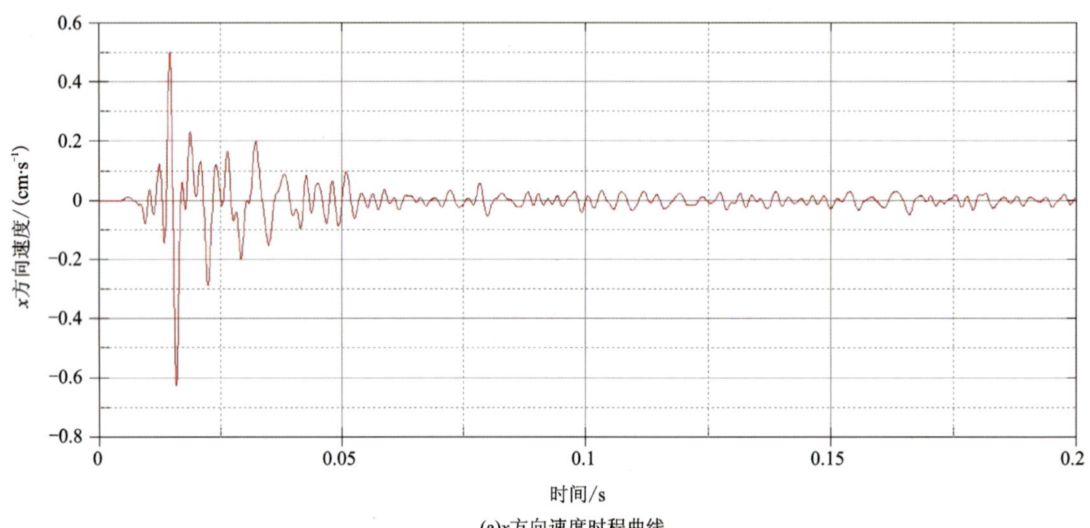

(a)x方向速度时程曲线

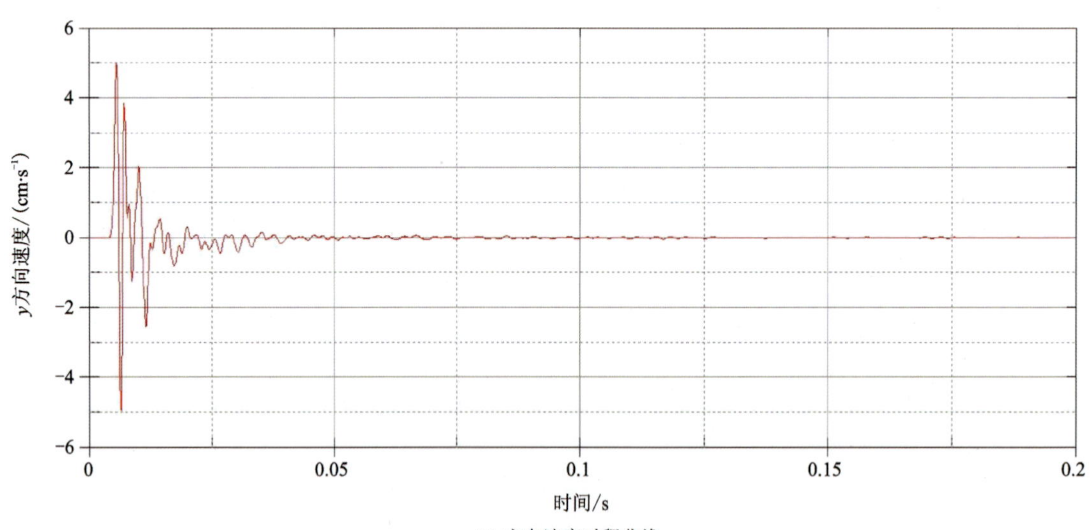

(b)y方向速度时程曲线

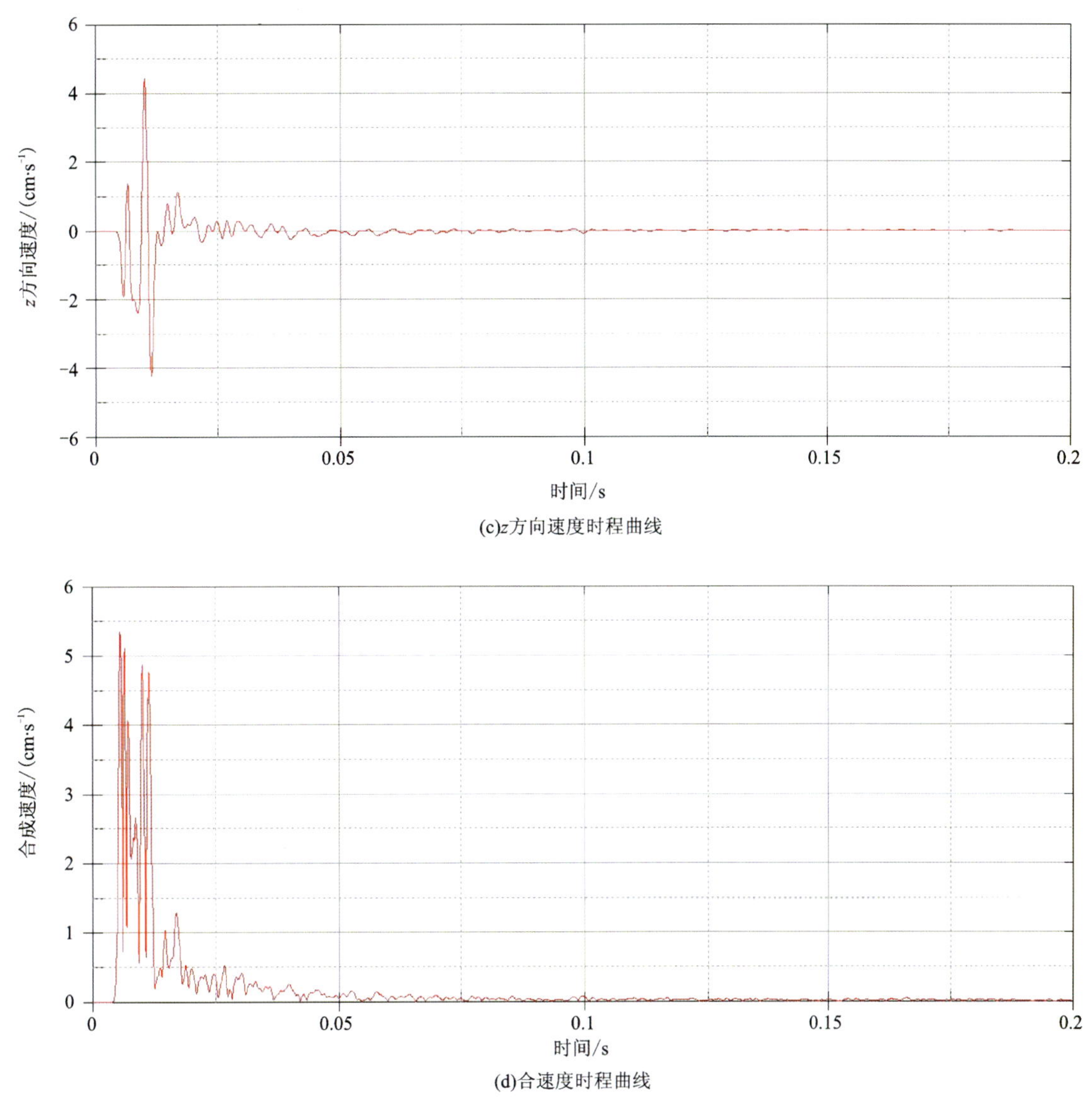

(c)z方向速度时程曲线

(d)合速度时程曲线

图 5-44　节点 48024 速度时程曲线图

由图 5-40～图 5-44 可知各个监测点位的振动速度随着时间变化的规律。将以上各个监测点单元的峰值振动速度数据统计如表 5-10 所示，各方向应力峰值与爆源水平距离关系如图 5-45 所示。

表 5-10　各个监测单元的峰值振动速度统计表

节点号	水平距离/m	峰值振速/$(cm\cdot s^{-1})$			
		x	y	z	合速度
127204	−10	0.462 78	3.153 1	2.775 3	3.401 2
127199	−5	0.567 03	4.658 6	4.406 4	5.009 0
85936	0	0.735 73	6.046 0	7.564 4	7.680 8
48029	5	0.717 43	6.018 6	7.163 3	7.250 5
48024	10	0.624 41	5.029 8	4.456 8	5.355 3

由表 5-10 和图 5-45 可知，在隧洞爆破施工产生的地震波作用下，高速公路路面质点的 x 方向振动速度较小，y 方向和 z 方向上的振动速度均较大，且质点水平距离越大，离爆源越远，振动速度越小。y

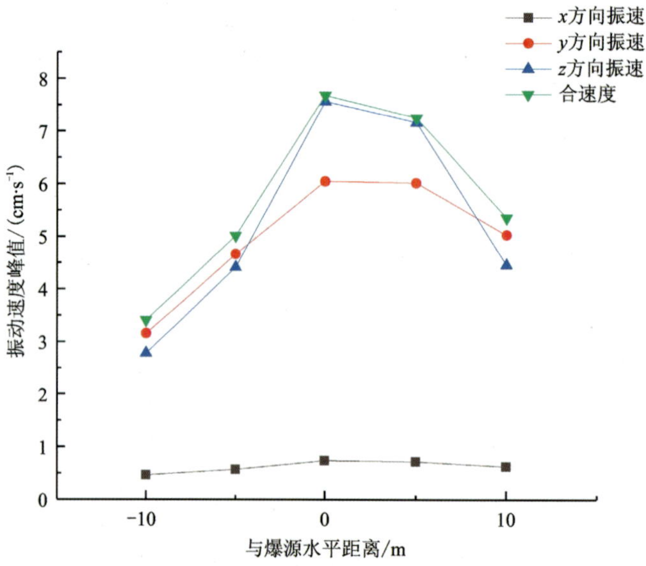

图 5-45　各方向振动速度峰值与爆源水平距离关系图

方向和 z 方向最大振动速度出现在水平距离为 0m 处，说明在隧洞爆源正上方的质点振动速度较大，其受到地震波作用产生的振动效应较强烈。通过图 5-45 可以看出，随着水平距离的不断增加，公路路面质点的振动速度在不断减小。这种衰减规律在掌子面前方和掌子面后方都存在，趋势是类似的，但衰减幅度并不相同。

隧洞开挖掌子面正上方监测点的合速度为 7.680 8cm/s，隧洞开挖掌子面前方水平距离 5m 的监测点合速度为 7.250 5cm/s，衰减了 5.60%，而后方水平距离为 5m 的监测点合速度为 5.009 0cm/s，衰减了 34.79%。隧洞开挖掌子面前方水平距离为 10m 的监测点合速度为 5.355 3cm/s，衰减了 30.28%，而后方水平距离为 10m 的监测点合速度为 3.401 2cm/s，衰减了 55.72%。

这充分说明了隧洞爆破开挖时，在水平距离相同的情况下，隧洞开挖掌子面前方的质点振动速度比隧洞开挖掌子面后方的质点振动速度要大，并且掌子面后方振动速度衰减更快。原因是掌子面后方为隧洞已开挖部分，存在自由面，地震波的传播受到了一定影响。由此可见，隧洞开挖施工时应重点关注掌子面后方公路路面振动，因为该部分的振动速度衰减更慢。

6. 高速公路路面位移分析

根据上述振动速度分析中监测点位的布置情况，对所选监测点位 x 方向位移、y 方向位移、z 方向位移及合位移进行监测。各监测点位的位移情况如表 5-11 和图 5-46 所示。

表 5-11　各监测点位位移统计表

节点号	水平距离/m	位移/10^{-2}cm			
		x	y	z	合速度
127204	−10	0.024 414	1.074 2	0.439 45	1.113 7
127199	−5	0.024 414	1.025 4	0.463 87	1.097 3
85936	0	0.048 828	0.830 08	0.585 94	1.016
48029	5	0.048 828	0.634 77	0.659 18	0.881 95
48024	10	0.048 828	0.585 94	0.610 35	0.704 63

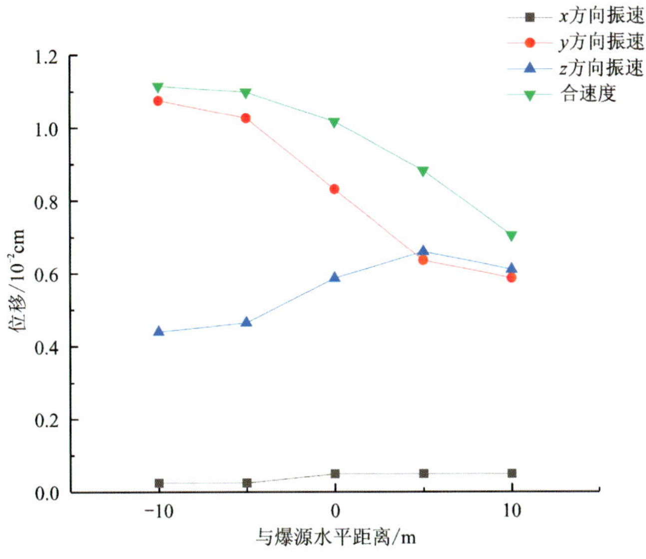

图 5-46　各监测点位移与爆源水平距离关系图

由表 5-11 和图 5-46 可知，在隧洞爆破施工产生的地震波作用下，高速公路路面质点的 y 方向位移比较大，y 方向最大位移出现在水平距离为－10m 的点位，为 1.0742×10^{-2}cm。y 方向最小位移在水平距离为 10m 的监测点位，为 0.58594×10^{-2}cm。在 x 方向、z 方向监测点位移比较小，其中 x 方向位移基本小于 0.1×10^{-2}cm，可以忽略。由图 5-46 可知，隧洞开挖掌子面前方的监测点位合位移较大，而隧洞掌子面后方的监测点位合位移较小。在掌子面前方，水平距离越远，合位移越大；在掌子面后方，距离越远，合位移越小。原因在于隧洞掌子面前方是已经开挖的部分，开挖隧洞使得围岩内发生应力重分布，而隧洞掌子面后方围岩应力重分布变化较小。但这种趋势并不会一直存在，因为隧洞周边产生应力重分布的围岩范围是有限的，且随着距离的增大，振动速度衰减也更大，围岩受到地震波影响也就越小。

三、下穿高速公路爆破施工振动控制措施

现阶段对既有构筑物振动控制的评判标准一般以振动速度为依据。因此，此次建模分析主要以爆破振动速度为衡量标准。

(一)不同起爆方式爆破振动效应分析

一般认为在不同的炮孔起爆方式下，爆破产生的地震波在围岩中传播规律和传播过程均不同，传播至公路路面时地震波的大小也不相同。为了探究不同起爆方式下输水隧洞下穿高速公路施工爆破振动效应，在装药密度和装药结构不变的情况下，设置正向起爆和反向起爆两种工况。其中，正向起爆由炮孔孔口炸药开始起爆，反向起爆由炮孔孔底炸药开始起爆，选取爆源在路面的投影点处的振动速度时程曲线如图 5-47、图 5-48 所示。

由振动速度时程曲线可知，振动速度在极其短暂的时间内迅速上升至峰值，随后呈现指数式规律衰减至极小，最后在 0cm/s 附近上下波动。两种不同起爆方式下振动速度时程曲线变化规律相似：正向起爆情况下 x 方向振动速度峰值为 0.89cm/s，y 方向振动速度峰值为 6.82cm/s，z 方向振动速度峰值为 5.74cm/s；反向起爆情况下 x 方向振动速度峰值为 0.74cm/s，y 方向振动速度峰值为 6.05cm/s，z 方向振动速度峰值为 7.56cm/s。正向起爆情况下，路面质点振动合速度的峰值比反向起爆情况下路面质点振动合速度减少了 11.06%；反向爆破情况下，爆破产生的应力波将形成一个指向随当自由面的高压应力波波阵面，当应力波传播至自由面时，产生的反射波将与应力波共同产生强烈的拉伸作用，从

而增强自由面附近岩体破碎效果。正向起爆情况下，爆破产生的爆炸应力波波阵面通常指向炮孔孔底，这种情况下应力波产生的能量大部分被掌子面后方岩体吸收，从而使得传播至公路路面的振动能量较小，因此其振动速度更小，但隧洞内破岩效果将会变差。

因此，是否考虑采用正向爆破的方式来降低爆破对高速公路路面的产生振动效应，应该根据工程实际酌情考虑。

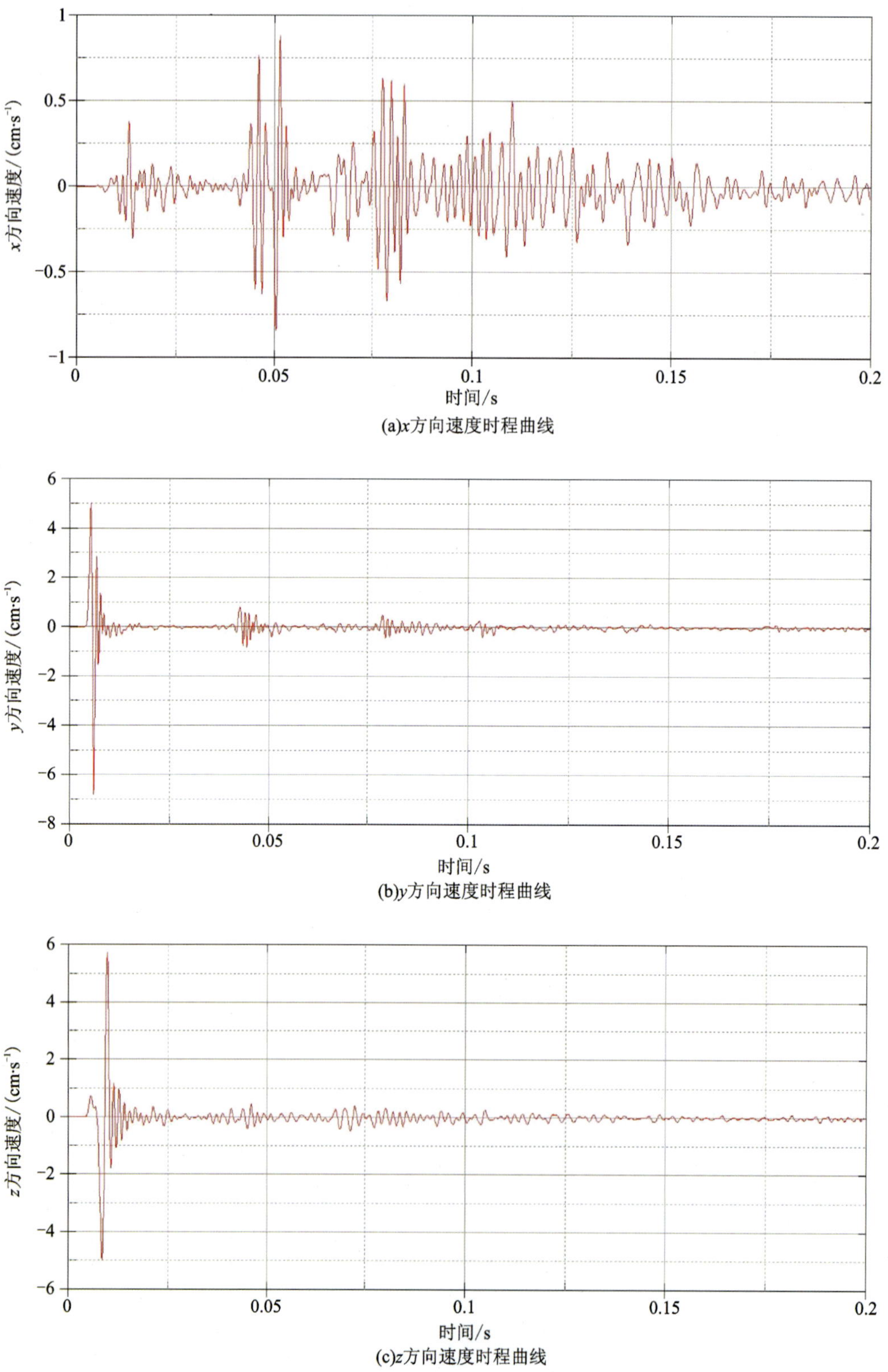

(a)x方向速度时程曲线

(b)y方向速度时程曲线

(c)z方向速度时程曲线

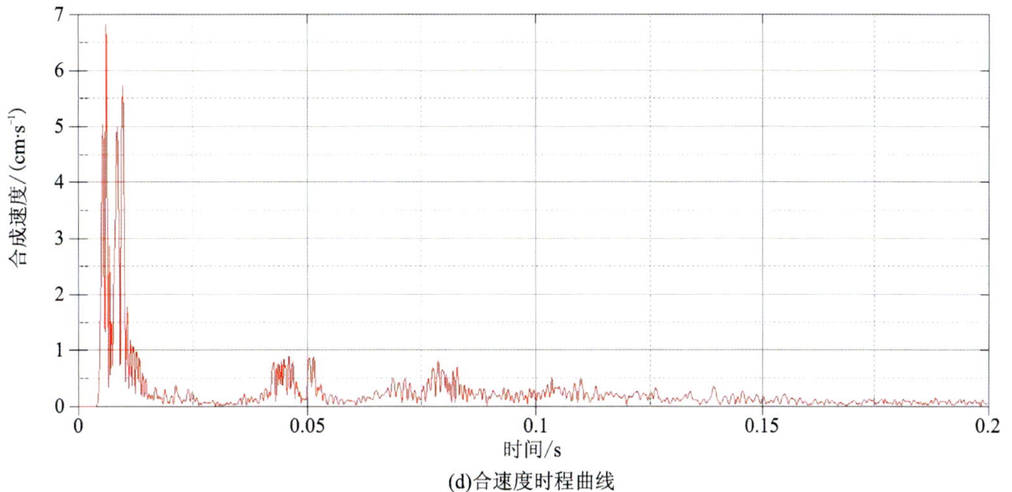

(d)合速度时程曲线

图 5-47　正向起爆方式下测点振动速度时程曲线

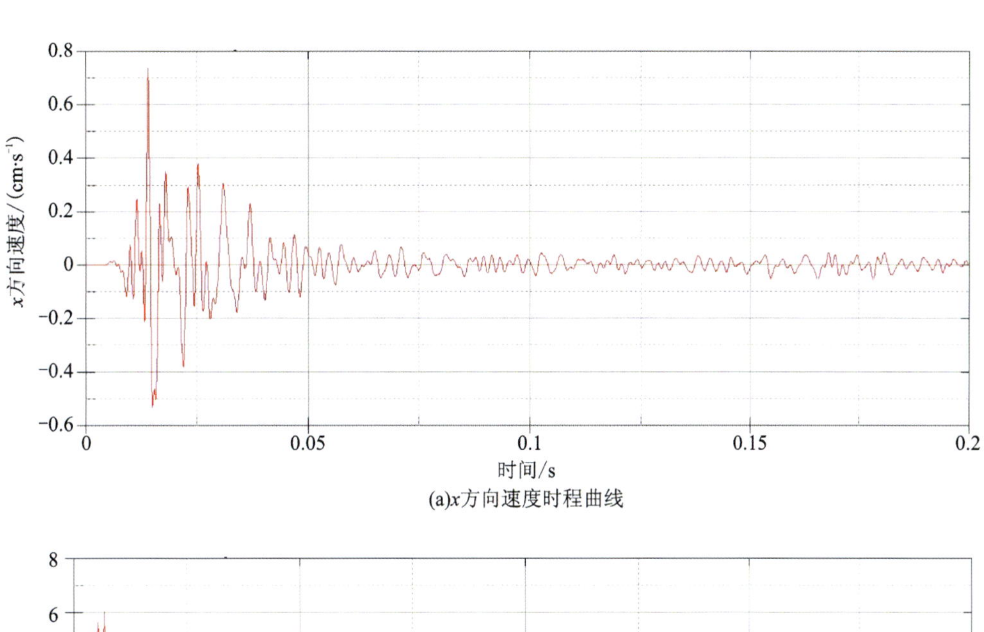

(a)x方向速度时程曲线

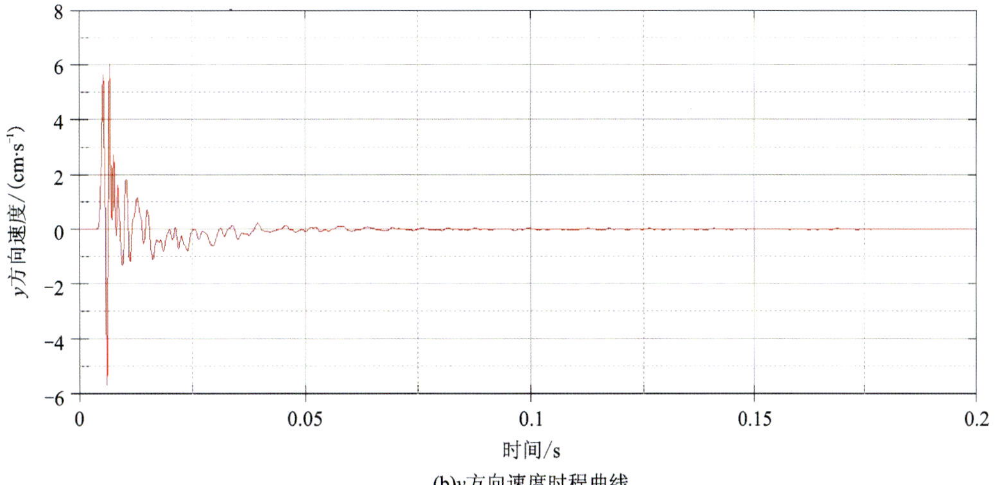

(b)y方向速度时程曲线

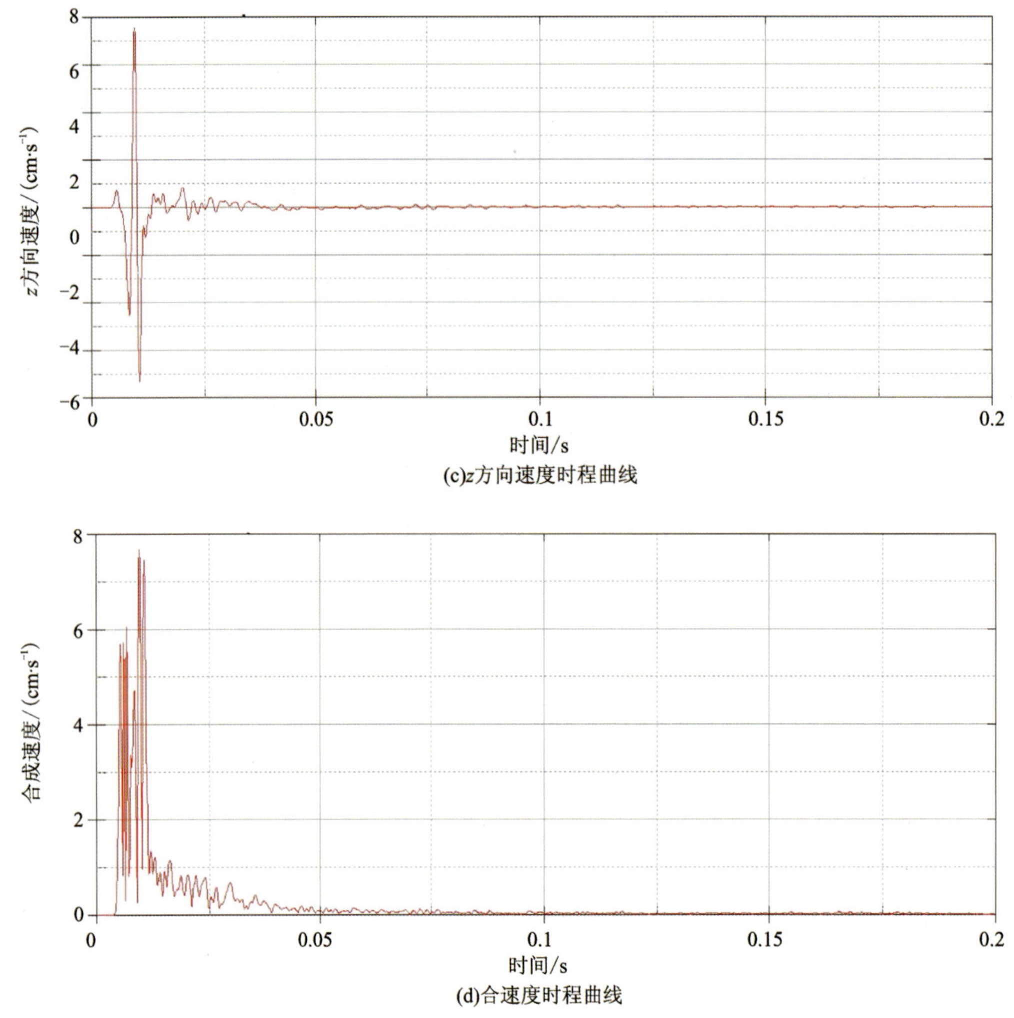

(c)z方向速度时程曲线

(d)合速度时程曲线

图 5-48　反向起爆方式下测点振动速度时程曲线

(二)不同装药量下爆破振动效应分析

由于地下围岩情况复杂,实际工程中,输水隧洞下穿高速公路施工爆破钻孔深度需要根据围岩等级及隧洞周边地质条件进行实时调整。钻孔深度不同,则意味着炮孔的装药量不同,此时爆破产生的地震波大小和强度也不同,进而对高速公路路面的振动影响也会发生变化。为了探究不同装药量条件下输水隧洞下穿高速公路施工爆破振动效应,在装药密度和装药结构不变的情况下,设置了 3 种计算工况,通过改变钻孔深度进而对装药量进行调整,如表 5-12 所示。

表 5-12　各工况下装药量

工况	钻孔深度/m	最大药量/kg
工况 1	1	34
工况 2	1.2	38
工况 3	1.4	42

参考前述监测点位,以爆源在路面的投影点为原点,沿着 $-y$ 方向(隧洞掘进方向)依次选取与爆源水

平距离为−10m、−5m、0m、5m、10m 的 5 个监测点，并选取监测点位所对应的节点。通过 LS-DYNA 的后处理软件 LS-PREPOST 调取监测点位节点的振动速度时程曲线，并记录整理数据如表 5-13 和图 5-49 所示。

表 5-13　各监测点振动速度统计表

监测点	水平距离/m	合速度/(cm·s^{-1})		
		工况 1	工况 2	工况 3
1	−10	3.401	4.252	4.5
2	−5	5.009	5.718	6.421
3	0	7.562	8.78	10.631
4	5	7.242	8.051	9.311
5	10	5.319	6.143	7.255

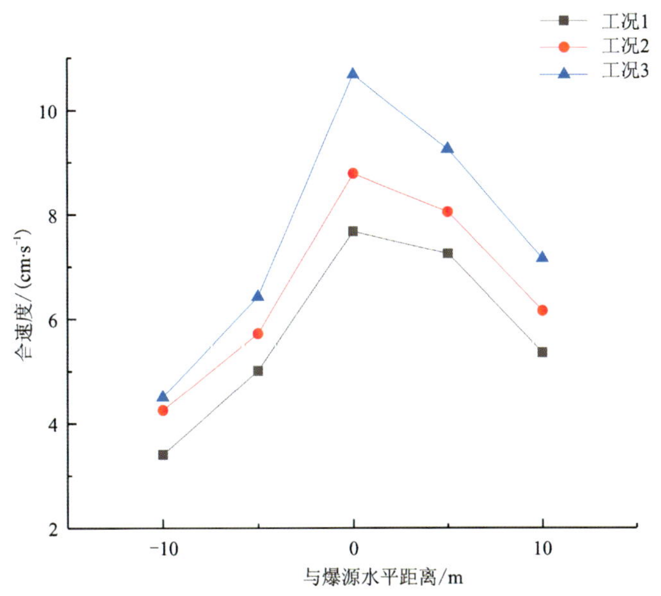

图 5-49　各监测点合速度与爆源水平距离关系图

由表 5-13 和图 5-49 可知，随着装药量的增大，各监测点位的峰值振动速度在逐渐增大。各工况下，质点峰值振动速度随着水平距离改变而发生的变化规律是一致的。这表明在不同工况下，路面质点的峰值振动速度均出现在隧洞开挖掌子面的正上方点位，且在掌子面前方的点位峰值振动速度衰减较后方点位更快。对比工况 1 和工况 3，装药量由 34kg 增大到 42kg，路面质点的最大峰值振动速度由 7.562cm/s 增大至 10.631cm/s。

（三）爆破振动控制措施

1. 控制掘进进尺

循环进尺可根据进度安排及工程地质条件确定。本工程结合施工方法、工期要求及地质条件确定循环进尺，同时控制一次爆破总用药量和各段的单段用药量，以达到减震的目的。为了控制总装药量的单段药量，下穿段进尺应控制在 1m 以内，其他地段的爆破进尺应控制在 3m 以内，从而不仅控制了总药量，同时也控制了单段药量，使爆破振动效应控制在较低的水平。

2. 限制一次爆破的最大装药量

大量实践证明，爆破振动主要与爆炸药量、爆心距及介质条件有关，而在这些条件中关键的最有效控制因素是爆炸药量。在分段起爆过程中，虽然每段单响药量相同，但由于一个段别有很多个炮孔，那么同一段雷管起爆时差精度对爆破振动峰值会产生一定影响。当同段炮孔在很小范围内同时引爆，所产生的振动量级基本是由同段炮孔的总药量所致。因此，在雷管段别排列时，前排段别应考虑适当减少炮孔数，后排段别应考虑适当增加炮孔数，使爆破规模尽可能扩大，以满足爆破生产进度的要求。

3. 选择降震性能好的爆破器材

炸药、雷管和炮泥等爆破器材也是影响爆破振动的因素。根据爆破原理，炸药爆速直接影响质点的振动速度。因此，爆破中应选择小直径药卷和低爆速炸药，采用毫秒微差雷管有序起爆。对于光面爆破的光爆孔，更应采用低爆速、低密度、低猛度、小直径的雷管。传爆性能好的炸药，爆破时应选择分段多、起爆同时性好的毫秒雷管或导爆索等起爆。

4. 选择合理的爆破时差

从理论上讲，如果微差间隔选择合理，各分段药量布置得当，由前一段产生的地震波与后一段产生的地震波相互叠加，如合成的地震波振动初相位相反、合成振幅、频率相同，则其振幅为零，即变为没有振动，如合成的地震波初相位、合成频率相同，则其爆破振动强度成倍增大。为了不使地震波相互叠加，应适当增加使用的非电导爆管（或电雷管）段数，使前后段爆破时差介于 50～150ms 之间，从而确定合理的微差时间。

四、下穿高速公路爆破施工振动监测及分析

（一）振动监测方案

1. 监测目的

通过监测拟达到以下目的：

（1）通过监测判断爆破作业对沈海高速公路的影响程度，确保沈海高速公路所受到的爆破振动速度在允许范围之内。

（2）通过爆破振动速度监测，判断爆破参数是否合理，为控制与优化爆破参数提供依据。

2. 监测方法

爆破振动速度监测拟采用 Blast-UM 型爆破测振仪进行爆破质点振动速度进行测量，测点布置如下：在输水隧洞与沈海高速公路交叉点位置的应急停车道外侧及天桥桥面上布置监测点进行监测，可以测出沈海高速公路及天桥的质点振动速度。测量时在高速公路两侧路面各布置 1 个测点，在天桥上布置一个测点。

图 5-50　Blast-UM 型爆破测振仪

3. 监测仪器与技术参数

监测仪器选用泰测科技出品的 Blast-UM 型爆破测振仪，如图 5-50 所示。Blast-UM 型爆破测振仪主要技术参数如表 5-14 所示。

表 5-14　Blast-UM 型爆破测振仪主要技术参数表

参数类型	操作方式或取值	参数类型	操作方式或取值
采集方式	全并行同步采集	分辨率	24 位 A/D
工作模式	全自动/手动模式	采样速率	10ksps
通信接口	标准网络接口	频响范围	5～300Hz
存储容量	标配 2GB 固态存储	动态范围	100dB
显示	320×240 液晶显示	量程	±10V
供电方式	内置锂电池，工作≥24h	工作温度	－10～70℃
尺寸及质量	150mm×100mm×52mm，1.2kg	输入阻抗	1MΩ/20pF
测量范围	0.001～35cm/s	实测精度	满量程的 1/105

4. 监测工作程序

爆破震动监测委托有资质的第三方单位进行，监测人员主要由爆破设计、现场施工监督和爆破震动监测等专业人员组成，主要完成现场地震波参数的测试、分析和监测资料的整理等工作。

Blast-UM 型爆破测振仪属于便携式爆破震动监测仪器，在爆破前半小时内设置好测振仪，确保仪器在爆破前 10min 进入等待触发状态。在爆破信号触发记录仪后，仪器可自动记录、保存数据，待爆破结束后在计算机上对爆破震动信号进行分析处理。现场监测程序框架及监测照片如图 5-51 和图 5-52 所示。

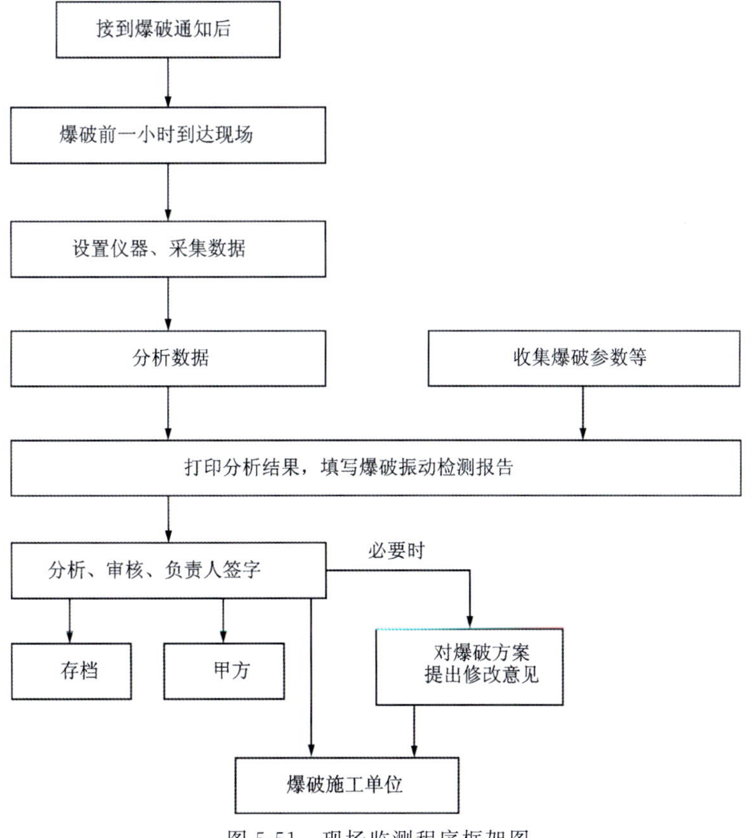

图 5-51　现场监测程序框架图

图 5-52　现场监测照片

（二）振动监测数据分析

对输水隧洞下穿高速公路施工爆破振动监测数据汇总，分别绘制监测点位水平径向、水平切向、铅垂方向的振动速度与爆心距关系图，并适当剔除数据坏点，结果如图 5-53～图 5-55 所示。

根据爆破的安全规程，高速公路的安全振速为 3cm/s，由图 5-53、图 5-54 可知，实测振速均小于安全振速，说明隧洞爆破振动效应得到有效控制，对高速公路的影响较小。

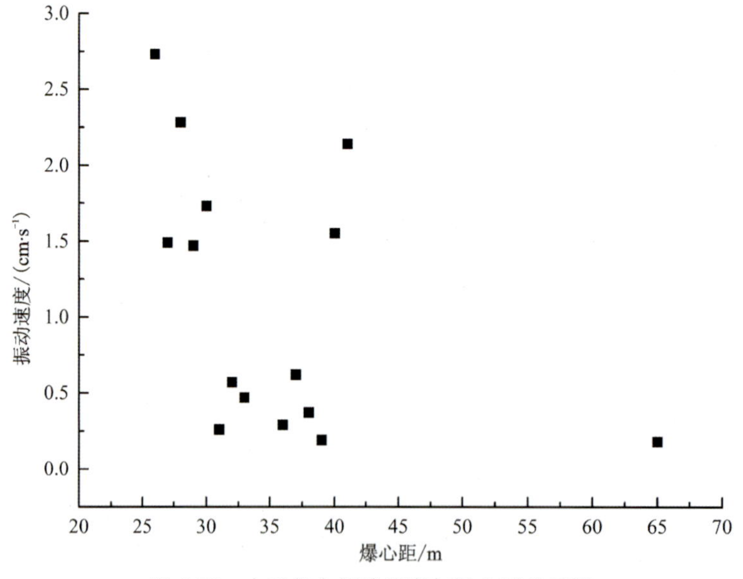

图 5-53　水平径向振动速度与爆心距关系图

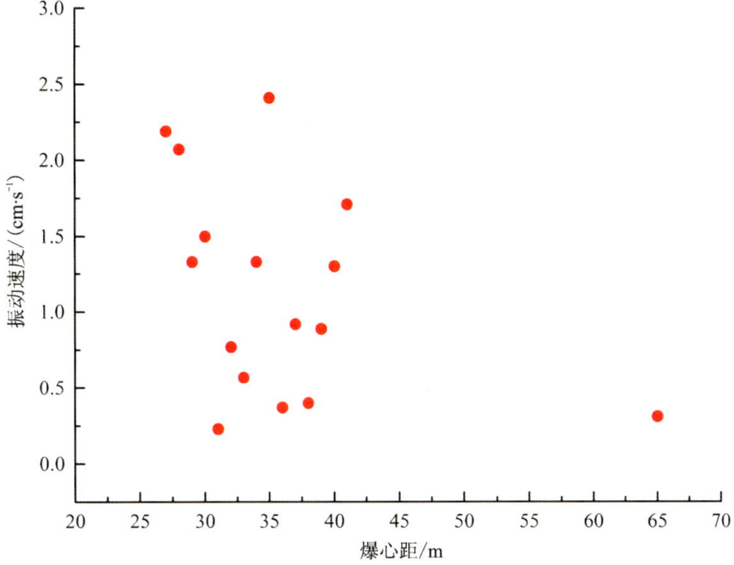

图 5-54　水平切向振动速度与爆心距关系图

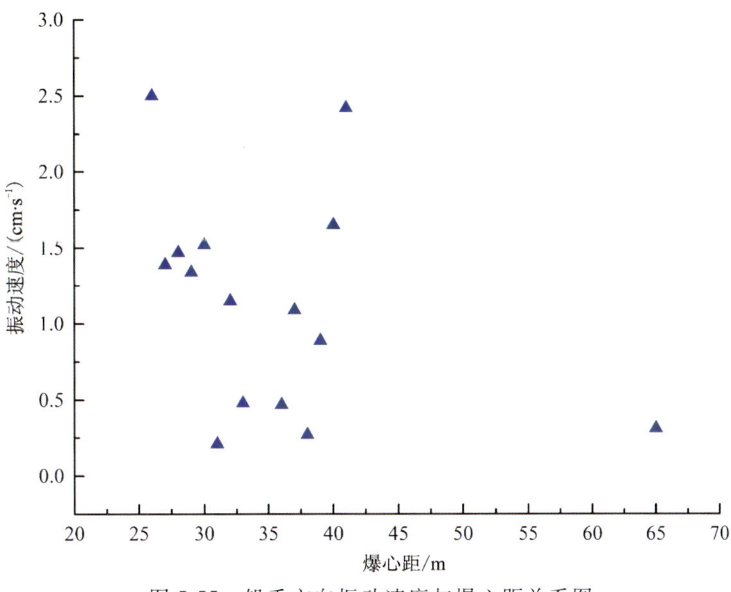

图 5-55　铅垂方向振动速度与爆心距关系图

五、下穿高速公路路面沉降监测分析

(一)监测点布设情况

1. 监测孔位布设

在输水隧洞上方的左、右幅路面停车带每隔 5m 各布设 1 个点，每侧布设 5 个点，共计 10 个沉降观测点。在下穿沈海高速公路边坡坡脚与输水隧洞轴线投影左、右两侧 5m 处共布设 4 个土体深层水平位移监测孔，监测孔长度超过输水管道底部 5m，每个检测孔深约 35m，总监测深度约为 140m，同时兼做水位观测孔。

2. 设备参数

下穿高速公路路面沉降监测中使用的设备参数见表 5-15。

表 5-15 仪器设备参数表

设备名称	型号规格	设备编号	量程	精度
高精度便携式测斜仪	CX-3C 型	FBP-022	角度 0°～±15°	测量精度±0.01mm/500mm，系统精度±3mm/30m
地下水位仪	SWJ-8090 型	FBP-013	0～50m	±2.0mm
电子水准仪	DL-2007 型	FJG-033	2～110m	0.7mm

(二)监测情况

1. 地下水位监测

地下水位监测时间为 2020 年 7 月 13 日至 2021 年 4 月 7 日，共监测 35 次，监测次数与深部位移监测次数相同。具体监测数据见表 5-16 和图 5-56。

表 5-16 东张水库-苍霞输水隧洞(与沈海高速公路交叉桩号 K2120＋100)交叉工程施工期间高速公路边坡监测孔水位埋深详表

单位：m

孔号	孔深	孔水位埋深								
		2020/7/13	2020/7/23	2020/8/7	2020/8/15	2020/9/11	2020/10/14	2020/11/21	2020/12/18	2021/4/7
ZK1	35	−20	−20.5	−23	−22.0	−22.0	−22.0	−22.0	−22	−27.0
ZK2	35	−22	−23.0	−23	−21.5	−22.5	−21.5	−22.0	−22	−27.0
ZK3	36	−23	−23.5	−24	−20.0	−20.5	−20.0	−20.5	−21	施工破坏
ZK4	35	−13	−14	−14	−16.5	−17.5	−17	−17.5	−17	−26.4

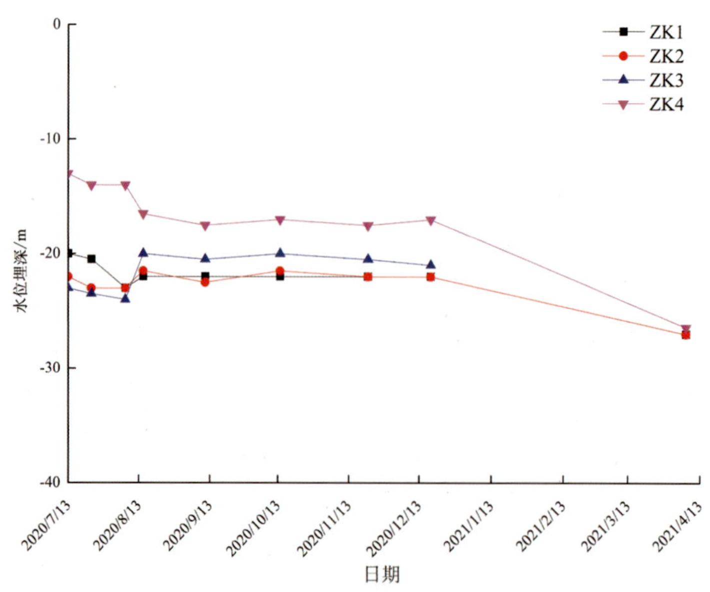

图 5-56 东张水库-苍霞输水隧洞(与沈海高速公路交叉桩号 K2120＋100)交叉工程施工期间高速公路边坡监测孔水位埋深图

3. 路面沉降监测

路面沉降监测于2020年7月13日开始采集初始数据，从2020年12月18日至2021年4月12日进行地表沉降监测，具体数据统计见表5-17～表5-20，图5-57～图5-60。

表5-17 K2120+100 左幅路面停车带观测点累计沉降表 单位：mm

日期	观测点累计沉降				
	B1	B2	B3	B4	B5
2020/7/13	0	0	0	0	0
2020/7/23	－1.6	－1.4	－0.9	－1.3	－1.0
2020/8/7	－1.2	－1.0	－0.3	－0.6	－0.6
2020/8/15	－1.1	－0.8	－0.3	－0.6	－0.9
2020/9/11	－1.6	－0.5	－0.2	－1.4	－1.1
2020/10/14	－1	－0.7	－0.3	－1.1	－1.2
2020/11/21	－1	－1.1	－0.9	－0.8	－1.6
2020/12/18	－0.9	－0.8	－1.1	－0.9	－1.6
2021/4/12	－3.1	－0.3	－0.6	＋0.6	＋0.9

注："＋"表示隆起，"－"表示下沉，后同。

表5-18 K2120+100 左幅路面停车带观测点沉降变化速率表 单位：mm

日期	观测点累计沉降				
	B1	B2	B3	B4	B5
2020/7/13	0	0	0	0	0
2020/7/23	－0.2	－0.1	－0.1	－0.1	－0.1
2020/8/7	0	0	0	0	0
2020/8/15	0	0	0	0	0
2020/9/11	－0.1	0	0	－0.1	0
2020/10/14	＋0.1	0	0	0	0
2020/11/21	0	0	0	0	0
2020/12/18	0	0	0	0	0
2021/4/12	0	0	0	0	0

表5-19 K2120+100 右幅路面停车带观测点累计沉降表 单位：mm

日期	观测点累计沉降				
	A1	A2	A3	A4	A5
2020/7/13	0	0	0	0	0
2020/7/23	0	＋0.1	－0.1	＋0.1	＋0.2
2020/8/7	－0.4	－0.3	－0.6	＋0.9	－0.1
2020/8/15	－0.6	－0.4	－0.7	＋0.4	－0.3

续表 5-19

日期	观测点累计沉降				
	A1	A2	A3	A4	A5
2020/9/11	−0.8	−0.9	−1.1	−0.7	−0.2
2020/10/14	−0.9	−1.0	−1.4	−1.3	−1.6
2020/11/21	−0.9	−1.0	−1.4	−1.3	−1.6
2020/12/18	−1.2	−0.9	−1.4	−1.1	−1.7
2021/4/12	+1.0	+0.8	−0.7	+0.8	−0.9

表 5-20 K2120+100 右幅路面停车带观测点累计沉降表

日期	观测点累计沉降				
	A1	A2	A3	A4	A5
2020/7/13	0	0	0	0	0
2020/7/23	0	0	0	0	0
2020/8/7	0	−0.1	−0.1	+0.1	0
2020/8/15	0	0	0	−0.1	0
2020/9/11	0	0	0	−0.1	0
2020/10/14	0	0	0	−0.1	−0.2
2020/11/21	0	0	0	0	0
2020/12/18	0	0	0	0	0
2021/4/12	0	0	0	0	0

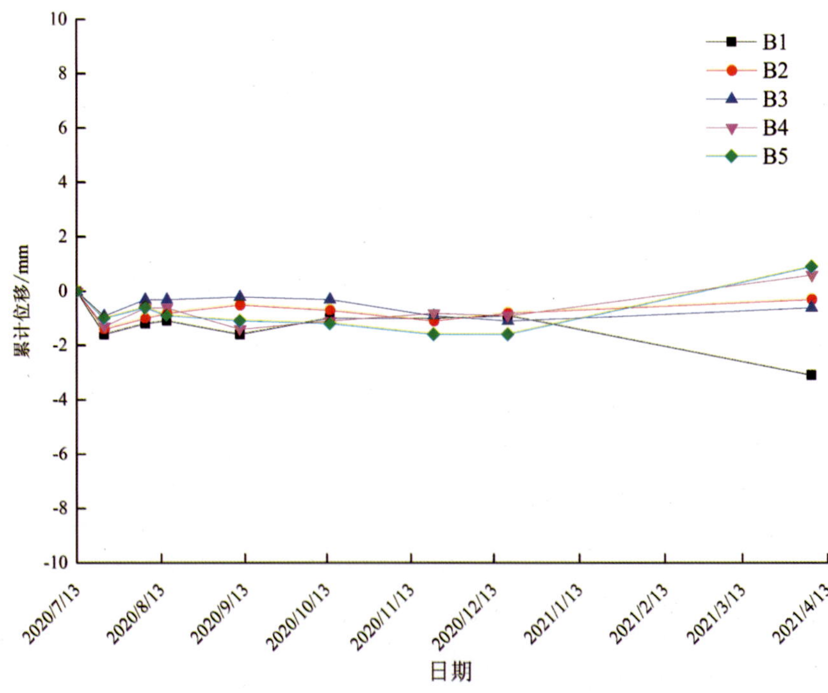

图 5-57 K2120+100 左幅路面地表累计沉降监测明细图

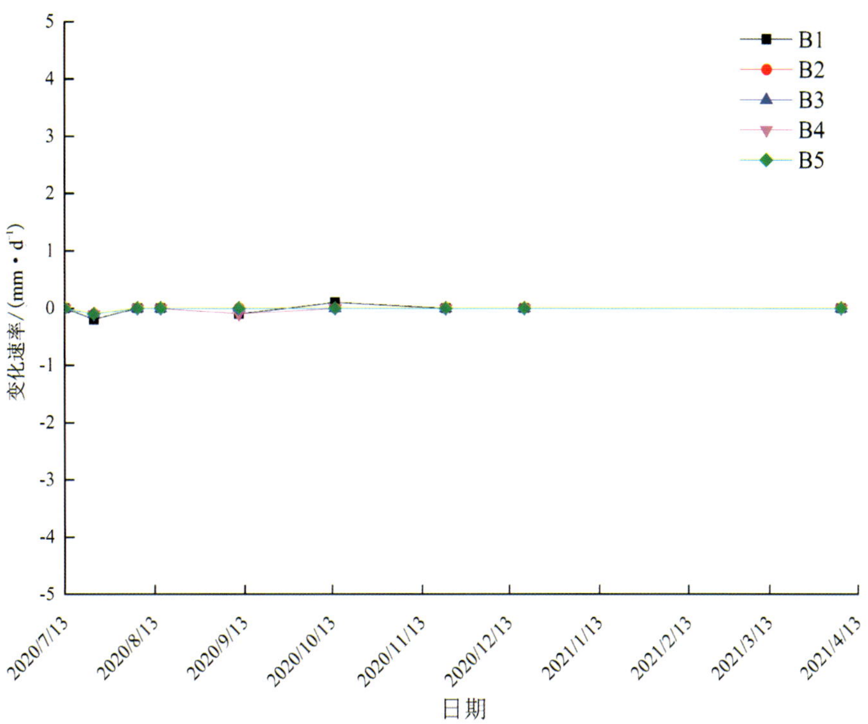

图 5-58　K2120＋100 左幅路面地表沉降变化速率监测明细图

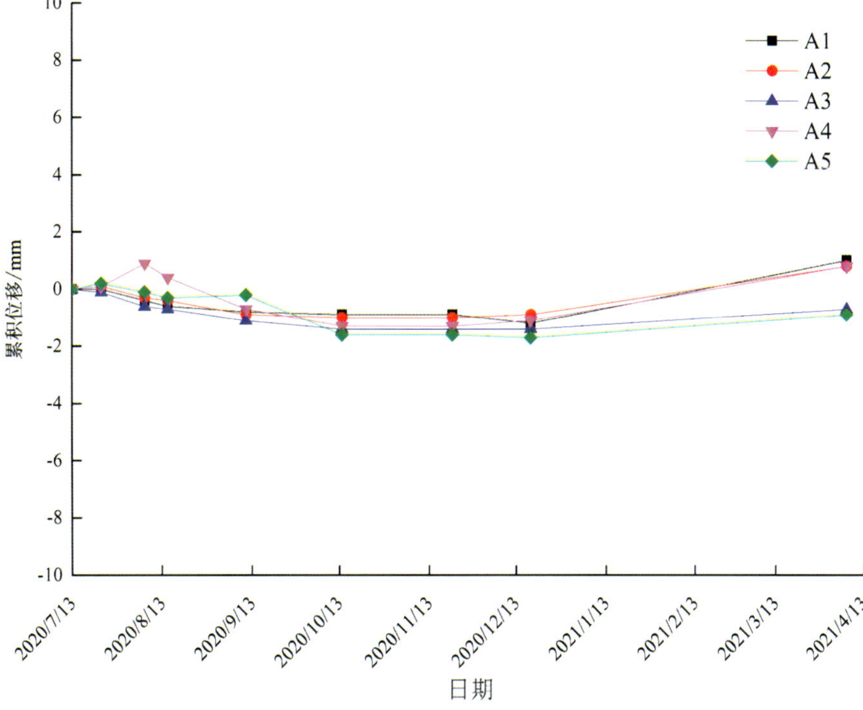

图 5-59　K2120＋100 右幅路面地表累计沉降监测明细图

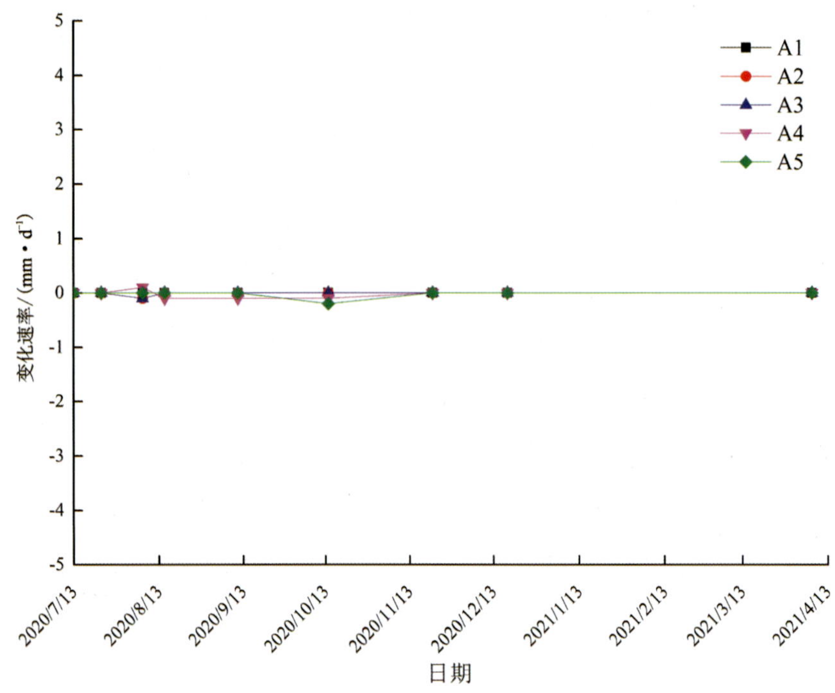

图 5-60　K2120+100 右幅路面地表沉降变化速率监测明细图

（三）监测结论

本阶段监测起始时间为 2020 年 12 月 18 日，末次时间为 2021 年 4 月 7 日，整理监测数据得出如下结论：

（1）路面沉降监测。路面沉降监测累计变化值与变化速率均未达到预警值。

（2）地下水位监测。ZK1 地下水位下降 5m，ZK2 地下水位下降 4.5m，ZK4 地下水位下降 9.4m，显示该边坡地下水埋深较深。

（3）地表宏观变形巡查。本阶段地表宏观变形巡查未发现异常。

第四节　下穿高速公路施工隧洞拱顶塌方控制技术

一、隧洞塌方原因分析

引水工程中可能会造成输水隧洞施工过程中发生塌方的原因众多，分析工程设计、施工资料，可以总结出输水隧洞下穿 G15 高速公路工程施工中隧洞塌方有以下几个方面的原因。

1. 不良地质条件

隧洞穿越破碎带和断层等不良地质体，或者在软弱结构面发育的地段时，由于这些不良地质条件的存在，地层围岩的稳定性很差，如果不及时采取预加固和支护等安全保障措施，则容易造成塌方。在地下水较为丰富的地段施工，尤其是在富水断裂带等位置施工，地下水的存在会使隧洞周围破碎的围岩软化，导致围岩稳定性变差。因此，水是造成隧洞塌方的重要原因之一，在岩层裂隙透水位置应当加强塌方的预防。

2. 高速公路车辆通行

该工程输水隧洞下穿的既有构筑物为高速公路，车辆在下穿段路行进的过程中会产生动载，动载经路面、岩体传递到隧洞顶板，从而造成隧洞顶板受力、震动而发生冒落，最终可能形成塌方。隧洞塌方将直接影响施工人员安全，还可能波及地表造成交通道路路面下沉或塌陷，损坏道路路面或发生交通事故。

3. 支护结构不合理

地下隧洞工程的支护结构包括两种，一种是临时性支护结构，另一种是永久性支护结构。不论是何种支护结构都应满足结构的强度和刚度基本使用要求，从而能够承受围岩压力和其他特殊情况下的外荷载。对于软弱围岩段和不良地质段，若隧洞支护结构不合理，衬砌厚度不能满足承载力的需求，则极有可能使得支护结构在围岩应力场中发生失稳和破坏，导致隧洞塌方。

4. 爆破开挖振动过大

由于该工程输水隧洞采用钻爆法开挖，炸药爆炸产生的冲击波和地震波会对隧洞衬砌和拱顶围岩产生一定的影响，从而引起拱顶围岩失稳，导致塌方。

二、车辆荷载作用下输水隧洞拱顶稳定性分析

(一)车辆荷载确定

由于车辆荷载在实际情况下是一种随着空间、时间和行进路面特征等环境因素改变而不断变化的随机荷载，因此在研究中需要将车辆荷载对路面的影响进行一定的简化处理。按照车辆动力荷载和公路路面的接触形式，车辆荷载对高速公路路面的影响主要有 3 种形式：以点接触形式、以线性分布形式和平面分布形式。

车辆动力荷载简化的形式主要有 4 种：恒定车辆动力荷载、稳态车辆动力荷载、冲击车辆动力荷载、随机车辆动力荷载。其中，恒定车辆动力荷载反映的是在道路路面十分平整、车辆以匀速进行时的情况。此时车辆振动较小，可近似地将车辆动力荷载看作是一个恒定的力；稳态车辆动力荷载反映是力随着时间的变化而发生规律的波动，一般这种波动可以简化为简谐作用力；冲击车辆动力荷载反映的是车辆行进过程中遇到陡坎时对路面产生的剧烈冲击力；随机车辆荷载考虑实际车辆荷载所表现的随机性，最接近实际情况但也最难以确定。

根据本章第一节“施工下穿高速公路工程概况”，输水隧洞上方的 G15 高速公路为平整的沥青混凝土路面。沥青混凝土路面与普通混凝土路面相比，优点是表面平整且无接缝，与车辆轮胎的附着力好，具有高度的减震性能，车辆在其上行进较稳定。因此，本次研究选择恒定车辆动力荷载模型对车辆荷载作用下输水隧洞拱顶稳定性进行分析。

(二)建立数值模拟模型

建立数值模拟模型的目的主要是进行隧洞下穿段车辆动荷载作用下输水隧洞拱顶围岩的稳定性分析。隧洞实际下穿段长度为 40m(即高速公路路面宽度)，且隧洞拱顶至高速公路路面距离为 24m，而隧洞直径仅为 4.6m，因此实际模型可简化为平面模型。

1. 数值模拟模型

根据实际工程情况，建立输水隧洞下穿高速公路平面模型的材料参考本章第二节“数值模拟模型”选取，模型尺寸为 50m×50m(长×宽)，如图 5-61 所示。

图 5-61　数值模拟模型示意图

为了使模拟结果更贴近实际结果，保证计算的准确性，模型在下边界($y=0$)上施加 y 方向的位移约束，模拟隧洞下方的无限岩体。同理，在模型左边界($x=0$)和右边界($x=50$)方向上施加 x 方向的位移约束，上边界为自由边界。初始应力场按照自重应力场进行计算，重力值取 9.8N/kg。

2. 分析方法选择

ANSYS 软件结构分析方法包括静力学分析、模态分析、瞬态动力学分析等。其中，静力学分析主要应用在计算分析结构受到静荷载作用的条件下所呈现的应力、位移等变化情况。这种分析方法包括线性和非线性两种，而非线性分析方式又包含了大位移、塑性变形、蠕变等状态的分析；模态分析主要应用在计算分析结构的自有频率和模态振动形式，在桥梁计算方面应用较多；瞬态动力学分析则可以分析计算结构在随着时间变化的荷载作用下的动力响应特征。根据实际情况，本次分析车辆动荷载作用下隧洞围岩稳定性，宜采用瞬态动力学分析法。

ANSYS 软件中瞬态动力学分析包括完全法、缩减法和模态叠加法 3 种求解方法，分别介绍如下。

(1)完全法。完全法在计算中囊括了弹性、大位移、大应变等几乎所有非线性的类型，应用最广泛也最普遍。该方法计算瞬态响应的过程是利用整个系统矩阵来进行的，优点是兼具所有的非线性类型，可一步完成所有的位移和应力计算，计算简便，无需考虑模态振动形式和主自由度的问题，且能计算诸如节点力、单元荷载等多种类型的荷载形式。缺点是计算量较大。

(2)缩减法。缩减法能够降低问题的复杂性，主要通过自由度和缩减矩阵来实现。优点是运算速度相对于完全法来说更快、效率更高。缺点是没有办法计算单元荷载，无法使用自动时间步长，且只能实现简单非线性问题求解，如节点与节点接触。

(3)模态叠加法。这种方法只适用于 ANSYS 软件的“professional”程序中，从模态分析中整合特征向量来求解结构的响应特征。优点是运算速度比其他两种方法更快，缺点是无法使用自动时间步长，只能实现简单非线性问题求解，如节点与节点接触。

综上所述，本次研究的车辆荷载作用下输水隧洞拱顶稳定性分析涉及隧洞围岩变形和动荷载，宜采用瞬态动力学分析中的完全法。

3. 车辆动荷载的实现

根据上述分析，本次分析采用恒定车辆动力荷载形式模拟施加在高速公路路面的车辆动荷载。考虑当地高速公路行车情况，选取某普通中型轿车为例进行研究，车辆参数见表 5-21。根据满载总质量可知，恒定车辆动力荷载可近似取 15 000N。

表 5-21　上海桑塔纳系列轿车 SVW7181CEi 技术参数表

型号	长×宽×高/mm	整车装备质量/kg	满载总质量/kg	最高车速/(km · h^{-1})
SVW7181CEi	4546×1710×1427	1090	1550	164

(三)结果分析

1. 静力计算结果分析

在施加车辆动荷载前,考虑隧洞开挖后围岩应力场的变化,应先进行初始应力场的计算和开挖模拟。开挖后隧洞支护结构的受力情况如图 5-62～图 5-64 所示。

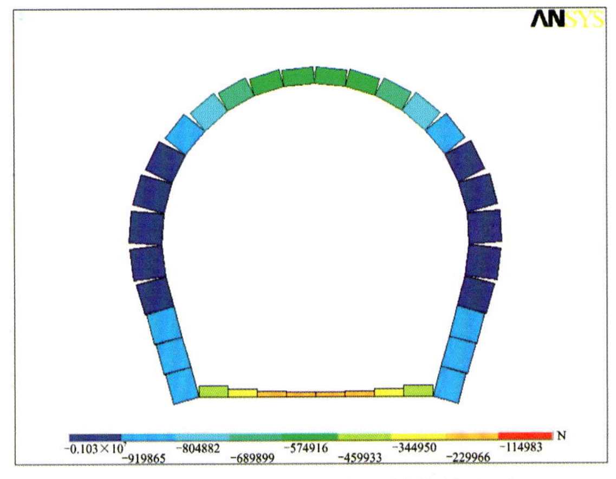

图 5-62　开挖后隧洞支护结构轴力图

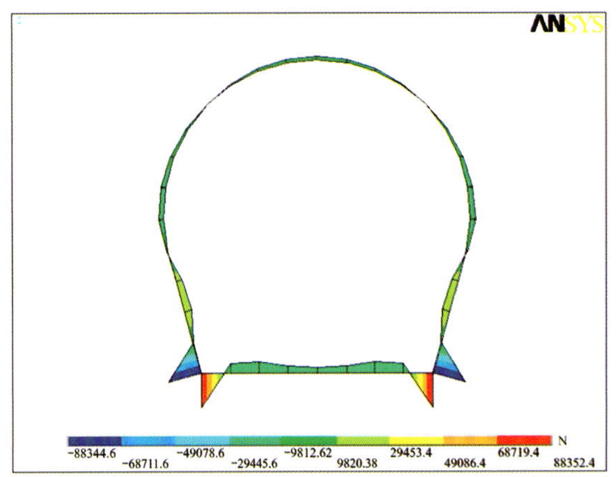

图 5-63　开挖后隧洞支护结构弯矩图

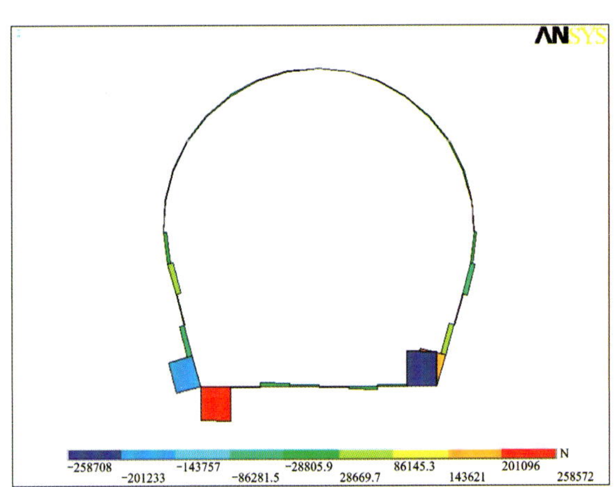

图 5-64　开挖后隧洞支护结构剪力图

由图 5-62 可知,隧洞支护结构轴力以隧洞的中轴线为基准呈对称分布,支护结构左、右两侧的边墙处轴力较大,最大值为 1.03×10^6 N。在隧洞仰拱和隧洞拱顶的轴力均较小,其中隧洞拱顶处的轴力最大值为 0.575×10^6 N,隧洞仰拱轴力在 $0.115\times10^6\sim0.460\times10^6$ N 范围内。由图 5-63 可知,在隧洞边墙墙根处的弯矩最大,达到 0.884×10^6 N·m。由图 5-64 可知,在隧洞边墙墙根处的剪力最大,达到 0.259×10^6 N。

2. 车辆动荷载作用下的隧洞围岩位移分析

车辆动荷载作用下,不同时段隧洞围岩 y 方向位移变化情况如图 5-65 所示。

由图 5-65 可知:在 $t=0.12$s 时,车辆动荷载刚刚施加,此时路面车辆动荷载在围岩内产生的影响范围较小,隧洞围岩受到的扰动也不明显。但随着车辆的移动,动荷载影响范围逐渐变大。在 $t=0.492$s 时,车辆动荷载已接近隧洞正上方,此时隧洞围岩开始受到扰动,沉降值在 $0.679\times10^{-3}\sim1.36\times10^{-3}$ mm

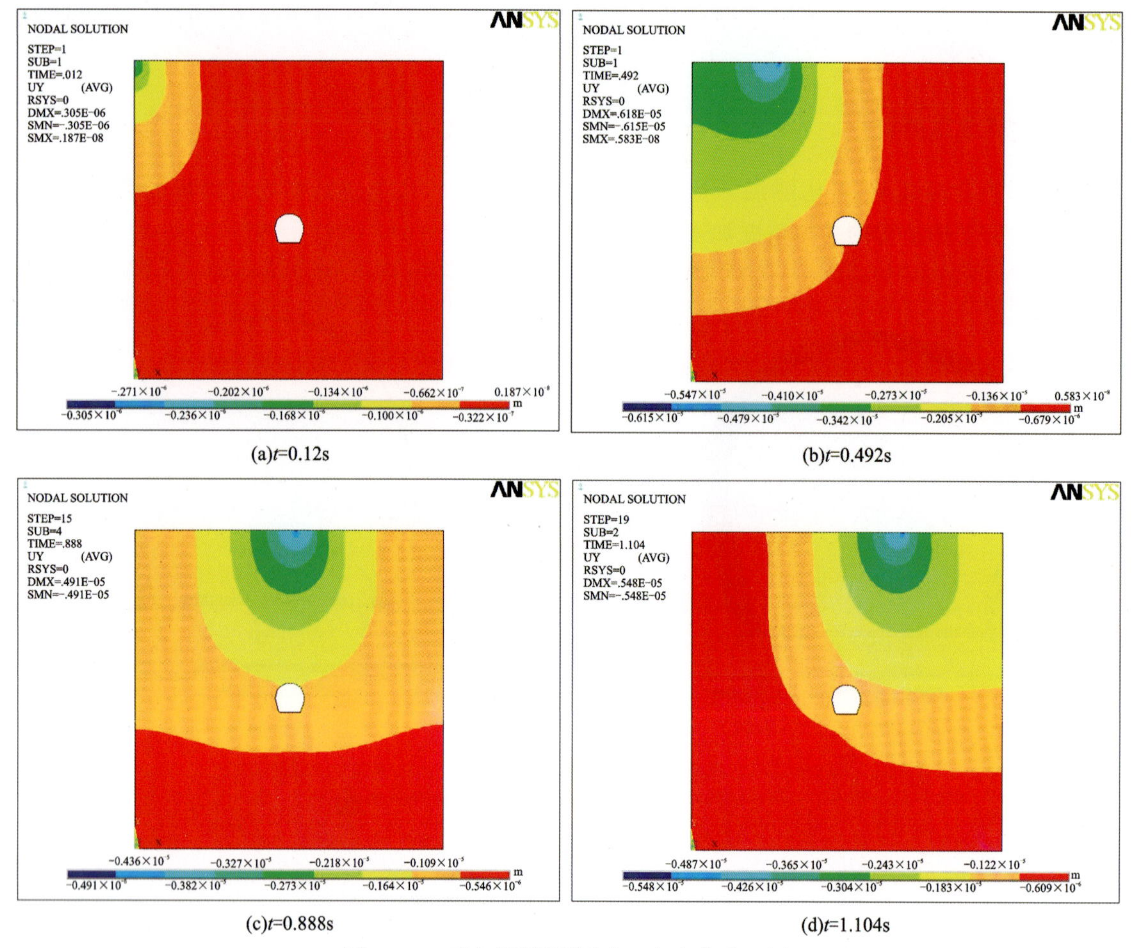

(a)t=0.12s (b)t=0.492s

(c)t=0.888s (d)t=1.104s

图 5-65 不同时段隧洞围岩 y 方向位移云图

之间。在 t=0.888s 时，车辆动荷载移动至隧洞拱顶正上方附近，此时隧洞围岩受到的扰动最大，沉降值在 $1.09\times10^{-3}\sim1.64\times10^{-3}$mm 范围内。在 t=1.104s 时，车辆动荷载已经离开洞拱顶正上方，此时隧洞围岩受到的扰动开始变小。总的来说，隧洞围岩受到的扰动随着车辆荷载作用位置的改变而不断变化。

为了进一步分析隧洞拱顶围岩的稳定性，利用 ANSYS 后处理系统调取隧洞拱顶的位移时程曲线如图 5-66 所示。

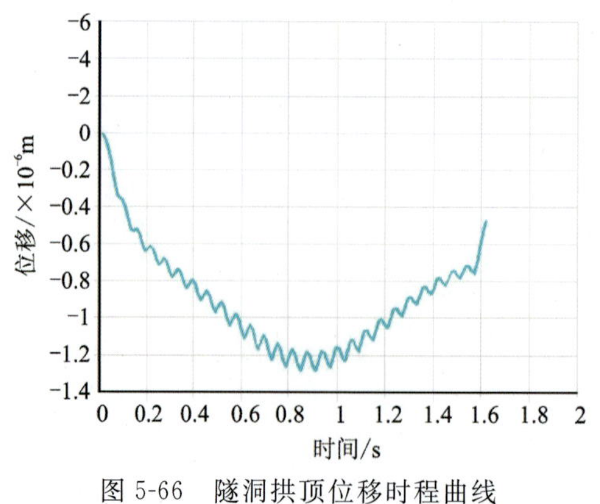

图 5-66 隧洞拱顶位移时程曲线

由图 5-66 可知，车辆荷载作用下隧洞拱顶位移呈动态变化，随着车辆荷载不断朝着隧洞方向移动，拱顶位移不断增大。在 0.8～1.0s 区间内，拱顶的动位移达到峰值 1.29×10^{-3}mm。在车辆荷载朝着远离隧洞方向行进工程中，隧洞拱顶动位移逐渐变小。总之，车辆荷载对输水隧洞拱顶稳定性的影响较小。

三、爆破动荷载作用下输水隧洞支护结构稳定性分析

（一）数值模拟模型

在实际工程中，输水隧洞开挖结束以后都将采用喷射混凝土的方式进行初期支护，喷射混凝土型号为C25，喷射厚度约为10cm。本次数值模拟在上述车辆荷载作用下数值模拟模型的基础上，添加初期支护模型，采用塑性动力学模型模拟C25混凝土初期支护结构，关键字为“*MAT_PLASTIC_KINEMATIC”，具体参数如表5-22所示。初期支护网格采用mapped映射网格划分，划分结果如图5-67所示。

表5-22 初期支护模型材料参数表

密度/(g·cm^{-3})	抗压强度/MPa	抗拉强度/MPa	泊松比	弹性模量/GPa
2.45	23.75	0	0.167	29

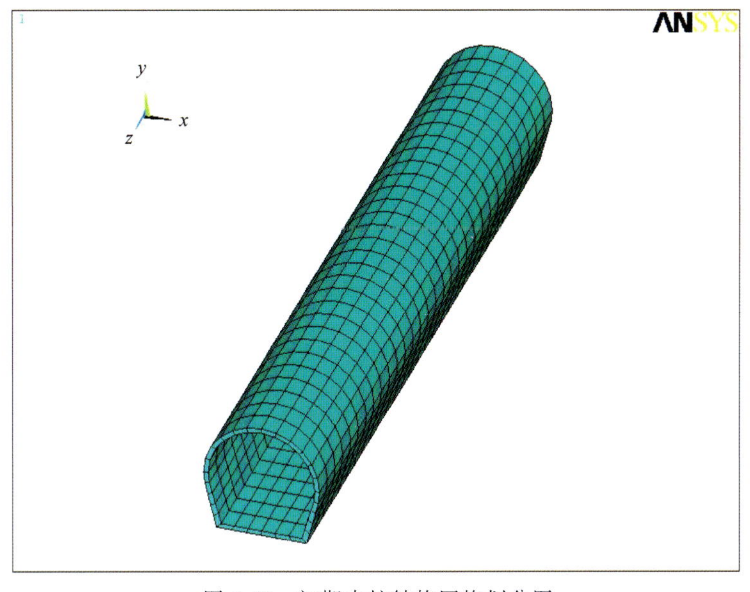

图5-67 初期支护结构网格划分图

（二）结果分析

1. 应力分析

通过LS-prepost软件对数值模拟结果进行分析，得到初期支护结构4个典型时间点的应力云图如图5-68所示。

由图5-68可知，隧洞爆破开挖过程中，隧洞初期支护结构的应力响应过程如下：在t=2 999.8 μs时，炸药爆炸产生的爆轰波在初期支护结构上激起应力波，此时应力波分布范围主要集中在靠近隧洞掌子面处。由于应力波作用时间不长，支护结构单元的应力值较小，其中单元最大应力为1.688×10^7 Pa，最小应力为6.257×10^5 Pa。在t=8 597.4 μs时，应力波与t=2 999.8 μs时刻特点类似，但此时支护结构上应力作用范围较之前更大，说明这段时间内应力波在不断传播，单元最大应力为2.067×10^7 Pa，最

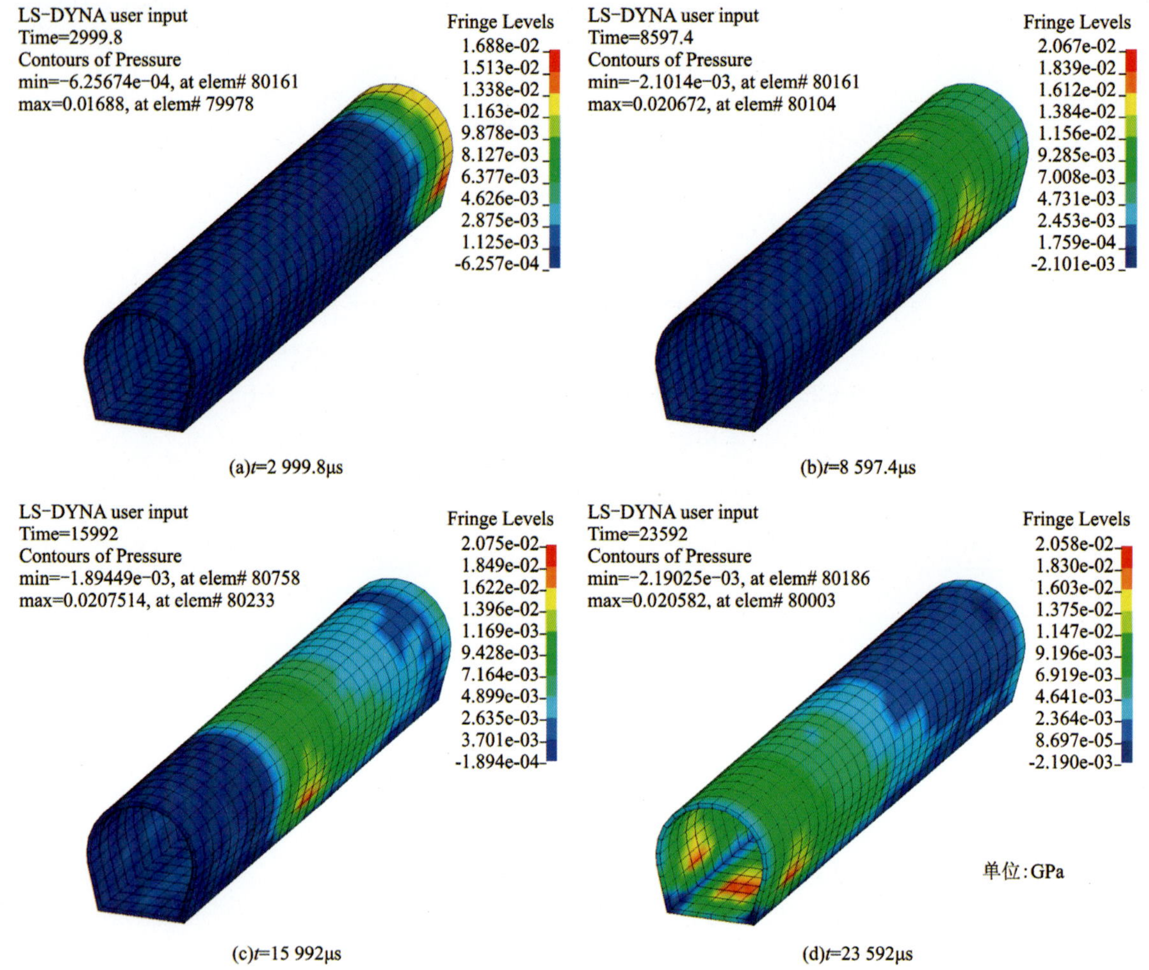

(a)t=2 999.8μs (b)t=8 597.4μs

(c)t=15 992μs (d)t=23 592μs

图 5-68 初期支护结构应力云图

小应力为 2.101×10^6 Pa。在 t=15 992 μs 时，最大应力为 2.075×10^7 Pa，最小应力为 1.894×10^6 Pa。在 t=23 592 μs 时，应力云图已经发散，应力作用范围基本涵盖了整个初期支护结构模型。此时路面单元最大应力为 2.058×10^7 Pa，最小应力为 2.190×10^6 Pa。初期支护结构在隧洞爆破作用下产生的应力响应过程中，最大应力约为 20MPa。C25 混凝土的抗压强度设计值为 25MPa，强度保证率为 95%。说明此时隧洞初期支护结构是安全的。

为了进一步分析隧洞初期支护结构的应力特点和分布规律，通过后处理软件 LS-prepost 调取监测点位的单元应力时程曲线。监测点在距离隧洞掌子面 6m 的隧洞截面，其布置如图 5-69 所示。监测点位编号为 H80522、H80792、H80192、H80072，分别对应隧洞拱顶、边墙、拱脚和仰拱位置。

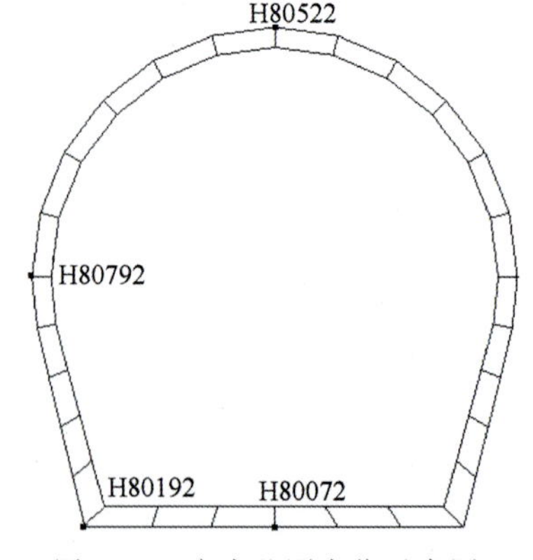

图 5-69 应力监测点位示意图

由图 5-70 可知，在爆破作用下，隧洞监测点位的应力在极短时间内迅速到达峰值，接着呈现指数式的衰减。隧洞拱顶处的峰值应力为 12.54MPa，隧洞边墙处的峰值应力为 13.95MPa，隧洞拱脚处的峰值应力为 1.684MPa，隧洞仰拱处的峰值应力为 17.96MPa。隧洞拱顶处峰值应力最大，拱脚处峰值应力最小。

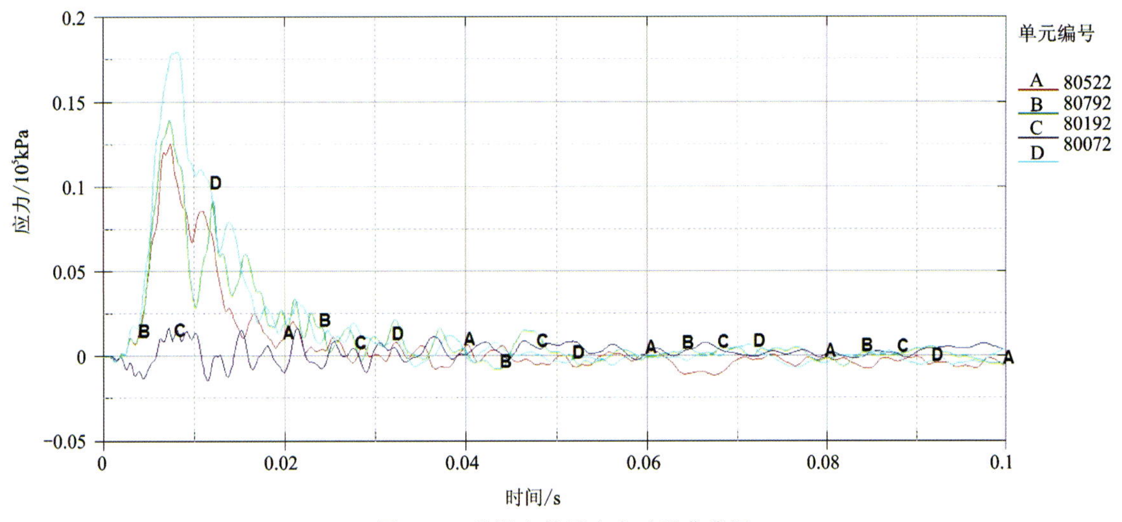

图 5-70 监测点单元应力时程曲线图

2. 位移分析

为了分析在爆破作用影响下，隧洞初期支护结构的位移变化情况，在初期支护结构上设置 4 处监测点位，如图 5-71 所示。对应节点编号为 H86299、H86386、H86357、H87401，分别对应隧洞的拱顶、左边墙、左拱脚和仰拱 4 个典型位置。

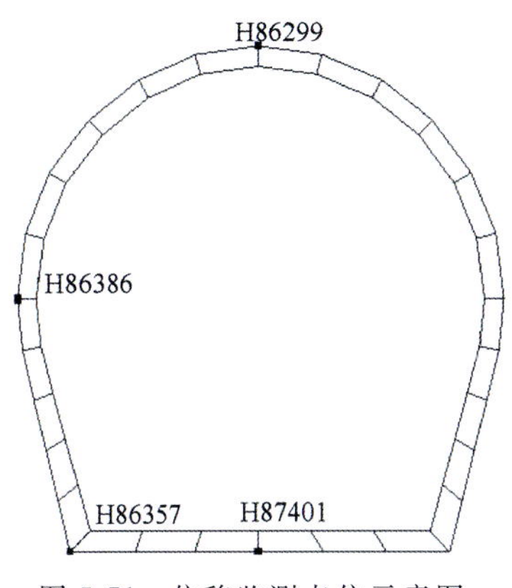

图 5-71 位移监测点位示意图

由图 5-72 中 x 方向位移时程曲线可知，隧洞边墙处和隧洞拱脚处的 x 方向位移较大，数值分别为 1.296mm 和 0.476mm。由 y 方向位移时程曲线可知，隧洞仰拱处和隧洞拱顶处 y 方向位移较大，分别达到了 1.606mm 和 1.162mm。由 z 方向位移时程曲线可知，隧洞拱脚处 z 方向位移最大，为 0.341 8mm。由合位移时程曲线可知，仰拱处的合位移最大，达到了 1.623mm。

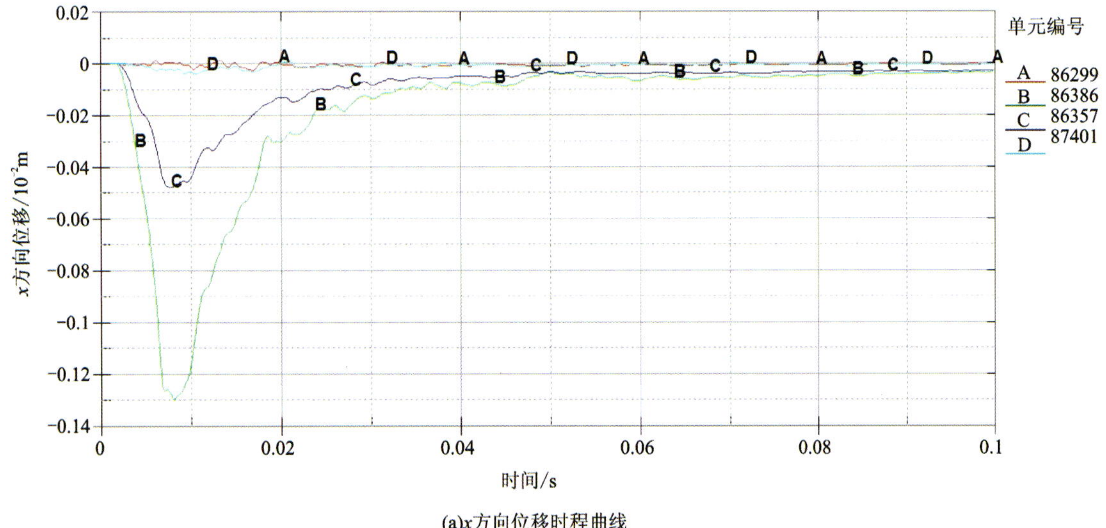

(a)x方向位移时程曲线

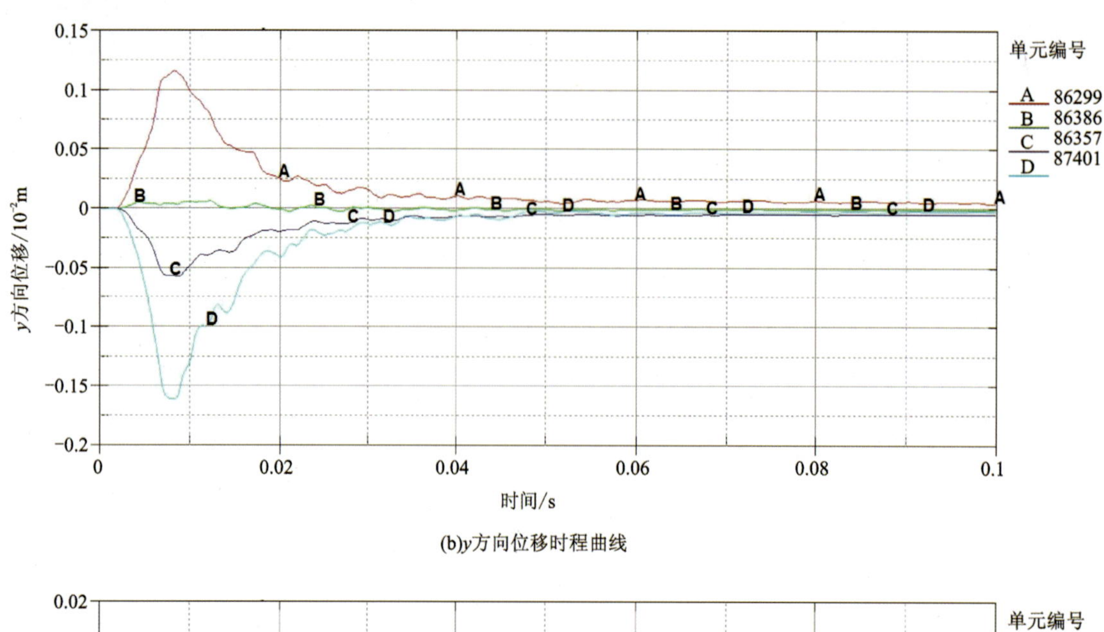

(b)y方向位移时程曲线

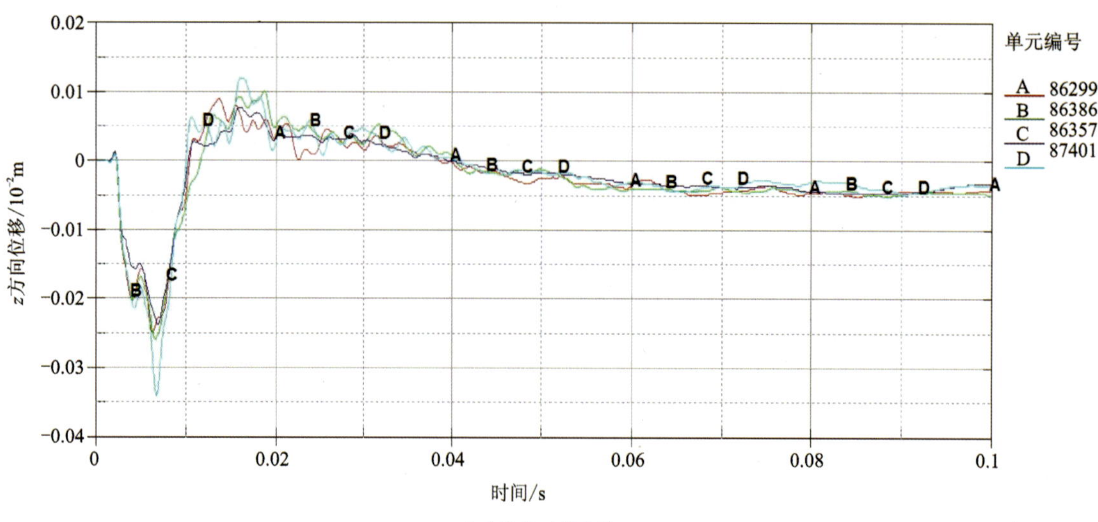

(c)z方向位移时程曲线

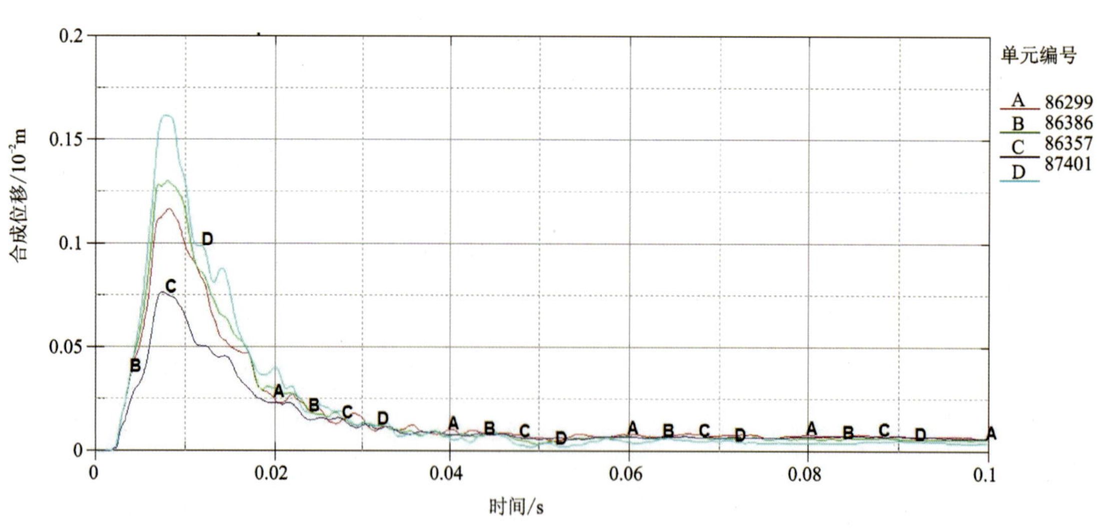

(d)合位移时程曲线

图 5-72　各方向位移时程曲线图

四、下穿高速公路施工隧洞拱顶塌方控制措施

（一）塌方控制原则

隧洞塌方控制原则主要是以预防为主。在施工开始之前，通过对隧洞周边环境进行细致、深入的勘探调查，详细且全面地掌握区域工程地质条件、不良地质体的发育情况和其他可能造成隧洞塌方的原因。选线时应尽量避开破碎带、断层、溶洞的不良地质条件发育的地层，如若必须通过这些地层，应提前考虑对应的技术措施和施工方法。其次，在隧洞开挖施工的过程中，需要选择合理的施工方法并采用一系列塌方控制措施。

（二）塌方控制措施

结合对车辆荷载作用下和爆破动荷载作用下输水隧洞围岩稳定性分析的情况，总结出输水隧洞施工下穿高速公路拱顶塌方控制措施如下。

1. 车辆荷载控制措施

车辆在运行过程中会产生动载，动载经路面、岩体传递到隧洞顶板，从而造成隧洞顶板受力、震动而发生冒落，最终可能形成塌方。隧洞塌方将直接影响施工人员安全，波及地表可能造成交通道路路面下沉或塌陷，损坏道路路面或发生交通事故。

因此，在施工过程中需进行交通管制，控制车辆运行中的动载，将动载控制到最低程度。由于G15高速公路车流密集，且下穿工程埋深较大，为保证路面畅通，下穿时可不封闭路面，但要限制行车速度并设置提示牌，防止爆破震动对驾驶员造成惊吓，导致发生交通事故。为加强运行车辆管理，在下穿点前后各250m设“前方250m处地下爆破施工，注意减速”的提示牌，同时设置爆闪灯，并在下穿点前后150m处设限速标志，限制行车速度在80km/h以内。

2. 爆破振动荷载控制

采用爆破震动监测仪监测爆破震动实际值，观测已支护段和需保护段围岩稳定情况，如有异常情况，应及时加固并反馈调整爆破设计。每次爆破后对爆破效果数据进行对比分析，优化爆破设计。根据岩层节理裂隙发育、岩性软硬情况，修正孔距、用药量，特别是修正光爆孔的孔距和用药量。根据爆破后石渣的块度修正参数，如石渣块度小，说明辅助孔布置偏密；若石渣块度大，则说明炮孔偏疏，用药量过大。根据爆破振速监测，调整单段起爆炸药量及雷管段数。根据开挖面凹凸情况修正钻孔深度，保证爆破孔孔底基本落在同一断面上。

（三）隧洞塌方专项预案及处理措施

下穿位置隧洞围岩稳定性差，一旦局部透水或浅埋等，可能会发生隧洞坍塌事故，且塌方范围可能逐渐增大，虽然理论上不会塌落至地表，但也需做好塌落至地表的防范准备工作。

由于地下工程塌方情况十分复杂，塌方处理也无一定模式，具体措施要视现场情况决定。但需根据施工经验做到未雨绸缪，保证一旦发生塌方，能够及时采取有效的措施，把损失降低到最小。根据塌方规模的大小和类型的不同，通常采取如下处理方法。

(1)当隧洞出现较大塌方时,坍塌的岩土体可能将隧洞堵塞数米或更长,导致坍塌段以内工作面的施工人员、施工机械全部封闭,危害极大。

此种情况下,抢险的原则是先救人。隧洞施工时,在拱脚处都有两根钢管,一根是直径 ϕ100～200mm 的高压通风管,另一根是直径 ϕ50mm 的输水管。一般大型坍塌都发生在松散的地层中,不会有巨石落下,因此地处拱脚处的风管和水管不会被压扁或压断,这两根钢管是隧洞营救施工人员的生命线。此时,首先将空压机送风压力降低至能保证洞内人员呼吸即可,并将供水减小,通知洞内的施工人员安静等待,可从输水管中插入一根塑料管,提供牛奶等饮料。然后开始向坍塌体注浆,使坍塌体在一定厚度内固结,接着像掘进连拱隧洞的中导坑一样打通坍塌体,先将施工人员救出。并且,本工程中设有逃生通道,可通过逃生通道实施相关救援行动。

救援结束后,应进行塌方处理。在坍塌体上架立多层(层数视坍塌洞室大小而定)支撑钢模架,从上至下开始喷射混凝土,封闭所有裸露面,并且采用钢拱架进行支撑,接着施工锚杆、挂网片,完成第一次初期支护。第一次初期支护完成后开始清渣,之后再进行第二次支撑架施工,完成第二次强支护,之后二次衬砌再进行充填。也可进行一次初期支护,在二次衬砌后预留孔洞,距支护结构 2m 以内填浆砌石,2m 以上填干砌片石。

(2)特大型塌方可能发生在浅埋段,从拱顶直到地表一次性贯通垮塌。此种情况下的人员抢救方式与大型坍塌相同,仅塌方的处理方式不同。若发生特大型塌方,应先在所有裸露面喷一层 5cm 厚的混凝土,短时间内保证无危岩掉落。然后开始清渣,清渣过半后将塌方边缘与正洞结合部加固、修整,迅速在此进行二次衬砌施工,衬砌厚度、混凝土标号、衬砌钢筋应经过计算,以保证有足够支撑力支撑塌方回填后的压力。待二次衬砌结束、强度达到设计值后,开始从顶部向下逐层回填夯实,顶部筑围墙防止雨水浸入。

当出现不同的塌方类型时,可以采取不同的方法及时进行处理,各种处理方法的适用条件和主要施工程序如表 5-23 所示。

表 5-23 塌方处理方法、适用条件和主要施工程序表

序号	处理方法	适用条件	主要施工程序
1	喷锚法	小塌方或边墙塌方处理,亦常作为综合治理方法之一来处理大塌方	①搭设作业平台;②清理岩面;③安装锚杆;④挂钢筋网;⑤喷混凝土;⑥安装锚索(需采用锚索支护时)
2	对顶支撑法	塌穴跨度小而长度或高度大的侧壁塌方	①加固塌穴两端;②安装钢顶撑;③塌穴喷锚;④出渣;⑤分段衬砌;⑥塌穴回填及加固
3	挑梁法	掌子面前沿顶拱发生小塌方以后,边墙和掌子面均无法找到底梁支点位置时的塌方	①将圆木或型钢穿过原支撑或临时架立支撑的顶梁直抵掌子面,形成一排挑梁;②在挑梁上架设木垛,填塞塌穴;③出渣
4	插筋排架法	塌方堵塞全部工作面、塌穴情况不明的大塌方,或冒顶事故的塌方,也是实现护顶法、混凝土纵梁法和环形导洞法等处理方法的重要施工程序之一	①紧贴掌子面架设钢支撑;②在顶拱设计开挖线以外按一定角度(3°～10°)钻孔;③安装钢筋支架形成掌子面超前支护;④在钢筋支架保护下塌方体出渣;⑤喷混凝土;⑥按①～⑤程序继续施工
5	护顶法	塌方堵塞高度超过掌子面顶部的顶拱塌方	①由地表钻孔或开挖旁通洞进入塌穴上部空腔;②找平塌穴下部塌渣;③灌注水泥砂浆护拱或浇筑混凝土护拱;④出渣并作临时支护;⑤护顶(或衬砌);⑥回填护顶以上塌穴

续表 5-23

序号	处理方法	适用条件	主要施工程序
6	导洞灌浆法	埋置深度较大的地下工程塌方	①导洞开挖；②在导洞内钻孔灌注；③分段扩大；④分段衬砌
7	型钢拱架法	大、中型地下工程大塌方及冒顶事故	①水平钻孔；②埋设钢管；③在钻孔内和钢管内灌浆(某些情况下可不灌浆)；④塌方处分段开挖出渣；⑤塌方处分段衬砌
8	环形导洞法	大型地下工程的大塌方或冒顶事故	①由下而上开挖导洞群并回填混凝土，完成边墙顶拱环形支护结构(亦可结合建筑物作为永久衬砌)；②中央核心塌体出渣；③抑拱衬砌

第六章　长距离小断面输水隧洞下穿高速公路施工工法

第一节　工法特点

长距离小断面输水隧洞下穿既有高速公路施工工法特点如下：

(1)采用小导管超前支护、钢支撑、锚喷网加固隧洞拱部围岩，能有效控制隧洞拱部围岩的变形。

(2)采用光面爆破或预裂爆破技术进行隧洞开挖，并根据掌子面的地质条件，实时优化钻爆参数，通过精准钻孔、严控单段炸药量、间隔装药、毫秒微差起爆等技术措施，实施“短进尺、小药量、弱爆破”，能够避免爆破地震波的叠加，最大程度地减小对隧洞围岩的扰动。

(3)通过小导管超前支护、光面爆破或预裂爆破、锚喷支护、现场监控量测、信息及时反馈等技术手段，能够严格控制高速公路路面沉降，确保高速公路的行车安全。

第二节　适用范围

在隧道工程中，针对软岩隧道洞口段围岩普遍软弱破碎，出洞端场地狭窄，洞口无法进行长管棚支护等问题，通过采取双层注浆小导管替代管棚进行超前支护，能够达到对洞口段围岩预加固的目的。一般的单层小导管超前支护技术形成的注浆加固圈较薄、围岩承载力提高程度不够，不能很好地满足软弱围岩隧道开挖要求。而双层小导管超前支护技术是在单层小导管技术基础上发展而来的，增强了其支护效果和不良地质中的适应性，表现出比长管棚更好的支护效果，且在用钢量和施工耗时、施工条件上较长管棚支护方法有相当大优势，故近年来双层注浆小导管预加固技术因其出色的支护效果和较低的施工要求在软弱围岩隧道超前支护中越来越受欢迎。但是，小导管的布置受多种因素影响，一般需要根据围岩的地质状况、地形地貌、隧道截面尺寸和施工工法等因素进行初步确定，考虑经济和环境方面影响进行综合判断，最终确定其布置方式和数量，确保超前小导管群的预加固作用得到充分发挥。

光面爆破是一种合理利用炸药能量的控制爆破技术，掘进质量高、材料消耗少、安全性能好，使用该技术能够较好地保护围岩的强度和整体性，大大提高围岩的稳定性与自承能力。光面爆破适用范围如下：

(1)适用于围岩坚固性系数大于或等于 4 的岩巷施工，对于一些煤层厚度在 0.8m 以下，石门与煤层穿层的施工中也同样适用。

(2)适用于宽度大于 2.4m 的岩石巷道，且巷道断面越大，光爆效果越好；

(3)适用于任何坡度的巷道，我国在岩巷倾斜角度小于 17°的巷道已推广应用，在立井煤仓施Ⅰ中，也局部采用，因此光面爆破适用于任何角度巷道的施工。

(4)适用于井下机房洞室和局部工程质量整改施工。

综上，由小导管超前支护、光面爆破或预裂爆破、锚喷支护、现场监控量测、信息及时反馈等技术手段结合的施工工法，适用于复杂地质条件下小断面隧洞下穿既有高速公路、国道、高速铁路、普通铁路等工程的施工。

第三节　工艺原理

本工程采用新奥法(NATM)。新奥法的工艺原理如下：

(1)岩体是隧道(洞)结构体系中的主要承载单元，在施工中必须充分保护岩体，尽量减少对岩体的扰动，避免过度破坏岩体的强度。因此，隧道(洞)开挖应采用光面爆破、预裂爆破或机械掘进。

(2)为了充分发挥岩体的承载能力，应允许并控制岩体的变形。一方面允许变形，使围岩中能形成承载环；另一方面又必须限制变形，使岩体不致过度松弛而丧失或大大降低承载能力。在施工中应采用能与围岩密贴、及时筑砌，又能随时加强柔性支护结构(如锚杆和喷射混凝土支护等)，从而通过调整支护结构的强度、刚度和工作的时间(包括闭合时间)来控制岩体的变形。

(3)为了改善支护结构的受力性能，施工中支护结构应尽快闭合，从而形成封闭的筒形结构。另外，隧道(洞)断面形状应尽可能圆顺，以避免拐角处的应力集中。

(4)通过施工中对围岩和支护结构的动态观察、量测，合理安排施工程序，及时进行设计变更及日常的施工管理。

(5)二次衬砌原则上应在围岩与初期支护变形基本稳定的条件下施作，使围岩和支护结构形成一个整体，从而提高支护体系的安全度。

上述新奥法的基本工艺原理可概括为“少扰动、早喷锚，勤量测、紧封闭”，施工严格遵循“短进尺、弱爆破、快封闭、勤观测”的原则。

第四节　施工工艺流程及操作要点

隧洞下穿施工的主要流程为：施工准备→小导管超前支护→隧洞开挖→初期支护→重复上述流程直至开挖结束→现浇混凝土衬砌→竣工验收(图 6-1)。

一、小导管超前支护

1. 超前小导管设计

超前小导管钻孔孔口沿初次支护轮廓线布置，采用 ϕ42mm 无缝钢管制作，长 3.0m、4.0m，环向间距 40cm，前后排搭接长度不小于 2m，钢管外插角 12°～15°。钢管上钻注浆孔，孔径 10mm，孔间距 15cm，呈梅花形布置，钢管尾部 1m 范围内不钻花孔，而作为止浆段。

2. 施工工艺流程

小导管超前支护施工工艺流程见图 6-2，主要包括布孔→成孔→插管→封口→注浆。

(1)布孔。根据小导管的施工设计和开挖断面中线，以拱顶外轮廓线中心高程和支距进行布孔放样，以插钎作为标志。

(2)成孔。先架设方向架，确定打孔方向、位置和仰角，然后采用风钻钻孔。

(3)插管。安设小导管时对准管孔方向和角度，必要时借助液压或风动推进器顶入，小导管尾端应在同一剖面且外露长度为 30cm。

(4)封口。喷 5cm 厚混凝土对管圈及开挖面周边 5m 范围内进行封闭。

(5)注浆。浆液采用 P. O42.5 级普通硅酸盐水泥,水泥浆的水灰比为 1∶1。注浆压力 0.5~1.0MPa,终止压力 2MPa。注浆完成后小导管端部焊接在钢拱架上。钻孔机械采用 YT-28 型凿岩机,钻孔钎头为 ϕ50mm,注浆设备采用 VBJ3 型砂浆泵。施工前需做压浆试验,以确定合理的设计参数,然后在此基础上施工。注浆结束后进行注浆效果检查,并做好记录。

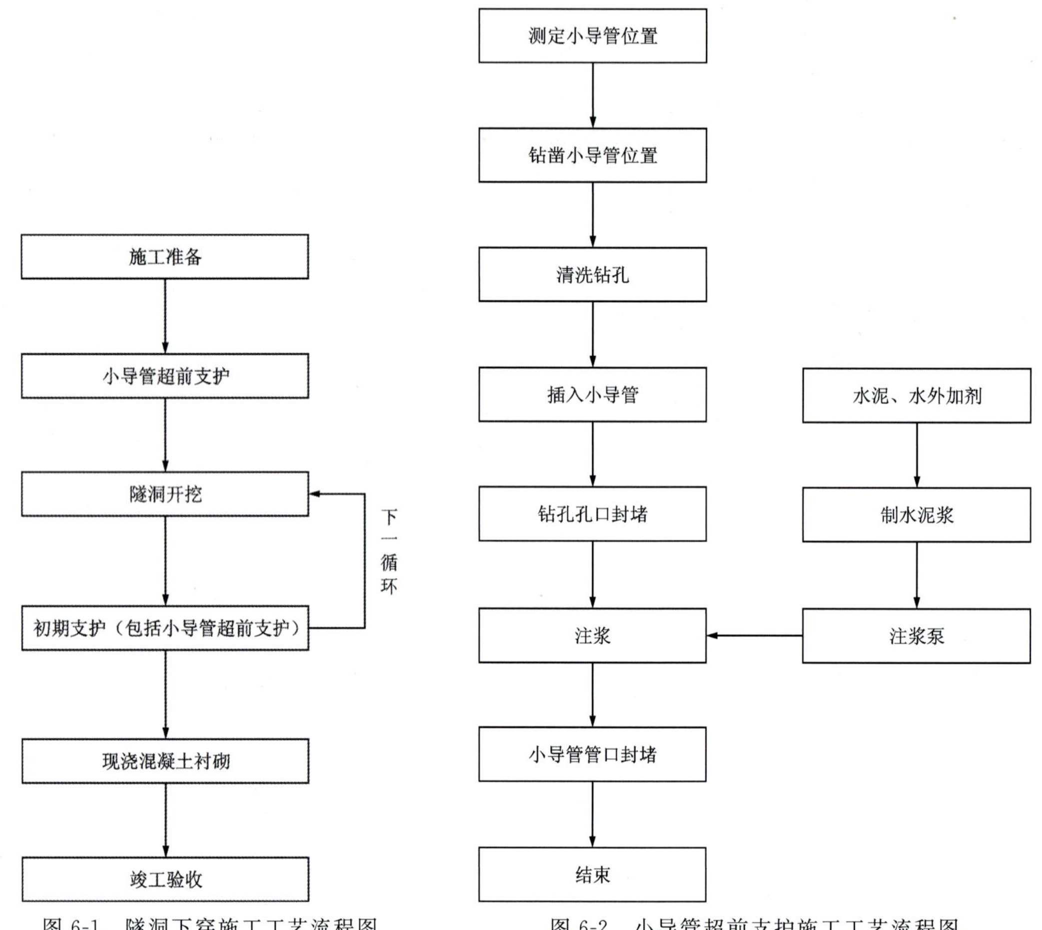

图 6-1　隧洞下穿施工工艺流程图　　　图 6-2　小导管超前支护施工工艺流程图

3. 操作要点

(1)为防止孔口漏浆,用水泥药卷封堵注浆管与钻孔之间的空隙。

(2)为防止注浆管堵塞影响注浆效果,注浆前应先清洗注浆管。

(3)压浆管与超前注浆管之间采用操作方便的接头,以便快速安装和拆卸。

(4)注浆压力由小到大,升到终止压力 2MPa 时,稳压 3min,流量计显示注浆量较小时结束注浆。

(5)注浆结束后,拆除注浆接头,迅速用水泥药卷封堵注浆管口,防止未凝固浆液外流。注浆由两侧对称地向中间、自下而上逐孔注浆,如有窜浆或跑浆时,间隔注浆,最后全部完成注浆。

(6)钢管尾端焊接于钢拱腹部,以增强共同受力作用。

二、隧洞开挖

隧洞下穿高速公路位置围岩为Ⅳ级,围岩稳定性较差。为有效降低爆破振动,避免隧洞塌方,采用台阶法爆破施工，上下台阶进尺均取1m。

（一）钻爆优化设计

1. 炮孔布置

（1）掏槽孔。布置在隧洞断面中间部位，采用直线掏槽，布置5个掏槽孔，其中中间1个为空孔，各掏槽孔互相平行且呈对称式排列。

（2）辅助孔和光爆孔。在隧洞断面上按照抵抗线大致相等的原则均匀布置辅助孔，光爆孔布置在靠近隧洞设计轮廓线处。

（3）底孔。布置在隧洞底板处，为避免隧洞底板可能存在积水而影响爆破效果，底孔孔口应高出隧洞底板设计高程0.1～0.2m，孔底应低于隧洞底板设计高程0.1～0.2m。

上、下台阶炮孔布置如图6-3、图6-4所示。

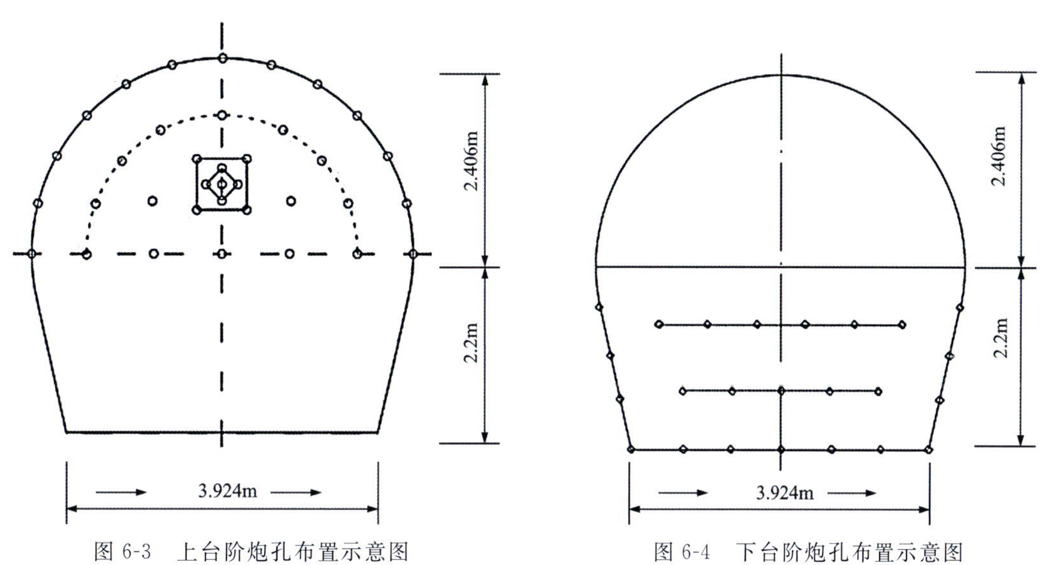

图6-3　上台阶炮孔布置示意图　　图6-4　下台阶炮孔布置示意图

2. 炮孔直径

根据凿岩机械和钎头直径选取炮孔直径，小断面隧洞爆破的炮孔直径一般取38～42mm。

3. 炮孔深度

掏槽孔深度为1.3m，辅助孔、周边孔（光爆孔）、底孔深度为1.1m。

4. 炮孔间距

掏槽孔孔间距为0.2m，辅助孔孔间距为0.55～0.70m，光爆孔孔间距为0.35～0.65m，底孔孔间距为0.55～0.65m。

5. 炮孔数目

炮孔数目计算公式如下：

$$N=(q\cdot s)/(r\cdot \eta)=59(\text{个})$$

式中：N为炮孔数量（个）；q为炸药单耗（kg/m^3），根据隧洞工程经验及有关资料，岩石坚固性系数$f=$

5～8时，隧洞掘进炸药单耗为 1.7kg/m³；s 为隧洞掘进断面积(m²)，取 19.35m²；r 为每米长度炸药的质量(kg/m)，2＃岩石炸药每米质量为 0.78kg/m；η 为炮孔装药系数，取 0.7。

根据隧洞断面尺寸和上述炮孔布置原则，隧洞炮孔数量为 60 个。

6. 爆破参数

为最大限度地减小爆破震动对围岩的破坏，采用光面爆破进行隧洞开挖，在岩体破碎程度大的地段采用预裂爆破。

装药量计算公式如下：

$$Q=(L\times\alpha)\div m\times p$$

式中：Q 为炮孔装药量(kg)；L 为炮孔深度(m)；α 为装药长度比例；m 为药卷长度(m)；p 为每卷炸药的质量(kg)。

(1)掏槽孔、辅助孔和底孔药量。①掏槽孔：$Q_1=(1.3\times0.8)\div0.2\times0.2\approx1.04$(kg/个)(掏槽孔比其他炮孔深 0.2m)。②辅助孔：$Q_2=(1.1\times0.7)\div0.2\times0.2\approx0.77$(kg/个)。③底孔：$Q_3=(1.1\times0.75)\div0.2\times0.2\approx0.825$(kg/个)。

(2)光爆孔药量。计算公式为

$$Q_{孔}=q_{线}\times L$$

式中：$Q_{孔}$ 为光爆孔装药量(kg)；$q_{线}$ 为光爆孔线装药密度(kg/m)，$q_{线}$ 取 0.12kg/m；L 为炮孔深度(m)。

本次光爆孔药量 $Q_{孔}=0.12\times1.1\approx0.132$(kg)。

各类炮眼的钻爆参数见表 6-1、表 6-2。

表 6-1　上台阶钻爆参数表

名称	炮孔数量/个	炮孔深度/m	单孔装药量/kg	总装药量/kg	起爆顺序(段别)	总装药量/kg	炮孔总数/个	比耗药量/(kg·m⁻³)
掏槽孔	4	1.3	1.040	4.16	1	21.37	36(含空孔 1 个)	1.82
辅助孔	13	1.1	0.770	10.01	3、5、7			
底孔	7	1.1	0.825	5.775	11			
光爆孔	11	1.1	0.132	1.425	9			

表 6-2　下台阶钻爆参数表

名称	炮孔数量/个	炮孔深度/m	单孔装药量/kg	总装药量/kg	起爆顺序(段别)	总装药量/kg	炮孔总数/个	比耗药量/(kg·m⁻³)
辅助孔	11	1.1	0.77	8.47	1、3	15.037	24	1.22
底孔	7	1.1	0.825	5.775	7			
光爆孔	6	1.1	0.132	0.792	5			

7. 装药结构

为了最大限度地减小爆破震动对围岩的破坏，光爆孔采用间隔装药，其他炮孔采用连续装药。装药结构见表 6-3。

表 6-3　装药结构表

结构形式	装药结构示意图	说明
耦合连续反向起爆装药	炮泥；ϕ32药卷；导爆管雷管 300，200，200，200，200，200；1300 单位：mm	掏槽孔、辅助孔、底孔装药结构
	炮泥；ϕ32药卷；导爆管雷管 300，200，200，200，200；1100 单位：mm	
间隔不耦合装药	炮泥；ϕ25药卷；导爆索；ϕ32药卷；导爆管雷管 120，200，60，200，60，200，60，200；1100 单位：mm	光爆孔装药结构

注：炸药为 2# 岩石乳化炸药。

8. 起爆网络

采用毫秒微差非电起爆网络，起爆顺序为掏槽孔→辅助孔→底孔→光爆孔，相邻炮孔的起爆时差不大于 100ms。

采用“一把抓”的方式连接起爆网络，每 10～20 发导爆管雷管脚线抓成 1 束，连接到 1 发二级簇联导爆管雷管上，所有的二级簇联导爆管雷管段别相同。将所有的二级簇联导爆管雷管并联在一起，由 1 发电雷管引爆。起爆网络如图 6-5 所示。

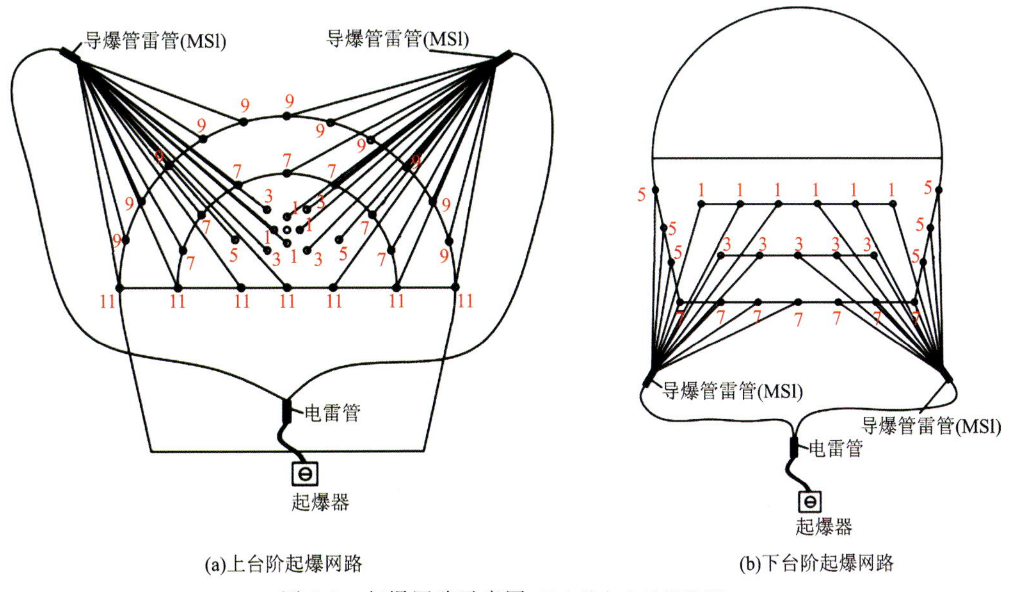

图 6-5　起爆网路示意图(图中数字为雷管段别)

（二）施工工艺流程

隧洞爆破开挖施工工艺流程如图 6-6 所示。

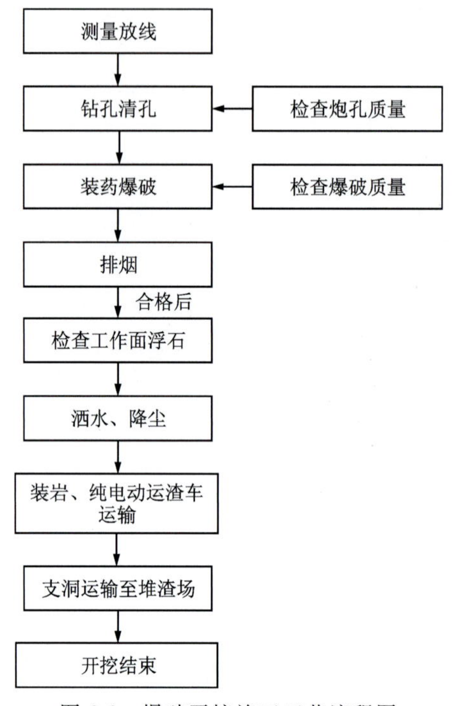

图 6-6　爆破开挖施工工艺流程图

（三）操作要点

爆破作业必须按照爆破设计进行测量、钻孔、装药、堵塞、接线和引爆。

（1）测量。每一循环都由测量技术人员在掌子面标出开挖轮廓和炮孔位置，并在洞内拱顶及两侧起拱线处安装 3 台激光指向仪。钻孔前绘出开挖断面中线、水平线和断面轮廓线以控制拱顶，起拱线位置，根据爆破设计要求标示出炮孔位置，经检查符合设计要求后才可钻孔。

（2）钻孔。钻孔采用 YT-28 型凿岩机，并按以下要求钻进：①按照炮孔布置图正确对孔和钻进；②掏槽孔比其他孔深 20cm，对孔误差不大于 3cm，并保持平行；③掏槽孔孔口间距误差和孔底间距误差不大于 5cm；④光爆孔位置在设计断面轮廓线上，其环向误差不大于 5cm，孔底不超出开挖面轮廓线 10cm，孔深误差小于 10cm；⑤开挖面凹凸较大时，应根据实际情况调整炮孔深度，力求所有炮孔（除掏槽孔外）孔底在同一垂直面上；⑥钻孔完毕后，按炮孔布置图进行检查，如有不符合要求的炮孔需重钻，经检查合格后，才能装药起爆。

（3）装药及堵塞。装药前先用高压风将孔中岩土碎屑吹净，并用炮棍检查孔内是否有堵塞物，装药分片分组，严格按爆破参数表及炮孔布置图规定的单孔装药量，雷管段别对号入座。

（4）接线及引爆。起爆网络的连接、检查及起爆，必须按照爆破设计要求执行。

三、初期支护

隧洞开挖结束后需进行初期支护，工序如下：出渣结束后，首先初喷 5cm 厚混凝土，其作用是维护围岩的稳定，防止施工中掉块伤人。喷射混凝土采用人工潮喷方式，设备选用 PZ-7 型喷射混凝土机。初喷混凝土完成后，架设钢拱架。钢拱架在加工厂加工后运输至现场由人工架设，架设完成后使用连接筋焊成一体。然后进行锁脚锚杆施工，锁脚锚杆孔钻凿选用 YT-28 型气腿式凿岩机。钻孔结束后向孔内注入砂浆，注浆设备选用 MZ-30 型注浆机，注入砂浆后及时将锚杆插入。在锁脚锚杆施工的同时进行小导管超前支护施工，超前小导管孔钻凿选用 YT-28 型气腿式凿岩机，采取人站在凿岩平台上钻孔的方式。超前小导管钻孔完成后进行清孔，之后将小导管插入，并封堵孔口，以防止注浆浆液流失和保证注浆压力。注浆设备选用 SGB6-10 型智能灌浆机，注浆结束封堵小导管管口，防止浆液流出。锁脚锚杆、小导管超前支护完成后与钢拱架焊接在一起，之后采用人工进行挂网工序。挂网完成后，复喷混凝土 12cm，至此初期支护结束。

初期支护施工工艺流程如图 6-7 所示，主要包括初喷混凝土→架设钢拱架→安装锁脚锚杆→小导管超前支护→挂网→复喷混凝土。

（一）初喷混凝土

1. 施工工艺流程

初喷混凝土施工工艺流程如图 6-8 所示。

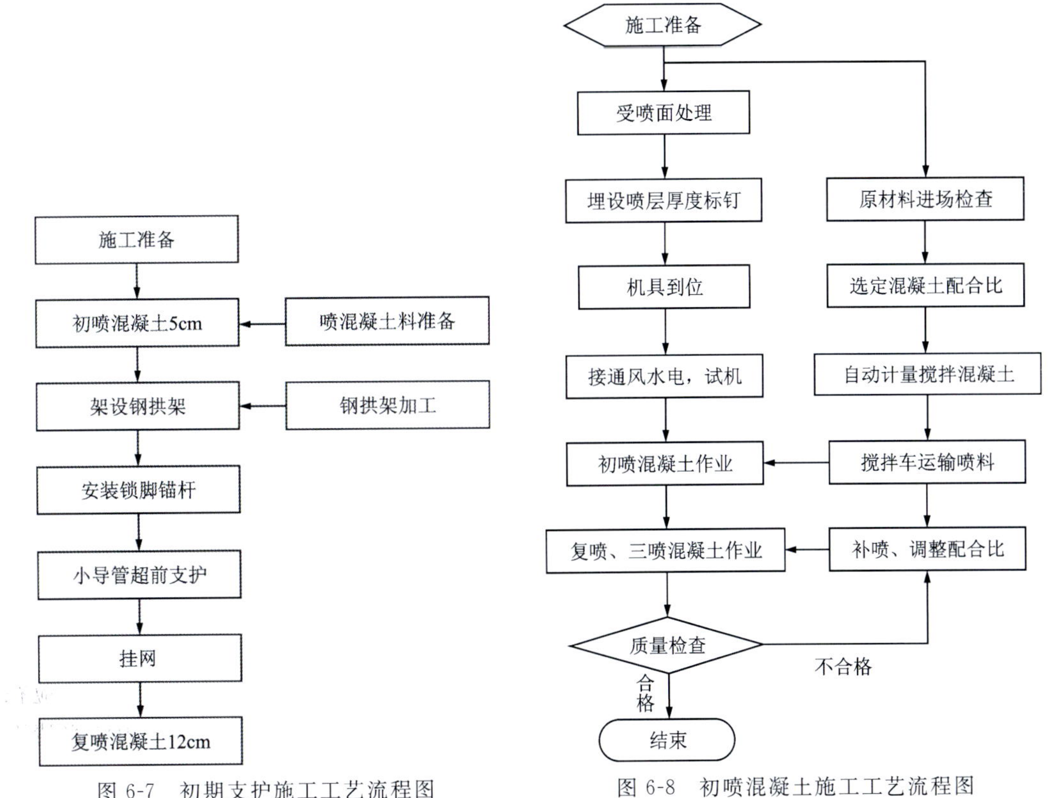

图 6-7　初期支护施工工艺流程图

图 6-8　初喷混凝土施工工艺流程图

2. 操作要点

(1)受喷面处理。喷射混凝土前,应对受喷岩面进行处理。喷射作业应连续进行,具体要求如下:①一般岩面可用高压水冲洗受喷面上的浮尘、岩屑,当岩面遇水容易潮解、泥化时,应采用高压风吹净岩面,以保证喷射混凝土与受喷岩面黏结牢固,使喷射混凝土和地层良好地共同受力;②喷混凝土作业前,应认真清除作业面拱脚或墙脚的虚渣和回弹物料,以防止拱墙脚因喷混凝土强度不足而出现失稳现象;③处理危石,检查开挖断面净空尺寸,当受喷面有涌水、淋水、集中出水点时,应先进行引排水处理;④根据设计要求挂设钢筋网,用锚杆将其固定,使其密贴受喷面,以提高喷混凝土的附着力。

(2)计量配料及拌和。按照监理批准的配合比投料。喷射混凝土骨料用强制式拌和机分次投料拌和,为减少回弹量、降低粉尘,应提高一次喷层厚度,采用混凝土喷射机作业,拌和时间为90～120s。喷混凝土料由洞外拌和站生产,隧洞内喷射混凝土料运输采用有轨运输,把洞外搅拌站拌和的喷射混凝土料运至洞内工作面,以加快运输速度,简化运输过程,提高效率,缩短循环时间,保证施工安全。

(3)喷射机调试。混凝土喷射机安装调试好后,在料斗上安装振动筛(筛孔为10mm),以免超粒径骨料进入喷射机。喷射机械准备就绪,先注水、通风,清除管道杂物,同时用高压水或高压风吹洗受喷面,清除岩面尘埃。喷射时送风之前喷嘴应朝下,以免高压混凝土拌和物堵塞速凝剂喷射孔。校正好配料的输出比后,连续上料。操作顺序:喷射时,先开风再送料,以集料分布均匀、回弹量小、表面湿润有光泽为准。

(4)现场喷射。喷射手应保持喷头具有良好的工作状态,以喷射混凝土回弹量小、表面湿润有光泽、易黏着为宜,且应严格控制喷嘴与岩面的距离和高度,喷头与受喷面的距离宜为0.6～1.2m。喷射机的工作风压应严格控制在0.1～0.15MPa范围内,从拱部到边墙脚风压由高变低。喷射作业应分段分片依次进行,喷射顺序均应自下而上,先墙脚后墙顶,先拱脚后拱顶,避免出现死角。如岩面凹凸不平时,应先喷凹处找平,然后向上喷射。喷射路线呈小螺旋形绕圈运动,绕圈直径以30cm左右为宜,后一圈压前一圈的1/3～1/2,喷射路线呈“S”形运动,每次“S”形运动长度为3～4m。喷射纵向第二行时,要依顺序从第一行的起点处开始,行与行间需搭接2～3cm。料束旋转速度原则上要均匀,不宜太慢或太快,喷头活动顺序如图6-9所示。

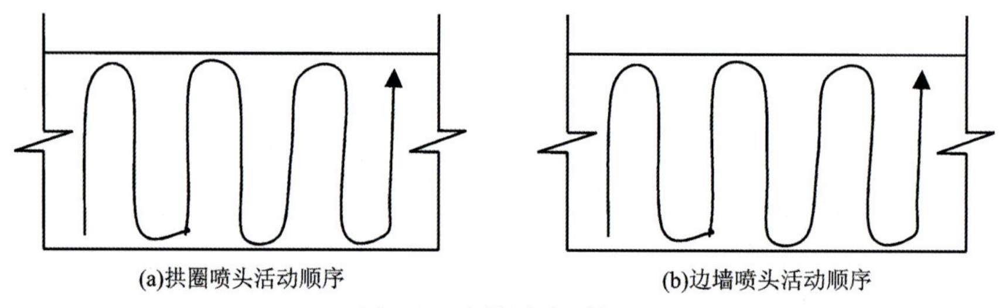

图6-9　喷射活动顺序图

(5)喷头与受喷面的角度控制。喷头一般应垂直于受喷面,但在喷边墙时,宜将喷头略向下俯10°左右,使料束喷射在较厚的混凝土顶端,可避免料束中的粗骨料直接与受喷面撞击,减少回弹率。

(6)喷射厚度控制。一次喷射厚度主要由喷混凝土颗粒间的凝聚力和喷层与受喷面间的黏结力而定。厚度太薄会增大回弹率,厚度太厚会使混凝土颗粒间的凝聚力减弱,引起大片坍落或使喷混凝土与岩面脱离,进而产生空隙。因此,一次喷射厚度不宜超过10cm。分层喷射时,后一层喷混凝土应在前一层喷混凝土终凝后进行,时间间隔一般为15～20min。若终凝1h后再进行喷射,应先用清水清洗喷层表面。拱部喷射混凝土的一次喷射厚度为6～10cm,边墙喷射混凝土的一次喷射厚度为8～12cm。初喷混凝土在开挖后及时进行,复喷应根据掌子面的地质情况和一次爆破药量分层、分时段进行,以确保喷射混凝土的支护能力和喷层的设计厚度。喷射混凝土终凝后3h内不得进行爆破作业。

(7)喷射混凝土的回弹率控制。喷射混凝土施工中的回弹率,与喷射混凝土材料、水灰比、混合物喷射速度、喷头至受喷面的距离与角度及喷射手技术熟练程度等因素有关。而回弹率的高低对喷射混凝土质量、材料消耗、施工效率等都有重大影响。喷混凝土的回弹率边墙不应大于15%，拱部不应大于25%。喷射速度(即喷头出口处的工作风压)是影响喷射混凝土质量和回弹的重要因素之一。当风压过小，即喷射速度太小时，由于喷射冲击力太小，粗骨料不易嵌入新鲜混凝土中，则回弹率增大，也会影响喷射强度；当风压过大，即喷射冲击力太大时，回弹率会增大，使粉尘浓度增大。风压和水压要根据喷射机械性能要求确定，但总的要求是水压较风压至少应高0.05MPa。当风嘴头处的风压在0.1～0.15MPa以内时，才能保证喷射混凝土回弹率较小，强度较高，粉尘浓度较低。喷头方向、喷头与受喷面的距离都影响回弹率，因此在施工中要保持合理的方向和距离。

(8)养护。喷射混凝土终凝2h后，应由专人喷水养护，以减少因水化热引起的开裂，养护时间为28d。

3. 注意事项

(1)严格控制水泥、砂子、碎石等原材料的质量。

(2)稳定用水水压，确保喷射混凝土的质量。

(3)喷射混凝土施工前首先清理受喷面的浮石，并用喷射机喷水清洗受喷面。

(4)控制喷射混凝土强度，严格按设计的配合比拌料，同批试块的抗压强度平均值应达到设计要求。

(5)控制喷射混凝土厚度，使其满足喷射混凝土质量检查与评定要求。

(6)经常检查喷射混凝土的粉尘和回弹情况，根据实际情况调整喷射方向和工作压力，使回弹率尽量降低。

(7)喷射混凝土的表面应圆滑平顺，并按规范对已喷射完毕的混凝土进行喷水养护。

(二)架设钢拱架

1. 施工工艺流程

钢拱架架设施工工艺流程如图6-10所示。

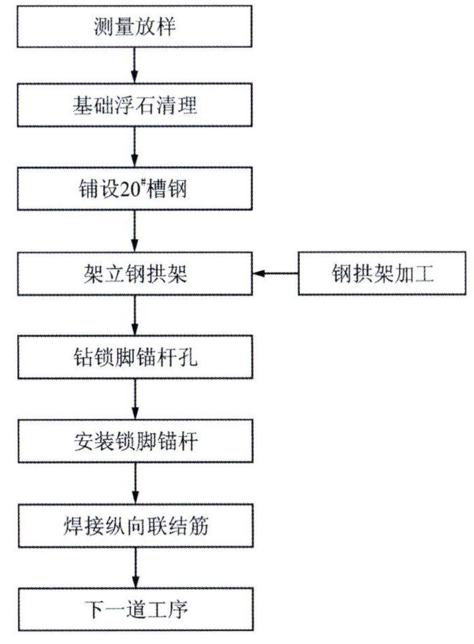

图6-10 钢拱架架设施工工艺流程图

2. 操作要点

(1)Ⅳ级围岩采用Ⅰ16 工字型钢作为拱架,分 3 片安装,纵向设 ϕ14@1000 连接钢筋与之焊接,钢拱架应与锁脚锚杆焊接。

(2)钢拱架的加工在工地加工场内利用胎架进行,焊接好的钢拱架使用前应在加工场内进行试拼,并将整个隧洞轮廓各节钢拱架进行整体试拼,以检查连接部位是否吻合,加工误差符合规范要求的钢拱架才运至工地使用。

(3)每榀钢拱架安装前,用全站仪、水准仪准确测量确定出钢拱架安装的中线、标高及拱脚设计位置。

(4)钢拱架安装由人工借助机具架立就位,拱脚必须架立在坚固的基座上。拱脚标高不够时设置钢板进行调整,或用混凝土加固基底,用短钢筋将钢拱架焊牢在锚杆上。

(5)每榀钢拱架安装好后在其拱脚处设置锁脚锚杆固定,以限制初支移动,并应焊接牢固。钢拱架与围岩间的空隙需用混凝土块塞紧,间距不大于设计要求。

(6)钢拱架安装后根据已施工段量测结果确定限位变形量,现场焊接限位钢板,每个接头应设一处限位钢板。

(三)施作锁脚锚杆

隧洞初期支护锁脚锚杆采用砂浆锚杆,施工工艺流程和操作要点如下。

1. 施工工艺流程

砂浆锚杆施工工艺流程如图 6-11 所示。

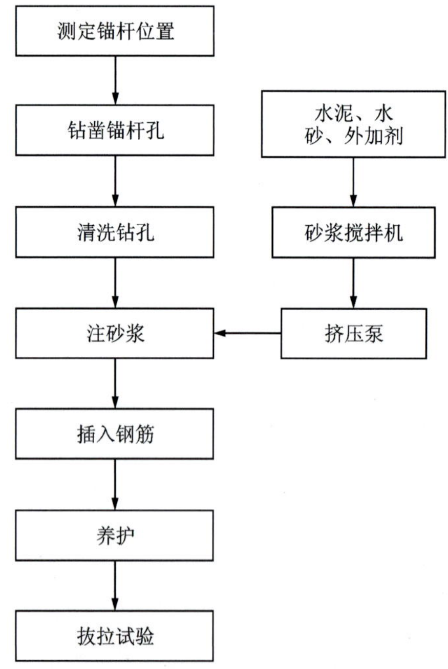

图 6-11　砂浆锚杆施工工艺流程图

2. 操作要点

锚杆注浆操作要点:

(1)使用能够连续注浆的锚杆注浆机或砂浆泵，出口压力应能达到 1.0MPa，输送能力应大于0.7m^3/h。

(2)注浆管应插到孔底，然后退出 50～100mm 开始注浆，注浆管随砂浆的注入缓慢匀速拔出，使孔内填满砂浆。

(3)如遇塌孔或孔壁变形注浆管插不到孔底时，应对锚杆孔进行处理，使注浆管能顺利插到孔底，必要时应补打锚孔或使用自钻式锚杆。

(4)注浆工艺须经注浆密实性模拟试验，密实度检验合格后方能在工程中实施。

锚杆安装操作要点：

(1)锚杆孔注满砂浆后应及时插入锚杆体。

(2)杆体插入孔内的长度应符合设计要求，插入困难时可利用机械顶推或风镐冲击，当锚杆端部带有螺纹时应注意保护杆体端部的螺纹不被损坏。

(3)锚杆体插入后，在孔口处用铁锲固定并封闭孔口。

(4)锚杆安装后，在砂浆强度达到设计要求之前，不应敲击、碰撞或牵拉锚杆，与钢筋网联结的锚杆，孔口处必须固定牢固。

(5)锚杆孔处理困难，杆体或注浆管不能插到孔底时，宜采用自钻式砂浆锚杆。

(四)小导管超前支护

小导管超前支护施工工艺流程和操作要点前文已述，此处不再赘述。

(五)安装钢筋网

1.施工工艺流程

钢筋网安装施工工艺流程如图 6-12 所示。

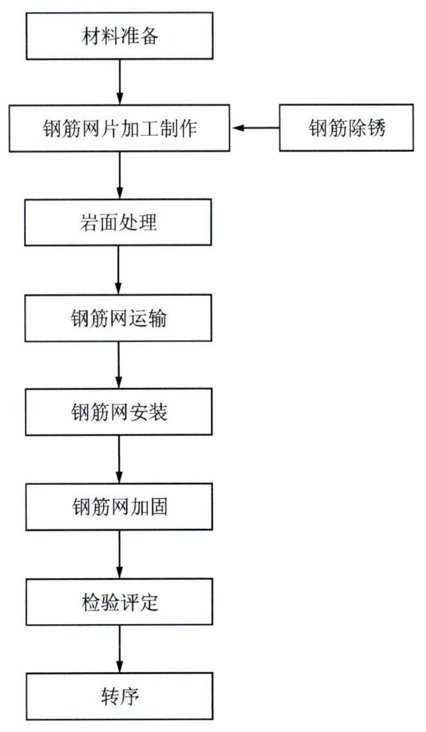

图 6-12　钢筋网安装施工工艺流程图

2. 操作要点

钢筋网安装搭接长度不少于 1 个网格，相邻网片之间采用铅丝绑扎，钢筋网铺设在砂浆锚杆施作后，采用人工铺设方式进行。钢筋网应与锚杆和钢拱架绑扎连接牢固，与钢拱架绑扎时，应绑在靠近岩面的一侧，且应在初喷混凝土(厚度为 4～6cm)后铺挂，沿环向压紧后再喷混凝土。喷混凝土时，应减小喷头至受喷面的距离和风压，以减少钢筋网振动，降低回弹。钢筋网喷混凝土保护层厚度不小于 4cm。钢筋网片安设如图 6-13 所示。

(1)挂网。挂网在初喷混凝土及锚杆施做完成后进行。通过多功能作业台架，采用人工沿开挖岩面一环一环铺设，钢筋网片之间用焊接连接，施工中可以通过钻孔设备辅助固定钢筋网，使其尽量与岩面密贴。

(2)连接。挂好网片后，将网片之间的接头以及网片钢筋和锚杆头、钢拱架等连接牢固，避免网片超出喷混凝土厚度和喷混凝土时晃动。

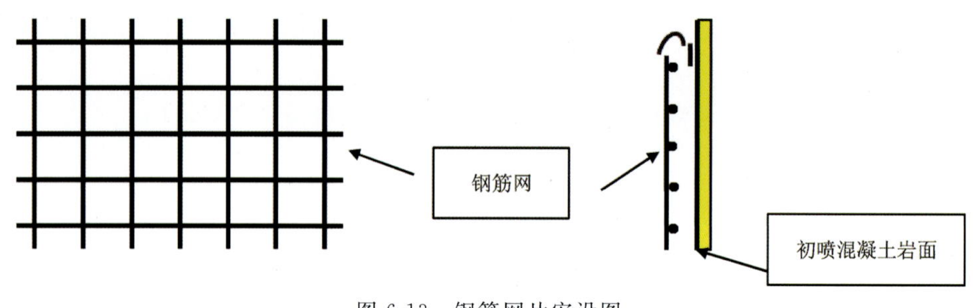

图 6-13　钢筋网片安设图

(六)复喷混凝土

复喷混凝土施工工艺流程和操作要点同初期支护初喷混凝土。

四、现浇混凝土衬砌

1. 施工工艺流程

隧洞衬砌施工工艺流程如图 6-14 所示。

2. 操作要点

(1)现浇混凝土衬砌采用简易拼装式钢模台车，模车长度为 12m。

(2)采用 PL-1200 型配料机进行混凝土配料，采用 JS1000 型强制式搅拌机在地表对混凝土进行拌制。

(3)拌制好的混凝土经混凝土运输罐运输至隧洞浇筑现场，转入 HBT-60 混凝土输送泵料斗内，由 HBT-60 混凝土输送泵泵入仓内。

(4)采用插入式、附着式振捣器进行捣固。

(5)采用分层浇筑，先衬砌底拱(衬砌底部)，后衬砌边、拱。底拱(衬砌底部)与边、拱的施工缝位置按设计要求确定。

(6)首先进行测量放线，之后采取高压风吹洗并配合人工清理基底。然后浇筑垫层混凝土，等垫层达到一定强度后，按规范要求绑扎底板钢筋，经监理验收合格后再浇筑底板混凝土。浇筑的混凝土应加强振捣，防止蜂窝、麻面的产生，最后对底板混凝土进行养护。

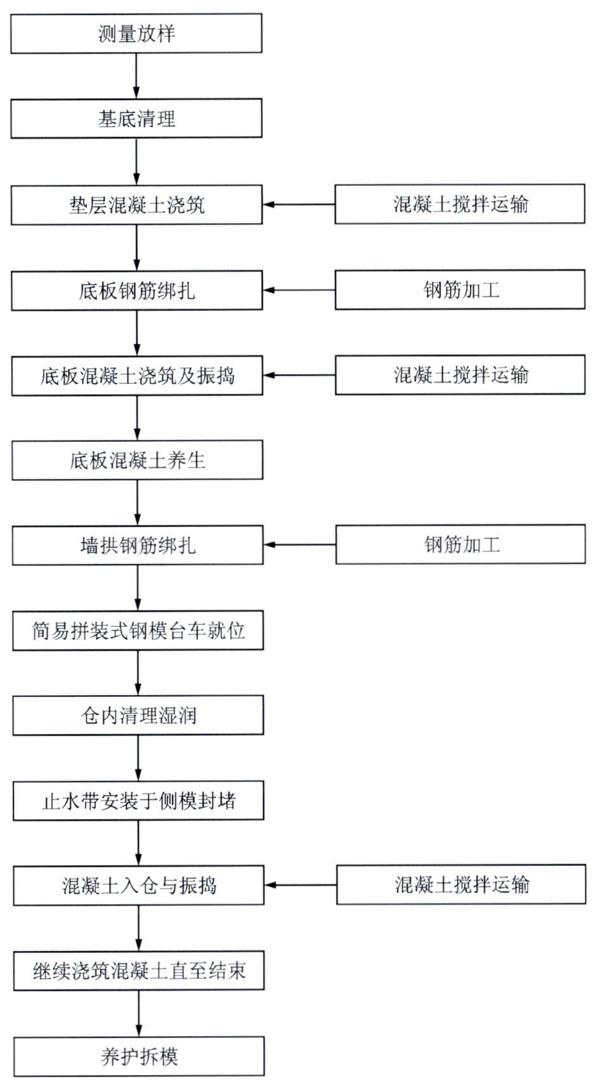

图 6-14 隧洞衬砌施工工艺流程图

(7)待底板混凝土达到一定强度后，绑扎墙拱钢筋，钢筋验收合格后，对施工冷缝进行凿毛处理，将简易拼装式钢模台车就位，并进行浇筑混凝土的准备工作。首先采取人工方式对仓内进行清理和清水湿润，之后在施工冷缝上洒少许水泥浆，再进行止水带安装和侧向模板封堵，边封堵侧向模板，边进行混凝土入仓浇筑，应加强对浇筑混凝土的振捣，持续浇筑直至封顶结束。

(8)待浇筑好的混凝土达到一定强度后进行拆模，拆模后应加强养护，以保证混凝土达到设计强度。

(9)拆模后将钢模台车移动到下一个衬砌位置，进行下一衬砌循环。

第五节 材料、设备与人员

一、材料

1. 超前支护材料

超前小导管钻孔孔口沿初次支护轮廓线布置，用 ϕ42mm 无缝钢管制作，长为 3.0m、4.0m，环向间距 40cm，前后排搭接长度不小于 2m，钢管外插角 12°～15°。钢管上钻注浆孔，孔径 10mm，孔间距 15cm，呈梅花型布设，钢管尾部 1m 范围内不钻花孔作为止浆段。

2. 爆破器材

采用 2 号岩石乳化炸药爆破，选用 ϕ25mm、ϕ32mm 两种规格，其中 ϕ25mm 为光爆孔专用光爆药卷，ϕ32mm 为掏槽孔、辅助孔、底孔专用药卷。选用多段毫秒雷管，采用毫秒微差非电雷管全断面一次起爆方法。

3. 初期支护材料

钢拱架采用Ⅰ16 工字钢，每榀钢拱架由 3 个单元组成，钢拱架与连接钢板（20cm×20cm，δ=8mm）采用焊接连接，连接钢板采用螺栓连接，钢拱架间采用 ϕ14mm 钢筋连接。隧洞初期支护钢筋网采用 HRB235 ϕ6.5mm 钢筋，间距为 20cm×20cm。隧洞锁脚锚杆采用 ϕ25mm 的砂浆锚杆。压注砂浆锚杆的早强水泥浆，砂浆配合比（质量比）：砂灰比宜为 1∶1～1∶2，水灰比宜为 0.38～0.45。初喷与复喷采用 C25 混凝土。

4. 衬砌材料

顶拱及侧墙均采用 0.5m 厚 C35 钢筋混凝土衬砌，底板采用 0.5m 厚 C35 钢筋混凝土衬砌，并对隧洞顶拱进行回填灌浆。

二、设备

施工机械本着经济合理和满足进度目标的原则进行配置，具体配置见表 6-4。

表 6-4　主要设备配置表

序号	机械名称	规格型号	数量/台
1	凿岩机	YT-28	6
2	空气压缩机	LG-22/8G	1
3	空气压缩机	LG-13/8G	1
4	轴流通风机	37.5kW×2	2
5	履带挖掘装载机	WZL-220	1
6	纯电动四轮运渣车	BD-10	3
7	混凝土喷射机	ZP-VB	2
8	锚杆注浆机	GS20E	2
9	工字钢弯弧机	LWGJ-250	1
10	钢筋调直机	GT4-14	1
11	钢筋切割机	Q140-1	2
12	直流电焊机	AX320	2
13	交流电焊机	BX1-500A	2
14	混凝土搅拌机	JZC-350	1
15	混凝土搅拌机	JZC-500	1

续表 6-4

序号	机械名称	规格型号	数量/台
16	潜水泵	5.5kW	5
17	离心泵	55kW	2
18	自卸汽车	10t	5
19	挖掘机	W220	1
20	装载机	ZL-50	1

三、人员配置

输水隧洞下穿G15高速公路段施工配备开挖班组和支护班组，分别负责隧洞开挖、超前小导管初期支护、锁脚锚杆打设、钢拱架架设、挂网、喷射混凝土等工作，各班组劳动力安排情况见表6-5。

表 6-5　施工人员配置表

班组	工序	工种	人数/人
开挖	隧洞开挖	钻工	16
初期支护	超前小导管初期支护、锁脚锚杆打设	钻工	8
	钢拱架架设	架子工	8
	挂网	钢筋工	8
	喷射混凝土	喷射混凝土工	8

第六节　质量控制

一、超前小导管支护质量控制

（1）严格控制注浆配合比及凝胶时间，初选配合比后，应用凝胶时间控制调整配合比，并测定凝结体的强度，选定最佳配合比。

（2）严格控制注浆压力，终压必须达设计要求，保持稳压时间，保证浆液渗透范围。

（3）注浆完成后应检验注浆效果，在隧洞开挖后可检查注浆固结体厚度，如达不到设计要求，在注浆时应调整注浆参数，并改善注浆工艺。

（4）注浆过程中，应专人记录注浆情况，并根据实际情况调整注浆压力、进度，保证注浆效果。

（5）隧洞开挖应在注浆8h后进行。

二、隧洞开挖施工质量控制

（1）及时调整在开挖区段内不同地质条件下的各项爆破参数，以优化爆破效果，保证开挖质量。调整爆破有关参数，不断优化爆破设计，改进施工方法和安全措施。不断收集、整理试验所得的各项数据，以最优的爆破参数指导后续爆破设计，提高爆破开挖的施工进度、经济指标和安全指数。通过控制爆破参数与地质情况相协调的手段，控制超挖和欠挖，超挖和欠挖不应超过隧洞开挖轮廓的±20cm。

(2)按新奥法理论进行施工，观测和掌握围岩的变形发展情况，选择合理的支护时机和判断支护的实际效果，充分利用岩石自身的承载能力。

(3)使用质量优良的测量设备，确保各施工控制点布控准确无误。钻孔孔位应依据测量定出的中线、腰线及开挖轮廓线确定；光爆孔应在断面轮廓线上开孔，沿轮廓线的调整范围和掏槽孔的孔位偏差不大于5cm，其他炮孔孔位的偏差不应大于10cm。炮孔的孔底落要在爆破图规定的平面上。

(4)优化技术措施，提高作业人员的技能，严格按爆破设计进行钻孔、装药，孔深、孔斜应控制在允许范围之内，炮孔经检查合格后，方可装药爆破。炮孔装药、堵塞和引爆线路联结，应由经考核合格的炮工负责，并严格按爆破图的规定进行。

(5)在开挖过程中，应注意保护地下混凝土和支护结构不受损坏。在已完成的支护结构附近进行爆破时，爆破技术和爆破参数应进行专门的设计和试验，并经监理工程师批准。

三、初期支护质量控制

1. 喷射混凝土施工质量控制

(1)严格控制水泥、砂子、碎石等原材料质量。

(2)稳定用水水压，确保喷射混凝土质量。

(3)喷射混凝土施工前首先清理受喷面的浮石，并用喷射机喷水清洗受喷面。

(4)控制喷射混凝土强度，严格按设计的配合比拌料，同批试块的抗压强度平均值应达到设计要求。

(5)控制喷射混凝土厚度，满足喷射混凝土质量检查与评定要求。

(6)经常检查喷射混凝土的粉尘和回弹情况，根据实际情况调整喷射方向和工作压力，尽量减少粉尘和降低回弹率。

(7)喷射混凝土的表面应圆滑平顺，并按规范对已喷射完毕的混凝土进行喷水养护。

2. 钢拱架施工质量控制

(1)钢拱架加工焊接不得有假焊，焊缝表面不得有裂纹、焊瘤等缺陷，且在初喷混凝土后及时架设。

(2)钢拱架安装前需清除基底虚渣及杂物，每榀钢拱架架设完后要进行质量评定，评定合格后方能进行喷混凝土作业。

(3)分部开挖法施工时，钢拱架拱脚应打设锁脚锚杆或锁脚锚管，下半部开挖后钢拱架应及时落底接长，封闭成环。

3. 砂浆锚杆施工质量控制

(1)根据设计要求和围岩情况确定孔位并做出标记，开孔允许偏差为100mm。

(2)锚杆孔轴线与设计轴线的偏差角应符合设计要求。施工中如需设置局部锚杆，局部锚杆孔轴线方向应按最优锚固角布置。当受施工条件限制时，在不影响锚固效果的前提下可适当调整锚杆轴线方向。

(3)锚杆孔直径、深度应符合规范及设计要求，超深不大于100mm。

(4)孔内的岩粉和积水应洗吹干净。

(5)锚杆安装前应对锚杆孔进行检查，对不符合要求的锚杆孔进行处理。

(6)锚杆材料(钢材、水泥等)性能指标应满足设计要求。

(7)锚杆杆体与各部件的强度、加工精度及技术性能应经试验证明满足设计要求。

(8)锚杆体及其部件在加工、运输、存放和安装过程中应保持清洁,避免污染、锈蚀、变形及损伤。

(9)水泥砂浆的配比应经试验确定,水泥和水的质量、性能必须满足设计要求。

(10)砂浆材料应计量准确、拌和均匀,优先采用机械拌和,随拌随用,一次拌和的砂浆应在初凝前用完。

4. 小导管超前支护质量控制

同前述超前小导管支护质量控制要点,此处不再赘述。

5. 钢筋网片施工质量控制

(1)挂网使用的钢筋须经试验检测合格,使用前应除锈,在洞外钢筋加工厂区制作成钢筋网片,保证环向和纵向间距均匀,位置准确。

(2)人工铺设钢筋网,安装时搭接长度为1～2个网格,应贴近岩面铺设并与锚杆和钢架焊接牢固。钢筋网要与锚杆、钢架或其他固定件联接牢固,保证喷射混凝土时不晃动。

(3)喷混凝土时,应减小喷头至受喷面距离和控制风压,以减少钢筋网振动,降低回弹率。钢筋网片要有3～5cm的保护层。

6. 现浇混凝土衬砌施工质量控制

(1)钢筋在加工厂内进行加工,应按照设计图纸和技术规范对钢筋毛料进行检验、配料、加工,加工后的钢筋分型号堆放整齐。

(2)钢筋安装采用钢筋台车进行,现场绑扎时,根据设计图纸测放出中线、高程等控制点,按控制点布设好钢筋网骨架。钢筋网骨架设置核对无误后,方可铺设分布钢筋。

(3)混凝土浇筑前应将开挖面清理平整,发现有尖角石块应及时处理,避免衬砌应力集中,再进行钢筋及埋件安装。混凝土浇筑前应润湿基岩面和混凝土施工缝。

(4)混凝土入仓后采用振捣器辅以人工摊铺,铺料厚度不得大于振捣棒长度的1.25倍。隧洞两侧混凝土应均衡上升,高差不大于50cm。同一浇筑块在浇筑时应左右对称均匀连续进行,并加强振捣,在斜面上浇筑混凝土应从低处开始,浇筑面要保持水平。

(5)根据不同衬砌厚度和不同部位(侧拱、顶拱)选用ϕ70mm、ϕ50mm插入式振捣器对混凝土进行振捣。振捣时应均匀移动振捣器,移动间距不得大于振捣器影响半径,振捣上一层混凝土时应将振捣棒插入下一层混凝土15cm,以免漏振和过振。

(6)拱顶沿中心线左右两侧对称、均匀地浇筑,以免混凝土对模板产生过高的偏压力,引起模板的变形,影响浇筑的正常进行。

(7)止水片的安装应在钢筋网绑扎成型、顶拱模板调整定位后进行,施工时对照设计图纸测放控制点,利用加工成型的封头模板固定止水片。

(8)围岩面松动岩石采用人工清撬的方式清理,已支护过的基岩面用高压水冲洗的方式清理。清洗后的建基面在混凝土浇筑前应保持洁净湿润,并且每次清理两个施工仓位长度。

(9)混凝土浇筑前,隧洞环向及纵向施工缝均应进行冲毛或凿毛处理。清理后的建基面在混凝土浇筑前应保持洁净、湿润,无积水。

(10)应严格控制混凝土骨料的最大粒径,防止混凝土在泵管内出现堵塞现象。

(11)应严格控制混凝土的坍落度,在混凝土拌和时加适量的泵送剂,减小混凝土在泵管内输送时的摩擦力,保证泵的入仓能力。

(12)控制泵管出口距浇筑工作面的高度,防止因高差过大混凝土产生骨料分离。

(13)相对湿度大于95%时不养护;相对湿度在60%～90%时洒水养护10d;相对湿度小于60%时

洒水养护 21d;有特殊要求时适当延长养护期。

(14)按规范要求制作混凝土试块,试块制作后应在养护池进行养护,并及时送至试验室进行强度试压。

第七节　安全措施

(1)认真贯彻“安全第一、预防为主”的方针,根据国家相关规定和条例,结合施工单位实际情况和工程的具体特点,建立安全保证体系,组成专职安全员和班组兼职安全员,执行安全生产责任制,明确各级人员的职责,抓好工程的安全生产。

(2)提高工作人员的安全意识,时时牢记“安全第一”,定期进行安全知识培训。

(3)强化对现场建设的管理,设立专职安全管理机构,在施工中及时发现并消除安全隐患。

(4)在施工前技术管理人员要认真学习技术规范、质量标准、设计文件,并以书面、培训等形式对不同层次和不同工种的人员进行技术交底,提高施工人员对各种支护参数作用的认识和理解。从最基本的生存道理对施工人员进行教育,提高他们对质量、安全的认识,保证按设计参数施工。

(5)每一循环所需要材料按设计量运至施工现场以保证数量,中间过程中技术人员需详细检查施工是否符合规程。

(6)对大型机器设备应制订人、机施工安全措施和机构安全操作规则,最大限度地减少洞内机械运输和作业事故。

(7)设置专职安全人员,及时检查和排除松动岩块,并迅速进行喷锚支护封闭围岩断面。

(8)隧洞内要供应充足的空气和足够的照明,保持良好的通道,制造适宜洞内作业环境条件,以保证洞内的施工安全。

第八节　环保措施

(1)制订有针对性的环境保护措施,并在施工作业中组织实施。

(2)施工现场采取多种形式进行环保宣传教育活动,不断提高施工人员的环保意识和法制观念,并进行考核检查,考核检验时做好记录。

(3)施工垃圾应及时清运,并适量洒水,减少扬尘。

(4)水泥和其他易飞扬的细颗粒散体材料,应安排在库内存放或严密遮盖,运输时要防止遗洒、飞扬,卸运时应采取有效措施以减少扬尘。

(5)临时施工道路应制订洒水除尘制度,配备洒水设备并指定专人负责,在易产生扬尘的季节坚持洒水降尘。

(6)凡进行现场搅拌作业的,应在搅拌机前台及运输车清洗处设置沉淀池,废水经沉淀后方可排出,回收用于洒水降尘。

(7)现场存放油料,应对库房进行防渗漏处理,储存和使用都应采取合理的措施,防止油料跑、冒、滴、漏,污染水体。

(8)施工现场临时食堂应设置简易有效的隔油池,并加强管理,定期掏油,防止污染。

(9)对施工噪声应有降噪措施和不定期管理制度,并进行严格控制,最大限度地减少噪声扰民。

第九节　应用实例

一、工程概况

福建省平潭及闽江口水资源配置工程第4标段（大樟溪-石溪输水线路工程）是福建省平潭及闽江口水资源配置工程的重要组成部分，属于二级建筑物。第4标段由大樟溪-东张水库输水线路和东张水库-石溪输水线路两部分组成。其中，东张水库-石溪输水隧洞需下穿G15高速公路，下穿段的起始桩号为DP4＋655，终止桩号为DP4＋805，总长度为150m，如图6-15所示。下穿位置G15高速公路现场照片如图5-2所示。

隧洞下穿段施工时，需防止施工引起地层移动、隧洞围岩过度变形和高速公路路面下沉，以避免对行车安全造成影响，这是一个重大的技术难题。

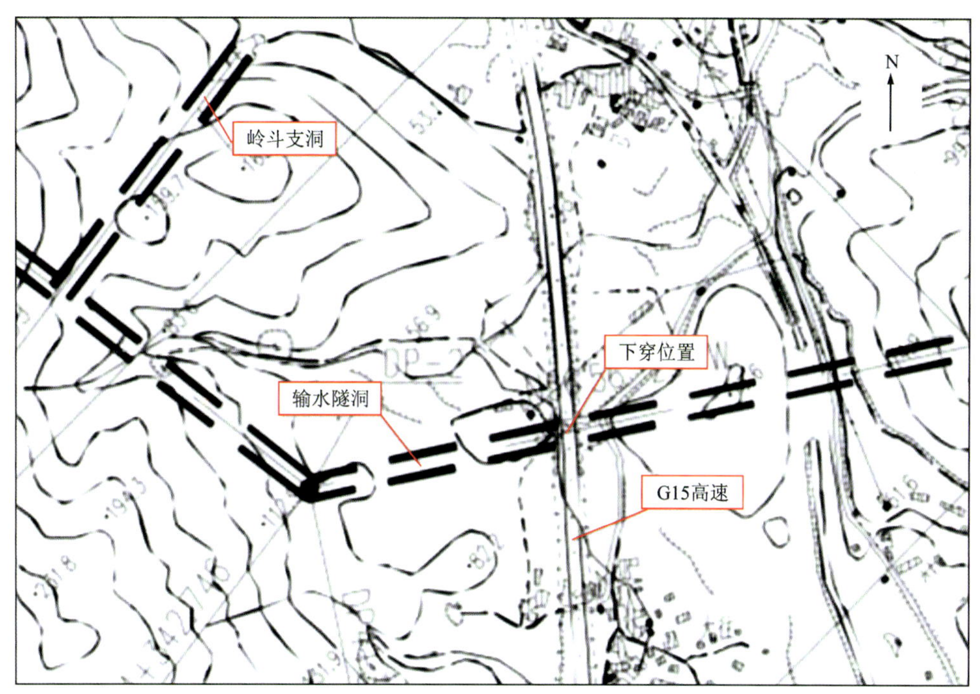

图6-15　输水隧洞下穿G15高速公路位置平面示意图

二、施工工艺

鉴于下穿隧洞的施工重难点，下穿位置拟以新奥法为指导思想进行隧洞施工。隧洞开挖采取光面爆破，最大限度地减少爆破对围岩的破坏和对高速公路路面的扰动；初期支护采取超前小导管预加固、钢拱架支撑、锚喷网支护；对隧洞围岩和高速公路路面进行现场监控量测，及时掌握围岩和高速公路路面的动态以反馈信息，并根据围岩和高速公路路面的变形情况调整施工参数。隧洞下穿施工以“短进尺、弱爆破、快封闭、勤观测”为原则进行。

（1）下穿地段为Ⅳ类围岩，稳定性较差，为了提高围岩的稳定性，需在隧洞开挖前进行小导管超前支护。

（2）小导管超前支护完成后，采用3～4台YT-28型气腿式凿岩机进行人工钻孔，选用2号岩石乳化炸药,光爆孔采用 ϕ25mm 光爆小药卷。各孔装药量应严格按设计装填,选用导爆管雷管,采用簇联联接方式,用 1 发电雷管引爆。洒水降尘后进行装岩,洞内出渣运输采用无轨运输方式。

(3)隧洞开挖结束后进行初期支护,初期支护工艺流程为初喷混凝土、架设钢拱架、打设锁脚锚杆、超前小导管支护、挂网、复喷混凝土。

(4)在所有隧洞开挖结束后,进行现浇混凝土衬砌工作。衬砌混凝土采用分层浇筑,即采取先衬砌底拱(衬砌底部),后衬砌边、拱的施工顺序。

三、施工流程

1. 超前小导管

超前小导管钻孔孔口沿初次支护轮廓线布置,采用 ϕ42mm 无缝钢管制作,长度为 3.0m、4.0m,环向间距为 40cm,前后排搭接长度不小于 2m,钢管外插角 12°～15°。钢管上钻注浆孔,孔径 10mm,孔间距 15cm,呈梅花形布置,钢管尾部 1m 范围内不钻花孔作为止浆段。现场打入注浆管,施工照片如图 6-16所示。

图 6-16　超前小导管现场施工照片

2. 隧洞开挖

隧洞开挖施工参数见本章第四节“施工工艺流程及操作要点”,现场施工照片如图 6-17 所示。

图 6-17　隧洞开挖现场施工照片

3. 初期支护

(1)出渣结束后,采用人工潮喷方式初喷 5cm 混凝土,喷射混凝土设备选用 PZ-7 型喷射混凝土机。

(2)初喷混凝土完成后架设钢拱架,之后用连接筋将钢拱架焊成一体。

(3)钢拱架架设完成后进行锁脚锚杆施工,钻孔结束后向孔内注入砂浆并及时将锚杆插入,同时进行小导管超前支护施工,施工方式为采取人站在凿岩平台上钻孔。

(4)超前小导管孔钻孔完成后进行清孔,之后将小导管插入,并封堵孔口,防止浆液流出。

(5)锁脚锚杆、小导管超前支护完成后与钢拱架焊接在一起。

(6)采用人工挂网方式挂钢筋网。

(7)挂网完成后,复喷混凝土 12cm,至此初期支护结束。初期支护现场施工照片如图 6-18 所示。

图 6-18　初期支护现场施工照片

4. 现浇混凝土衬砌施工

现浇混凝土衬砌施工参数见本章第四节“施工工艺流程及操作要点”,现场施工情况如图 6-19 所示。

图 6-19　现浇混凝土衬砌施工现场照片

5. 现场监控量测

1)监测点布设

(1)周边收敛位移监测。下穿位置隧洞属Ⅳ类围岩,按 10～15m 间距布置量测断面,分别在每个断面腰线位置、腰线上下各 1m 位置布置 6 个测点,如图 6-20 所示。通过测量两点的水平差,即可掌握围岩的收敛值。

(2)隧洞拱顶沉降监测。拱顶下沉量测点与收敛量测点布置在同一断面,量测点同样按 10～15m 间距布置。

(3)道路路面沉降监测。在输水隧洞上方的左右幅路面停车带每隔 5m 各布设 1 个点,左、右幅各 5 个共计 10 个沉降观测点,每个沉降观测点间距 5m,如图 6-21 所示。在下穿 G15 高速公路边坡坡脚、输水隧洞轴线投影左、右两侧 5m 处共布设 4 个土体深层水平位移监测孔,深测孔长度超过输水管道底部 5m,每个监测孔深约 35m,总监测深度约 140m,监测孔同时兼做水位观测孔。隧洞和路面沉降监测现场如图 6-22、图 6-23 所示。

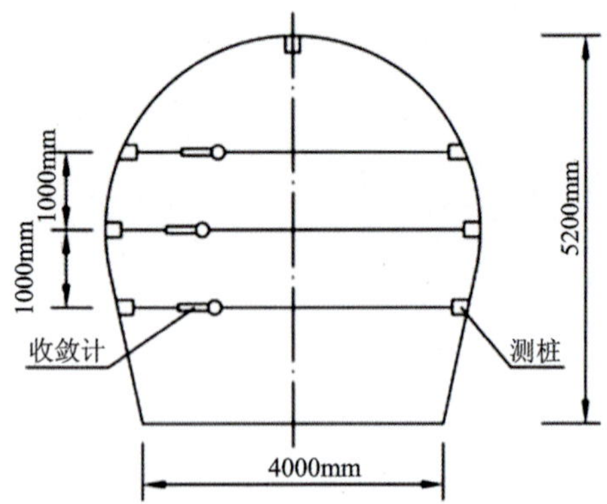

图 6-20　周边收敛及拱顶沉降量测点布置图

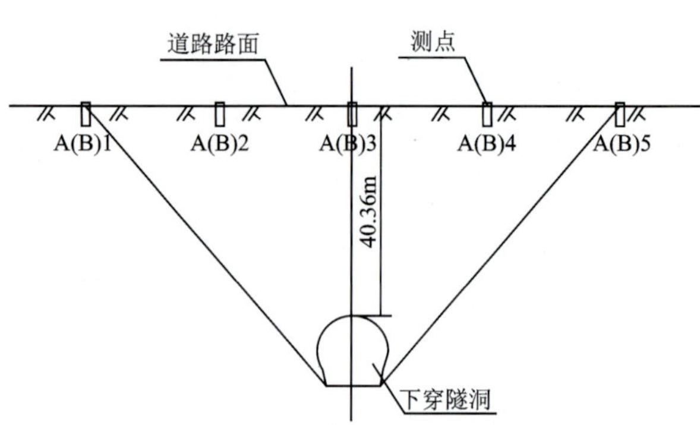

图 6-21　道路路面沉降监测点布置图

图 6-22　隧洞监测现场照片

图 6-23　路面沉降监测现场照片

6. 监测结果分析

各监测点监测结果如图 6-24～图 6-27 所示。

(1)隧洞围岩变形监测。现场监测数据未见异常变化。本阶段对洞外边仰坡及洞内初级支护进行现场巡视,洞内初支及洞外边仰坡部分未见明显开裂、渗漏水或较大变形情况。

(2)路面沉降监测。路面沉降监测累计变化值与变化速率均未达到预警值。

(3)地表宏观变形巡查。本阶段地表宏观变形巡查未发现异常。

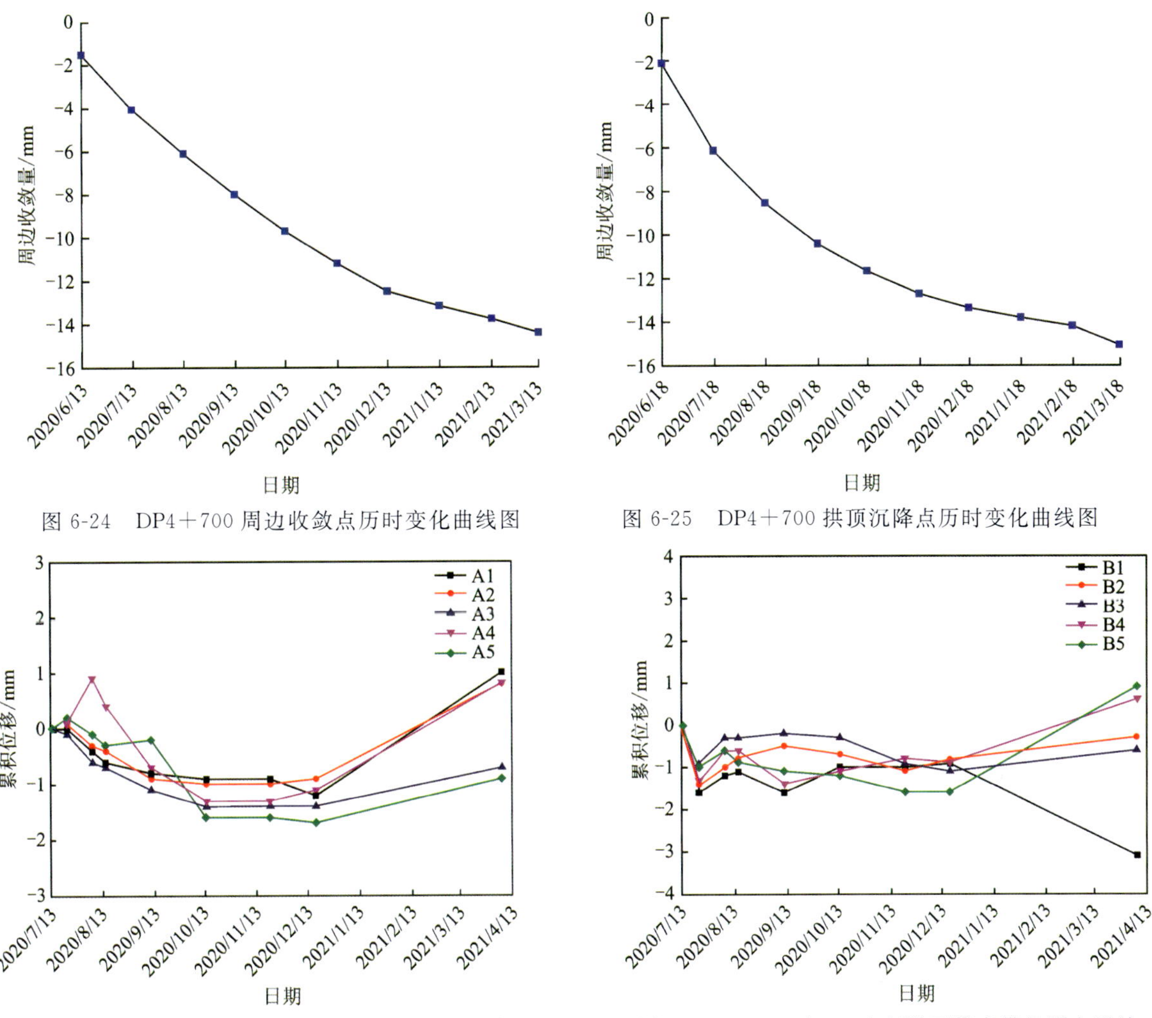

图 6-24　DP4＋700 周边收敛点历时变化曲线图

图 6-25　DP4＋700 拱顶沉降点历时变化曲线图

图 6-26　K2120＋100 右幅路面停车带监测点累计沉降变化曲线图

图 6-27　K2120＋100 左幅路面停车带监测点累计沉降变化曲线图

第十节　工法效果评价

浙江省隧道工程集团有限公司于 2020 年 3 月至 2021 年 10 月在福建省平潭及闽江口水资源配置工程第 4 标段大樟溪-石溪输水隧洞下穿 G15 高速公路段的输水隧洞施工中采用了本工法,取得了良好的社会、经济和环保效益。

本工法能够减弱爆破开挖对隧洞围岩和高速公路的扰动,确保了输水隧洞本体施工和高速公路的行车安全,且功效高、掘进速度快,可为相关工程提供借鉴与参考,具有良好的推广应用前景。

第七章 长距离小断面输水隧洞通风技术

国内对于隧道施工过程中通风除尘的研究起步较晚，尤其是在20世纪国内隧道发展缓慢的时代，多采用自然通风，通风条件简陋，常出现隧道施工环境差等问题。隧道施工过程中的通风除尘技术最早出现在铁路隧道的建设中，1906年修建的八达岭铁路隧道施工期间采用了竖井加设抽风机的方式为隧洞提供新鲜空气，这标志着机械通风方式在隧道施工过程中的应用。随着国内公路建设的快速发展，隧道的通风除尘技术得到了更进一步的发展和研究，目前已经积累了大量的工程经验[59-78]。

本章基于计算流体力学理论(CFD)软件Fluent研究风管位置、台阶长度对污染物扩散规律及通风效果的影响，并结合具体工程案例对隧洞施工期通风方案、通风管理等进行分析研究，开发了隧道施工期通风监测系统以辅助隧道施工。

第一节 隧洞施工期通风理论及控制标准

一、隧洞空气流动基本原理

(一)空气运动状态

1. 流体运动类型

根据流体流动的物理量(如速度、压力、温度等)是否随时间变化，将流体流动分为定常和非定常两大类。当流动的物理量不随时间变化，也就是压力和流速只是流动点坐标的函数，此类型为定常流动。在隧洞通风计算中所遇到的各种风流类型大部分都属于定常流动或可以简化为定常流动。而当流动的物理量随时间变化，则为非定常流动。隧洞内自然风速由于洞内外温差变换而改变，风机在起动或关机时的隧洞和风管内流体的流动属于非定常流动，而正常运转时可看作是定常流动。

2. 黏性流体的流动状态

自然界中的流体流动状态主要有两种形式，即层流和湍流，湍流也被译为紊流。层流是指流体在流动过程中两层之间没有相互混杂，而湍流则指流体不是处于分层流动状态。一般来说，湍流是普遍的，而层流则属于个别情况。

(1)层流(图7-1)。流体在流动过程中，其质点做有条不紊的线状运动，流线之间没有质点的交换，彼此互不混杂。在圆管中，理想的层流型断面速度分布呈抛物线形，管壁周边为零，中心处最大。层流状态的流体黏度对流动阻力起主要作用，层流能量沿程损失与流速成正比。

(2)湍流(图7-2)。流体在流动过程中，流线之间存在流体质点的交换，流体质点除了做主要的纵向流动以外，还有极为复杂的横向流动。流速和压强的脉动是湍流的主要特征。由于流体分子间的混杂作用，层间有流体质点的相互交换，使断面上各点的流速趋于均匀化，管壁周边上的速度仍为零，靠近管

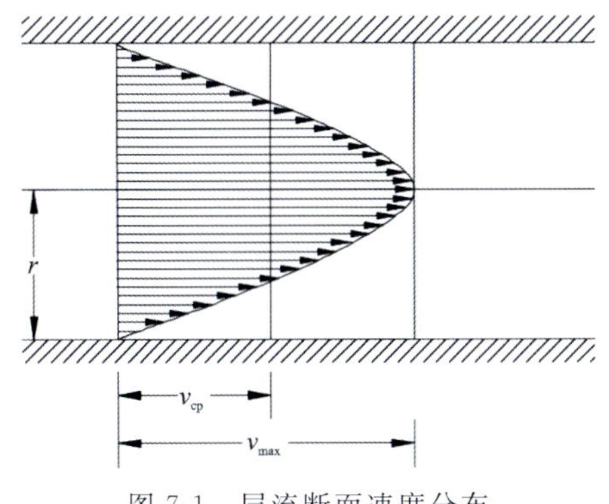

图 7-1　层流断面速度分布

v_{max}为最大流速；v_{cp}为平均流速；r为流体半径

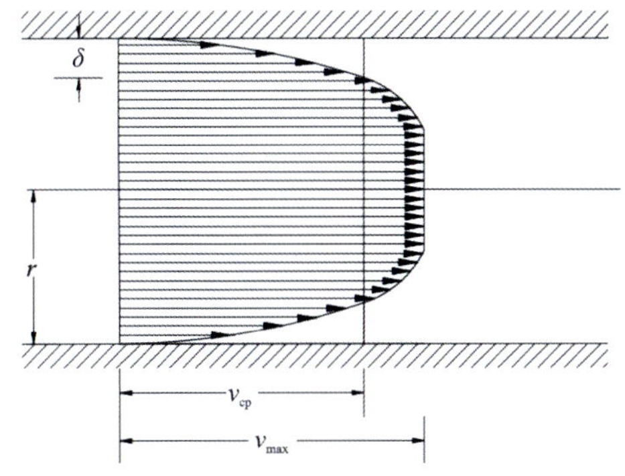

图 7-2　湍流断面速度分布

δ为流体两侧速度低于v_{cp}的区域

壁附近的薄层范围内，速度梯度很大。湍流流体的能量沿程损失比层流流动要大得多。

层流和湍流是两种性质不同的流态，两种状态的变化是流体内部质点惯性力和黏滞力相互作用、互为消长的结果。流体内部质点的惯性力有使流体保持或加强紊乱的作用，黏滞力控制不了质点的紊乱而使流体处于湍流状态。当流速降低后，惯性力的作用减弱，黏滞力起主导作用，质点的湍流受到控制，湍流逐渐降低至消失，此时流体呈现层流状态。

研究表明，流体运动状态的准则是雷洛数R_e的大小。对于圆形管道，当$R_e \leqslant 2320$时，流体的黏滞力起主导作用，流体做层流运动。管内摩擦系数λ仅与R_e有关，与管壁粗糙度无关，计算公式如下：

$$\lambda = 64/R_e \tag{7-1}$$

当$R_e > 2320$时，流体内质点惯性力起主导作用，流体做湍流运动。根据R_e的大小，湍流又可以分为以下3类。

(1)湍流光滑区：$2320 < R_e < 0.32\ (d/k)^{1.28}$。

(2)湍流过渡区：$0.32\ (d/k)^{1.28} < R_e < 1000(d/k)$。

(3)湍流粗糙区：$R_e > 1000(d/k)$。

其中，d为管径(m)；k为管壁的粗糙度(m)。

(二)空气流动基本方程

1. 连续性方程

把流体视为连续介质，其力学特性可作为点的坐标和时间的函数，在实际问题中可利用数学方法计算。作为连续介质的流体，质点间无间隙，根据质量守恒定律，在单位时间内各断面上流过的流体质量不变。对于密度为常量的恒定流，则各断面上的流量不变。不可压缩流体的连续性方程如下：

$$v_1 A_1 = v_2 A_2 \tag{7-2}$$

式中：v_1、v_2分别为空气流过断面1和断面2的流速(m/s)；A_1、A_2分别为空气流过断面1和断面2的面积(m^2)。

连续性方程确定了总流断面平均流速沿流向的变化规律，说明在无分支风路条件下，风速和断面积成反比。

2. 能量方程

不可压缩的恒定流体在管道内作渐变流动时，其压力与速度沿流程各断面的变化服从能量守恒定律(又称伯努利定理)。在通风工程中，能量方程如下：

$$p_1 + \rho g Z_1 + \frac{1}{2}\rho v_1^2 = p_2 + \rho g Z_2 + \frac{1}{2}\rho v_2^2 \tag{7-3}$$

式中：等号两边分别为断面 1 和断面 2 单位体积空气含有机械能（静压能、位能、动能）之和。由于式中各项均具有压力的因次，3 种机械能的总和称为断面处风流的压力。风流中任意断面单位体积空气所含机械能的总和是不变的，但各种能量可以相互转换。

空气有黏性，流动时会产生内摩擦力。由于受附着在管道、巷道壁上空气层的影响，内摩擦力会阻止空气流动。为了克服内摩擦力以及其他原因产生的阻力，需要消耗能量，因此对式（7-3）进行如下修正：

$$p_1+\rho_{01}gZ_1+\frac{1}{2}\rho_1 v_1^2=p_2+\rho_{02}gZ_2+\frac{1}{2}\rho_2 v_2^2+h_{\mathrm{L1\text{-}2}} \tag{7-4}$$

式中：p_1、p_2 分别为断面 1 和断面 2 的绝对静压能（J）；ρ_{01}、ρ_{02} 为空气的平均密度（$\mathrm{kg/m^3}$）；Z_1、Z_2 分别为基准面到断面 1 和断面 2 的垂直高度（m）；g 为重力加速度（$\mathrm{m/s^2}$）；ρ_1、ρ_2 分别为断面 1 和断面 2 空气的密度（$\mathrm{kg/m^3}$）；v_1、v_2 分别为断面 1 和断面 2 的平均风速（m/s）；$h_{\mathrm{L1\text{-}2}}$ 为断面 1 和断面 2 管道的通风阻力耗能（J）。

能量方程说明：①风流中任何两点间的通风阻力在数值上等于该两断面的总能量差；②断面 1 的总能量永远大于断面 2 的总能量，只要有总能量差，风就能流动，风流永远从总能量大的断面流向总能量小的断面。

3. 动量方程

流体的动量定理表述为恒定流的流体在单位时间内通过某封闭界面时，流入与流出的动力之差等于作用在封闭界面上外力的合力，计算公式如下：

$$\int_A \boldsymbol{v}\rho(\boldsymbol{v}\mathrm{d}A)=\sum \boldsymbol{P} \tag{7-5}$$

式中：A 为面积（$\mathrm{m^2}$）；$\boldsymbol{v}$ 为速度向量；（$\boldsymbol{v}\mathrm{d}A$）为向量 $\boldsymbol{v}$ 与向量 $\mathrm{d}A$ 的无向量乘积；$\boldsymbol{P}$ 为力向量；ρ 为流体密度（$\mathrm{kg/m^3}$）。

实际计算中可以将流入的动量视为从外面作用在封闭界面上的作用力，将流出的动量看作是从外面作用在封闭界面上的反作用力，可将式（7-5）转化为作用在封闭界面上全部力的平衡方程。

3. 隧洞施工通风风流模型

根据隧洞通风需风量较大的特点，假设隧洞中的空气为三维非稳定的不可压缩流体。隧洞的通风模型采用 Navier-stokes 方程模型，利用 RNGk-ε 湍流模型使方程组封闭，利用重整化群法把 RNGk-ε 湍流模型推导出一种新型的模型——k-ε 模型，简称 RNG（Renormalization Group）模型。通过修正黏度项，体现小尺度运动项的影响。

湍流动能 k 方程为

$$\frac{\partial}{\partial x_j}\left[\rho u_j k-\left(\mu+\frac{\mu_t}{\sigma_{\mathrm{k}}}\right)\frac{\partial k}{\partial x_j}\right]=\mu(P+P_{\mathrm{B}})-\rho\varepsilon-\frac{2}{3}\left[\mu_t\frac{\partial u_i}{\partial x_i}+\rho k\right]\frac{\partial u_i}{\partial x_i} \tag{7-6}$$

湍流耗散率 ε 方程为

$$\frac{\partial}{\partial x_j}\left[\rho u_j\varepsilon-\left(\mu+\frac{\mu_t}{\sigma_\varepsilon}\right)\frac{\partial\varepsilon}{\partial x_j}\right]=C_{\varepsilon1}\frac{\varepsilon}{k}\left[\mu_t P-\frac{2}{3}\left(\mu_t\frac{\partial u_i}{\partial x_i}+\rho k\right)\frac{\partial u_i}{\partial x_i}\right]+$$

$$C_{\varepsilon3}\frac{\varepsilon}{k}\mu_{\mathrm{t}}P_{\mathrm{B}}-C_{\varepsilon2}\rho\frac{\varepsilon^2}{k}+C_{\varepsilon4}\rho\varepsilon\frac{\partial u_i}{\partial x_i}-\frac{C_\mu\eta^3(1-\eta/\eta_0)}{1+\beta\eta^3}\frac{\rho\varepsilon^2}{k} \tag{7-7}$$

其中，$k=\frac{1}{2}S_{ij}\cdot S_{ij}$；$P=S_{ij}\frac{\partial u_i}{\partial x_j}$；$\eta=S\frac{k}{\varepsilon}$；$P_{\mathrm{B}}=-\frac{g_i}{\sigma_{\mathrm{h,t}}}\frac{1}{\rho}\frac{\partial u_i}{\partial x_j}$；$S_{ij}=\frac{\partial u_i}{\partial x_j}+\frac{\partial u_j}{\partial x_i}$。

式中：k 为湍流动能（$\mathrm{m^2/s^2}$）；ε 为湍流动能耗散率（$\mathrm{m^2/s^3}$）；σ_{k}、σ_ε、σ_{h} 为湍流 prandtl 数；$C_{\varepsilon1}$、$C_{\varepsilon2}$、$C_{\varepsilon3}$、$C_{\varepsilon4}$、β、η_0 为高雷诺数-方程常数；C_μ 为实验常数；μ、μ_t 分别为分子动力黏性系数和湍流动力黏性系数。

从湍流本身内部结构的物理本质上来说，湍流是由许许多多大小尺度不同运动着的涡旋组成的。

因此，应先寻找作为湍流基元的涡旋的结构，然后再按照一定统计平均的方法得到所需要的物理量的平均值和各种关联函数。k-ε 模型加入了流体中的球形涡旋效应，对湍流的计算精度有所提高。施工期的隧洞通风流场十分复杂，包括气体射流、回流涡流等运动，尤其是在靠近隧洞的边壁区域里的流体更加复杂，该区域里的气流具有强烈的各向异性，因此采用 RNGk-ε 模型模拟施工期的隧洞通风更为合适。

二、隧洞施工空气污染源

在长距离输水隧洞施工爆破开挖过程中，洞内有限空间内常见的有害成分主要有 CO、NO_x、SO_2、粉尘、可燃性气体和硫化氢等。主要污染源来自爆破炮烟、内燃机废气、围岩释放气体等。

1. 爆破炮烟

隧洞在爆破过程中会产生大量炮烟，并迅速充满掌子面附近区域，炮烟中含有包括 CO 和 NO 有害气体，其具体成分与数量主要由炸药的类型和成分、岩石类型、爆破地点的温度与湿度、爆破技术等因素决定。

隧洞爆破中常用的炸药有以下几类：铵梯类炸药、铵油类炸药、硝化甘油类炸药、含水类炸药和其他类炸药。不同种类的炸药在爆炸后会产生不同的有害气体，它们的成分和数量也不同，具体参数如表 7-1所示。在爆破炮烟中，NO 是溶于水的，一般通过洒水的方式来降低浓度。CO 性质相对较稳定，但它的危害程度很大，因此在隧洞施工通风计算时，通常以 CO 的浓度大小来衡量通风的效果。

表 7-1　不同种类炸药爆炸产生的有害气体统计表

有害气体	1 号硝化甘油		2 号硝化甘油		2 号岩石硝铵炸药		防水硝铵炸药	
CO	0.73	0.37	0.49	0.69	3.57	3.89	2.97	3.04
NO	36.40	43.50	44.47	56.07	14.03	8.16	9.8	13.43
换算为 CO	41.50	45.41	47.66	50.56	37.24	33.45	29.11	33.19
平均值	43.6		19.11		35.35		31.15	

2. 内燃机废气

洞内机械在施工作业时，由于燃油燃烧作用会产生各种有害气体的混合物，在这些混合物中最主要的有害成分为 CO、NO、酸类及油烟等。各种内燃机械产生的废气量如表 7-2 所示。

表 7-2　各种内燃机产生的废气量　　单位：10^{-6}

车辆类型	运转状态			
	空转	加速	定速	减速
柴油机	1000	1000～3000	1000	1000
汽油机	30 000～130 000	20 000～50 000	5000～50 000	25 000～60 000
液化石油汽车	64 000～108 000	—	1000～120 000	12 000～31 200

3. 围岩释放气体

隧洞在施工过程中，经常会遇到某些地层释放一部分有害气体，如甲烷、瓦斯、乙烯及硫化氢等。其中，甲烷易燃易爆、无色、无味、无臭，相对密度为 0.55，易在隧洞顶部集聚。甲烷浓度在 5%～15%时遇火会爆炸，掌子面爆破前甲烷含量应低于1%。当甲烷含量大于2%时，人员必须撤至安全地点。

三、隧洞施工通风计算及控制标准

隧洞施工通风量的计算应根据具体情况而定，如稀释及吹散爆破产生的炮烟、围岩产生的有害气体、施工机械和运输车辆排放气体以及施工粉尘所需的通风量，应取其最大值并加上隧洞内作业人员所需的通风量。

1. 洞内作业人员呼吸所需风量 Q_1

洞内作业人员呼吸所需风量 Q_1 计算公式如下：

$$Q_1 = kqn \tag{7-8}$$

式中：k 为风量备用系数，取1～1.25；q 为每一作业人员的需风量[m^3/(min・人)]，取$3m^3$/(min・人)；n 为隧洞内同一时间作业人员最大数量(人)。

2. 爆破排烟需风量 Q_2

爆破排烟需风量的计算以CO为基础，根据通风方式的不同，计算方法也有所差异。

1)送风式

(1)沃洛宁公式。当风管出口到工作面的距离不大于$(4 \sim 5)\sqrt{A}$时，爆破排烟需风量为

$$Q_2 = \frac{0.456}{t}\sqrt[3]{\frac{Gb\,(AL_0)^2}{P_q^2 C_a}} \tag{7-9}$$

式中：t 为通风时间(min)；G 为爆破药量(kg)；b 为每千克炸药产生的CO量(L/kg)；A 为隧洞断面面积(m^2)；L_0 为通风长度(m)；P_q 为通风区段内通风管始末端风量比；C_a 为要求达到的CO浓度(%)。

(2)国内常用公式。目前在国内隧洞施工中爆破排烟需风量常用的公式为

$$Q_2 = \frac{7.8}{t}\sqrt[3]{G\,(AL_0)^2} \tag{7-10}$$

该公式实际上就是沃洛宁公式在特殊条件的简化公式，其最大的不足在于按照风管管路不漏来考虑，而实际上工作面附近的管路破坏严重，维护效果差，漏风大。

2)排风式

对于风机设在洞外采用硬风管的排风式来说，风量的计算主要采用沃洛宁公式。当风管末端到工作面的距离不大于$1.5\sqrt{A}$时，计算公式为

$$Q_2 = \frac{0.254}{t}\sqrt[3]{\frac{GbAL_t}{C_a}} \tag{7-11}$$

式中，L_t 为炮烟抛掷长度(m)。

3. 维持隧洞内最小风速所需风量 Q_3

隧洞内的风速是由将柴油机排放气体、粉尘、爆破后气体或自然产生的有害气体等稀释到安全浓度所需的通风量及断面决定的。针对粉尘浓度与风速的关系，从国内大多数研究资料来看，风速最好控制在0.3m/s以上。在涌出瓦斯的地点，由于瓦斯易在拱顶形成甲烷带，为了破坏甲烷带，风速应大于0.5m/s。确定最小风速后，可通过下式计算风量：

$$Q_3 = 60v \cdot S \tag{7-12}$$

式中：v 为排尘风速(m/s)，掘进风道一般不小于0.25m/s；S 为隧洞断面面积(m^2)。

4. 隧洞内内燃机械作业所需风量 Q_4

根据隧洞施工规范，稀释内燃设备废气所需风量为

$$Q_4 = 3\sum_{i=1} N_i \tag{7-13}$$

式中：N_i为每种内燃设备的额定功率(kW)。

5. 防瓦斯所需的通风量 Q_5

若工作面有瓦斯涌出，需要给工作面足够的风量，以冲淡、排出瓦斯，保证瓦斯浓度在允许范围内，计算公式如下：

$$Q_5 = \frac{100q_{CH_4}}{C_a - C_0} \cdot K \tag{7-14}$$

式中：q_{CH_4}为工作面瓦斯涌出量(m^3/min)；C_a为工作面允许瓦斯浓度；C_0为送入工作面的风流中瓦斯的浓度(%)；K为瓦斯涌出不均衡系数，取1.5～2。

根据国家标准《工作场所有害因素职业接触限值》(GBZ 2.1—2019)“第1部分：化学有害因素”，与隧洞施工作业环境有关的常见的几种有害气体容许浓度见表7-3。

表7-3　与隧洞施工作业环境有关的常见的几种有害气体容许浓度表

序号	化学物质	化学文摘号(CAS No.)	OELs/($mg \cdot m^{-3}$)			备注
			MAC	PC-TWA	PC-STEL	
1	一氧化碳	630-08-0	—	20	30	非高原
						高原
			20	—	—	海拔2000～3000m
			15	—	—	海拔>3000m
2	一氧化氮	10102-43-9	—	15	—	
3	二氧化氮	10102-44-0	—	5	10	
4	二氧化硫	7447-09-5	—	5	10	
5	硫化氢	7783-07-4	10	—	—	
6	二氧化碳	124-38-9	—	9000	18 000	

第二节　污染物扩散规律与通风效果

隧洞内空气及污染物的流动形式为复杂的三维非稳态湍流，施工期影响隧道通风效果的因素较多，仅仅依靠试验与理论分析无法全面地对隧道内流场分布进行分析研究。基于计算流体力学理论(Computational Fluid Dynamics，CFD)的数值模拟方法，能够针对具体工况建立直观、适用的动态数值计算模型，并且与其他方法相比具有成本低、计算结果精确、能模拟各种复杂工况等优点，是目前研究隧道通风的有效方法。本书采用最为常用的CFD数值模拟软件——Fluent，对长距离小断面隧洞污染物扩散规律与通风效果进行研究。

一、数值模拟概述

1. 计算流体力学

计算流体力学是一门基于经典理论和试验，利用计算机和数值方法研究流体运动基本规律的学科。它将理论分析、实验研究及数值计算三者巧妙地结合起来，能够很好地分析、模拟各类流体力学问题，克服了传统理论研究和试验研究的局限性，将流体流动中的各种现象直观地展现出来，为研究流体流动现象提供了强有力的工具。

CFD 数值模拟方法的基本思想是把原来空间及时间域上连续的物理量所表达的场，通过相关的一系列有限的离散点上的变量值结合代替，并通过一定的原则建立各变量之间的方程组进行求解。该方法的技术优势主要表现在工程上可跳过某些细节，具有时间短、投资少、可靠性高的特点。即此方法研究周期短，特别是在选择设计方案时，数值模拟计算有明显优势；计算所得数据详尽完整，参考价值不容忽视；对于某些特定条件（如大尺寸温度很高或很低、有有毒或易燃易爆物质、很快或很慢的过程等），实际试验条件不足，其理论计算不存在困难；试验过程中很多理想条件无法实现，在数值计算过程中则可避免这些问题；在缺乏试验数据及相关经验的条件下，可进行初步估算和预设计；易于创新，使包含大量设计循环的多种优化设计成为可能。

2. Fluent 软件简介

Fluent 软件是由美国公司于 1983 年推出的 CFD 软件。它是继 Phonnics 软件之后第二个投放市场的基于有限体积法的软件，是目前功能最全面、适用性最广的 CFD 软件之一。

1）前处理

ICEM-CFD 是一款适用于 Fluent 软件前处理工具，广泛应用于 CFD 分析中，能够在网格生成过程中保持几何体原有特征，为软件提供可靠的分析模型，可快速生成非结构网格，自动检查网格的质量，并根据模型几何特征对生成的网格进行平滑处理，提升网格质量。该软件操作界面简洁，具有良好的交互性，建模过程清晰，对于复杂的几何结构能够生成质量较高的非结构网格。

2）求解器

Fluent 求解器包含基于压力的分离求解器、基于密度的隐式求解器、基于密度的显式求解器，多求解器技术使 Fluent 软件可以用来模拟从不可压缩到高超音速范围内的各种复杂流场。Fluent 软件包含多种经过工程确认的物理模型，由于采用了多种求解方法和多重网格加速收敛技术，Fluent 软件能达到最佳的收敛速度和求解精度。灵活的非结构化网格和基于解的自适应网格技术及成熟的物理模型，可以模拟高超音速流场、传热与相变、化学反应与燃烧、多相流、旋转机械、动/变形网格、噪声、材料加工等复杂机理的流动问题。

此软件的主要优点如下：

（1）适用面广。Fluent 软件含有多种传热燃烧模型及多相流模型，可应用于从可压到不可压、从低速到高超音速、从单相流到多相流、化学反应、燃烧、气固混合等几乎所有与流体相关的领域。

（2）高效省时。Fluent 软件将不同领域的计算软件组合起来，成为 CFD 计算机软件群，软件之间可以方便地进行数值交换，并采用统一的前后处理工具，省却了用户在计算方法、编程、前后处理等方面投入重复且低效的劳动，从而将主要精力用于物理问题本身的探索上。

（3）稳定性好、精度高。有适合每一种物理问题的流动特点的数值解法，用户可对显式或隐式差分格式进行选择，以期在计算速度、稳定性和精度等方面达到最佳。经过大量算例验证，Fluent 软件与试验结果契合度高，可达二阶精度。

3)后处理

Fluent 求解器本身附带有比较强大的后处理功能，能够完成 CFD 计算结果输出需要的所有功能，包括速度、矢量图、各种量场云图、等值面、流线图等，且具有积分功能，可以计算出力、力矩及其对应的力和力矩系数、流量等。同时，Fluent 求解器具有内置的后处理器，可随时对参数改变和计算误差等进行动态跟踪显示。此外，它还可以提供非常强大的动画制作功能，在迭代的过程中将模拟的整个过程记录成动画，为后续的分析和研究提供直观的动态演示。

二、长距离小断面隧洞通风模型建立

(一)三维模型和网格

隧洞压入式通风为贴壁受限射流，流场中存在射流、回流、滞流等气体流动。因此，本书以大樟溪-东张水库输水主洞 DD17+060～DD17+260 段为研究对象，采用三维紊态 k-ε 湍流模型进行模拟分析。该段埋深为 110m，断面净空高 H 为 4.7m，宽 W 为 5.0m，断面面积为 47.68m^2，围岩为Ⅳ～Ⅴ级，采用台阶法独头掘进和压入式通风，输水隧洞通风模型如图 7-3 所示。风管直径 D 为 0.8m，上台阶高度 H_t 为 2.5m，风管出风口到掌子面距离 L_v 为 15m，风管距隧道底部高度 H_v 与布设位置有关。

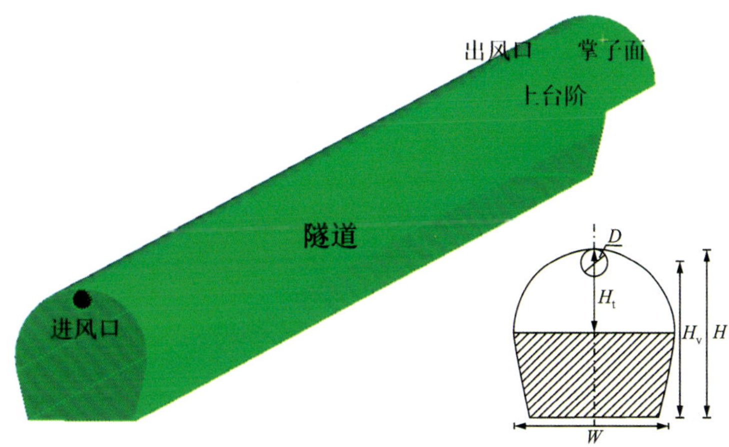

图 7-3　输水隧洞通风模型

(二)模拟工况

采用有限元软件 ANSYS 中的 Fluent 模块建立三维模型，对多种工况下长距离小断面隧洞通风进行数值模拟。

1. 风管位置

输水隧洞采用压入式通风，风管位置可设置在上台阶拱顶、拱腰和边墙处。考虑风管位置对通风流场特性的影响，建立了 3 种不同风管位置的隧洞通风模型，3 种位置风管中心距隧洞底部的高度 H_v 分别为 4.60m、3.75m 和 2.90m。台阶法通风管位置布设如图 7-4 所示。

2. 台阶长度

台阶法施工时，通过调整台阶长度以适应不同围岩情况，围岩条件好，则台阶长度可适当加长。在风管距掌子面一定的情况下，不同的台阶长度对通风流场特性影响较大。因此，建立 5 种台阶长度 L_s 分别为 5m、10m、20m、30m 和 40m 的隧洞通风模型，如图 7-5 所示。

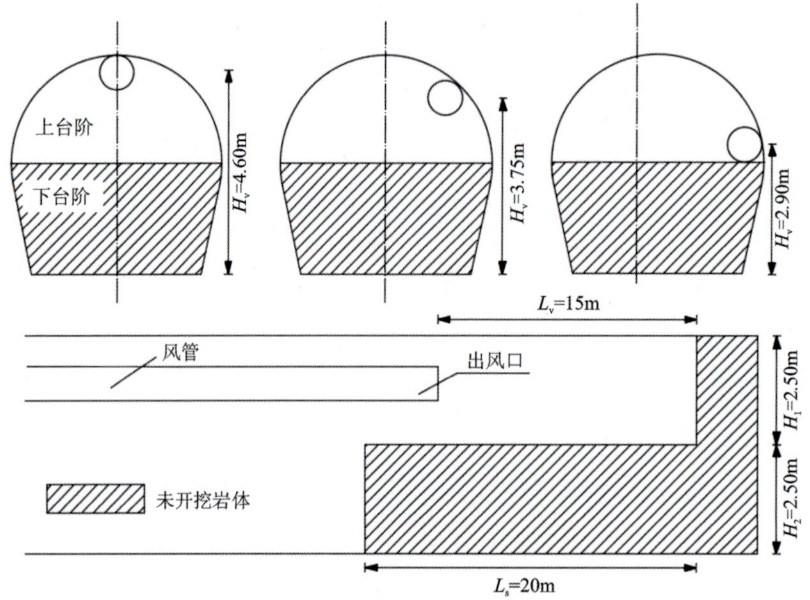

图 7-4　台阶法通风管位置布设示意图

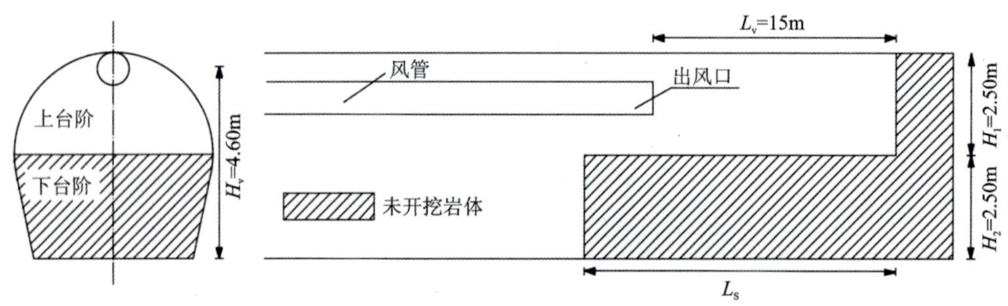

图 7-5　不同台阶长度隧洞通风示意图

(三)初始条件与边界条件

1. 初始条件

施工隧道爆破作业完成后，由于使用的岩石乳化炸药爆破过程属于化学变化，爆破后在掌子面附近会产生 CO、NO_x 等有毒有害气体，以及由爆炸波所引起的粉尘。由于该段隧道内湿度较大，除 CO 外其他物质在隧道空间内易发生物理吸附或化学反应，为简化模拟过程，采用 CO 稀释与排出情况来衡量隧道通风效果。根据爆生气体抛掷经验公式，掌子面处爆破产生的 CO 初始浓度可通过下式计算：

$$C = \frac{Gb}{LA} \tag{7-15}$$

式中：C 为 CO 的初始浓度(mg/m^3)；G 为爆破炸药用量(kg)；b 为每千克炸药产生的 CO 量(L/kg)；$L=15+G/5$，为爆生气体抛掷长度(m)，即爆破后爆生气体弥漫区域的长度；A 为施工隧道断面面积(m^2)。

因此，本工程研究段采用台阶法施工，隧洞上台阶爆破炸药用量为 22kg，上台阶断面面积为 19.6m^2，可以计算得到炮烟抛掷长度为 19.4m，CO 初始浓度约为 2314mg/m^3。

2. 隧洞边界条件

(1)隧洞壁面设为标准固壁边界，壁面粗糙度函数如下：

$$\Delta B = \frac{1}{\kappa}\ln(1 + C_s K_s) \tag{7-16}$$

式中：κ 为经验常数，取 0.4；C_s 为粗糙常数；K_s 为粗糙颗粒高度。已衬砌支护段壁面为均匀砂粒表面，取 $C_{s1}=0.5$，粗糙颗粒高度取 $K_{s1}=0.09$；未支护段壁面为裸露的岩石表面，粗糙常数取 $C_{s2}=0.7$，粗糙颗粒高度取 $K_{s2}=0.3$。

(2)风管出风口设为等速边界条件，隧洞进风口配置一台 2×30kW 的 SDF(A)-NO. 6.5 型隧道施工用轴流式通风机，可提供的风量为 $800\text{m}^3/\text{min}$，柔性风筒直径 $D=0.8\text{m}$，出口风速为 8m/s。

(3)隧洞出口设为自由出口边界条件。隧洞出口压力为 1atm(1atm=101325Pa)，除压力外所有流动参数法向梯度为 0。

三、长距离小断面隧洞 CO 通风扩散特性

以台阶长度 L_s 为 20m、风管出风口到掌子面距离 L_v 为 15m 和风管位置为拱顶的模型作为研究对象，分析长距离小断面隧洞 CO 通风扩散特性。图 7-6 为台阶法爆破施工后隧洞轴线纵向剖面图，反映了台阶法爆破施工后通风稳定的空气流场。图 7-7 为台阶法爆破施工后不同通风时间隧洞 CO 浓度分布。

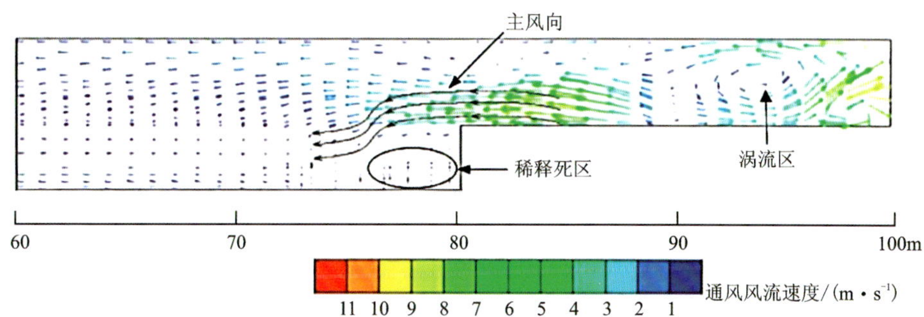

图 7-6 台阶法爆破施工后隧洞轴线纵向剖面图

由图 7-6 可知，风流从管口射出，拱顶受隧壁限制，表现为贴附射流，其余部分自由发展，不断卷吸周围空气。在掌子面前方 10m 处风流开始偏移，其中部分风流沿偏移方向反向回流，部分到达掌子面，受壁面回弹作用向反向回流，偏移后的风流与掌子面回流相互作用在隧洞上台阶内侧形成图中涡流区。在上下台阶交界处，通风风流主风向明显，对上部产生了较为稳定且风速较快的流场。然而，受到台阶阻挡，主风向无法到达下台阶断面位置，通风风流速度较慢，存在明显的稀释死区，不利于 CO 稀释与排出。

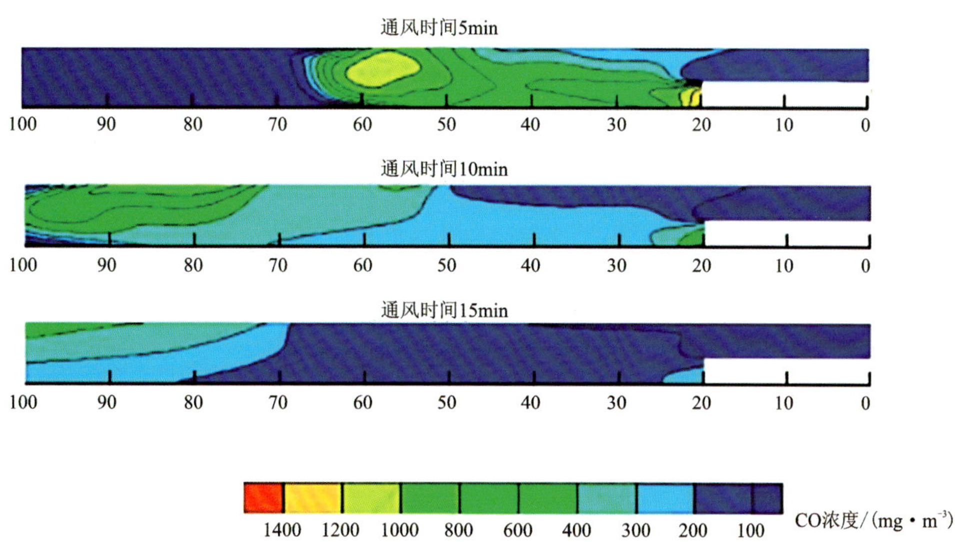

图 7-7 台阶法爆破施工不同通风时间隧洞 CO 浓度分布图

由图 7-7 可知，采用台阶法爆破施工后，通风 5min 时，CO 主要富集在距掌子面 50～60m 处的空间内，上台阶位置 CO 浓度已经大幅下降，但仍未达到安全限值；受稀释死区的影响，下台阶断面处 CO 浓度明显大于周边位置。通风 10min 时，含有大量 CO 的空气已经吹至隧洞 100m 位置，上台阶 CO 浓度已经降至 100mg/m^{3}以下，下台阶断面 CO 气体逐步消失。通风 15min 时，在上台阶 CO 浓度有所降低，部分位置已经达到施工需求。

四、长距离小断面隧洞 CO 通风影响因素

1. 风管位置影响

根据工程中常用的风管位置，建立了风管布设于拱顶、拱腰和边墙的隧洞通风模型，分析风管位置对 CO 通风扩散规律的影响。由于下台阶位置存在通风稀释死区，因此分别在隧洞中轴线上下台阶高 1.6m 且距掌子面 2m 处设置监测点。上、下台阶监测点 CO 浓度变化如图 7-8、图 7-9 所示。

由图 7-8 可知，隧洞爆破后，上台阶掌子面处 CO 浓度呈现明显的 3 个变化阶段：

(1)通风 5min 内，在新鲜空气射流和稀释作用下，CO 浓度迅速下降。

(2)通风 5～15min，在新鲜射流空气持续作用下，CO 浓度不断下降，但下降速率逐渐降低。

(3)通风达 15min 左右，CO 浓度达到安全限值 20mg/m^3，随后残余 CO 缓慢下降。

对比不同风管位置，当风管设置在拱顶时，上台阶掌子面处 CO 浓度下降最快，在 13min 时浓度为 19.5mg/m^3，降低至安全限值以下；而风管设置在拱腰和边墙处，降至安全限值所需时间分别为 15min 和 16min。因此，风管位置设置在拱顶处更有利于上台阶通风。

由图 7-9 可知，隧道爆破后，下台阶处 CO 初始浓度为 0，通风后在新鲜空气射流作用下上升。由于下台阶处于通风稀释死区，3min 内 CO 浓度下降缓慢。通风 3～10min，在新鲜空气射流和稀释作用下，CO 浓度逐步下降且下降速率逐渐增加。这一阶段由于设置在边墙的风管更加靠近下台阶，相较于其他布设方式，其 CO 浓度下降更快。通风 10min 后，CO 浓度缓慢下降，但 25min 时 CO 浓度仍未降低至安全限值。此时，风管设置在拱顶和边墙的 CO 浓度相近，设置在拱腰处的则略高。

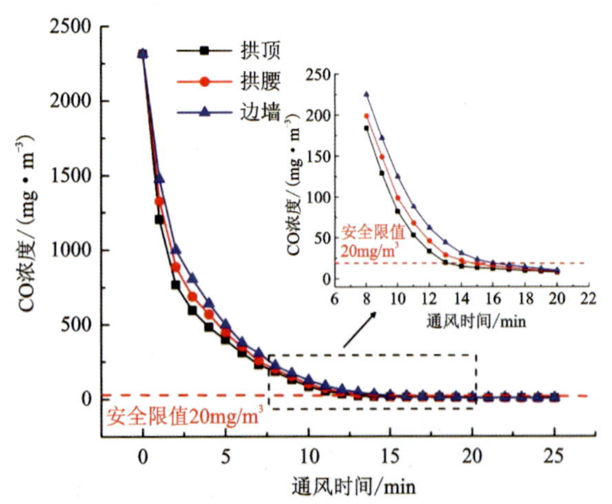

图 7-8 上台阶测点 CO 浓度变化曲线(一)

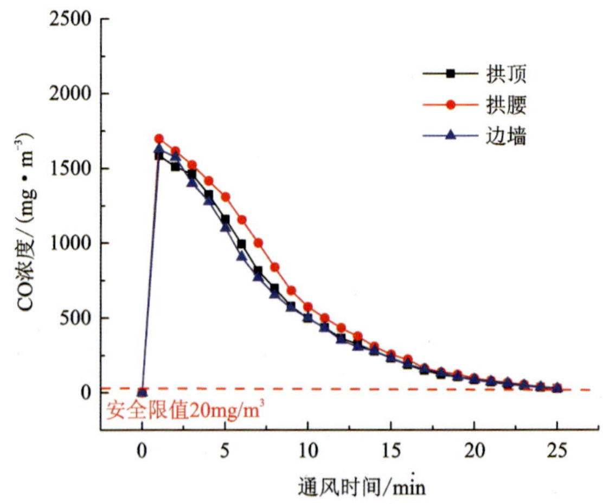

图 7-9 下台阶测点 CO 浓度变化曲线

对比 3 种风管位置设置方式，对于上台阶处风管设置在拱顶最有利，下台阶处设置在拱顶和边墙位置较好。由于风管设置在边墙处对台阶法施工存在干扰，因此建议将风管布置在拱顶，有利于隧道施工和保护施工人员健康。

2. 台阶长度影响

根据上述分析，本研究将风管设置在拱顶处，建立了台阶长度分别为5m、10m、20m和30m的隧洞通风模型，分析台阶长度对CO通风扩散规律的影响。隧洞中轴线上台阶高1.6m且距掌子面2m处的CO浓度变化如图7-10所示。

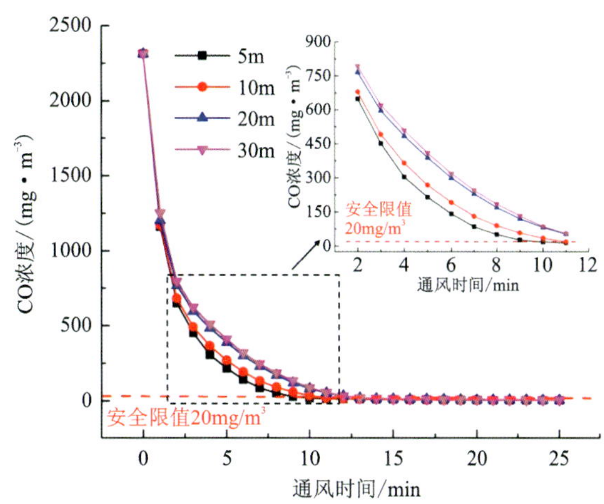

图7-10　上台阶测点CO浓度变化曲线(二)

由图7-10可知，在风管出风口到掌子面距离不变的情况下，当台阶长度大于出风口至掌子面距离时(即20m和30m模型)，爆破后掌子面处在新鲜空气射流和稀释作用下，各时段的CO浓度值和下降速率基本一致。然而，当台阶长度小于出风口至掌子面距离时(5m和10m模型)，随着台阶长度减小，CO浓度下降得更快，通风11～12min时已降低至安全限值，与台阶长度为20m和30m的模型相比，掌子面处各时段CO浓度值均更小，并且下降速率也更快。这主要是由于当台阶长度大于出风口至掌子面距离时，上台阶内部会产生较大的涡流区，减小新鲜空气的射程，使得掌子面处CO难以消散。

因此，随着台阶长度的增加，掌子面处CO通风效果逐渐变差，通风至安全限值时间增加；当台阶长度大于出风口至掌子面距离时，台阶长度的增大对通风效果的影响较小。

第三节　平潭及闽江口水资源配置工程隧洞施工通风方案

一、工程概况

福建省平潭及闽江口水资源配置工程第4标段由大樟溪-东张水库输水线路、东张水库-石溪输水线路两部分组成。大樟溪-东张水库输水隧洞区属构造侵蚀低山-丘陵地貌，沿线山体峰顶高程在280～550m之间。输水线路总体自西北向东南布置，沿线地形波状起伏。隧洞埋深一般较大，大部分在70～180m之间，埋深大于300m的洞段长约5.9km，最大埋深为520m。东张水库-石溪输水隧洞区属侵蚀丘陵地貌，山包离散，沟壑发育。隧洞埋深一般为60～150m，最大埋深为260m。

隧洞施工为独头掘进，最大长度为2.5km，加上支洞，隧洞施工长度达3.0km；输水隧洞断面一般较小，为16.4～21.2m^2。因此，隧洞的通风排烟难度大。同时，本研究设置了与主洞相交的施工支洞，以满足隧洞开挖进度需要，通风排烟经过此结合部位时受影响更大。

二、隧洞施工期通风方案

1. 施工通风设计标准

(1)供给每人的新鲜空气量为3m³/min,内燃机车1kW供风量为4.5m³/min。

(2)支洞内回风流速要大于0.25m/s,主洞回风流速要大于0.15m/s。

(3)管道百米漏风率β不超过1.0%,管道百米静压损失ΔP不超过70Pa。

(4)隧洞内粉尘浓度:每立方米空气中含有10%以上游离二氧化硅的水泥粉尘为2mg,含有10%以下游离二氧化硅的水泥粉尘为6mg,二氧化硅含量在10%以下,不含有毒物质的矿物性和植物性粉尘为10mg。

(5)隧洞内气温不超过28℃。

(6)隧洞内空气成分:氧气含量不低于20%,二氧化碳含量不高于0.5%。

(7)有害气体CO最高容许浓度为24×10^{-6}(30mg/m³)。在特殊情况下,施工人员必须进入工作面时,浓度可为80×10^{-6}(100mg/m³),但工作时间不得超过30min;氮氧化合物(换算成NO_2)浓度应在5mg/m³以下。

(8)瓦斯含量不得超过0.5%。

2. 通风量计算

(1)洞内作业人员呼吸所需风量计算如下:

$$Q_1 = kqn = 1.10\times3\times20 = 66(\mathrm{m^3/min})$$

(2)爆破排烟需风量。本工程隧洞通风采用送风式,根据国内隧洞施工中常用的公式计算如下:

$$Q_2 = \frac{7.8}{t}\sqrt[3]{G(AL_0)^2} = \frac{7.8}{30}\sqrt[3]{114.2\times(21.2\times30)^2} = 93.29(\mathrm{m^3/min})。$$

(3)维持洞内最小风速所需风量计算如下:

$$Q_3 = 60v\cdot S = 60\times0.25\times21.2 = 318(\mathrm{m^3/min})。$$

(4)通风机极限通风距离验算计算如下:

$$L = \frac{100}{P}\left(1-\frac{V}{V_m}\right) = \frac{100}{0.03}\left(1-\frac{318}{612}\right) = 1601(\mathrm{m})。$$

3. 通风设施

1)主洞与支洞

本工程隧洞开挖采用独头掘进的方式,最长开挖距离为3300m,包括输水主洞2860m和玉林支洞440m。为确保爆破后排烟时间控制在30min之内,有害气体浓度达到规定标准,并供给施工人员足够的新鲜空气,根据隧洞开挖断面工作单一、通风时间短的特点,综合考虑成本最优化原则,隧洞开挖采用压入式通风。压入式通风系统布置如图7-11所示,选用流式通风机,采取从支洞洞口引入新风。通风机电机功率为2×30kW,风量为10.2m³/s,风压为6600Pa,选用ϕ800~1000mm柔性风筒。支洞施工期,采用一台2×30kW风机和一道ϕ800mm柔性风筒,从支洞洞口压入新风。进入主洞施工,开设两个开挖断面,分别采用一台2×30kW风机和一道ϕ1000mm柔性风筒引入新鲜空气。当通风长度超过通风机送风能力时,增加一台压入通风机,采取接力式送风方式,以满足通风要求。支洞洞口处通风设备如图7-12所示。

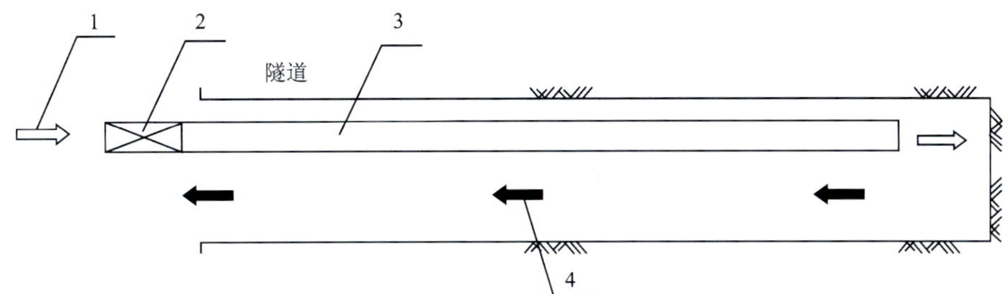

图 7-11　压入式通风系统布置示意图

1.新鲜空气;2.风机;3.送风管路;4.污浊空气

图 7-12　支洞洞口处通风设备现场照片

2)风筒口位置

压入式风机为了把新鲜空气送到工作面,应尽量将风筒口设置在与隧洞开挖面较近的位置,以尽快将污浊空气排除洞外。考虑到隧洞爆破开挖可能对风筒口造成破坏,风筒口距开挖面又不能过近,根据工程经验将风筒口设置在距开挖面 30m 左右。

3)风机工作时间

压入式风机一般情况下始终处于工作状态,特殊情况下如果需要停机,也必须在放炮后随即开启风机开关,将新鲜空气送进洞内。

4)结束时间

按照国家规范规定,应确保洞内每个施工作业人员得到 $3m^3/min$ 的新鲜空气,洞内空气中含氧量应达到 10%以上,游离状态的 SiO_2 粉尘最高浓度不得超过 $2mg/m^3$。为了满足这些规范要求,压入式风机除了停工和检修时间之外始终处于工作状态,不得随意停机结束供风。

三、隧洞施工期通风管理

为了确保隧洞施工期通风管理正常化,提高隧洞通风效果,本项目制订了以下隧洞施工期通风管理机构及条例。

(一)管理机构

本项目对于隧洞施工通风成立了专门的项目组,机构岗位设置包括项目负责人、技术组、风管安拆组、监测组和控制与维修组，各岗位主要职责如表 7-4 所示。

表 7-4 各岗位主要职责表

序号	人员或机构	职责
1	项目负责人	全面负责施工通风技术和人员管理，落实通风方案并组织实施，协调与其他工种之间的关系
2	技术组	协助项目负责人工作，解决施工过程中方案的细化和修改、过渡方案的设计、通风系统测试与评价、自动监测系统的维护以及洞内作业环境评价等
3	风管安拆组	负责风机、风管的安装和拆卸及管路的维护和维修
4	监测组	负责隧洞内作业环境的人工监测
5	控制与维修组	风机司机负责风机值班、风机运行和日常维护，风管维修工专职负责洞内外风管修补以及风机的保养和维修

（二）通风技术管理

通风技术管理包括通风方案的实施和局部调整，过渡方案的设计和通风系统测试与评价。各项通风技术管理必须由技术组的专业技术人员完成。

（1）通风方案的实施。通风设计方案通常并不完善，在进行现场实施时，必须进一步细化并绘制出方案实施图。即要求计算人员根据设计图和现场具体情况，将方案具体化，并绘制实施图，及时制订出方案实施细则。

（2）通风方案的局部调整。通风方案一般都是根据施工方法和施工组织设计的，在施工过程中施工组织和施工方法通常会根据地质情况的变化而变化，如增开工作面或增加运输通道等，通风方案也需要作相应的调整。这就要求技术人员应根据施工组织和施工方法的变化对通风设计方案进行局部调整。

（3）过渡方案的设计。通风方案都是分阶段设计的，每个阶段之间都存在过渡的问题，在施工现场从一个阶段到另一个阶段一般需要 2～3d 时间，不能因施工下一阶段通风方案而影响正常施工。这就要求技术人员必须根据现场具体情况做好通风过渡方案。

（4）通风系统测试与评价。通风方案实施以后能否达到设计要求，或者设计本身是否存在问题，这些都需要通过温度、湿度、管路的进出口风量、管路的百米漏风率、通风阻力以及工作面有害气体浓度变化等项目的测试来检查方案落实情况，评价设计方案效果。这就要求技术人员在方案实施后尽快对通风系统进行测试，以便及时修正存在的问题。

（三）通风设备管理

1. 通风机的安装与移动

随着开挖工作面的向前推进，有时需要安装和移动通风机。该工作必须由技术人员、安拆组和风机维修工共同完成。即由技术人员根据设计选定通风机和安放位置，安拆组在安装风机的位置进行加固处理；由风机维修工对所安风机进行检测，确定正常后用吊装设备移到指定位置，由安拆组对通风机进行加固；最后由技术人员和风机维修工负责连接线路，调试运行。

2. 通风机的运行与维修

通风机正常运转是保证通风正常的必要条件，通风机的开关和运行必须由风机司机负责，基本要求如下：

(1)根据安拆组的通知信号开关通风机。

(2)启动和关闭通风机按风机操作规程。

(3)对通风机运行状况做好记录,特殊情况需及时报告。

(4)经常对通风机进行简单保养。

通风机的维修必须由风机维修工负责完成,风机维修工要对通风机运行情况非常了解,定期对通风机进行保养和检修,损坏时必须及时修理。

3. 风管的安装与拆卸

随着隧洞开挖工作面的向前推进,需要不断安装风管接长管路,使得管路出风口紧跟工作面。由于开挖工作面的转移,需拆卸原有管路,风管的安装和拆卸必须由安拆组完成。具体要求如下:

(1)风管位置和管路出风口位置必须按照方案实施细则完成。

(2)风管的连接方向应使有内衬的一方朝向风流的方向。

(3)风管应吊装牢固,接头应连接精密,外密封反边应翻好到位。

(4)安装好的管路应保持平直、顺畅、转弯自然。

(5)尽可能避免在工作面需要供风的时间安装风管。

4. 管路的维修及更换

要保证开挖工作面有足够的有效风量,应加强管路维修,减少管路漏风。这就要求经常对通风管路进行检修,检查风管破损情况、接头拉链是否损坏,并及时维护或更换,该工作必须由安拆组完成。为避免风管漏风,应及时对破损风管进行修补,该工作必须与风管修补共同完成。管路维修和更换的基本要求如下:

(1)对于管体受损严重、漏洞较多或较大的风管,应及时更换。

(2)对于已经处于衬砌及安全段的风管,可使用 20m 或 30m 长风管,易损地段则采用 10m 长风管。

(3)对风管可能产生不利影响的问题须及时处理。

(4)管体漏洞应采用焊枪修补,更换拉链使用补鞋机。

(5)修补好的风管应保持清洁,晒干叠好后入库备用。

(四)通风应急处理

1. 通风机故障

当发生通风机烧坏现象时,应首先通知工作面工人,并根据洞内环境监测结果决定是否停工,同时应尽快查明原因,启动备用通风机,并对烧坏通风机进行维修。通风机烧坏原因一般包括电源电压过高、电机漆包线的绝缘性差、风路堵塞、负载过大等。

2. 管路故障

(1)出现风管爆裂或被划破现象。应先通知工作面工人,并根据洞内环境监测结果决定是否停工,通知风机司机把通风机转变为低速运转或停止运转,用细铁丝对爆裂风管进行快速缝合,尽快恢复正常通风;待允许停风时,更换爆裂或被划破风管。

(2)出现风管拉链断开现象。在通风状态下发生风管拉链断开现象时,应先通知工作面工人,并根据洞内环境监测结果决定是否停工,通知风机司机关闭通风机,用细铁丝对断开的风管进行快速缝合,尽快恢复正常通风;待允许停风时,更换拉链损坏的风管。

(3)出现管路掉落现象。应先通知工作面工人,并根据洞内环境监测结果决定是否停工,通知风机司机将通风机转变为低速运转或停止运转，车辆暂停通行，尽快将掉落管路牵线吊起，固定牢靠，完成后可恢复正常工作。

四、隧洞施工期通风监测系统

为了更好地监测隧洞施工过程中，通风设备的通风效果和洞内污染物分布情况，本研究开发了一套施工期隧洞通风监测系统，配合隧洞中布设的监测设备，实时监控洞内环境，确保洞内环境符合规范要求，有效保护隧洞施工人员身体健康。

该套系统主要是用来对隧洞施工期通风设备和通风效果进行监测和分析的软件，具体包括全隧洞通风机运行管理、通风效果检测等功能，还具有数据备份及恢复功能（系统自动备份数据），无需担心数据丢失。此套系统功能强大，操作简便，界面友好，详细介绍如下。

1. 三维推演评估

点击系统界面上的“三维推演评估”按钮，进入到对应的功能界面，具体功能点击按钮之后就能看见相关的操作信息，可以根据流程进行操作。通风监测系统三维界面如图 7-13 所示。

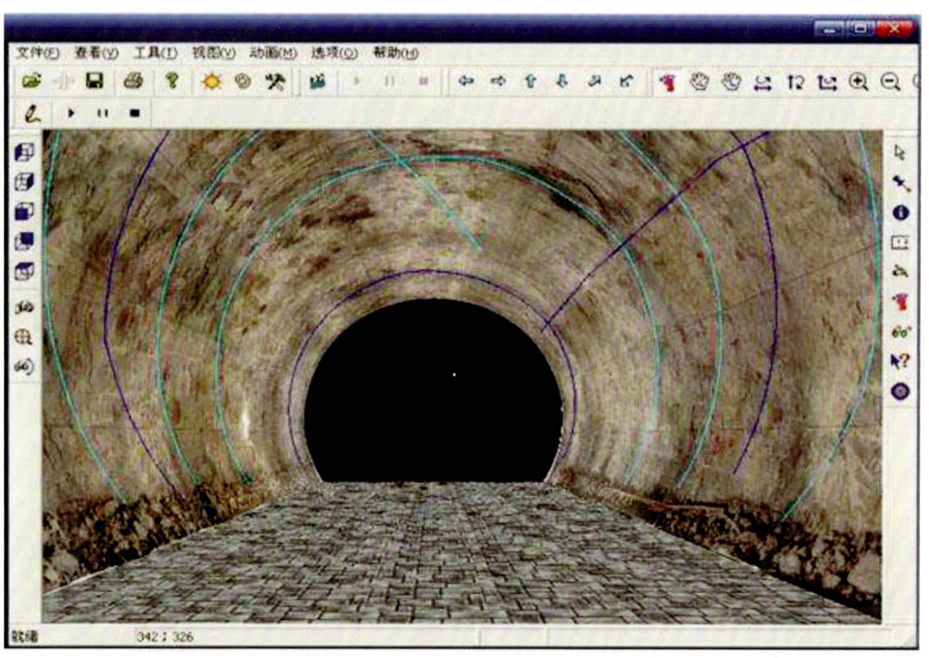

图 7-13　通风监测系统三维界面

（1）模型。在使用此软件时，用户可按字母或按分类选择查询模型、布局。软件将功能划分了“基本”“基本参数”“特征参数”3 类。“基本”功能包括图层、名称、字体样式、高度、三维高度；“基本参数”功能包括百叶编号、百叶名称、始节点号、末节点号、百叶类型、初始风量、初始风阻；“特征参数”功能包括百叶长度、风速检测标准、断面样式（百叶断面积、周长、支护方式等）。

（2）图块管理器。图块管理器主要管理各项通风图块的选择，包含双向风门、单向风门、单字节点、双子节点、调节风窗以及密闭等。

（3）参数输入。参数输入界面如图 7-14 所示，主要功能为查看和输入风压特性及效率曲线、功率曲线、风量、风压等参数，具体参数包括编号、型号、名称、角度、风量 1、风量 2、风量 3、风压 1、风压 2、风压 3 等。

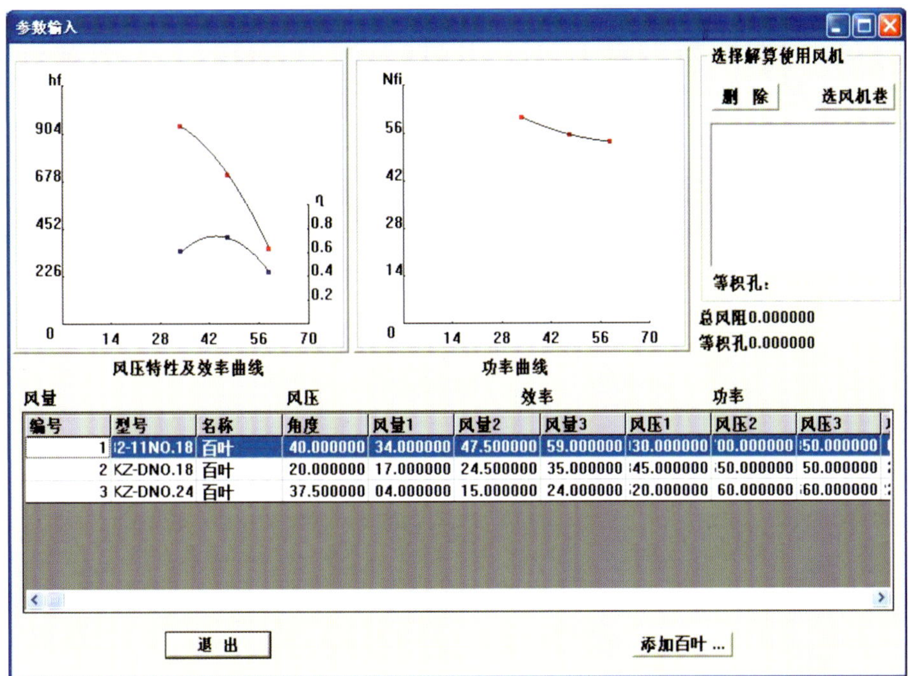

图 7-14　参数输入界面

（4）信息统计。完成参数的输入工作后，打开“信息统计”的显示页面，可查看在一系列基础操作后的相关信息。统计页面中显示的内容包括百叶编号、名称、百叶类型、支护样式、起点、终点、摩擦阻力系数、周长、长度、断面、风量、风阻、风压、风速等（图 7-15）。

信息统计

百叶...	名称	百叶类型	支护样式	起点	终点	摩擦...	周长	长度	断面	风量	风阻	风压	风速	风
3	(null)	一般...	砌碹	1	2	0.0080	16.10	1033....	17.80	38.770	0.0236	35.46	2.18	正
4	(null)	一般...	锚喷	2	3	0.0100	8.60	40.00	5.10	0.847	0.0259	0.02	0.17	超
1	(null)	一般...	砌碹	1	46	0.0120	13.80	353.00	13.20	21.778	0.0254	12.05	1.65	超
5	(null)	一般...	锚喷	3	5	0.0120	13.80	2353....	13.20	22.624	0.1694	86.72	1.71	超
7	(null)	一般...	锚喷	5	6	0.0100	8.60	40.00	5.10	2.818	0.0259	0.21	0.55	超
6	(null)	一般...	锚喷	2	6	0.0090	16.10	2353....	17.80	37.923	0.0605	86.94	2.13	超
9	(null)	一般...	锚喷	6	45	0.0090	16.10	300.00	17.80	40.741	0.0077	12.79	2.29	超
17	(null)	固定...	锚喷	8	7	0.0080	17.00	20.00	17.50	20.900	0.0112	4.87	1.19	超
14	(null)	一般...	锚喷	9	8	0.0090	17.00	440.00	17.50	36.900	0.0126	17.10	2.11	超
15	(null)	一般...	锚喷	8	10	0.0120	17.00	300.00	17.50	16.000	0.0114	2.92	0.91	超
16	(null)	一般...	锚喷	10	7	0.0080	17.00	300.00	17.50	16.000	0.0076	1.95	0.91	超
19	(null)	一般...	锚喷	7	11	0.0080	17.00	40.00	17.50	36.900	0.0010	1.38	2.11	超
51	(null)	一般...	锚喷	11	12	0.0000	17.00	630.00	17.50	53.000	0.0160	44.91	3.03	超
18	(null)	固定...	锚喷	13	11	0.0120	16.00	300.00	15.00	16.100	0.0132	3.43	1.07	超
8	(null)	一般...	锚喷	5	47	0.0120	13.80	300.00	13.20	19.806	0.0216	8.47	1.50	超
13	(null)	一般...	锚喷	13	14	0.0120	16.00	300.00	15.00	3.706	0.0171	0.23	0.25	超
50	(null)	固定...	锚喷	14	12	0.0090	17.00	40.00	17.50	11.000	0.3975	48.10	0.63	超
52	(null)	一般...	锚喷	12	15	0.0080	17.00	50.00	17.50	64.000	0.0013	5.20	3.66	超
49	(null)	固定...	锚喷	16	15	0.0090	17.00	80.00	17.50	16.000	0.2868	73.42	0.91	超
12	(null)	一般...	锚喷	9	16	0.0090	17.00	100.00	17.50	3.841	0.0029	0.04	0.22	超
20	(null)	一般...	锚喷	17	16	0.0090	17.00	240.00	17.50	12.159	0.0069	1.01	0.69	超
48	(null)	固定...	锚喷	17	18	0.0090	16.10	40.00	17.80	2.000	5.1618	20.65	0.11	超
53	(null)	一般...	锚喷	15	19	0.0080	17.00	561.00	17.50	80.000	0.0142	91.11	4.57	超
54	(null)	一般...	锚喷	19	20	0.0080	17.00	496.00	17.50	96.000	0.0126	116.00	5.49	超
55	(null)	一般...	锚喷	20	21	0.0080	17.00	325.00	17.50	121.0...	0.0082	120.75	6.91	超
56	(null)	一般...	锚喷	21	22	0.0080	17.00	30.00	17.50	129.0...	0.0008	12.67	7.37	超
32	(null)	固定...	锚喷	23	22	0.0090	16.10	140.00	17.80	2.000	108.6...	434.75	0.11	超
57	(null)	一般...	锚喷	22	24	0.0080	17.00	200.00	17.50	131.0...	0.0051	87.10	7.49	超
31	(null)	固定...	锚喷	25	24	0.0090	10.90	120.00	7.80	2.000	130.7...	522.85	0.26	超
45	(null)	固定...	锚喷	26	21	0.0080	17.00	140.00	17.50	8.000	6.5780	420.99	0.46	超
44	(null)	一般...	锚喷	44	26	0.0090	17.00	100.00	17.50	8.000	0.0029	0.18	0.46	超
41	(null)	一般...	锚喷	18	14	0.0120	17.00	240.00	17.50	7.294	0.0091	0.49	0.42	超
40	(null)	一般...	锚喷	27	18	0.0120	17.00	320.00	17.50	5.294	0.0122	0.34	0.30	超
38	(null)	固定...	锚喷	27	28	0.0120	17.00	300.00	17.50	16.000	0.5597	143.29	0.91	超
39	(null)	一般...	锚喷	28	19	0.0080	17.00	300.00	17.50	16.000	0.0076	1.95	0.91	超
37	(null)	一般...	砌碹	29	27	0.0120	16.00	211.00	15.00	21.294	0.0120	5.44	1.42	超
35	(null)	一般...	砌碹	30	29	0.0120	16.00	300.00	15.00	30.807	0.0171	16.20	2.05	超
34	(null)	一般...	砌碹	31	30	0.0120	16.00	325.00	15.00	30.807	0.0185	17.55	2.05	超

退出　　打印…

图 7-15　信息统计界面

（5）其他设置。其他设置项的功能是选择测试参数颜色，包括无断面样式、长度、风量为负、无风速检测标准、风机、风速超上限、固定风量、风速超下限、测风求组、需确定风阻、需确定风量、需确定风阻和风量。

2. 隧洞实时通风效果

根据实际需求，用户可在系统内点击相关的功能按键，系统会自动跳转到对应的界面。如图 7-16 所示，用户可以清楚地在界面内查看系统显示的隧洞效果分析信息，并且根据实际需求点击对应的按键，进行相关的功能设置。

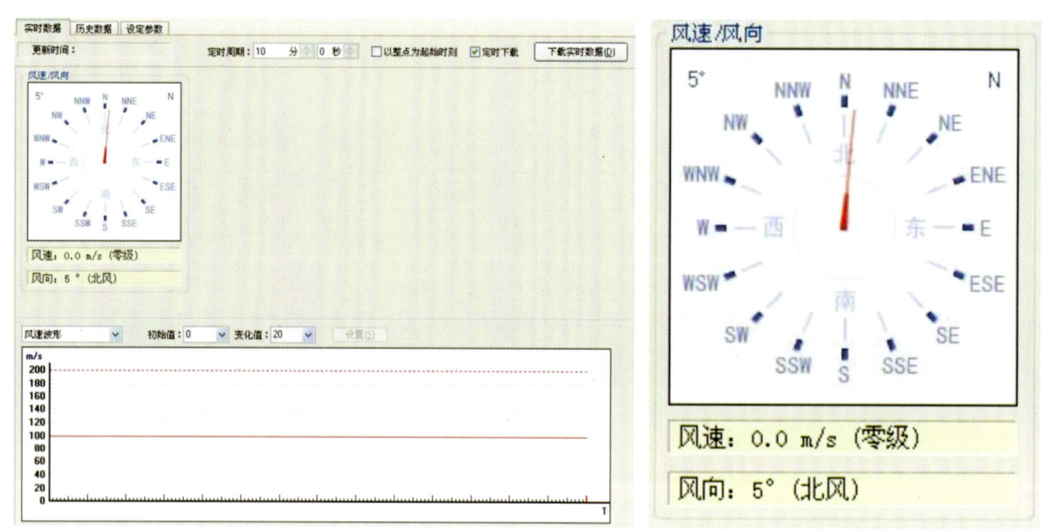

图 7-16　实时通风数据界面

3. 管理员配置

常规数据卸载完毕后，用户紧接着可点击进入到“管理员配置”功能界面，依次对设备配置、要素配置、传感器配置、通讯设置以及配置文件进行相关的配置。

首先是在“设备配置”功能菜单下，对设备名称、设备类型、通讯方式、硬件地址以及备注进行完善(图 7-17)。设备配置完毕后，再对传感器参数与配置文件的相关设置以及相关参数进行设定。“传感器参数”的功能主要是对风向传感器支架角补偿角度进行设定(图 7-18)。

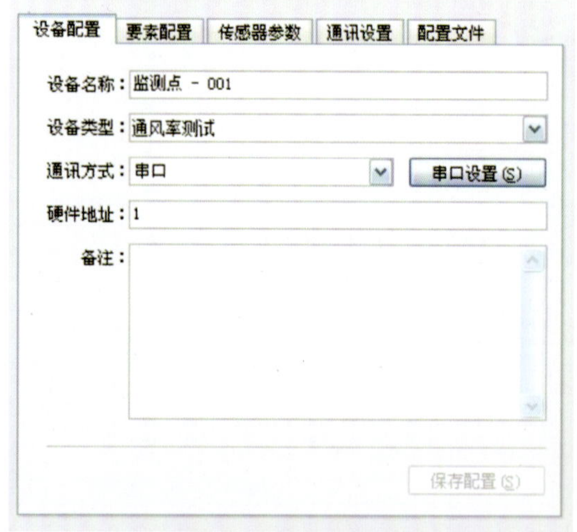

图 7-17　设备配置界面

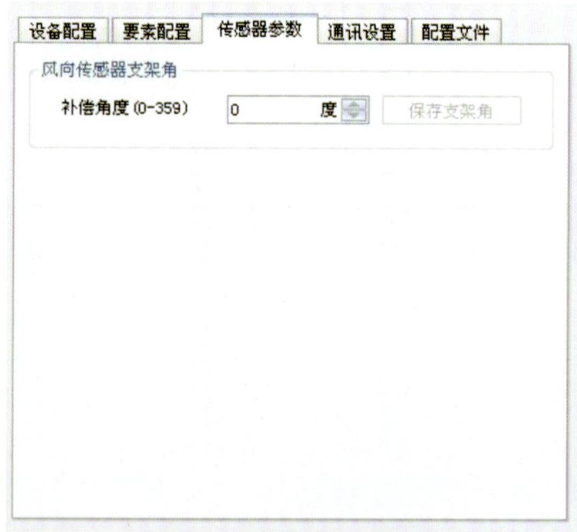

图 7-18　传感器参数界面

4. 运行及管理设置

对该系统进行一系列操作后，用户可点击进入到“选项”功能界面，对运行设置、日志管理与其他设置依次进行完善。

首先在“运行设置”页面中，对记录控制（勾选“数据记录”后，设置实时数据记录重试次数、时间同步频率、定时数据记录重试次数）、自动站数据（勾选“数据备份”，对每小时、每天、每月或每年备份时间进行设定）以及系统参数进行完善（图7-19）。然后在“日志管理”页面中，对任务设置（自动备份日志、自动删除日志）、保存设置（日志保存时间、删除开始时间）以及路径设置（日志保存路径、日志备份路径）进行设定（图7-20）。

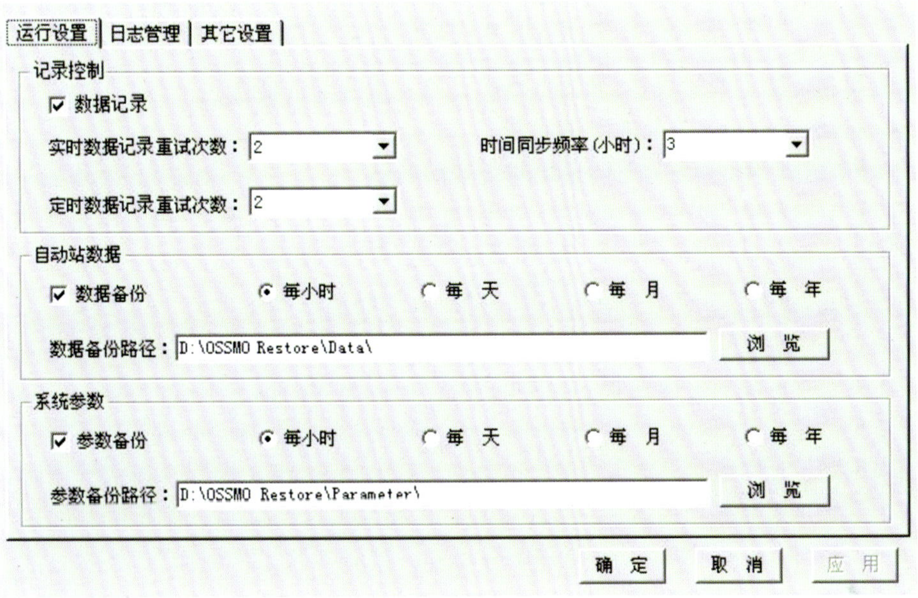

图7-19　运行设置界面

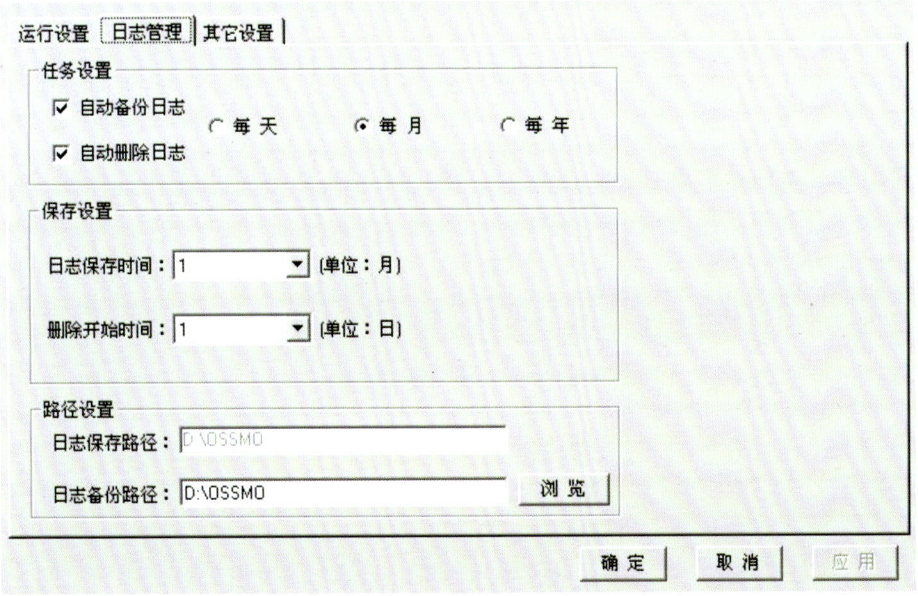

图7-20　日志管理界面

第八章　施工灾害风险评价与管控技术

随着交通运输、水利水电、城市地铁和地下空间开发利用，隧道施工技术也取得了长足的进步，隧道工程的规模和数量都有了较大增长。目前，中国是世界上隧道最多、发展最快的国家，也是地质条件最复杂的国家。

随着隧道应用领域的不断拓展，隧道施工出现了如下新的地质难题：

(1)超浅埋隧道的结构稳定与地面限沉问题。

(2)极深埋隧道的岩爆和高应力下隧道结构大变形问题。

(3)隧道穿过特殊地质地段(如岩溶洞穴、岩爆、瓦斯、膨胀性围岩、冻结层、第四季沉积砂土等)遇到的复杂的工程地质问题。

就隧道工程而言，若对地质条件有足够深的了解，就能够适时预报可能发生的地质灾害，通过动态设计与合理的施工技术措施，对隧道施工安全风险可以进行有效控制。就地质工程而言，对地质条件的预测及地质灾害的预报问题一直困扰着工程建设者，往往成为大型工程项目的重难点问题。地质灾害常常导致隧道建设严重受挫，即使是规模较小的工程，若地质条件差，施工技术措施不当，工程的顺利完成也会变得相当困难。地质条件具有复杂性、特殊性和不确定性，由于勘察手段的局限性，勘察成果往往不能满足施工方案对地质条件的需求。为了避免在工程施工过程中由于地质条件突变而引发地质灾害，将超前地质预报工作纳入工序中进行管理十分必要。就施工技术措施而言，技术方案、工艺控制与工序管理是技术管理的三大基本问题。技术方案不合理，工艺控制不到位、工序管理不正确，往往直接导致重大安全风险发生甚至造成项目失败。大量失败案例证实，现场管理者观念陈旧、理念错误固然是失败的主要原因，但在方案实施中对关键工序、工艺某些重要环节与细节的控制失误往往也是失败的重要原因。

从理念到实践，从超前地质预报到方案设计，从工艺控制到工序管理，从监控量测到动态反馈设计与信息化施工等，这些都是比较成熟的隧道工程施工安全风险控制技术[79-82]。

本章基于BIM技术的输水隧洞全生命周期风险影响评估方法，建立了输水隧洞施工检查计划评估模型，并结合前文中隧洞施工风险评价及预警体系，形成了一套针对不同预警级别的隧洞施工风险管理方案与控制措施。

第一节　灾害源类型

受不良地质构造和人类工程活动的影响，在隧道施工过程中或多或少地会遇到断层带、岩溶、软岩等不良地质情况，这些不良地质情况给隧道施工带来极大的困难。以往的工作经验证明，隧道施工中遇到涌水突泥、塌方、渗漏水等地质灾害的可能性很大，而由此所造成的损失也是不可估量的。结合本工程施工现场情况，灾害类型主要包括以下几个方面。

1. 涌水突泥

隧道工程遭遇的涌水突泥灾害常发生于施工期，是由开挖扰动、高水压力及围岩损伤共同作用的结果。多因素相互影响削弱了防突结构强度及厚度，一旦防突结构遭到破坏，那么高水压力将驱动水体裹挟着岩屑沿涌水通道涌入工作空间内，造成重大的涌水突泥灾害。涌水突泥空间结构可以分为灾害源、防突结构及涌水通道。

2. 塌方

造成隧道塌方的原因有很多，据统计大量的塌方实例，主要原因有地质因素、设计因素、施工因素和管理因素。其中，地质因素是导致塌方的最重要因素。作为典型的地下工程，不可预见的地质现象及复杂的地质构造会对隧道施工造成很大的影响，且受勘察设备和技术水平等相关因素的制约，隧道设计中所需的地质勘察资料不够完善，这就加大了施工难度和塌方发生的可能性。因此，根据众多塌方实例原因的统计分析结果，复杂的地质因素和不可预见的地质条件是造成塌方事故的决定性原因。

3. 渗漏水

渗漏水也是隧道主要病害之一，它的种类繁多，但常见的为拱部渗水、滴水、漏水和成股射流，以及边墙渗水、淌水。隧底涌水现象不多见。隧道渗漏水现象严重影响隧道的整体稳定性，对隧道内的设施、隧道周围的水环境等也会造成不良影响，不利于隧道安全运营。

第二节 灾害源识别与管控

一、基于卷积神经网络的地质雷达隧道超前预测方法

（一）卷积神经网络理论

Geoffrey Hinton 于 2006 年提出了深度学习这一概念，并表明深度学习网络可以通过逐层训练的方式来对数据进行训练。深度学习类型分为监督学习和非监督学习两类。监督学习是指在提供一定数量的已有结果的数据条件下，利用深度学习网络来训练这些数据，从而能够预测得到问题的结果。例如预测房价、图片识别等。非监督学习是指不需要人工注释训练数据，深度学习网络就可以从数据中提取到某些共性的特征，从而对数据进行分类处理等。

1. 神经网络结构

神经网络是最初用来模拟人类大脑神经元的模型，神经元模型也是深度学习网络的基本单元，如图 8-1 所示。

整个神经元可以看作是一种线性输出，x_1、x_2、x_3 为输入因子，w_1、w_2、w_3 为对应的权重因子，$\hat{y}$ 为输出因子，b 为偏置，$\hat{y}=x_1w_1+x_2w_2+x_3w_3+b$。对于监督学习来说，当 $\hat{y}$ 与目标值或阈值 y 的差值，即损失函数的大小在一定范围内时，$\hat{y}$ 才可以传递到下一个神经单元中。

神经网络就是由许多神经元按照一定的规则连接排列得到的，共分为输入层、隐藏层和输出层，如图 8-2 所示。

其中，隐藏层层数越多，神经网络越深，神经网络也就越复杂。使用神经网络的目的是利用数据中的特征来构建一个非线性方程，从而预测结果。深度学习网络与人工神经网络的最大不同之处在于：人工神经网络是人为定义各个神经单元的权重值大小，而深度学习是通过利用方程不断缩小神经元输出值与实际值的差距来得到各个神经单元的权重，这也是深度学习能够通过加深网络深度构建复杂模型的原因之一。

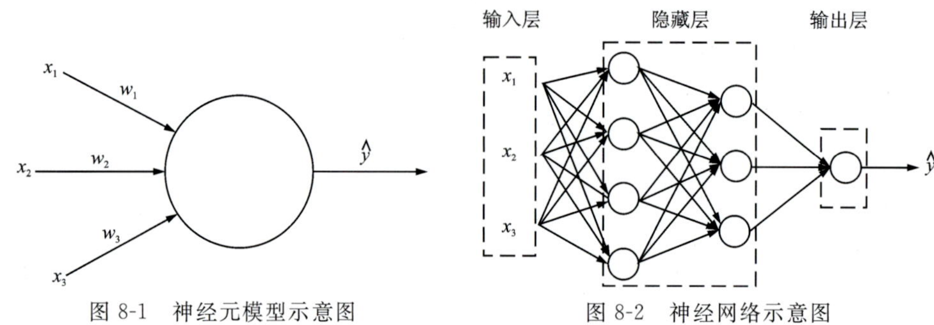

图 8-1　神经元模型示意图　　　　图 8-2　神经网络示意图

2. 前向传播与反向传播

对于监督学习而言，深度学习网络本质上是构建一个非线性函数来预测结果。整个学习网络从输入层到输出层即为前向传播算法，而为了得到最优的权重值，使用梯度下降法不断减小输出值与实际值的大小即为反向传播算法。

1)前向传播

在说明神经元结构时提到了输入因子、权重因子和输出因子，输出因子由输入因子乘以权重得到。在得到输出因子时，其实并不能直接将输出因子 $\hat{y}$ 传递到下一个神经单元，而是要将 $\hat{y}$ 值代入一个函数，再将得到的函数值传递到后面的神经单元中。如果直接传递 $\hat{y}$ 值，则无论学习网络多深，始终仅仅是在做线性运算，这就失去了隐藏层深度的意义，其中 $\hat{y}$ 所代入的函数称为激活函数。常用的激活函数有 sigmoid 激活函数与 relu 激活函数，其公式分别如式(8-1)和式(8-2)所示：

$$g(z) = \frac{1}{1+\mathrm{e}^{-z}} \tag{8-1}$$

$$g(z) = \max(0, z) \tag{8-2}$$

现用图 8-2 举例说明一个拥有 2 个隐藏层的神经网络前向传播过程。将 L 设为隐藏层个数，用“$[i]$”标记(其中 $i=1,\cdots,L$)。隐藏层的神经个数用 n 表示，则图 8-2 中 $n^{[1]}=4$、$n^{[2]}=3$，即 2 个隐藏层的神经元个数分别是 4 个、3 个。每个隐藏层的输出结果用 a 表示，则第一隐藏层的输出结果为 $a^{[1]}$，第二隐藏层输出结果为 $a^{[2]}$。激活函数用 $g(z)$ 表示。

第一隐藏层的输出结果为

$$a_1^{[1]} = g(z_1^{[1]}) = g(w_{11}^{[1]}x_1 + w_{12}^{[1]}x_1 + w_{13}^{[1]}x_1 + w_{14}^{[1]}x_1 + b_1^{[1]})$$

$$a_2^{[1]} = g(z_2^{[1]}) = g(w_{21}^{[1]}x_1 + w_{22}^{[1]}x_1 + w_{23}^{[1]}x_1 + w_{24}^{[1]}x_1 + b_2^{[1]})$$

$$a_3^{[1]} = g(z_3^{[1]}) = g(w_{31}^{[1]}x_1 + w_{32}^{[1]}x_1 + w_{33}^{[1]}x_1 + w_{34}^{[1]}x_1 + b_3^{[1]})$$

$$a_4^{[1]} = g(z_4^{[1]}) = g(w_{41}^{[1]}x_1 + w_{42}^{[1]}x_1 + w_{43}^{[1]}x_1 + w_{44}^{[1]}x_1 + b_4^{[1]})$$

同理，第二隐藏层的输出结果为

$$a_1^{[2]} = g(z_1^{[2]}) = g(w_{11}^{[2]}a_1^{[1]} + w_{12}^{[2]}a_2^{[1]} + w_{13}^{[2]}a_3^{[1]} + b_1^{[2]})$$

$$a_2^{[2]} = g(z_2^{[2]}) = g(w_{21}^{[2]}a_1^{[1]} + w_{22}^{[2]}a_2^{[1]} + w_{23}^{[2]}a_3^{[1]} + b_2^{[2]})$$

$$a_3^{[2]} = g(z_3^{[2]}) = g(w_{31}^{[2]}a_1^{[1]} + w_{32}^{[2]}a_2^{[1]} + w_{33}^{[2]}a_3^{[1]} + b_3^{[2]})$$

最终得到的结果为

$$\hat{y} = g(z_1^{[3]}) = g(w_{11}^{[3]}a_1^{[2]} + w_{12}^{[3]}a_2^{[2]} + w_{13}^{[3]}a_3^{[2]} + b_1^{[3]})$$

2)反向传播

反向传播的主要算法为梯度下降法。在得到输出值 $\hat{y}$ 后，需要确定其是否准确，因此引入损失函数 L 来比较单个神经元的输出值 $\hat{y}$ 与实际结果 y 值间的差异大小，例如 logistic 损失函数如式(8-3)所示：

$$L(\hat{y},y)=-y\log\hat{y}-(1-y)\log(1-\hat{y}) \tag{8-3}$$

而整个神经网络的输出值 $\hat{y}$ 与实际结果 y 值间的差异大小用代价函数 J 表示。对于 m 个样本的神经网络来说，代价函数与损失函数间的关系如式(8-4)所示：

$$J(w,b)=\frac{1}{m}\sum\nolimits_{i=1}^{m}(\hat{y},y) \tag{8-4}$$

反向传播算法中的梯度下降法是用求导数的方式来不断更新权重 w 和偏置 b，从而降低代价函数的大小。权重 w 与偏置 b 的更新方式如式(8-5)、式(8-6)所示：

$$w=w-\alpha\frac{\partial J(w,b)}{\partial w} \tag{8-5}$$

$$b=b-\alpha\frac{\partial J(w,b)}{\partial w} \tag{8-6}$$

式中，α 为学习率，表示每次 w 或 b 更新速度的快慢。

3. 卷积神经网络结构

前文提到的输入因子 x_1、x_2、x_3 等在神经网络中也被称为特征向量 x，对于一般的神经网络模型而言，特征向量的数量可能不是特别多，最多也就可能有上万个特征向量。但是对于图片而言，如果每个特征向量都被计算进去并乘以相应的权重，则会产生巨大的参数数量。例如一张彩色 1000×1000 的图片，拥有 3 个 RGB 颜色通道，共计具有 1000×1000×3 个特征向量，使用全连接网络进行计算，即每个特征向量都配以相应的权重，则有 30 亿个参数，计算这样一个神经网络需要巨大的内存容量。而使用卷积神经网络进行计算则可以大大缩减训练数据所需要的计算量。如图 8-3 所示为一个典型的卷积神经网络结构。

图 8-3 中卷积神经网络分为输入层、卷积层、激活函数、池化层和全连接层。向卷积神经网络输入一张图片后，一般会通过 n 个卷积层和池化层来提取图片特征，最后利用全连接层将提取的特征进行分类并输出结果。

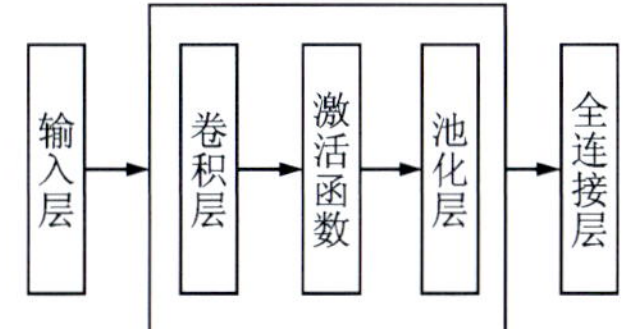

图 8-3 典型的卷积神经网络结构图

1)卷积层

卷积层用来提取特征，典型的卷积运算如图 8-4 所示。图中输入的是一个二维张量为 3×4 的数据，可以看作是一张灰度图像。Kernel 表示核函数，也称作过滤器，过滤器在矩阵上以一定的步长进行上下移动。图中的过滤器大小为 2×2，步长为 1，过滤器与矩阵在对应位置做乘法运算，最终得到 6 个特征值。过滤器中的 w、x、y、z 为权重值，可以看出这 4 个权重参数每移动 1 个步长就会被使用 6 次，图中过滤器共移动 4 次，则这 4 个权重参数共使用了 24 次。这相比于全连接神经网络每个权重参数只使用 1 次，卷积神经网络拥有较小的权重参数数量。

2)池化层

池化层用来缩减模型大小，提高计算速度，如图 8-5 所示为最大池化层运算示意图。

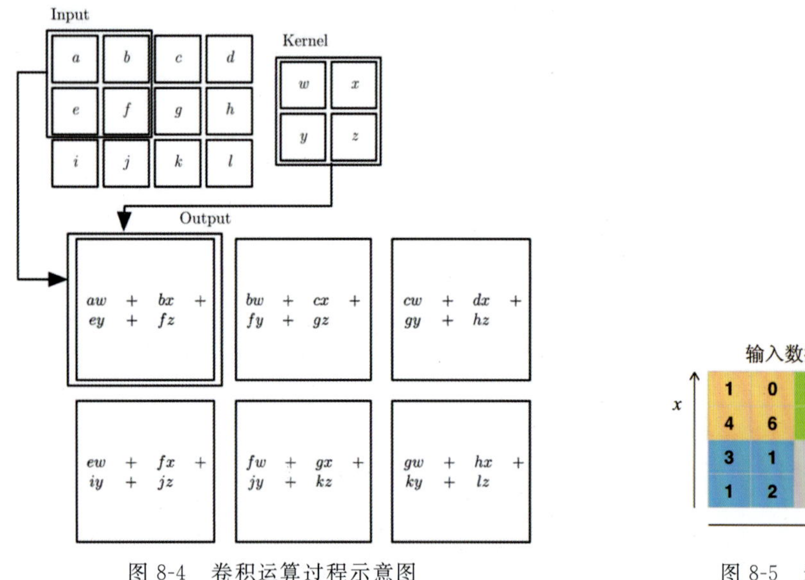

图 8-4　卷积运算过程示意图

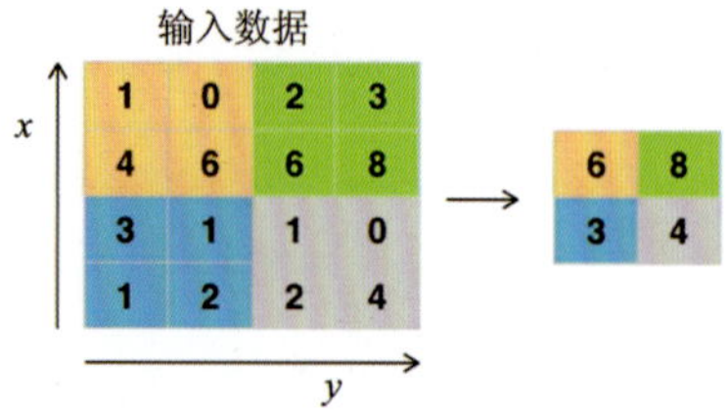

输入数据

1	0	2	3
4	6	6	8
3	1	1	0
1	2	2	4

→

6	8
3	4

图 8-5　最大池化层运算示意图

图中 4×4 矩阵被分为 4 个 2×2 的小型矩阵，使用最大池化层运算会提取每个 2×2 矩阵中的最大值。

3)全连接层

在卷积神经网络中全连接层一般为 2 层。卷积层、池化层提取的图片特征通常表现为 n 个 $a \times a$ 矩阵的形式。例如 5×5×16，使用第一层全连接层可以整合提取的特征，使之从高维度变换到低维度；使用 128 个 5×5×16 的过滤器与图片特征 5×5×16 进行卷积，得到结果 1×1×128。在将图片特征转换成低维度数据之后，再对特征进行非线性拟合，可以得到想要的特征分类结果。因此，第二层全连接层起到特征分类器的作用。

4. 经典卷积神经网络模型

1)LeNet-5 网络

LeNet-5 网络于 1998 年发表，用来识别图片中数字大小，其网络结构如图 8-6 所示。输入的图片大小为 32×32×1。最开始使用 6 个过滤器，步长为 1，没有使用填充(Padding)功能，卷积后得到 6 个 28×28 大小的特征输出，即图像大小从 32×32 变成 28×28。在卷积层后面跟着的是池化层，池化层类型为平均池化，图片大小从 28×28 变为原来的 0.5 倍，为 14×14×6。接下来是卷积层，采用 16 个 10×10的过滤器，图像大小变为 10×10×16，其后同样是一个平均池化层，图像尺寸变为 5×5×16，最后是一个有 120 个过滤器的卷积层，一个有 84 个过滤器的全连接层以及有 10 个过滤器的特征输出的全连接层。

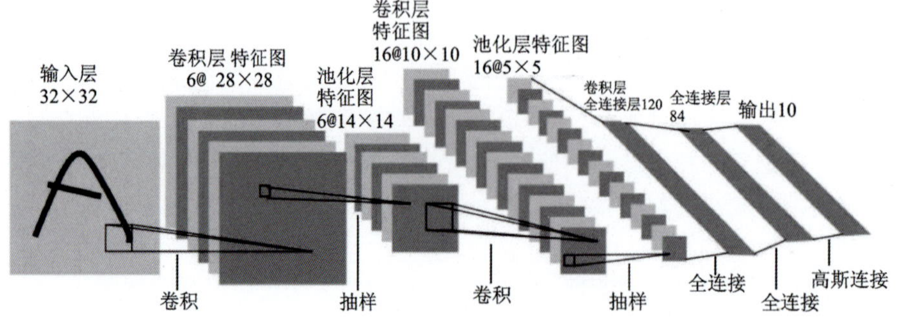

图 8-6　LeNet-5 网络结构图

2)AlexNet 网络

相较于 LeNet-5 网络而言,AlexNet 网络要复杂得多,其网络更深,也拥有更多的参数,AlexNet 网络结构如图 8-7 所示。

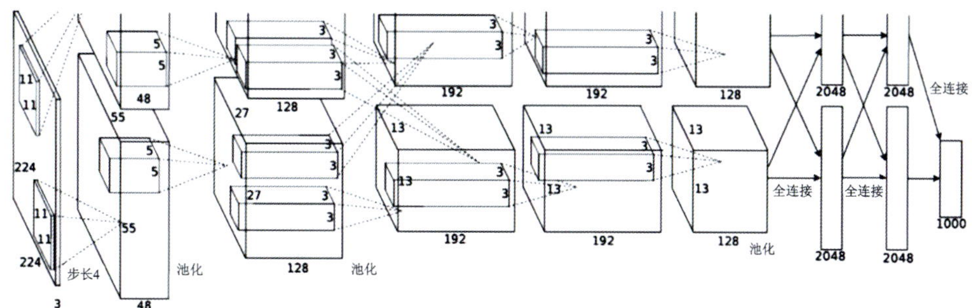

图 8-7　AlexNet 网络结构图

AlexNet 网络共有 5 个卷积层,且有 4 个卷积层采用了填充卷积的方式,即在输入图像四周填充空白,使得图像在经过卷积运算后大小不变。池化层采用最大池化,整个网络的最后是全连接层和 Softmax函数层,其中 Softmax 函数层用来输出图像识别结果,辨别图像属于 1000 个可能图像中的哪一个。

3)ResNets 残差网络

从前面 2 个卷积神经网络例子中可以看出,对于卷积神经网络而言,普遍的结构为卷积层和池化层相连循环数次,最后再跟几个全连接层或 Softmax 函数层。一般来说,如果想要建立复杂的模型,训练出复杂的非线性函数,则卷积神经网络越深越好,但实际情况却是随着卷积神经网络加深,训练错误先变少,随后变多,网络越深,越难训练。但使用残差网络则可以有效解决这一问题,相比于普通的卷积神经网络,残差网络的特殊之处在于引入了残差块(Residual)。残差块的结构如图8-8所示。

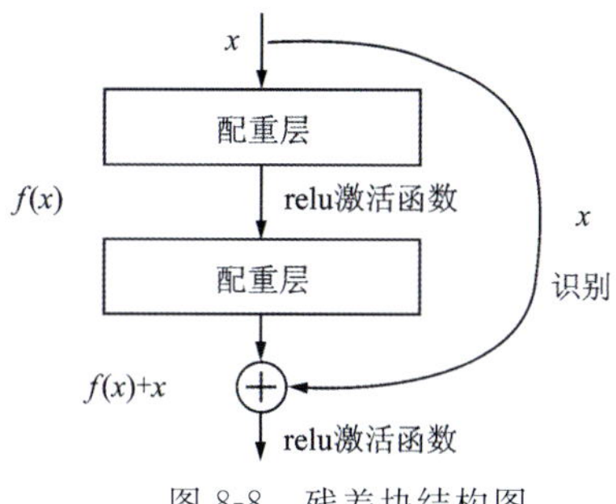

图 8-8　残差块结构图

图中最初输入为 x,最后输出结果经过一个 relu 激活函数,对于同样的普通网络来说,最终输入结果应为 relu$[f(x)]$,而使用残差块结构的最终计算结果为 relu$[f(x)+x]$。残差网络能够提高网络学习恒等函数参数的效率,同时加深神经网络的深度。

(二)案例分析

1. 项目工程概况

福建省平潭及闽江口水资源配置工程由莒口拦河闸、闽江竹岐-大樟溪引水工程、大樟溪-福清输水工程、平潭输水工程、大樟溪-福州输水工程、长乐输水工程组成。本工程为福建省平潭及闽江口水资源配置工程第 4 标段(大樟溪-石溪输水线路工程),主要位于永泰县和福清市。

(1)大樟溪-东张水库段主洞起点桩号 DD2+386.063,终点桩号 DD22+482.225,全长 20 096.162m,

开挖直径 5m，断面为平底圆型。支洞共 5 处，分别是一都支洞，洞长 562m；连井支洞，洞长 474m；观音洋支洞，洞长 586m；玉林支洞，洞长 440m；东张支洞，洞长 206m。

（2）东张水库-苍霞段主洞起点桩号 DP0＋000，终点桩号 DP14＋691.708，全长 14 691.708m，开挖直径 4.4m，断面为平底圆型。支洞共 4 处，分别是沃底支洞，洞长 433m；岭斗支洞，洞长 449m；岭脚支洞，洞长 477m；朝阳支洞，洞长 500m。

（3）苍霞-石溪段主洞起点桩号 DP0＋000，终点桩号 DP14＋691.708，全长 3 233.317m。

2. 工程地质概况

大樟溪-石溪输水线路工程地质概况说见第一章第一节。

3. 卷积神经网络框架概述

本研究的目标是利用卷积神经网络提出一个有效的方法对富水带、破碎带进行检测。由于所检测的地质雷达图像特征不同于钢筋、钢拱架等具双曲线特征，它更加复杂，因此使用图像目标检测领域先进的 yolov3 模型解决这个问题。相比于 yolov2，yolov3 使用更深层次的 Darknet-53 网络取代之前的 Darknet-19 网络，基础网络中加入了残差块，有助于解决梯度爆炸和梯度消失的问题，能够构建出更深层次的学习网络。

1）Yolov3 主干网络（Backbone）结构

该模型分为一个基础的 DBL 模块和 5 个残差模块。其中，BL 为典型的卷积结构，卷积层有 2 层，分别为 32 个 3×3 规格的过滤器和 64 个规格为 3×3/2 的过滤器。将 416×416 图片输入卷积层后得到的结果为 208×208 和 104×104。在卷积层后有一个批量标准化层（Batch Normalization，BN），在深度学习训练中，随着训练的增多和网络的加深，各个卷积层的输入数据分布会发生偏移。为了解决这一问题，使用 BN 层，即规范化的手段，把每层神经网络的输入值的分布转换成方差为 1、均值为 0 的标准正态分布，这能够加快训练收敛速度。

Resn 模块是将残差网络（Residual Network）中的残差块引入到 Darknet-53 中，使用残差模块可以提高卷积神经网络学习恒等函数参数的效率，加深神经网络的深度。整个 Darknet-53 网络共有 52 个卷积层，没有使用最大池化层而是使用步长为 2 的卷积层来进行采样，共计 5 次。因此，从输入原始图片 416×416 采样至 13×13。

2）输出层（Output）

Yolov3 网络输出 3 种尺度的特征图像（Feature Map），3 种尺度的特征图像维度都是 255，边长的比值为 13∶26∶52。输出层借鉴了 FPN（Feature Pyramid Networds）方法，通过使用串联（Concat）模块拼接低层图像特征和经过一定处理的高层图像特征（拼接的图像特征具有同一张量尺度），这样既利用了能够提供准确图像定位的低层次特征，又融合了具有高语义信息的高层次特征，增加了图像预测输出的准确度。每个网格单元预测 3 个边界框，锚框有 5 个基本参数（x，y，w，h，confidence），此外还有 3 个类别参数，共有 24 个[3×(5＋3)]参数。整个 Yolov3 网络的各个层数分布如表 8-1 所示。

表 8-1　Yolov3 网络计算层数统计

名称	层数
Add 层	23
Batch Normalization（批量标准化层）	72
Concatenate（串联层）	2
Conv2D（卷积层）	75
Input Layer（输入层）	1

续表 8-1

名称	层数
Leaky ReLU(激活函数层)	72
Up Sampling2D(上采样层)	2
Zero Padding2D(零填充层)	5
共计	252

从表 8-1 可以看出 Yolov3 网络共有 252 层。一个基本的 DBL 模块由卷积层和 BN 层加激活函数层构成。卷积层有 75 层，每个 BN 后面都紧跟一个激活函数层，因此 BN 层和激活函数层数一样有 72 层，共有 144 层；每个 Resunit 模块里面有一个 Add 层，Add 共有 1+2+8+8+4=23 层；上采样层和串联层(Concatenate)分别有 2 层；零填充层(Zero padding)有 5 个。整个网络有 252 层。

4. 数据集建立和实验设置

在开始对数据进行训练之前，要对卷积神经网络添加一个预训练权重参数。深度卷积神经网络结构拥有大量的参数，这需要有足够的数据才能保证网络训练结果的准确性。对于所需检测的地质雷达图像数据集而言，由于地质雷达图像获取相比于一般动物、物体等图像更加费时费力。因此，在收集的地质雷达图像数据量不大的情况下，可使用迁移学习方法，即使用别人在其他图像训练得到的权重来初始化开始权重，而不是从头开始训练，这能使卷积神经网络拥有良好的性能，并能减少训练所花费的时间。采用在 Microsoft COCO 数据集上训练的权重值进行初始化权重，Microsoft COCO 数据集有超过 33 万张图片，分为 80 种图像类别(例如人、自行车、船、飞机、猫、狗等类别)。在使用预权重后，对神经网络进行相应的微调，即可得到较好的结果。

训练过程基于 Python 语言下的 pytorch 深度学习框架实现，算法平台使用 NVIDIA Gefore 1080 GPU 显卡，以 500 epochs 开始超前地质预报地质雷达预测的卷积神经网络模型数据训练。将卷积神经网络应用到地质雷达图像数据分类处理的过程共分为 3 个阶段。

1)地质雷达图像数据的收集

收集的地质雷达图像主要来自大樟溪-石溪段的一都支洞、连井支洞、观音洋支洞、玉林支洞、东张支洞、岭脚支洞 6 条重点隧道，共 878 张图片。各个隧道收集的图片数量如表 8-2 所示。

表 8-2　各个隧道收集的图片数量统计表

隧道	图片数量/张
一都支洞	153
连井支洞	204
观音洋支洞	119
玉林支洞	87
东张支洞	173
岭脚支洞	142

大樟溪-石溪段碳酸盐岩分布较为广泛，侵蚀和溶蚀作用显著，岩溶、断层、富水带等较为发育。因此，地质雷达图像类型较符合卷积神经网络训练的要求。

2)数据增强

当数据样本够大，卷积神经网络就能学习更多的参数，建立更加复杂的模型。对于神经网络而言，它不能和人一样认为如翻转、缩放后的图片是同一张图片，而会认为它们都是不同的且较独特的图片。

因此对图片进行简单的处理并输入进卷积神经网络可以起到增大数据量的作用。

(1)翻转。将图片翻转处理,如图 8-9、图 8-10 所示。

(2)缩放。将图片向外缩放,缩放后的图片尺寸会大于原始图像,再从新图片中剪切出一部分与原图像大小相等的部分。缩放处理如图 8-11、图 8-12 所示。

(3)裁剪。从原始图像中剪切出一部分并放大至原始图像大小,裁剪结果如图 8-13、图 8-14 所示。

3)标记、训练数据集

基于预先训练好的卷积神经网络权重对收集的富水带、破碎带数据集进行标记和训练,通过对地质雷达超前预报中典型富水带、破碎带图像进行分析总结,将图像分为 3 种类型:破碎带、富水带和富水破碎带。使用地质雷达智能定位解译系统对数据集图像进行标注,软件界面如图 8-15 所示。为了达到较好的训练效果,将数据集分为训练集(train sets)和测试集(test sets),由于收集的数据量并不大,因此按照传统的划分方法将数据集以 80%和 20%的比例划分为训练集和测试集。

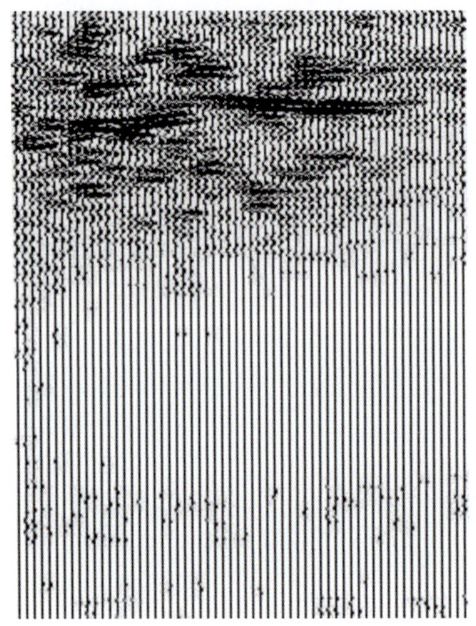

图 8-9 翻转前原始图像

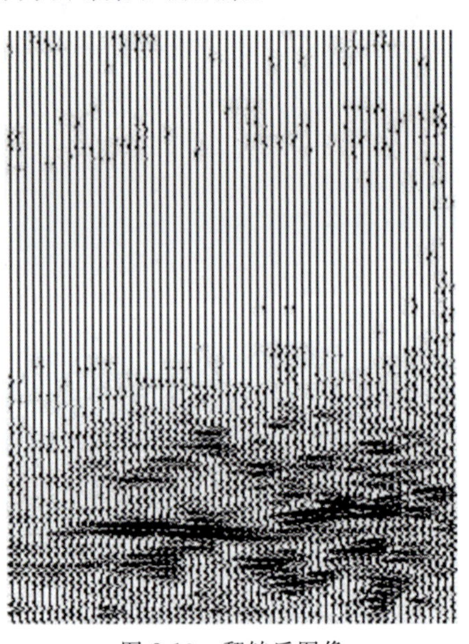

图 8-10 翻转后图像

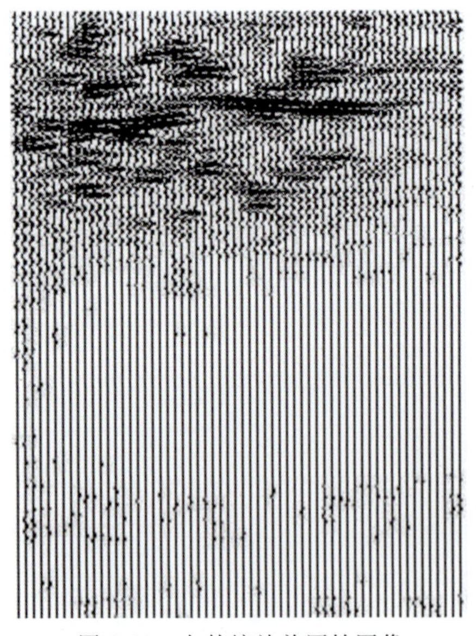

图 8-11 向外缩放前原始图像

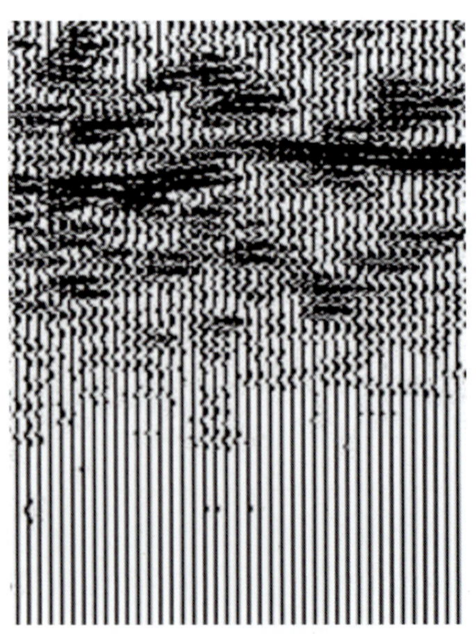

图 8-12 向外缩放后图像

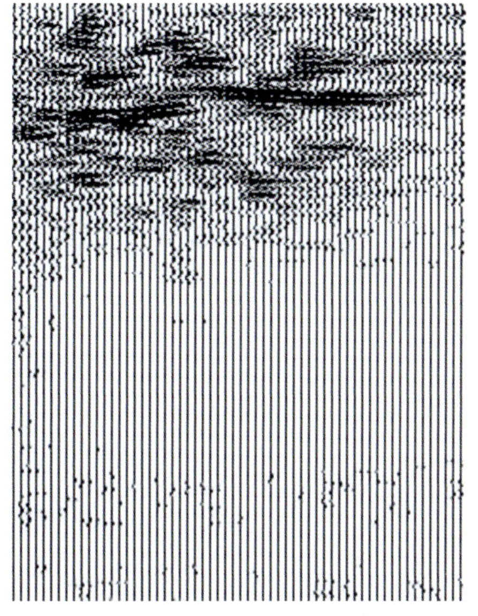

图 8-13　裁剪前原始图像

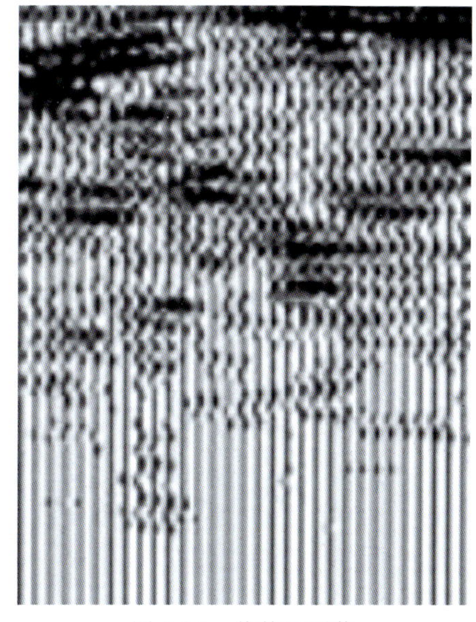

图 8-14　裁剪后图像

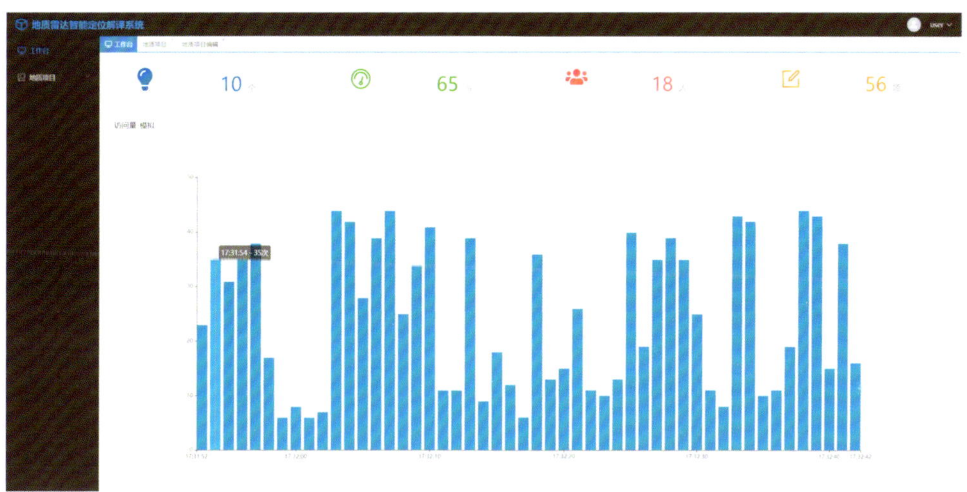

图 8-15　解译系统软件界面

5. 实验结果与分析

图片经过卷积神经网络后最终输出的结果和现场实际开挖情况如图 8-16～图 8-21 所示。

所有收集的数据集都使用了 NVIDIA CUDA10.1 工具箱进行 GPU 加速，虽然 yolov3 模型要求的图片输入尺寸为 416×416×3(3 表示图像的三基色，即红、蓝、绿)，但是深度学习模型可以自动地将不同大小的图片尺寸转换为 416×416，故不用考虑地质雷达图像大小问题。将测试图像直接输入模型中，并用测试集去评估结果。

对于训练的结果使用 GIoU(训练框架采用的损失函数结果，越小精度越高)、Objectness(表征检测的损失均值)、Classification(表征目标分类的损失均值)、查准率(Precision)、查全率(Recall)进行综合评估。评估指标公式如式(8-7)～式(8-10)所示。

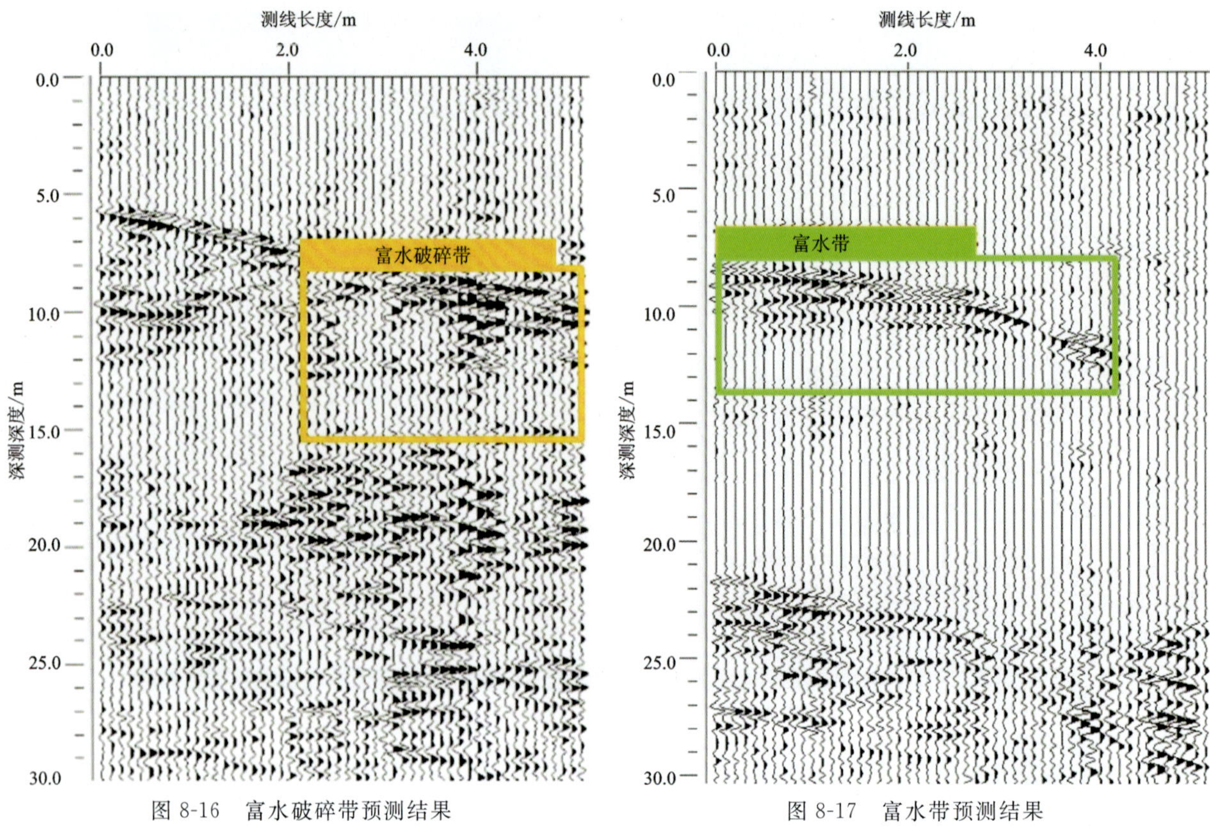

图 8-16　富水破碎带预测结果

图 8-17　富水带预测结果

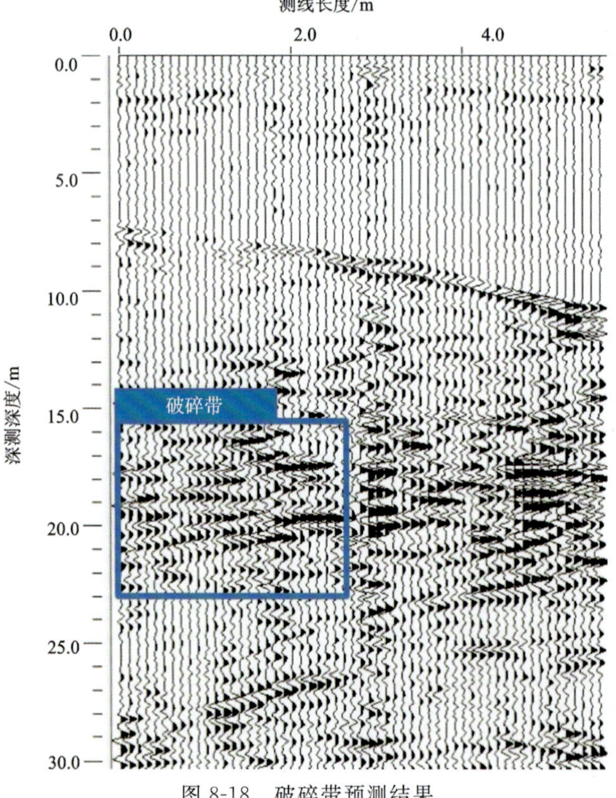

图 8-18　破碎带预测结果

图 8-19　现场照片(一)

图 8-20　现场照片(二)

图 8-21　现场照片(三)

$$\mathrm{IIoU}=\frac{|A\cap B|}{|A\cup B|} \tag{8-7}$$

$$\mathrm{GIoU}=\mathrm{IIoU}-\frac{|C\backslash(A\cup B)|}{|C|} \tag{8-8}$$

$$\mathrm{precision}=\frac{T_{\mathrm{P}}}{T_{\mathrm{P}}+F_{\mathrm{P}}} \tag{8-9}$$

$$\mathrm{recall}=\frac{T_{\mathrm{P}}}{T_{\mathrm{P}}+F_{\mathrm{N}}} \tag{8-10}$$

式中:A、B 分别为任意 2 个方框;C 为能包围住 A 和 B 的最小方框,$C\backslash(A\cup B)$ 为 C 的面积减去 $A\cup B$ 的面积;T_{P} 为真正例;F_{P} 为假正例;F_{N} 为假反例;T_{N} 为真反例。评估指标结果如图 8-22 所示。

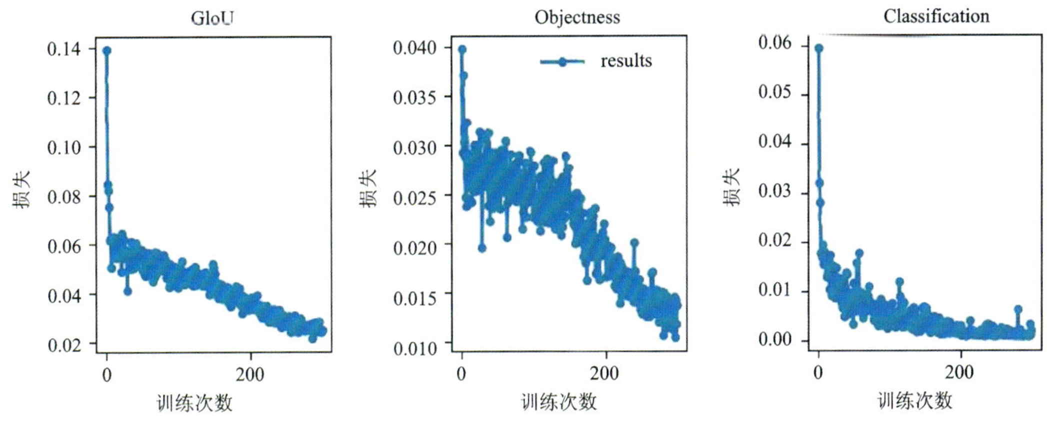

图 8-22　GIoU、Objectness、Classification 指标结果

从图中可以看出,GIoU、Objectness 和 Classification 评估指标随训练的开展数值是越来越小的,趋于收敛,而查准率最高达到了 91.26%,查全率最高达到了 88.34%,表现均较好。

二、基于 BIM 技术的输水隧洞全生命周期风险影响评估方法

(一)研究现状

1. 同类技术应用的现状及缺陷

输水隧洞项目设计阶段的风险影响评估(RIA)是一个非常重要的问题。传统上,风险影响评估是

由相关专家在设计周期结束时进行的，此时修改设计对时间和成本都影响巨大。现在有部分企业应用建筑信息模型(BIM)技术将风险评估与设计紧密结合起来，但在实际应用中这种集成存在以下问题：

(1)缺乏 BIM 数据与风险评估数据共通的数据结构，无法让 BIM 适用风险评估数据库或者方法。

(2)风险影响评估与 BIM 不是双向互通的，导致相关人员无法在 BIM 平台上及时可视化风险评估结果，无法在设计过程中即时跟踪风险影响评估结果。

2. 本方法的优点

(1)本方法的实施应用可以使 BIM 平台风险影响评估在输水隧洞项目的设计过程中实现自动化、一体化和可视化。

(2)基于 BIM 的风险影响评估方法比传统的与专家打分类似的高度分散风险评估过程效率要高。

(3)风险影响评估结果的可视化表达能使设计者很容易地查明、定位对整个项目影响较高的元素，并在设计决策过程中使用这些信息。

(二)基本原理

本方法提出一种基于 BIM 技术的输水隧洞全生命周期风险影响评估的方法，将风险影响评估集成到 BIM 环境中并实现可视化表达，辅助相关工作人员了解项目的风险要素及其等级情况。该框架包括 4 个子部分：风险影响评估数据库建立、BIM 数据提取与结构化、风险影响评价模型以及可视化表达。

针对输水隧洞全生命周期风险影响评估，基于输水隧洞项目工程管理理论与实践，明确输水隧洞全生命周期可以分为以下 3 个阶段：

(1)建设阶段。输水隧洞的施工建设阶段。

(2)运营阶段。输水隧洞引水工作运营阶段。

(3)结束阶段。输水隧洞因使用寿命等原因而废弃封闭后的阶段。

在此基础上，首先基于输水隧洞项目历史数据建立各个风险影响因子综合的风险影响评估数据库；然后从 BIM 模型中收集风险影响评估所需的信息，并对数据进行结构化，以便于 RIA 数据库和 BIM 之间进行双向数据交换；接着通过在风险影响评估数据库中找到每个风险影响因子对应的表征参数，并根据每个 BIM 模型元素所可能包含风险因子在项目各周期阶段的数量配比，对项目中每个元素的风险影响进行评估；最后在 BIM 模型中利用颜色编码方案进行热图表达，对各要素的风险影响评价实现可视化。

1. 风险影响评估数据库建立

在输水隧洞工程项目全生命周期中，不同阶段面临的主要风险灾害威胁不同，受到的影响因素不同，因此建立风险影响评估数据库(Risk Impact Assessment，RIA)。该数据库包含计算相关风险影响评估所需的数据和特征参数，通过案例收集、数据整理等方式，记录输水隧洞施工运营全生命周期中涌水突泥、塌方、支护变形等各类灾害事件及其影响因素(地质因素、工程因素等)，进行辨识和累积效应分析，基于历史平均值的统计计量方式统计各种地质因素、工程因素对特定阶段风险灾害的单一影响特征。

2. BIM 数据提取与结构化

通过在 BIM 设计模型中提取输水隧洞全生命周期过程中的必要数据，为实施基于 BIM 技术的风险影响评估提供数据基础。输水隧洞的 BIM 模型中已包含了与输水隧洞工程项目丰富的元素语义，可以将输水隧洞整体工程分解为一个个具体的对象(如桩、板、锚杆等)、材料(如混凝土、钢材等)及体积 3 组数据组合表征。

然而，与各个元素相应的风险影响却无法在 BIM 模型中直接作为属性表征。因此，需要将采集的数据与对应风险建立映射结果关系，通过从 BIM 模型中提取得到的每个元素赋予全局唯一标识符(Globally Unique Identifier，GUID)，便于实现 BIM 数据和 RIA 数据之间的双向交换，同时本方法建立的 BIM 数据和 RIA 数据之间的松散耦合方式，有助于提高风险影响评估的可操作与可扩展性，将本方法的应用场景从输水隧洞扩充到其他工程项目，链接到不同类型项目，甚至不同国家标准的数据库。

3. 风险影响评价模型

在开始风险评估程序时，每个项目都被视为不同要素的综合，从 BIM 模型中提取出的每一种元素的风险情况根据风险影响评价数据库中提取的风险属性和特征因素，通过计算风险成本得到风险影响评分(Risk Impact Score，RIS)。在评估过程中，将基于输水隧洞 BIM 模型考虑整体风险影响，计算公式如下：

$$\mathrm{RIS}_{\mathrm{total}} = \sum_{i=1}^{I} \mathrm{RIS}_i \tag{8-11}$$

式中：$\mathrm{RIS}_{\mathrm{total}}$ 为整个项目的风险影响评分；RIS_i 为输水隧洞项目 BIM 模型中第 i 个元素的风险影响评分；I 为输水隧洞项目 BIM 模型中的元素总数。

对第 i 个元素的风险影响评分 RIS_i 计算如下：

$$\mathrm{RIS}_i = \sum_{i=j}^{J} \mathrm{RIS}_j \tag{8-12}$$

式中：RIS_j 为第 j 类风险因子的风险影响评分；J 为第 i 个元素中的风险因子总数。

对第 j 类风险因子的风险影响评分 RIS_j，由对应的 3 组不同的值 RIS_c、RIS_o、RIS_e 计算得到，对应输水隧洞项目的不同阶段，计算公式如下：

$$\mathrm{RIS}_j = Q_j \times f_j \times (W_{1,j} \times \mathrm{RIS}_{c,j} + W_{2,j} \times \mathrm{RIS}_{o,j} + W_{3,j} \times \mathrm{RIS}_{e,j}) \tag{8-13}$$

式中：Q_j 为第 j 类风险因子的风险影响系数；$W_{1,j}$、$W_{2,j}$、$W_{3,j}$ 分别为第 j 类风险因子在项目不同阶段发生概率系数，由 RIA 数据库统计得到；$\mathrm{RIS}_{c,j}$ 为第 j 类风险因子在输水隧洞项目建设阶段的风险影响评分；$\mathrm{RIS}_{o,j}$ 为第 j 类风险因子在输水隧洞项目运营阶段的风险影响评分；$\mathrm{RIS}_{e,j}$ 为第 j 类风险因子在输水隧洞项目结束阶段的风险影响评分，由 RIA 数据库统计得到。f_j 为第 j 类风险因子发生频率估计，计算公式如下：

$$f_j = \frac{LT_{\mathrm{p}}}{MI_j} \tag{8-14}$$

式中：LT_{p} 为输水隧洞项目设计的项目持续周期；MI_j 为第 j 类风险因子设计的检查间隔时间。

在此基础之上，进一步采用相对风险影响评分 RIS_i^r 和累积风险影响评分 RIS_i^c 来更细致地评估输水隧洞项目中各个元素的风险情况，便于确定哪些元素的风险占比高，哪些元素会导致风险超标。

相对风险影响评分计算公式如下：

$$\mathrm{RIS}_i^r = \frac{\mathrm{RIS}_i}{\mathrm{RIS}_{\mathrm{total}}} \tag{8-15}$$

累积风险影响评分计算公式如下：

$$\mathrm{RIS}_i^c = \sum_{i=1}^{I} \mathrm{RIS}_i^r \tag{8-16}$$

4. 可视化

在输水隧洞的 BIM 模型中，通过第二步中每个元素的全局唯一标识符 GUID，建立 BIM 数据与 RIA 结果的双向通信，将 RIS 值直接映射到对应的元素上，并使用颜色编码方案(风险越大颜色越深)，实现风险影响评分中相对风险影响 RIS_i^r、累积风险影响 RIS_i^c 的可视化。帮助输水隧洞项目的管理、施工、运营人员直观地从项目 BIM 模型中了解项目风险情况。

三、输水隧洞施工检查计划评估模型

(一)研究现状

1. 同类技术应用的现状及缺陷

针对长距离小断面输水隧洞施工中复杂环境及困难工艺可能导致的安全施工风险,必要的安全风险检查可以提供有益的信息,以评估复杂施工环境下长距离小断面输水隧道的当前工程状况,辅助决定进行及时、适当的维护与整改策略。

实际上,在许多隧洞施工现场都需要经常进行检查,经常进行检查一方面可以对施工质量进行必要的反馈,但另一方面也会影响施工进度,因此对检测过程进行合理的计划评估至关重要。但目前行业中的检查计划没有合适的管理模型,更多的依赖于企业规程和管理人员的经验。

因此,本研究提出一种检查计划模型来管理长距离小断面输水隧洞的检查过程。该模型集成了基于 Agent 智能体事件和离散事件的模拟方法,以使用无损技术模拟检查中涉及的子流程,实现对检查计划时间、成本的评估测算,帮助隧洞主管单位和施工部门判断施工安全检查计划的合理性,以便进行方案的选择。

2. 模型的优点

此种针对长距离小断面输水隧洞施工检查计划评估模型,可以辅助隧道工程主管部门和施工承包商在规划施工检查计划时有效地验证和评估各检查计划的时间、成本及影响,比较不同的情况及目标的检查计划,并在多类检查计划中挑选最合理的方案。基于该模型的施工检查计划定量评估,可实现对检测计划的时间、成本及影响的定量分析,提供更合理的决策依据,而不仅仅是传统方式下的定性判断。

(二)基于 Agent 智能体事件和离散事件的模拟方法

本方法的目的是建立长距离小断面输水隧洞施工检查计划的评估模型,通过估计施工检查过程中的时间和成本来评估检查计划的合理性,便于对检查过程进行优化。整个方法的步骤流程如图 8-23 所示。

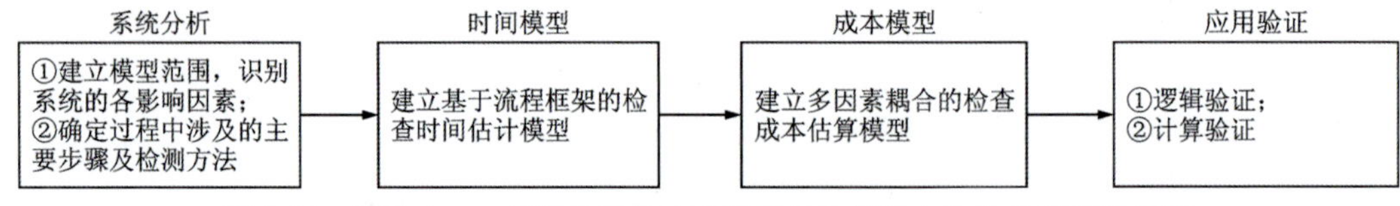

图 8-23 基于 Agent 智能体事件和离散事件的模拟方法整体步骤流程图

1. 系统分析

针对长距离小断面输水隧洞施工检查,通过完备的系统分析建立模型的范围,并确定与此范围有关的各子系统/子模块的各种因素,并对这些因素进行相应的回归分类,最终确定检测计划过程中涉及的主要因素与步骤。

1)建立模型范围

根据本方法的目标,主要关注检查计划的时间、成本及过程再优化,通过对长距离小断面输水隧洞施工检查过程的仔细分析,探究模型范围并逐步分解得到检查计划影响参数,如图 8-24 所示。

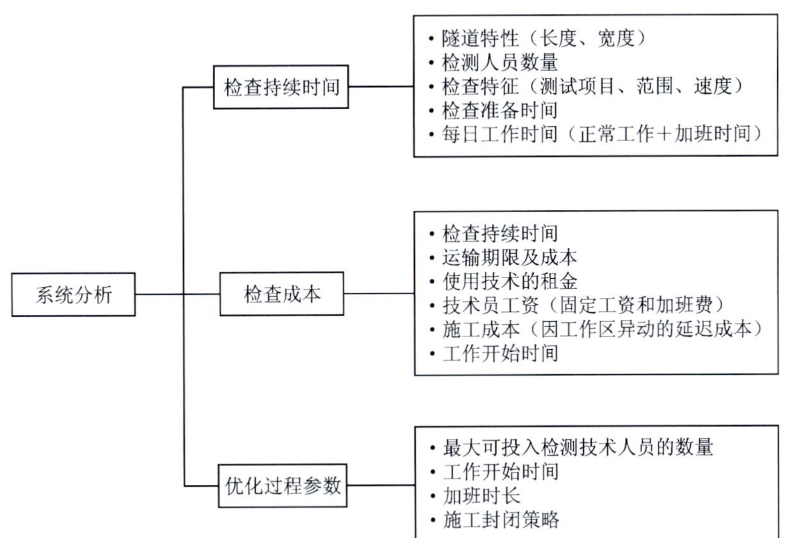

图 8-24　系统模型影响参数分解图

检查持续时间受到隧洞特性、检测人员数量、检查特征、检查准备时间、每日工作时间以及施工封闭策略的强关联影响。

检查成本是几个参数的函数，包括检查持续时间、运输期限及成本、使用技术的租金、技术人员薪水、施工成本以及工作开始时间。其中，工作开始时间确定每天何时开始工作，这是施工检查工作对隧道施工进度影响的关键因素。应优先选择低密度施工时间作为检查的开始时间，以减少对隧洞正常施工的干扰，并因此减少由于这种干扰引起过多的施工成本。

优化过程参数中，优化检查计划的持续时间和检查成本是进行检查计划规划的重要步骤。然而，通过对整个隧洞施工检查系统的分析，对检查持续时间和检查成本产生影响的部分参数具有恒定值，例如隧洞的长度和宽度、设备租赁费用和技术人员薪水等。但另一方面，也可以调整一些参数来优化流程，例如最大可投入检测技术人员的数量、加班时长、工作开始时间、施工封闭策略。

2）检查过程步骤确定

针对不同的隧洞施工检查目标，采用不同的检测设备执行相应的检查任务，通过系统分析，每个检查任务都可以分为两个子过程，即准备和检测。其中，每个子过程包含的步骤如下：

（1）准备阶段。封闭检测段施工区域→清理检测区域，排除干扰因子→标记测试网格。

（2）检测阶段。设置检测装置→进行点/线检测→移至下一点/线重复上述过程，直至完成所有测试点/测试线。

检测间段中采用的基于点/线的检测方式都属于非破坏性技术执行检查的方法。

其中，基于线路的测试中，技术人员通过隧洞面上的标记线来移动检测设备，以特定的速度连续通过每条线。该方法包括两种测试方法：正前向和“之”字锯齿形。在正前向方法中，技术人员始终移至开始线以开始测试新线，而在“之”字锯齿形方法中，技术人员会在每条新线中反转运动方向。在基于点的测试方法中，技术人员使用相应设备测试隧洞面上的标记点。在每个点上，技术人员将设备放在该点上几秒钟以测量特定属性，然后移至下一个点。

基于线路的测试方法一般使用探地雷达（GPR）、红外热像仪（IRT）、基于图像视觉以及半电池电位（HCP）等检测设备与方法；基于点的测试一般使用冲击回波（IE）、超声脉冲回波（UPE）及超声面波（USW）等检测设备与方法。

2. 时间模型

基于流程框架建立隧洞施工检查的时间模型，通过系统分析识别流程中的关键要素，调查其在流程中的行为，检查它们之间的关系以及建立包括所有这些方面的流程框架时间模型。

首先，将检查过程分解为5个主要要素：每日工作时间、检查过程、准备工作、检测设备、技术人员。整体流程框架如图8-25所示。

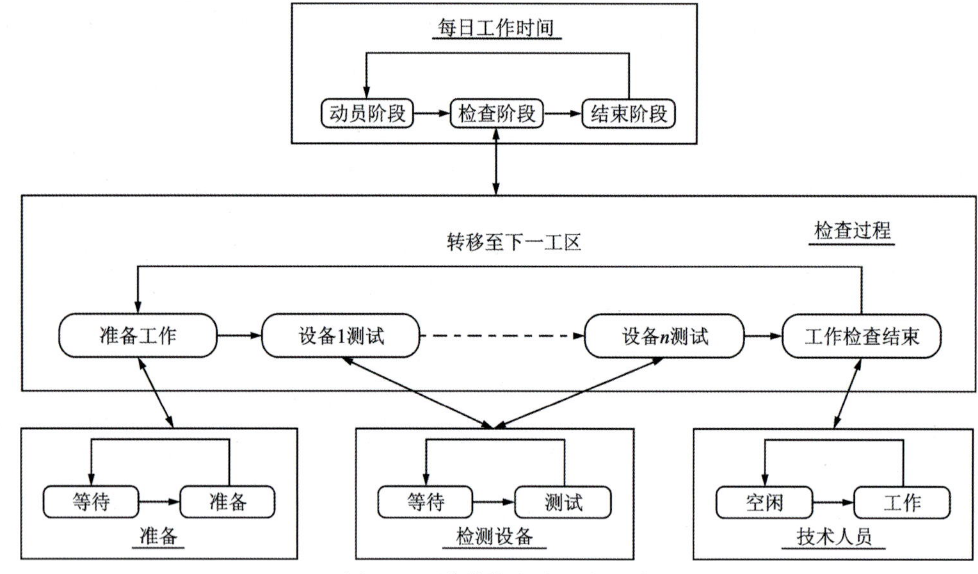

图8-25　隧道检查过程流程图

1)每日工作时间

每日工作时间是每天正常工作时间与加班时间的总和，在本方法提出的时间模型中，将每天的工作时间转换为动员、检查、结束3个阶段间的往复循环：

(1)动员阶段。检查团队动员所需的工具和设备，为检查阶段做准备。

(2)检查阶段。完成检查任务。

(3)结束阶段。当天的工作时间结束时，检查组将检查工具和设备撤离。在整个检查计划中，每天重复执行这些任务，直到检查结束。此要素确定检查活动的每日时间窗口。

2)检查过程

检查过程是指所有检查活动要素的集合，是发生在每日工作时间要素中检查阶段的工作，例如使用不同检查技术手段的准备工作和检测工作。在隧洞施工过程中，每一个标段都会重复这一周期性检查过程，到一段施工区域完成检查时，检查组将转移至下一个施工区继续检查。检查过程的时间受每日工作时间影响，此要素中的工作主要受每日工作时间要素影响。

3)准备工作

准备过程包括几个任务，例如设置检测工区的关闭装置、清洁检测工区并设置测试网格标记。该元素的循环包括两个状态：等待和准备。每个隧洞施工检测工区都会重复此循环，直到检查过程结束。在本方法设计的时间模型中，检查过程要素通过技术人员要素间接确定准备过程要素的当前状态，同理，每日工作时间要素通过技术人员要素间接控制准备过程要素的停止与恢复工作。

4)检测设备

在隧洞施工检查中通常采用前述的几种非破坏性检测设备及技术进行检查，例如探地雷达(GPR)、红外热像仪(IRT)、基于图像视觉以及半电池电位(HCP)、冲击回波(IE)、超声脉冲回波(UPE)及超声面波(USW)等。任何设备的周期都包括两个主要状态：等待和测试。设备会在这两种状态之间切换，直到检查过程结束。当进行中的测试提供了足够的空间来启动新测试时，下一个测试将检查技术人员是否可以启动测试。如果没有可用的技术人员，则设备将保持等待状态，直到有技术人员可用为止。使用特定设备完成相应测试后，该设备将释放技术人员以执行其他工作。因此，在本方法的模型中，每日工作时间要素和检查过程要素通过技术人员要素间接控制设备元素的当前状态。

5)技术人员

技术人员负责完成动员、检查到结束的所有具体工作任务。当检查过程中涉及一名以上技术人员的情况下，技术人员要素将有两种状态：空闲和工作。空闲状态保证不同的测试可以在测试开始时始终存在间隙，技术人员应等待上一个测试以提供足够的空间来启动下一个测试，是一种预防测试冲突的预防机制，确保测试过程合理、安全与可靠。工作状态下，技术人员将参与以下任务之一：动员、准备、检查、结束。因此，技术人员要素的时间周期与每日工作时间、检查过程、准备和设备的周期之间存在密切关系。其中，检查过程周期为技术人员提供了检查活动的顺序。例如，准备之后，应开始进行探地雷达(GPR)测试，然后是冲击回波(IE)测试，最后是热红外(IRT)测试。准备过程或任何测试完成后，设备和准备元素会通知技术人员该过程已完成，从而使技术人员可以开始新的测试。因此，技术人员会检查是否有其他测试准备处于开始或空闲状态。

以上 5 个要素定义了整个隧洞检查的流程框架，基于该框架可以将隧洞检查的时间模型完备地表达及表征出来，便于管理人员根据检查计划评估整个计划的时间。

3. 成本模型

本方法成本模型重点关注隧洞施工检查的相关费用成本，在完备的系统分析基础上将检查成本分为 5 个部分：技术人员成本 C_{tec} 、设备成本 C_{dev} 、运输成本 C_{trp} 、其他成本 C_{oth} 和误工成本 C_{D} 。

(1)技术人员成本是为检查团队进行检查而支付的费用。这部分费用考虑了检查组的正常工作费用和加班费，可以根据以下公式进行计算：

$$C_{\mathrm{tec}} = \sum_{i=[1,D_{\mathrm{isp}}]} N_{\mathrm{tec}}\{[S_{\mathrm{tech}} \times (T_{\mathrm{isp}} - OT_{\mathrm{isp}})] + (OS_{\mathrm{tec}} \times OT_{\mathrm{isp}})\} \tag{8-17}$$

式中：D_{isp} 为检查计划持续的天数(d)；N_{tec} 为检查计划中每日投入的技术人员数(人)；S_{tec} 为技术人员的小时工资(元)；T_{isp} 为每日工作时间(h)；OS_{tec} 为技术人员的加班小时工资(元)；OT_{isp} 为每日加班总时间(h)。

(2)设备成本是与检查中使用检测设备产生的相关费用，它取决于检查中使用的检测设备数量及每种检测设备的租金和总共的检查时间，可以用如下方程式计算：

$$C_{\mathrm{dev}} = \sum_{1}^{n}(Rt_i \times T_{\mathrm{isp}}) \tag{8-18}$$

式中：n 为检查计划中使用的设备数量(台)；Rt_i 为检测设备 i 的每小时租金(元)。

(3)运输成本是将检查团队、设备工具从仓库到来回运输隧洞检查工区地点的成本。本方法模型中考虑了两个成本来源：车辆的租赁成本和运营成本。运输成本是到达检查地点的行程数(即等于检查工作日)、车辆的租赁成本、车辆的运营成本与到达检查地点的行驶距离的函数。假设检查组在前往检查地点并返回到仓库时采用相同的路线。运输成本可以使用以下公式计算：

$$C_{\mathrm{trp}} = (R_{\mathrm{veh}} + O_{\mathrm{veh}} \times 2 \times L) \times D_{\mathrm{isp}} \tag{8-19}$$

式中：R_{veh} 为车辆的每日租赁成本(元)；O_{veh} 为车辆每千米的运营成本(元/km)；L 为仓库与检查标段之间的行驶距离(km)。

(4)其他费用包括用于标记测试网格的工具费用、照明费用、清洁工具费用以及与其他 5 个部分相关的费用，可能还包括固定费用。以下等式可用于计算其他费用：

$$C_{\mathrm{oth}} = \sum_{j=1}^{m} F_j + D_{\mathrm{isp}} \times (\sum_{k=1}^{p} R_k \times T_{\mathrm{isp}}) \tag{8-20}$$

式中：F_j 为固定费用项目 j 的每日使用固定成本(元)；R_k 为与时间相关的项目 k 的小时相关成本(元)；m 为固定成本项目的数量；p 为与时间相关成本的数量。

(5)误工成本是施工方在检查过程中因为检测工区导致的作业降速或避开检测工区而产生的施工延误的成本 C_D，其中主要关注因检测工区封闭导致的大型施工设备进出使用受阻、小型设备及施工人员出入受阻产生的成本，如式(8-21)所示：

$$C_D = [P_{HV} * W_{HV} + (1 - P_{HV}) * W_P] \times D_T \tag{8-21}$$

式中：W_{HV} 为重型施工设备的每小时时间的使用成本(元/h)；P_{HV} 为重型车辆的比例；W_P 为其他小型设备及施工人员受阻的每小时时间使用成本(元/h)；D_T 为施工业务延迟的时间(h)。每天的施工用工需求(设备需求、人员需求)都在变化，因此施工业务的延迟时间都是基于一个小时的间隔计算，满足如下公式：

$$D_T = \sum_{h=1}^{T_{isp}} TD_h \times D_s \tag{8-22}$$

式中：TD_h 为每天日常工作第 h 小时的每小时出入需求量；D_s 为第 h 小时基于施工封闭策略导致的延迟，具体计算方式如下。

本方法是在施工封闭策略中，于检测工作区域旁设置行驶区域，通行周期时间 C 是对进或出指定方向重新开放所需要的时间，是两个方向通行时间的总和。通过调节进入方向的准许通行时间 g，出去方向的准许通行时间为(C-g)，调节允许施工设备及人员进或出的准通时间。TC 是检测工区每小时能够通行能力，TC_{in}是进入方向的通行能力，计算公式如下：

$$TC_{in} = (TC \times g)/C \tag{8-23}$$

则基于施工封闭策略导致的每小时延迟 D_s 由两部分构成：非随机延迟(D_{nd})、溢出延迟(D_{of})，计算公式如下：

$$D_s = D_{nd} + D_{of} \tag{8-24}$$

其中，

$$D_{nd} = \begin{cases} \dfrac{0.5C(1-u)^2}{1-(x \times u)}, x \leqslant 1 \\ 0.5(C-g), x > 1 \end{cases} \tag{8-25}$$

$$D_{of} = \begin{cases} k_1 \times T_{isp}\left[(x-1) + \sqrt{(x-1)^2 + \dfrac{x-u}{TC_{in} \times T_{isp}}}\right], x \leqslant 1 \\ k_2 \times (x-1), x > 1 \end{cases} \tag{8-26}$$

式中：TD_{in}为每小时需要进入的设备人员需求；$x = TD_{in}/TC_{in}$ 为进入通行能力的饱和度；$u = g/C$ 为进入的有效通行时间比；k_1 、k_2 分别为调整实际封闭策略的常参数，一般情况下，$k_1 = 1.5$、$k_2 = 3$ 。

最终，总检查成本可通过以下公式计算：

$$C_{total} = C_{tec} + C_{dev} + C_{trp} + C_{oth} + C_D \tag{8-27}$$

4. 应用验证

针对提出的长距离小断面输水隧洞施工检查计划，在常用的基本模拟仿真软件应用模型中，通过逻辑验证和计算验证两步法对检查计划的时间与成本进行估算。其中，逻辑验证针对检查过程中每日工作时间、检查过程、技术人员、准备工作、设备 5 个主要要素之间的合理搭配进行分析，设置最合适的每日工作时间、开始工作时间、技术人员数量、准备工作及设备数量；计算验证则计算整个检查计划的费用成本，并给出优化参数中技术人员数量、设备数量、施工封闭策略的最优解。最终得到施工检查计划的评估结果，同时根据结果反馈进行计划修正，如改变技术人员投入、优化施工封闭的通行策略等，优化检查计划。

第三节　风险评价

一、层次分析法概述

层次分析法(AHP)是一种对多目标进行优劣排序和层次权重决策分析的方法,是 T. L. Satty 教授对多目标表综合评价方法和网络系统理论的研究与应用。该方法将专家意见、研究者的主观判断和事故统计或监测数据有效结合起来,将定性分析转化为定量分析,使主观判断客观合理化。

AHP 方法从本质上讲是一种思维方式,它的基本思路是找出各种对研究系统有影响的主要因素,然后对各元素相对重要性进行判断,最终计算出各元素的权重。它把复杂的问题分解成各个组成因素,又将这些因素按支配关系分组形成递阶层次结构,通过两两比较的方式确定层次中诸因素的相对重要性,构造出判断矩阵,然后采用一定的方法求解判断矩阵,确定各因素的相对权重。从某种程度上来说,AHP 方法就是将复杂问题逐步分层细化,分解成不同层次的组成元素,层次间上层元素对下层元素有支配关系,然后按照某种规章对同一层次、统一归类集中的元素进行两两比较,获取将相对重要性表述成某种数据关系的资料,最后对这些数据求解,得到各层次各元素的相对重要性的总排序。因此,AHP 方法是一种定性与定量分析相结合的多准则决策方法。它是将决策问题的有关因素分解为目标、准则、方案等层次,并在此基础上进行定性分析和定量分析,对人们的主观判断进行客观描述,整个过程体现了人的决策思维特征,即分解、判断和综合。

二、层次分析法基本步骤

运用 AHP 方法构建施工安全评价指标体系,大体上分为 5 个步骤:建立层次结构模型、构造判断矩阵、层次单排序及其一致性检验、层次总排序、层次总排序的一致性检验。AHP 方法的具体步骤与流程如图 8-26 所示。

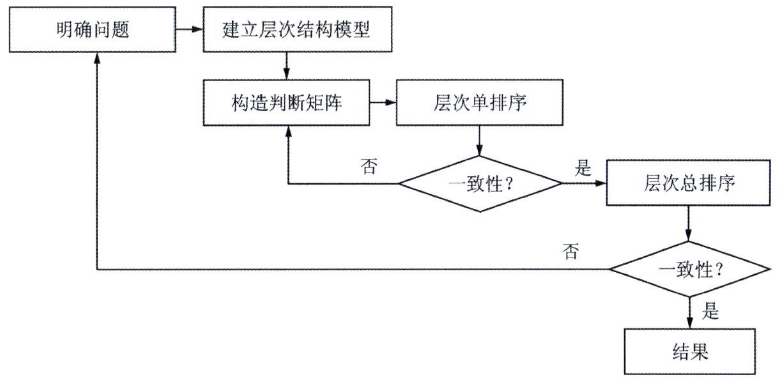

图 8-26　AHP 方法的步骤与流程图

1. 建立层次结构模型

在运用 AHP 方法分析实际问题时,首先应当建立层次结构模型。建立一个能够满足研究需要的层次结构模型,需要遵循一定的程序,一般思路是:①分析待解决问题,查明各个因素的含义及界限,构建各因素间科学的、合理的层次结构关系。②在深入分析待解决的问题之后,以研究内容为切入点,深入分析系统中相关影响因素及其两两之间的关系,将研究的问题中所包含的因素划分层次,制订相应的评价指标，把复杂的问题转变为多个更清晰的简单问题，进而构建一个上下关系的层次结构，把各个指标置于相应层相应位置，用框图形式说明整体的层次逻辑以及从属关系。

当某个层次包含的因素较多时，可将该层次进一步分为若干子层次。上一层元素支配下一层元素，下一层元素从属于上一层。决策问题通常分为如下 3 个层次：

(1)目标层。为最高层次，是研究和决策问题所追求的总体目标，通常只有一个元素。

(2)中间层。是最高层和最底层的过渡层，起到归类和递阶的作用，通常可以细分为约束层、准则层、指标层等多个层次，表达更为清晰准确，是评价方案优劣的因素层。

(3)方案层或措施层。是最低层次，目的是实现最高目标层所提出的具体方案或措施，每个方案或措施分别从属于不同准则层，它们之间一般是相互独立的。

层次结构模型通常有 3 种类型：①完全相关型结构。即上一层次的第一要素与下一层次的所有要素完全相关。②完全独立结构。即上一层次要素相互独立，且都有各不相关的下层要素。③混合结构。介于第一种与第二种结构之间，即是一种非完全相关又非完全独立的结构，如图 8-27 所示。

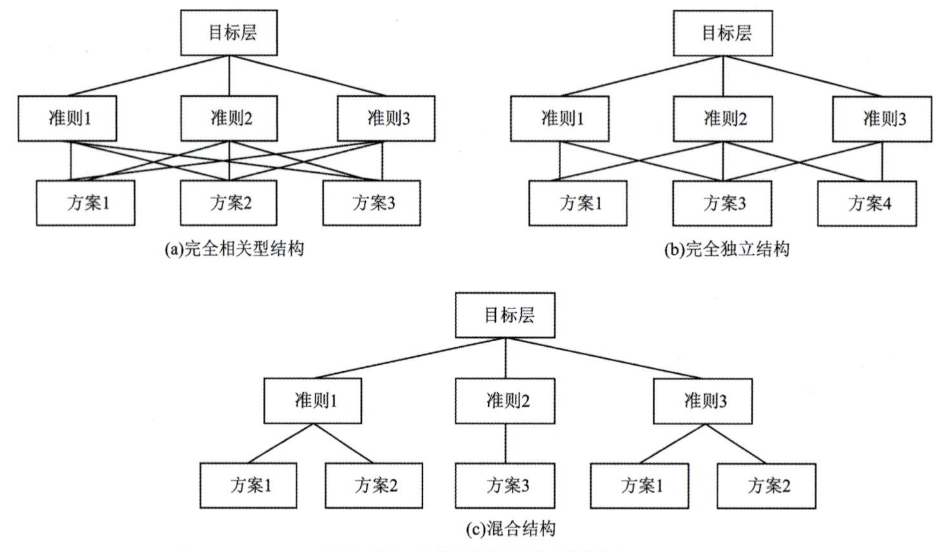

图 8-27　3 种层次结构模型图

2. 构造两两比较判断矩阵

构造判断矩阵是 AHP 方法解决问题的核心，它的准确性将决定最终评价结果的准确性。以某一层的因素准则作为判断矩阵，其下一层次的各因素指标进行两两比较得到的量化比值就构成这个判断矩阵的元素。例如，在某一层次中 Z 准则的下一层次有 n 个因素指标($A_1, A_2, \cdots, A_n$)，因此对于 Z 准则可以得到 n 阶两两比较判断矩阵 $\mathbf{A}=(a_{ij})_{n*n}$，如表 8-3 所示。

表 8-3　Z 的 n 阶判断矩阵

Z	$\mathbf{A}_1$	$\mathbf{A}_2$	…	$\mathbf{A}_n$
$\mathbf{A}_1$	a_{11}	a_{12}	…	a_{1n}
$\mathbf{A}_2$	a_{21}	a_{22}	…	a_{2n}
…	…	…	…	…
$\mathbf{A}_n$	a_{n1}	a_{n2}	…	a_{nn}

判断矩阵元素的值 a_{ij} 表示从准则 Z 的角度出发，因素指标 A_i 对 A_j 事物的相对重要性，即 $a_{ij}=w_i/w_j$，其中 w_i 和 w_j 分别表示准则 Z 下一层次第 i 个和第 j 个因素指标对该准则的重要性权重。可以看出，两两比较判断矩阵 **A** 符合正互反矩阵定义，具有如下的特征规律：$a_{ij}>0$；$a_{ji}=1/a_{ij}\ (i\neq j)$；$a_{ij}=1(i=j)$；$a_{ij}=a_{ik}\cdot a_{kj}$。

目前，构造判断矩阵常用的方法是 Satty 提出的 1～9 标度法，该方法用 1～9 的自然数及其相应的倒数来量化两两因素之间的相对重要性。这种标度法具有很多优点，符合大部分人评价事物的习惯。从心理学角度出发，人们区分信息等级有极限能力为 7±2，因此采用这种标度方法作为判断尺度也比较可靠。在构造两两比较判断矩阵时，只要给出 $n(n-1)/2$ 个比值结果即可，表 8-4 给出了该标度法中各元素取值及具体含义。

表 8-4　标度法中各元素取值及具体含义

标度	含义
1	两因素 α 与 β 相比，二者具有相同重要性
3	两因素 α 与 β 相比，α 比 β 稍微重要
5	两因素 α 与 β 相比，α 比 β 明显重要
7	两因素 α 与 β 相比，α 比 β 强烈重要
9	两因素 α 与 β 相比，α 比 β 极端重要
2,4,6,8	分别表示两两相邻判断的中间值
倒数	假设因素 α 与因素 β 的重要性判断标度为 x，那么因素 β 与因素 α 的重要性判断标度为 $1/x$

如果以上层元素 C 为评价准则，那么下层元素与对应的准则 C 的相对重要比较数据就构成比较判断矩阵。通过指标的两两比较来确定基础比较数据，可以减少专家主观上对决策结果的影响，使得结果权重更准确。获得判断矩阵数据时，按照 1～9 标度法对两个因素进行重要性判断，然后打分，分值代表重要性之比。

当进行单准则比选时，仍然是构建两两判断矩阵 **A**，然后计算出该判断矩阵的特征向量，即指标的权重向量，最后进行归一化处理和一致性检验，得出权重向量 $\boldsymbol{\omega}=(\omega_1,\omega_2,\cdots,\omega_n)^{\mathrm{T}}$。特征向量的计算方法有很多，例如求合法、方根法、最小二乘法。方根法的误差较小，相对于其他方法来说它更加精确。方根法的步骤是对列向量求乘积，然后按照矩阵阶数 n 开方，对指标归一化后即得各指标的相对权重 ω_i，计算如式(8-28)所示：

$$\omega_i=\frac{\left(\prod_{j=1}^{n}a_{ij}\right)^{\frac{1}{n}}}{\sum_{k=1}^{n}\left(\prod_{j=1}^{n}a_{kj}\right)^{\frac{1}{n}}},(i=1,2,\cdots,n) \tag{8-28}$$

3. 层次单排序及其一致性检验

层次单排序是指根据判断矩阵，计算出某一层次元素对其上一层次中元素相对重要性的权重向量。以判断矩阵 **A** 为例，层次单排序可以归结为计算判断矩阵 **A** 的特征根和特征向量问题，计算公式如下：

$$\mathbf{A}\omega=\lambda_{\max}\boldsymbol{\omega} \tag{8-29}$$

式中：$\lambda_{\max}$ 为 **A** 的最大特征值根；$\boldsymbol{\omega}$ 为对应 $\lambda_{\max}$ 的正规化特征向量。

$\boldsymbol{\omega}$ 的分向量即是相应因素单排序权重值。单排序权重值的计算除特征根法外，常用的确定权重排序的方法还有求和法、方根法、对数最小二乘法和最小二乘法等。本书采用方根法进行权重计算，在此仅将方根法的计算过程列出。

(1)B 的元素按行相乘,计算公式如下:

$$u_{ij} = \prod_{j=1}^{n} b_{ij} \tag{8-30}$$

(2)所得的成绩分别开 n 次方,计算公式如下:

$$u_i = \sqrt[n]{u_{ij}} \tag{8-31}$$

(3)将方根向量正规化,即得特征向量 $\boldsymbol{w}$ 的第 i 个分量,计算公式如下:

$$\boldsymbol{w}_i = \frac{u_i}{\sum_{i=1}^{n} u_i} \tag{8-32}$$

(4)计算判断矩阵最大特征根,计算公式如下:

$$\lambda_{\max} = \sum_{i=1}^{n} \frac{(\boldsymbol{Aw})_i}{n\boldsymbol{w}_i} \tag{8-33}$$

式中:$(\boldsymbol{Aw})_i$ 为向量 $\boldsymbol{Aw}$ 的第 i 个分量。

由此求得的 ω 经归一化后即为同一层次元素相对于上一层次某元素的相对重要性的排序权重值,这一过程称为层次单排序。但由于判断矩阵是专家根据某一准则对两两因素的重要性进行判断得来,AHP 方法对于人做出的错误判断也是可以检验的,这种错误判断很多时候是逻辑上的错误,例如指标 1 比指标 2 重要,指标 2 比指标 3 重要,指标 3 比指标 1 重要,那么由此推断指标 3 比指标 2 重要与之前的条件产生逻辑错误。为验证所构造的判断矩阵的合理性,需要对评价指标进行一致性检验。一致性检验的原理和方法将在后面作详细介绍。一致性检验的步骤如下。

(1)计算判断矩阵的一致性指标 CI,公式如下:

$$CI = \frac{\lambda_{\max} - n}{n - 1} \tag{8-34}$$

式中:n 为矩阵的阶数;$\lambda_{\max}$ 为判断矩阵的最大特征根。

(2)计算判断矩阵的一致性指标 CR,公式如下:

$$CR = \frac{CI}{RI} \tag{8-35}$$

式中,RI 为平均随机一致性指标,可查表 8-5 确定。

实例证明,当随机一致性比例 $CR < 0.10$ 时,认为层次单排序的结果符合判断矩阵的一致性检验,反之,判断矩阵一致性不符合要求,需要适当调整元素取值。

表 8-5 平均随机一致性指标 *RI*

矩阵阶数	1	2	3	4	5	6	7	8	9
RI	0	0	0.52	0.89	1.12	1.26	1.36	1.41	1.45

当判断矩阵具有完全一致性时,$CI=0$。$\lambda_{\max} - n$ 越大,CI 越大,矩阵的一致性越差。

4. 层次总排序

前面计算得出层次单排序的仅为某一组元素对其上一层次中的某元素的权重向量,而最终要计算的是某一层次所有因素对于最高层相对重要性的排序权重值,即层次总排序。层次总排序过程是从最高层次到最低层次逐层进行的。将下一层指标逐层向上权重相乘,就可以得到每一个指标相对总目标的权重。假设 C 层包含 m 个因素 $C_1, C_2, \cdots, C_m$,其权重值结果为 $\omega=(c_1, c_2, \cdots, c_m)$,又假设 C_i 受 D 层 n 个因素影响,分别为 $D_1, D_2, \cdots, D_n$,其层次单排序结果为 $\omega=(d_1^i, d_2^i, \cdots, d_n^i)^{\mathrm{T}}$,其中 C_i 与 D_j 无关,即受 j 个因素支配的权重 $d_j^i = 0$。D 层的总排序计算方法如表 8-6 所示。

表 8-6　D 层的总排序计算方法

层次	C_1	C_2	…	C_m	D 层总排序($i=1,2,\cdots,m$)
	c_1	c_2	…	c_m	
D_1	d_1^1	d_1^2	…	d_1^m	$\sum_{i=1}^{m} c_i d_1^i$
D_2	d_2^1	d_2^2	…	d_2^m	$\sum_{i=1}^{m} c_i d_2^i$
…	…	…	…	…	…
D_n	d_n^1	d_n^2	…	d_n^m	$\sum_{i=1}^{m} c_i d_n^i$

5. 层次总排序的一致性检验

层次总排序的一致性检验过程与层次单排序类似，也是从最高层到最低层依次进行的。

(1)计算层次总排序的一致性指标 CI，公式如下：

$$CI = \sum_{i=1}^{m} a_i CI_i \tag{8-36}$$

(2)计算层次总排序的平均随机一致性指标 RI：

$$RI = \sum_{i=1}^{m} a_i RI_i \tag{8-37}$$

(3)计算层次总排序的随机一致性比例 CR：

$$CR = \frac{CI}{RI} = \frac{\sum_{i=1}^{m} a_i CI_i}{\sum_{i=1}^{m} a_i RI_i} \tag{8-38}$$

式中：CI_i 为 a_i 支配的某层次的单排序一致性指标；RI_i 为相应的平均随机性指标。类似地，当 $CR<0.10$ 时，认为层次总排序结果具有符合的一致性，否则需要重新调整判断矩阵的元素取值。

三、评价指标体系

结合前文中研究的隧洞中所出现的各种施工安全风险因素，通过对其风险源的识别与分析，结合评价指标体系的构建原则，设计该指标体系如图 8-28 所示。

四、总目标层评价指标及权重计算

在对隧洞施工灾害风险进行安全评价时，各个指标对评价对象的影响程度是不一样的，因此在建立评价指标体系之后(表 8-7)，必须对各指标赋予不同的权重系数。本书采用 AHP 方法确定权重，针对安全指标体系层次结构构造每一层的判断矩阵，采用 1～9 标度法对各层次指标相对重要性结果进行量化，选取该领域 50 名专家与工程师，对输水隧洞施工过程的安全评价指标进行权重的打分。

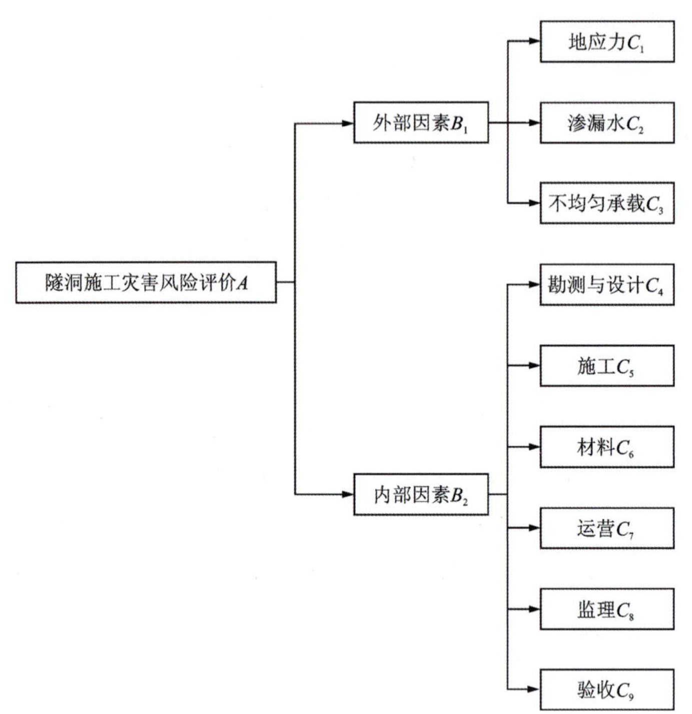

图 8-28　安全评价指标体系示意图

表 8-7　总目标及其下级指标

总目标	一级指标
隧洞施工灾害风险评价 A	外部因素 B_1
	内部因素 B_2

1. 目标层 *A—B* 专家综合打分判断矩阵

目标层 A—B 专家综合打分判断矩阵如下：

$$\begin{pmatrix} 1 & 2 \\ 1/2 & 1 \end{pmatrix} \tag{8-39}$$

2. 单层权重计算及一致性检验

采用方根法解决在准则条件下各单元排序权的计算问题，同时计算出判断矩阵中最大特征值 λ。由于一致性在构造判断矩阵时未做明确的要求，为了避免出现违反常理的情况，需进行一致性检验。先计算一致性指标 $CI=(\lambda-n)/(n-1)$；然后确定随机一致性指标 RI；最后计算一致性比例 $CR=CI/RI$。$CR<0.1$ 则认为判断矩阵的一致性满足要求。对于二阶矩阵而言，由于二阶矩阵本身具有完全一致性，则只需计算 $\lambda_{max}-n$ 的大小。$\lambda_{max}-n$ 越小，则矩阵一致性越好。

（1）依据 $u_{1j}=\prod_{j=1}^{2}a_{1j}$ 计算每一行元素 a_{ij} 的乘积：

$$u_{1j}=\prod_{j=1}^{2}a_{1j}=2.0000\text{；}u_{2j}=\prod_{j=1}^{2}a_{2j}=0.5000\text{。}$$

（2）计算 $u_1=\sqrt[n]{u_{1j}}$：

$$u_1=\sqrt{u_{1j}}=1.4142\text{；}u_2=\sqrt{u_{2j}}=0.7071\text{。}$$

(3)对 u_i 进行归一化处理：

$$\sum_{i=1}^{2} u_i = 2.1213\ ;\ \omega_1 = \frac{u_1}{\sum_{i=1}^{2} u_i} = 0.6667\ ;\ \omega_2 = \frac{u_2}{\sum_{i=1}^{2} u_i} = 0.3333\ 。$$

(4)计算判断矩阵的最大特征根：

$$\boldsymbol{Aw} = \begin{pmatrix} 1 & 2 \\ 1/2 & 1 \end{pmatrix}\begin{pmatrix} 0.6667 \\ 0.3333 \end{pmatrix} = \begin{pmatrix} 1.3333 \\ 0.6667 \end{pmatrix}\ ;\ \lambda_{\max} = \sum_{i=1}^{2} \frac{(\boldsymbol{Aw})_i}{n\boldsymbol{w}_i} = \frac{1}{2}\left(\frac{x_1}{\omega_1} + \frac{x_2}{\omega_2}\right) = 2.0000。$$

(5)一致性检验：

由于二阶矩阵本身就具有完全一致性，$CI=0$，且 $\lambda_{\max} - n = 0$，因此判断矩阵运算结果通过一致性检验。

五、外部因素评价指标及权重计算

隧洞施工灾害风险评价的外部因素是影响隧道安全评价最基本的因素，其下的二级影响指标主要包括地应力、渗漏水和不均匀承载等，具体层次关系见表 8-8 所示。

表 8-8　外部因素 B_1 及其下级指标

一级指标	二级指标
外部因素 B_1	地应力 C_1
	渗漏水 C_2
	不均匀承载 C_3

1. 外部因素 B_1—C 专家综合打分判断矩阵

外部因素 B_1—C 专家综合打分判断矩阵如下：

$$\begin{pmatrix} 1 & 1 & 2 \\ 1 & 1 & 2 \\ 1/2 & 1/2 & 1 \end{pmatrix} \tag{8-40}$$

2. 单层权重计算及一致性检验

(1)依据 $u_{1j} = \prod_{j=1}^{3} a_{1j}$ 计算每一行元素 a_{ij} 的乘积：

$$u_{1j} = \prod_{j=1}^{3} a_{1j} = 2.0000\ ;\ u_{2j} = \prod_{j=1}^{3} a_{2j} = 2.0000\ ;\ u_{3j} = \prod_{j=1}^{3} a_{3j} = 0.2500\ 。$$

(2)计算 $u_1 = \sqrt[n]{u_{1j}}$ ：

$$u_1 = \sqrt[3]{u_{1j}} = 1.2599\ ;\ u_2 = \sqrt[3]{u_{2j}} = 0.1.2599\ ;\ u_3 = \sqrt[3]{u_{3j}} = 0.6300\ 。$$

(3)对 u_i 进行归一化处理：

$$\sum_{i=1}^{3} u_i = 3.1498\ ;$$

$$\omega_1 = \frac{u_1}{\sum_{i=1}^{3} u_i} = 0.4000\ ;\ \omega_2 = \frac{u_2}{\sum_{i=1}^{3} u_i} = 0.4000\ ;\ \omega_3 = \frac{u_3}{\sum_{i=1}^{3} u_i} = 0.2000\ 。$$

(4)计算判断矩阵的最大特征根:

$$Aw=\begin{pmatrix}1 & 1 & 2\\ 1 & 1 & 2\\ 1/2 & 1/2 & 1\end{pmatrix}\begin{pmatrix}0.4000\\ 0.4000\\ 0.2000\end{pmatrix}=\begin{pmatrix}1.2000\\ 1.2000\\ 0.6000\end{pmatrix};$$

$$\lambda_{max}=\sum_{i=1}^{3}\frac{(Aw)_i}{n\omega_i}=\frac{1}{3}\left(\frac{x_1}{\omega_1}+\frac{x_2}{\omega_2}+\frac{x_3}{\omega_3}\right)=3.0000。$$

(5)一致性检验:查表可得 $n=3$ 时,

$$RI=0.52;$$

$$CI=\frac{\lambda_{max}-n}{n-1}=\frac{3.0000-3}{3-1}=0;CR=\frac{CI}{RI}=\frac{0}{0.52}=0<0.1000。$$

因此,判断矩阵运算结果通过一致性检验。

分析后得到的一级指标外部因素 B_1 到 C 对总指标权重,计算结果如表 8-9 所示。

表 8-9 外部因素 B_1—C 判断矩阵及一致性检验

B_1	C_1	C_2	C_3	$u_{1j}=\prod_{j=1}^{2}a_{1j}$	$u_1=\sqrt[n]{u_{1j}}$	ω_i	λ_{max}
C_1	1	1	2	2.000 0	1.259 9	0.400 0	3.000 0
C_2	1	1	2	2.000 0	1.259 9	0.400 0	
C_3	1/2	1/2	1	0.250 0	0.630 0	0.200 0	
一致性检验	$CI=\frac{\lambda_{max}-n}{n-1}=\frac{3.0000-3}{3-1}=0$ 由表 8-6 查得 $RI=0.52$,计算: $CR=\frac{CI}{RI}=\frac{0}{0.52}=0<0.1000$ 因此,满足一致性要求						

六、内部因素评价指标及权重计算

内部因素对隧道安全有重要影响,其下的二级影响指标主要包含勘测与设计、施工、材料、运营、监理、验收等,具体层次关系如表 8-10 所示。下文将详细展开内部因素 B_2 评价指标判断矩阵及其权重的计算过程。

表 8-10 内部因素 B_2 及其下级指标

一级指标	二级指标
内部因素 B_2	勘测与设计 C_4
	施工 C_5
	材料 C_6
	运营 C_7
	监理 C_8
	验收 C_9

1. 内部因素 B_2—C 专家综合打分判断矩阵

内部因素 B_2—C 专家综合打分判断矩阵如下：

$$\begin{pmatrix} 1 & 8 & 2 & 3 & 5 & 5 \\ 1/8 & 1 & 1/6 & 1/5 & 1/3 & 1/4 \\ 1/2 & 6 & 1 & 3 & 5 & 3 \\ 1/3 & 5 & 1/3 & 1 & 3 & 2 \\ 1/5 & 3 & 1/5 & 1/3 & 1 & 1 \\ 1/5 & 4 & 1/3 & 1/2 & 1 & 1 \end{pmatrix} \tag{8-41}$$

2. 单层权重计算及一致性检验

(1)依据 $u_{1j}=\prod_{j=1}^{n}a_{1j}$ 公式计算每一行元素 a_{ij} 的乘积：

$$u_{1j}=\prod_{j=1}^{6}a_{1j}=1\ 200.000\ 0；u_{2j}=\prod_{j=1}^{6}a_{2j}=0.000\ 3；u_{3j}=\prod_{j=1}^{6}a_{3j}=135.000\ 0；$$

$$u_{4j}=\prod_{j=1}^{6}a_{4j}=3.333\ 3；u_{5j}=\prod_{j=1}^{6}a_{5j}=0.040\ 0；u_{6j}=\prod_{j=1}^{6}a_{6j}=0.133\ 3。$$

(2)计算 $u_1=\sqrt[n]{u_{1j}}$：

$$u_1=\sqrt[6]{u_{1j}}=3.259\ 8；u_2=\sqrt[6]{u_{2j}}=0.265\ 1；u_3=\sqrt[6]{u_{3j}}=2.264\ 9；$$

$$u_4=\sqrt[6]{u_{4j}}=1.222\ 2；u_5=\sqrt[6]{u_{5j}}=0.584\ 8；u_6=\sqrt[6]{u_{6j}}=0.714\ 8。$$

(3)对 u_i 进行归一化处理：

$$\sum_{i=1}^{6}u_i=8.311\ 7；$$

$$\omega_1=\frac{u_1}{\sum_{i=1}^{6}u_i}=0.392\ 2；\omega_2=\frac{u_2}{\sum_{i=1}^{6}u_i}=0.031\ 9；\omega_3=\frac{u_3}{\sum_{i=1}^{6}u_i}=0.272\ 5；$$

$$\omega_4=\frac{u_4}{\sum_{i=1}^{6}u_i}=0.147\ 0；\omega_5=\frac{u_5}{\sum_{i=1}^{6}u_i}=0.070\ 4；\omega_6=\frac{u_6}{\sum_{i=1}^{6}u_i}=0.086\ 0。$$

(4)计算判断矩阵的最大特征根：

$$\boldsymbol{Aw}=\begin{pmatrix} 1 & 8 & 2 & 3 & 5 & 5 \\ 1/8 & 1 & 1/6 & 1/5 & 1/3 & 1/4 \\ 1/2 & 6 & 1 & 3 & 5 & 3 \\ 1/3 & 5 & 1/3 & 1 & 3 & 2 \\ 1/5 & 3 & 1/5 & 1/3 & 1 & 1 \\ 1/5 & 4 & 1/3 & 1/2 & 1 & 1 \end{pmatrix}\begin{pmatrix} 0.392\ 2 \\ 0.031\ 9 \\ 0.272\ 5 \\ 0.147\ 0 \\ 0.070\ 4 \\ 0.086\ 0 \end{pmatrix}=\begin{pmatrix} 2.415\ 3 \\ 0.200\ 7 \\ 1.710\ 9 \\ 0.911\ 2 \\ 0.434\ 0 \\ 0.526\ 7 \end{pmatrix}；$$

$$\lambda_{\max}=\sum_{i=1}^{6}\frac{(\boldsymbol{A\omega})_i}{n\boldsymbol{\omega}_i}=\frac{1}{6}\left(\frac{x_1}{\omega_1}+\frac{x_2}{\omega_2}+\frac{x_3}{\omega_3}+\frac{x_4}{\omega_4}+\frac{x_5}{\omega_5}+\frac{x_6}{\omega_6}\right)=6.203\ 7。$$

(5)一致性检验：查表可得 $n=6$ 时，

$$RI=1.26；$$

$$CI=\frac{\lambda_{max}-\text{n}}{\text{n}-1}=\frac{6.203\ 7-6}{6-1}=0.040\ 7；CR=\frac{CI}{RI}=\frac{0.040\ 7}{1.26}=0.032\ 3<0.100\ 0。$$

因此，判断矩阵运算结果通过一致性检验。

分析后得到的一级指标内部因素 B_2—C 对总指标权重，计算结果如表 8-11 所示。

表 8-11 内部因素 B_2—C 判断矩阵及一致性检验

B_2	C_4	C_5	C_6	C_7	C_8	C_9	$u_{ij}=\prod_{j=1}^{n}a_{ij}$	$u_i=\sqrt[n]{u_{ij}}$	ω_i	λ_{max}
C_4	1	8	2	3	5	5	1 200.000 0	3.259 8	0.392 2	6.203 7
C_5	1/8	1	1/6	1/5	1/3	1/4	0.000 3	0.265 1	0.031 9	
C_6	1/2	6	1	3	5	3	135.000 0	2.264 9	0.272 5	
C_7	1/3	5	1/3	1	3	2	3.333 3	1.222 2	0.147 0	
C_8	1/5	3	1/5	1/3	1	1	0.040 0	0.584 8	0.070 4	
C_9	1/5	4	1/3	1/2	1	1	0.133 3	0.714 8	0.086 0	
一致性检验	$CI=\frac{\lambda_{max}-n}{n-1}=\frac{6.2037-6}{6-1}=0.0407$ 由表 8-5 查得 $RI=1.26$,计算: $CR=\frac{CI}{RI}=\frac{0.0407}{1.26}=0.0323<0.1000$。 因此,满足一致性要求									

七、层次总排序及一致性检验

在计算出单一准则相对权重后,为了得到每一层次单元相对于总目标的影响,应对上述计算结果进行加权综合,获得指标因素总权重并进行总的一致性检验。这一步骤是由上至下进行的。对于本系统,可以计算出二级子目标层因素对于总目标层隧洞施工灾害风险评价的合成权重。

以外部因素的下级指标计算过程为例:塌方 C_1 的合成权重=0.666 7×0.400 0=0.266 7;涌水突泥 C_2 的合成权重=0.666 7×0.400 0=0.266 7;渗漏水 C_3 的合成权重=0.666 7×0.200 0=0.133 3。完整计算结果如表 8-12 所示。

表 8-12 层次总排序计算

总目标	一级指标	一级权重	二级指标	二级权重	合成权重	总排序
隧洞施工灾害风险评价 A	外部因素 B_1	0.666 7	塌方 C_1	0.400 0	0.266 7	1
			涌水突泥 C_2	0.400 0	0.266 7	2
			渗漏水 C_3	0.200 0	0.133 3	3
	内部因素 B_2	0.333 3	勘测与设计 C_4	0.392 2	0.130 7	4
			施工 C_5	0.031 9	0.010 6	9
			材料 C_6	0.272 5	0.090 8	5
			运营 C_7	0.147 0	0.049 0	6
			监理 C_8	0.070 4	0.023 5	8
			验收 C_9	0.086 0	0.028 7	7

一致性检验如下:

$$CI=\sum_{K=1}^{2}W_{AK}\cdot CI_K=0.6667\times 0+0.3333\times 0.0407=0.0136;$$

$$RI = \sum_{K=1}^{2} W_{AK} \cdot RI_K = 0.6667 \times 0.52 + 0.3333 \times 1.26 = 0.7617;$$

$$CR = \frac{CI}{RI} = \frac{0.0136}{0.7617} = 0.0179 < 0.1000。$$

因此，满足一致性要求。证明利用 AHP 方法进行权重计算，并通过一致性检验，符合目前隧道安全施工的要求。

八、评价结果

经过综合专家意见的 AHP 方法，可得到的评价指标体系权重排序（表 8-12）。二级子目标层因素总权重对于一级子目标层指标的影响程度为 $\boldsymbol{W}=(0.2667, 0.2667, 0.1333, 0.1307, 0.0106, 0.0908, 0.0490, 0.0235, 0.0287)^{T}$，权重较大的为地应力 C_1、渗漏水 C_2 和不均匀承载 C_3。

根据综合安全评价，相比于内部因素，对隧道衬砌病害起主要作用的是外部因素。外部因素的塌方、涌水突泥对隧道安全的影响最大。因此，在隧道的施工过程中，需采取相关措施提前预防这些外部因素，使隧道施工处于安全范围内。其次，地质构造对隧道的安全也有较大影响。

内部因素对隧道整体影响较小，其中隧道的勘测与设计和使用的材料对隧道安全影响较大。因此，隧道勘测需仔细，设计需合理，材料应选用最适合的。

主要参考文献

[1]杜立杰. 中国 TBM 施工技术进展、挑战及对策[J]. 隧道建设,2017,37(9):1063-1075.

[2]王章琼,王亚军,晏鄂川. 推覆构造区变质片岩隧道塌方、涌水特征及地质成因分析[J]. 现代隧道技术,2017,54(6):38-44.

[3]钱七虎. 地下工程建设安全面临的挑战与对策[J]. 岩土力学与工程学报,2012,31(10):1945-1965.

[4]李术才. 工程安全理念和中国工程安全风险管理体系[D]. 山东:山东大学,2013.

[5]闫长斌. 基于声波频谱特征的岩体爆破累积损伤效应分析[J]. 岩土力学,2017,38(9):2721-2727+2745.

[6]闫长斌,路晓明. 岩体爆破累积损伤效应声波频谱特征分析[J]. 地下空间与工程学报,2017,13(2):499-505.

[7]徐前卫,程盼盼,朱合华,等. 跨断层隧道围岩渐进性破坏模型试验及数值模拟[J]. 岩石力学与工程学报,2016,35(3):433-445.

[8]AZIZKANDI A S,GHAVAMI S,BAZIAR M H,et al. Assessment of damages in fault rupture-shallow foundation interaction due to the existence of underground structures[J]. Tunnelling and Underground Space Technology,2019,89:222-237.

[9]李利平,李术才,石少帅,等. 岩体涌水通道形成过程中应力-渗流-损伤多场耦合机制[J]. 采矿与安全工程学报,2012,29(2):232-238.

[10]李利平,柳尚,李术才,等. 应力-渗流耦合三轴渗透试验系统研制及其在充填介质渗透特性试验中的应用[J]. 岩土力学,2017(10):3043-3061.

[11]李术才,袁永才,李利平,等. 钻爆施工条件下岩溶隧道掌子面涌水机制及最小安全厚度研究[J]. 岩土工程学报,2015,37(2):313-320.

[12]ZHU B B,WU L,PENG Y X,et al. Risk assessment of water inrush in tunnel through water-rich fault[J]. Geotechnical and Geological Engineering. 2018,36(1):317-326.

[13]PENG Y X,WU L,SU Y,et al. Risk prediction of tunnel water or mud inrush based on disaster forewarning grading[J]. Geotechnical and Geological Engineering,2016,34(6):1923-1932.

[14]WANG Y C,CHEN F,YIN X,et al. Study on the risk assessment of water inrush in karst tunnels based on intuitionistic fuzzy theory[J]. Geomatics,Natural Hazards and Risk,2019,10(1):1070-1083.

[15]刘新有,胡开富,张文涛,等. 滇中引水工程白云岩砂化隧洞涌水突泥处理研究[J]. 人民长江,2022,53(9):102-108.

[16]苏明,林道烛. 福建龙津溪引水工程 C1 标施工排水方案[J]. 中国水运(下半月),2013,13(z1):75-76.

[17]刘升传,刘磊,崔成玉. 余凯高速重安江隧道涌水突泥风险评估与管理信息系统建立[J]. 公路交通科技(应用技术版),2017,13(12):212-214.

[18]吕虎波. TGP 在深埋隧道施工中的应用[J]. 四川水泥,2015(8):235-235.

[19]周振方,靳德武,虎维岳,等.煤矿工作面推采采空区涌水双指数动态衰减动力学研究[J].煤炭学报,2018,43(9):2587-2594.

[20]刘钦,李术才,李煜航,等.龙潭隧道F2断层处涌水突泥机理及治理研究[J].地下空间与工程学报,2013,9(6):1419-1426.

[21]AXEL B. Simulation and measurement of road tunnel ventilation[J]. Tunneling and Underground Space Technology,1997,12(3):417-424.

[22]GIDHAGEN L,JOHANSSON C,STROM J,et al. Model imulation of ultrafine particles inside a road tunnel[J]. Atmospheric Environment,2003(37):2023-2036.

[23]张建国.深埋特长隧道通风关键技术研究[D].成都:西南交通大学,2011.

[24]罗占夫.特长隧道射流通风与多作业面条件下通风技术[D].上海:同济大学,2007.

[25]李波.公路瓦斯隧道施工通风模拟及优化研究[D].长沙:中南大学,2014.

[26]宫萍.凝灰岩对垃圾渗滤液的预处理研究[D].沈阳:东北大学,2008.

[27]练健雄.凝灰岩洞渣在潮惠高速公路中面层的应用研究[D].重庆:重庆交通大学,2017.

[28]高晶志.深部凝灰岩巷道支护研究与试验[J].东北煤炭技术,1995(12):6.

[29]田保同.膨胀性凝灰岩崩解特性实验研究[D].长沙:长沙理工大学,2012.

[30]马洪杰.澜沧铅矿凝灰岩膨胀性与崩解特性研究[D].长沙:长沙理工大学,2012.

[31]申岳龙.黔西南泥堡和皂凡山矿区水敏凝灰岩膨胀垮塌机理研究[D].昆明:昆明理工大学,2020.

[32]柳华荣.向莆线戴云山隧道凝灰岩耐磨性相关性研究[D].成都:西南交通大学,2014.

[33]周翠英,谭祥韶,邓毅梅,等.特殊软岩软化的微观机制研究[J].岩石力学与工程学报,2005(3):394-400.

[34]远光辉,操应长,杨田,等.论碎屑岩储层成岩过程中有机酸的溶蚀增孔能力[J].地学前缘,2013,20(5):207-219.

[35]钱七虎.隧道工程建设地质预报及信息化技术的主要进展及发展方向[J].隧道建设,2017,37(3):251-263.

[36]刘新荣,刘永权,杨忠平,等.基于地质雷达的隧道综合超前预报技术[J].岩土工程学报,2015,37(S2):51-56.

[37]葛颜慧,李术才,张庆松,等.基于风险评价的岩溶隧道综合超前地质预报技术研究[J].岩土工程学报,2010,32(7):1124-1130.

[38]WANG C L,BAI M Z,DU Y Q,et al. Application analysis of comprehensive advanced geological prediction in karst tunnel. [J]. Trans Tech Publications Ltd,2013(405):1309-1313.

[39]LI S C,XUE Y G,TIAN H,et al. Identifying the geological interface of the stratum of tunnel granite and classifying rock mass according to drilling energy theory[J]. Arabian Journal of Geosciences,2016,9(1):1-11.

[40]王庆林,郝俊锁,沈殿臣.兰渝铁路梅岭关瓦斯隧道超前钻探施工技术[J].现代隧道技术,2012,49(4):89-93+98.

[41]孙广忠.论"岩体结构控制论"[J].工程地质学报,1993(1):14-18.

[42]黄华.水文地质与工程地质相结合的应用[J].城市建设理论研究(电子版),2013(3):1-6.

[43]朱正国,李兵兵,李文江,等.新建铁路隧道下穿既有铁路施工引起的地表沉降控制标准研究[J].中国铁道科学,2011,32(5):78-82.

[44]段恩新.铁路隧道下穿施工引起高速公路路基沉降规律研究[J].石家庄铁道大学学报(自然科学版),2013,26(2):41-45+82.

[45]张鹏.地铁隧道下穿高速铁路地表沉降控制标准研究[J].地下空间与工程学报,2014,10(s1):1700-1703.

[46]娄国充.铁路隧道下穿既有路基沉降规律及控制标准研究[D].北京:北京交通大学,2012.

[47]熊华涛.浅埋黄土隧道下穿明长城段地表沉降控制技术[J].国防交通工程与技术,2021,19(1):50-54+5.

[48]郑俊,丁振杰,吕庆,等.新建隧道下穿运营公路引起的路面沉降控制基准[J].哈尔滨工业大学学报,2020,52(3):51-58+67.

[49]王云.青城街隧道下穿既有高速公路施工控制技术研究[D].石家庄:石家庄铁道大学,2017.

[50]王志,杜守继,张文波,等.浅埋铁路隧道下穿高速公路施工沉降分析[J].地下空间与工程学报,2009,5(3):531-535+572.

[51]郑明新,陈养强,郑少弘,等.引水隧道下穿铁路线路基沉降的数值分析[J].湖南科技大学学报(自然科学版),2014,29(2):36-41.

[52]肖立,张庆贺.铁路轨道下盾构施工所致地面沉降的数值模拟[J].同济大学学报(自然科学版),2011,39(9):1286-1291.

[53]罗海燕.地铁盾构同步注浆对地表沉降的影响规律及机理研究[D].太原:太原理工大学,2017.

[54]胡继实.铁路隧道下穿高速公路受力变形分析[D].北京:北京交通大学,2016.

[55]王亚杰.浅埋大断面隧道下穿公路变形控制技术[D].石家庄:石家庄铁道大学,2017.

[56]谭文辉,于江,孙宏宝,等.地铁7号线车站地表施工沉降的Peck公式修正[J].地下空间与工程学报,2015,11(s1):200-204.

[57]何洋,孙其清,赵万强.浅埋铁路隧道下穿高速公路施工方案研究[J].高速铁路技术,2016,7(5):35-38+70.

[58]昝永奇.超浅埋下穿高速公路暗挖隧道变形控制施工技术研究[J].隧道建设,2017,37(s1):99-106.

[59]万训才,雷军.雷公山隧道施工通风降尘净化综合治理技术[J].世界隧道,1998(5):55-60.

[60]苏利军,卢文波.地下巷道钻爆开挖过程中炮烟扩散及通风[J].爆破,2000(1):1-6.

[61]危宁,李力,王春燕.隧道施工通风中的有害气体浓度变化分析[J].三峡大学学报(自然科学版),2006(4):324-327.

[62]刘钊,陈兴周,冯璐,等.长隧道独头掘进压入式施工通风数值模拟[J].西北水电,2012(1):66-69.

[63]赵肖冰,陶占宇,吴福喜,等.长压短抽式通风掘进面粉尘浓度分布规律数值模拟研究[J].中州煤炭,2014(1):34-37+41.

[64]朱红青,朱帅虎,贾国伟.大断面掘进压入式风筒最佳高度的数值模拟[J].安全与环境学报,2014,14(1):25-28.

[65]李波.公路瓦斯隧道施工通风模拟及优化研究[D].长沙:中南大学,2014.

[66]闫鹏,蒋仲安,陈举师,等.岩巷掘进巷道长压短抽参数优化的数值模拟研究[J].煤,2014,23(12):16-19+44.

[67]胡宜.通风系统布置对TBM掘进区域温度与粉尘分布影响规律研究[D].长沙:中南大学,2014.

[68]王应权.长大铁路隧道施工通风方案选择及优化[J].地下空间与工程学报,2015,11(s1):359-366.

[69]吴建文，王路．岩溶地区长大隧道施工通风模拟与空气净化技术研究[J]．路基工程，2015(5)：168-172＋178．

[70]杨立新．隧道钻爆排烟基于 PC-STEL 标准的风量计算方法[J]．铁道工程学报，2016，33(11)：92-96．

[71]张恒，林放，孙建春，等．基于典型壁面粗糙模型的隧道施工通风效果 CFD 分析[J]．中国铁道科学，2016，37(5)：58-65．

[72]曹正卯，杨其新，郭春．高海拔地区铁路隧道施工期有害气体运移特性[J]．中南大学学报(自然科学版)，2016，47(11)：3948-3957．

[73]程卫民，王昊，聂文，等．压抽比及风幕发生器位置对机掘工作面阻尘效果的影响[J]．煤炭学报，2016，41(8)：1976-1983．

[74]古尊勇，幸垚，邓禹，等．梁隧道施工通风关键技术三维数值模拟研究[J]．公路交通技术，2017，33(3)：98-104．

[75]周水强．特长铁路隧道风仓式施工通风效果的数值分析[J]．四川建筑，2018，38(4)：222-225．

[76]朱忠荣，李新哲，陈述．引水工程深埋长隧洞施工中通风特性数值模拟[J]．哈尔滨工程大学报，2019，40(7)：1304-1310．

[77]王晓玲，禹旺，刘长欣，等．考虑围岩传热的深埋引水隧洞 TBM 施工通风模拟[J]．水力发电学报，2019，38(10)：1-13．

[78]李晓芳．综掘工作面长压短抽式通风粉尘流场及其控制研究[D]．包头：内蒙古科技大学，2019．

[79]白峰青，卢兰萍，姜兴阁．地下工程的可靠性与风险决策[J]．辽宁工程技术大学学报(自然科学版)，2000(3)：237-239．

[80]范益群，钟万勰，刘建航．时空效应理论与软土基坑工程现代设计概念[J]．清华大学学报(自然科学版)，2000(S1)：49-53．

[81]吴贤国，王锋．$R=P\times C$ 法评价水下盾构隧道施工风险[J]．华中科技大学学报(城市科学版)，2005(4)：48-50＋61．

[82]翟世鸿，董晖．武汉长江公路隧道技术难点及风险前期研究[J]．现代隧道技术，2005(5)：4-9＋24．